国家级课程思政教学研究示范中心示范教材
中国石油大学（华东）继续教育系列教材

U0871471

钢结构简明教程

Concise Course for Steel Structure

高福聚　徐玉平　申成军　编著
颜庆智　审定

中国石油大学出版社
CHINA UNIVERSITY OF PETROLEUM PRESS
山东·青岛

图书在版编目(CIP)数据

钢结构简明教程 / 高福聚，徐玉平，申成军编著
. -- 青岛:中国石油大学出版社,2023.12
ISBN 978-7-5636-8075-7

Ⅰ. ①钢… Ⅱ. ①高… ②徐… ③申… Ⅲ. ①钢结构
—高等学校—教材 Ⅳ. ①TU391

中国国家版本馆 CIP 数据核字(2023)第 252629 号

中国石油大学(华东)规划教材

书　　名: 钢结构简明教程
GANGJIEGOU JIANMING JIAOCHENG
编　　著: 高福聚　徐玉平　申成军

责任编辑: 秦晓霞(电话 0532-86983567)
责任校对: 张晓帆(电话 0532-86983567)
封面设计: 青岛友一广告传媒有限公司

出 版 者: 中国石油大学出版社
(地址:山东省青岛市黄岛区长江西路 66 号　邮编:266580)
网　　址: http://cbs.upc.edu.cn
电子邮箱: shiyoujiaoyu@126.com
排 版 者: 青岛友一广告传媒有限公司
印 刷 者: 临沂日报社印刷厂
发 行 者: 中国石油大学出版社(电话 0532-86983440)
开　　本: 787 mm×1 092 mm　1/16
印　　张: 18.75
插　　页: 1
字　　数: 469 千字
版 印 次: 2023 年 12 月第 1 版　2023 年 12 月第 1 次印刷
书　　号: ISBN 978-7-5636-8075-7
定　　价: 56.00 元

前言

PREFACE

钢结构是土木、水利、道路桥梁和船舶工程等专业的核心课程，在土木工程领域发挥着独特的、日益重要的作用。随着我国经济建设的飞速发展，钢结构的应用范围越来越广泛，多层、高层、轻型钢结构和大跨度空间结构等都因其施工速度快、周期短、抗震性能好而被广泛运用。

1949 年我国年钢产量不足 16×10^4 t，根本满足不了新中国建设的需要。在中国共产党的领导下，我国钢产量逐年上升，1996 年突破 1×10^8 t 并跃居世界首位，2020—2023 年钢产量连续四年超过 10×10^8 t，这一趋势是我国社会实力和科技实力发展的必然，体现了我国综合国力的增强及土木工程的发展和进步，提高了中华儿女的自信心，坚定了全国人民走中国特色社会主义道路、实现中国特色现代化的理想信念。

土木工程中科技含量最高的是钢结构。钢材是绿色建筑材料，可以循环利用，而且钢构件的加工制作和安装本身就是装配式的，绝大多数为工厂预制加工，施工安装（含拆卸拆除）不受季节限制，无废料，便于实现智能化制造和建造，有利于推进绿色发展，促进人与自然和谐共生。目前，我国正处在钢结构发展的黄金时期，《钢结构设计标准》（GB 50017—2017）的颁布和实施，在国家层面指导、保证了钢结构行业的稳定、健康和可持续、高质量发展。

为适应继续教育课程改革的需要，统筹职普教育、高等教育、继续教育协同创新，推进职普融通、产教融合、科教融汇，优化职业教育类型定位，需要对原有教材体系加以改革。本教材根据成人继续教育的特点，将教学内容进行了模块化划分，各个内容模块之间既有相对的独立性，又保持了一定程度的关联性，以便于学生根据各自的实际情况，灵活利用碎片化时间学习，有效激发学习兴趣和创新潜能。本教材的编写宗旨是学以致用，即在有限的教学学时内，使学生掌握基本的钢结构理论知识，同时与工程实践相结合，以便毕业后能够较快地融入工程实际，将所学专业知识应用于工程实践，增强对社会的适应力和竞争力；将"工匠精神"和"爱国情怀"融入课堂及课程内容的各个环节、各个知识点，贯穿于教材内容始终，增强文化自信，培养学生脚踏实地、实事求是的工作作风和勇于担当的责任意识。

本教材的编写是教学改革的一次有益尝试，编写人员既有普通本科院校教师，也有职业院校教师，还有设计和施工企业单位工程师。本教材共分为 8 章，其中第 1～6 章由高福聚编写，第 7 章由高福聚和徐玉平编写，第 8 章由申成军编写。全书由高福聚统稿，颜庆智审定。本教材编写过程中参阅了同行的大量书籍和文献资料，得到了山东省电力建设第一工程公司王永新高级工程师、李鹏举高级工程师和洛阳建筑机械厂文朝辉高级工程师的大力支持与帮助，在此表示衷心的感谢。

对于广大教师同行来说，教材不是课程，它只是引领教学的一种方式，依据教学目标、教学大纲和实际教学需要，创设最适宜学生思考的问题情境。希望本教材能够对课程教学和立德树人带来帮助，为知识的传播带来便利。囿于编者水平，书中不足之处在所难免，恳请读者批评指正。

编　者

2023 年 12 月

钢结构十大要点

以下为钢结构十大要点内容及例题详解，感兴趣的读者可扫码学习！

(1) 工字形钢梁对接焊缝

(2) 盖板(或节点板)的角焊缝连接

(3) 盖板(或节点板)的普通螺栓连接

(4) 盖板(或节点板)的高强螺栓连接

(5) 实腹式轴压构件的设计

(6) 格构式轴压构件的设计

(7) 轴心受压柱脚设计

(8) 轴心受压柱脚施工图绘制

(9) 焊接截面梁的截面设计

(10) 焊接截面梁的施工图绘制

目录

CONTENTS

第1章　钢结构基础知识 …… 1

1.1　我国钢结构发展概况 …… 3
1.2　钢结构的特点 …… 4
1.3　钢结构的应用 …… 6
习　题 …… 7

第2章　钢结构材料及材料选用 …… 8

2.1　钢材的力学性能 …… 10
2.2　影响钢材性能的因素 …… 12
2.3　钢结构对材料性能的要求 …… 14
2.4　钢材的种类、选用及规格 …… 18
习　题 …… 22

第3章　轴心受力构件 …… 23

3.1　轴心受力构件概述 …… 25
3.2　轴心受力构件的强度及刚度 …… 26
3.3　轴心受压实腹式构件的整体稳定验算 …… 30
3.4　轴心受压实腹式构件的局部稳定验算 …… 33
3.5　轴心受压实腹式构件的构造要求 …… 35
3.6　轴心受压格构式构件 …… 37
3.7　轴心受压柱与梁和基础的连接 …… 43
习　题 …… 49

第4章　受弯构件计算 …… 51

4.1　梁的类型和梁格布局 …… 53
4.2　梁的强度和刚度 …… 54
4.3　受弯构件的整体稳定性验算 …… 61
4.4　受弯构件的局部稳定性 …… 64

4.5 型钢梁的截面设计 …… 69
4.6 焊接梁的截面设计 …… 71
习　题 …… 82

第 5 章　拉弯和压弯构件计算 …… 83

5.1 抗弯和压弯构件概述 …… 85
5.2 拉弯、压弯构件的强度和刚度 …… 86
5.3 实腹式压弯构件的整体稳定性 …… 89
5.4 实腹式压弯构件的局部稳定性 …… 92
5.5 格构式压弯构件 …… 95
5.6 框架柱的柱脚 …… 102
习　题 …… 111

第 6 章　钢结构连接计算 …… 112

6.1 钢结构的连接方法 …… 114
6.2 焊缝连接 …… 114
6.3 对接焊缝连接的构造与计算 …… 117
6.4 角焊缝连接的构造与计算 …… 122
6.5 普通螺栓的构造与计算 …… 135
6.6 高强度螺栓连接的构造与计算 …… 150
习　题 …… 158

第 7 章　单层房屋钢结构 …… 160

7.1 单层房屋钢结构形式及其结构布置 …… 162
7.2 单层房屋钢结构设计 …… 165
7.3 钢屋盖结构的形式、组成及布置 …… 170
7.4 屋面系统的支撑布置 …… 174
7.5 钢屋架的形式及主要尺寸 …… 177
7.6 荷载组合及内力计算 …… 179
7.7 屋架杆件的计算长度 …… 181
7.8 杆件截面设计 …… 182
7.9 节点设计 …… 184
7.10 屋架施工详图 …… 190
7.11 钢屋架设计示例 …… 191

第 8 章　钢结构的加工与制作 …… 197

8.1 钢结构设计图与施工详图 …… 199
8.2 钢结构制作前的准备 …… 200
8.3 钢结构零部件的加工 …… 205

8.4 钢构件的组装及预拼装 …… 214
8.5 钢结构焊接 …… 225
8.6 钢结构涂装 …… 240
8.7 钢构件成品检验、管理和包装 …… 250
8.8 钢结构制作方案示例 …… 257
习 题 …… 261

附录1 《钢结构设计标准》(GB 50017—2017)中有关表格摘录 …… 262

附录2 型钢规格表 …… 271

附录2.1 普通工字钢 …… 271
附录2.2 普通槽钢 …… 273
附录2.3 等边角钢 …… 274
附录2.4 不等边角钢 …… 277
附录2.5 H型钢 …… 280
附录2.6 无缝钢管 …… 282

参考文献 …… 287

第1章

钢结构基础知识

本章关键词 钢结构的特点,钢结构的应用范围

学习目标 (1) 认识钢结构的工程角色和地位,了解我国钢结构的发展历程和发展动力、历年钢产量的情况;

(2) (钢)结构设计方法的思想来由和发展的四个阶段。

新形态资源

1-1 本章 PPT

1-2 钢结构在土木工程课程体系中的角色和地位

1-3 我国钢结构的发展历程

1-4 我国钢结构发展的动力

1-5 中国历年钢产量

1-6 我国结构设计方法发展的四个阶段

知识结构框图

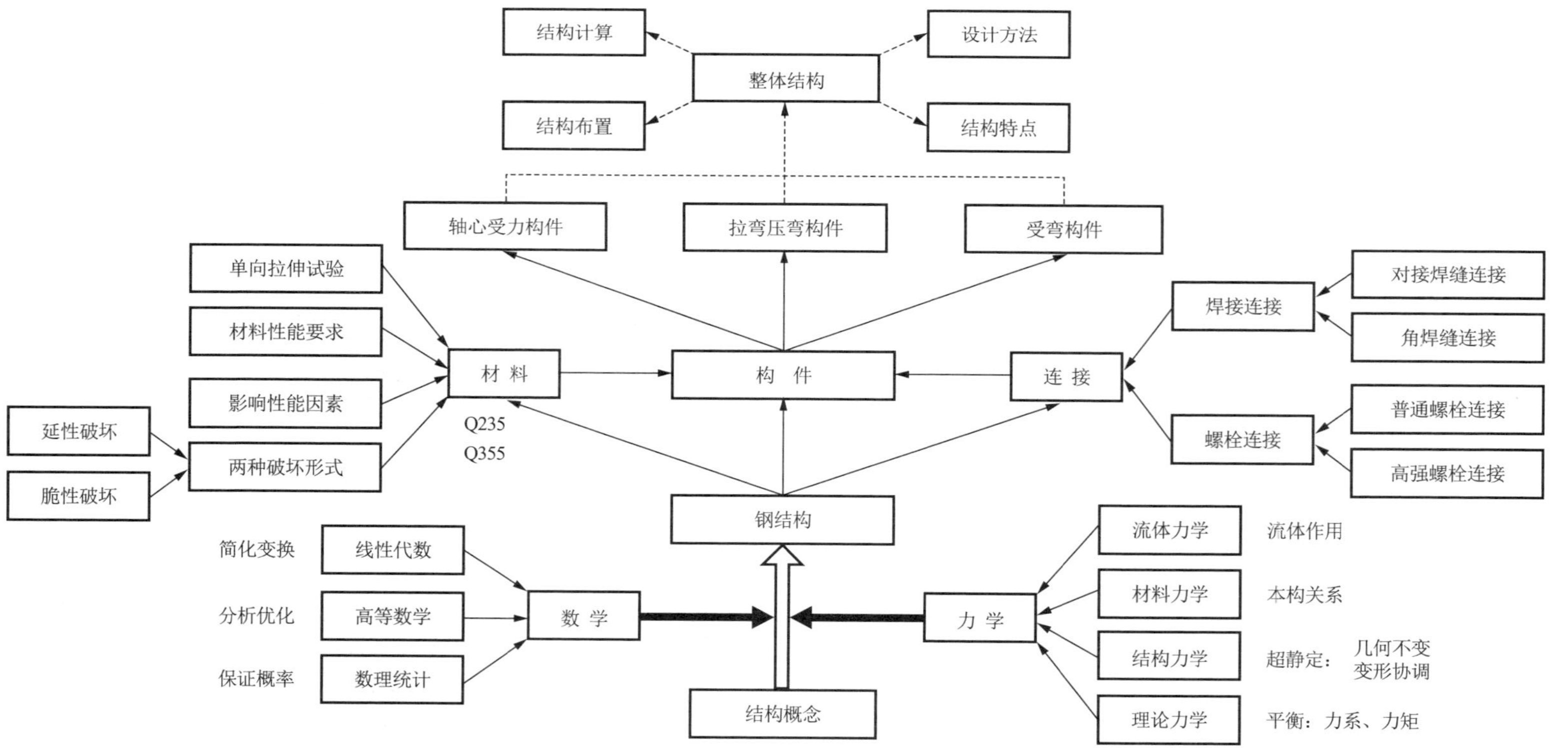

钢结构课程知识内容体系

1.1　我国钢结构发展概况

钢结构是以钢材为主要材料制作而成的工程结构。它是由生铁结构逐步发展起来的，与钢筋混凝土结构、木结构和砌体等结构一样，都属于工程结构的不同分支。我国是较早发明炼铁技术的国家之一，也是最早用铁制造承重结构的国家。早在战国时期，我国的炼铁技术就已经很成熟了。公元 65 年，我国已成功地用锻铁为环、相扣成链建成了世界上最早的铁链悬桥——兰津桥。清康熙四十四年（1705 年）建成的大渡河泸定桥，桥宽 2.8 m，跨度约 100 m，由 9 根桥面铁链和 4 根桥栏铁链构成，两端由生铁铸成的锚桩直径 20 cm、长 4 m。泸定桥比美洲 1801 年建造的跨度 23 m 的铁索桥早近百年，比号称世界最早的英格兰铸铁拱桥（跨度 30 m）早 74 年。除铁链悬桥外，我国古代还建有许多铁制建筑物，如 1061 年建成的湖北荆州玉泉寺 13 层铁塔，目前依然存在。中华民族对铁（钢）结构的应用曾经居于世界领先地位。

英国直到 1840 年还只能采用铸铁来建造拱桥。随着铆钉连接和锻铁技术的发展，铸铁结构逐渐被锻铁结构取代。1855 年英国人发明了贝氏转炉炼钢法，1865 年法国人发明了平炉炼钢法，1870 年成功轧制出工字钢之后，欧美各国具备了工业化大批量生产钢材的能力，强度高且韧性好的钢材开始在建筑领域逐渐取代锻铁材料，自 1890 年成为金属结构的主要材料。20 世纪初焊接技术及 1934 年高强度螺栓连接方式的出现，极大地促进了钢结构的发展，使其逐渐成为全世界所接受的重要结构体系。

新中国成立之前，我国钢产量极低，但我国仍有不少优秀的设计和创造，如 1927 年建成的沈阳皇姑屯机车厂钢结构厂房、1931 年建成的广州中心纪念堂圆屋顶、1937 年建成的杭州钱塘江大桥等。

新中国成立以后，随着经济建设的发展，钢结构曾发挥过重要作用，但由于受到钢产量的制约，在很长一段时间内，钢结构被限制使用在其他结构不能代替的重大工程项目中，这在一定程度上影响了钢结构的发展。

20 世纪 50 年代后，我国钢结构的设计、制造、安装水平有了很大提高，建成了大量钢结构工程，有些在规模和技术上都已达到世界先进水平。如采用大跨度网架结构的首都体育馆、上海体育馆、深圳体育馆，采用大跨度三角拱形式的西安秦始皇陵兵马俑陈列馆，采用悬索结构的北京工人体育馆、浙江体育馆，采用高耸结构的 200 m 高的广州广播电视塔、210 m 高的上海广播电视塔、194 m 高的南京跨江线路塔、325 m 高的北京气象桅杆等，采用板壳结构的有效容积达 54 000 m^3 的湿式储气柜等。

中国钢产量自 1996 年突破 1×10^8 t 以后，钢材供不应求的局面逐步得到改善。2020 年全国钢产量超过 10×10^8 t，其中钢结构用量约 $8\ 138\times10^4$ t，产业规模名列世界第一位。多年来随着钢结构设计理论、制造、安装等方面技术的迅猛发展，各地建成了大量的轻钢结构、大跨度钢结构、高层钢结构、高耸结构、市政设施等，展示出了我国钢结构发展的水平。例如，以鸟巢（图 1-1）和水立方为代表的大中城市体育项目，以国家大剧院为代表的文化设施，以北京首都机场 T3 航站楼为代表的空港工程，以上海金贸大厦、上海中心大厦（图 1-2）为代表的高层钢结构，以上海“东方明珠”电视塔、广州电视塔为代表的高耸钢结构等。

尽管我国钢结构发展迅猛，但主要集中于工业厂房、大跨度或超高层建筑中，钢结构建筑在全部建筑中的应用比例很低（小于 5%），与发达国家钢结构建筑面积占总建筑面积的 40%相比仍有很大差距。我国建筑用钢在钢产量中的比例也很低，为 20%～30%，低于发达国家的 45%～55%；而且我国绝大多数建筑用钢主要用于钢筋混凝土用钢筋、钢绞线、钢丝、门窗等，而其中钢结构用钢只占 10%左右。因此，我国钢结构还具有很大的发展潜力和空间。

就土木工程来说，建筑结构类型从最初的砖石结构、木结构发展到钢筋混凝土结构，再到钢结构，是科学技术发展的必然，也是土木工程自身的进步。在建筑结构领域，21 世纪将是钢结构世纪。

图 1-1　国家体育场——鸟巢

图 1-2　上海中心大厦

1.2　钢结构的特点

1.2.1　钢结构的优点

钢结构主要指由钢板、热轧型钢、薄壁型钢和钢管等构件组合而成的结构，是土木工程的主要结构形式之一。目前，钢结构在房屋建筑、地下建筑、桥梁、塔桅和海洋平台中都得到了广泛应用。与其他材料的结构相比，钢结构具有如下优点：

（1）建筑钢材强度高，塑性和韧性好。

① 强度高。钢与混凝土、木材相比，虽然密度较大，但其强度较混凝土和木材的高得多，其密度 ρ 与强度 f 的比值（密强比 α）一般比混凝土和木材的小，因此在同样受力的情况下，钢结构与钢筋混凝土结构、木结构相比，构件较小，重量较轻，适用于建造跨度大、高度高和承载重的结构。

② 塑性好。钢结构在一般的条件下不会因超载而突然断裂，只会增大变形，故容易被发现。此外，它还能将局部高峰应力重分配，使应力变化趋于平缓。

③ 韧性好。钢结构适宜在动力荷载下工作，因此在地震区采用较为有利。

（2）钢结构的重量轻。

钢材密度大，强度高，但做成的结构重量比较轻。结构的轻质性可用材料密强比 α 来衡量。α 越小，结构越轻。建筑钢材的 α 值在 $(1.7\sim3.7)\times10^{-4}\ \mathrm{m}^{-1}$ 之间，木材的 α 值为

$5.4\times10^{-4}\ m^{-1}$，钢筋混凝土的 α 值约为 $18\times10^{-4}\ m^{-1}$。以同样的跨度、承受同样的荷载计算，钢屋架的重量最多为钢筋混凝土屋架的 1/4～1/3。

(3) 材质均匀，与力学计算的假定比较符合，因而各项力学理论的假定及其验证基本上是基于钢材的。

钢材内部组织比较均匀，接近各向同性，可视为理想的弹塑性体材料。因此，钢结构的实际受力情况和工程力学的计算结果比较符合，在计算中采用的经验公式不多，从而计算的不确定性较小，计算结果比较可靠。

(4) 工业化程度高，工期短。

钢结构所用材料皆可由专业化的金属结构厂轧制成各种型材，加工制作简便，准确度和精密度都较高。制成的构件可运到现场拼装，采用焊接或螺栓连接。因构件较轻，故安装方便，施工机械化程度高，工期短，为降低造价、发挥投资的经济效益创造了条件。

(5) 密封性好。

钢结构采用焊接连接后可以做到安全密封，能够满足一些气密性和水密性要求高的高压容器、大型油库、气柜油罐和管道等。

(6) 抗震性能好。

钢结构自重轻，结构体系相对柔弱，受到的地震作用较小；钢材具有较高的抗拉和抗压强度以及较好的塑性和韧性。在国内外的历次地震中，钢结构是损坏最轻的结构，被公认为抗震设防地区特别是强震区的最合适结构。

(7) 耐热性较好。

当温度在 200 ℃以内时，钢材性质的变化很小；当温度达到 300 ℃以上时，钢材强度逐渐下降；当温度为 600 ℃时，钢材强度几乎为零。因此，钢结构可用于温度不高于 200 ℃的场合。在有特殊防火要求的建筑中，对钢结构必须采取保护措施。

1.2.2 钢结构的缺点

钢结构的下列缺点有时会影响其应用：

(1) 耐腐蚀性差。

钢材在潮湿环境中，特别是在有腐蚀性介质的环境中容易锈蚀。因此，新建造的钢结构应定期刷涂料加以保护，维护费用较高。目前国内外正在发展各种高性能的涂料和不易锈蚀的耐候钢，钢结构耐锈蚀性差的问题有望得到解决。

(2) 耐火性差。

在火灾中，未加防护的钢结构一般只能维持 20 min 左右。因此，在需要防火时，应对钢结构采取防火措施，如在钢结构外面包混凝土或其他防火材料，或在构件表面喷涂防火涂料等。

(3) 在低温条件下可能发生脆性断裂。

钢结构在低温和某些条件下可能发生脆性断裂，还有厚板的层状撕裂等，这些都应引起设计者的注意。

现在钢材已经被认为是可以持续发展的材料，从长远发展的观点看，钢结构将有很好的应用发展前景。

1.3 钢结构的应用

随着我国国民经济的不断发展和科学技术的进步，钢结构在我国的应用范围不断扩大。目前，钢结构的应用范围大致如下：

1) 大跨度结构

结构跨度越大，自重在荷载中所占的比例越大，减轻结构的自重就会带来越明显的经济效益。钢材强度高、结构重量轻的优势正好适合于大跨度结构，因此钢结构在大跨度空间结构和大跨度桥梁结构中得到广泛应用(图 1-3)。所采用的结构形式有空间桁架、网架、网壳、悬索(包括斜拉体系)、张弦梁、实腹式或格构式拱架和框架等。

2) 工业厂房

吊车起重量较大或者其工作较繁重的车间的主要承重骨架多采用钢结构。另外，有强烈辐射热的车间也经常采用钢结构。结构形式多为由钢屋架和阶形(或楔形)柱组成的门式刚架或排架，也有采用网架做屋盖的结构形式。近年来，随着压型钢板等轻型屋面材料的采用，轻钢结构工业厂房得到了迅速发展，其结构形式主要为实腹式门式刚架(图 1-4)。

图 1-3 大跨度干煤棚

图 1-4 轻钢结构厂房

3) 受动力荷载影响的结构

由于钢材具有良好的韧性，所以设有较大锻锤或产生动力作用的其他设备的厂房，即使屋架跨度不大，也往往由钢制成。对于抗震能力要求高的结构，采用钢结构也是比较适宜的。

4) 多层和高层建筑

由于钢结构的综合效益指标优良，故其近年来在多层、高层民用建筑中也得到了广泛应用。结构形式主要有多层框架、框架-支承结构、框筒、悬挂、巨型框架等。

5) 高耸结构

高耸结构包括塔架和桅杆结构，如高压输电线路的塔架，广播、通信和电视发射用的塔架和桅杆，火箭(卫星)发射塔架等。

6) 可拆卸的结构

钢结构不仅重量轻，还可以用螺栓或其他便于拆装的手段来连接，因此非常适用于需要搬迁的结构，如建筑工地、油田和需野外作业的生产和生活用房的骨架等。钢筋混凝土结构施工用的模板和支架，以及建筑施工用的脚手架等也大量采用钢材制作。

7）容器和其他构筑物

冶金、石油、化工企业中大量采用钢板做成的容器结构，包括油罐、煤气罐、高炉、热风炉等。此外，皮带通廊栈桥、管道支架、锅炉支架等其他钢构筑物，海上采油平台也大都采用钢结构。

8）轻型钢结构

钢结构重量轻不仅对大跨度结构有利，而且对屋面活荷载特别轻的小跨度结构也有优越性。冷弯薄壁型钢屋架在一定条件下的用钢量比钢筋混凝土屋架的用钢量还少。轻钢结构的结构形式有实腹变截面门式刚架、冷弯薄壁型钢结构（包括金属拱形波纹屋盖）以及钢管结构等。

9）钢与混凝土的组合结构

钢构件和板件受压时必须满足稳定性要求，往往不能充分发挥其强度高的优势，而混凝土则最适于受压，不适于受拉，因此将钢材和混凝土组合，使两种材料都充分发挥它的长处，是一种合理的结构。近年来这种组合结构在我国获得了长足发展，广泛应用于高层建筑（如深圳的赛格广场）、大跨桥梁、工业厂房和地铁站台柱等。主要构件形式有钢与混凝土组合梁和钢管混凝土柱等。

10）景观钢结构

在建筑思想观念开放、市场经济十分发达、人民生活越来越好的今天，景观钢结构建筑越来越多地出现在我们身边，如景观塔、景观桥、城市标志性钢结构雕塑、住宅小区大门、大楼入口钢雨篷、大楼顶飘架飘板等。

习　题

一、单选题

1. 世界上最早的铁链桥为（　　）。

   A. 泸定大渡河桥　B. 兰津桥　C. 赵州桥　D. 苏州桥

2. 钢材的温度达到（　　）时，强度几乎为零。

   A. 100 ℃　B. 200 ℃　C. 300 ℃　D. 600 ℃

3. 钢结构需要防火时，不可以采用的防火措施是（　　）。

   A. 外刷防火涂料　B. 外包混凝土　C. 外刷油漆　D. 外包石膏板

二、问答题

1. 钢结构有哪些特点？
2. 钢结构的应用范围有哪些？

三、实践题

调查若干钢结构工程，了解工程的结构组成。

第 2 章

钢结构材料及材料选用

本章关键词　钢材的力学性能，影响钢材性能的因素，钢材的选用

学习目标　(1) 了解土木工程材料的文化特色；
(2) 掌握钢材各项性能指标、工程要求和影响因素；
(3) 掌握延性破坏和脆性破坏的概念；
(4) 掌握钢材的种类、规格和选用原则。

新形态资源

2-1　本章 PPT

2-2　土木工程材料

知识结构框图

钢结构材料及材料选用

- 单向拉伸试验

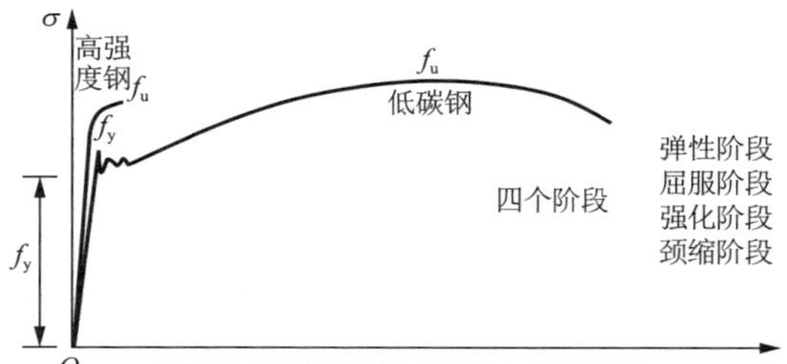

标准钢试件均匀受压时的应力-应变曲线

- 材料性能要求
  - 强度：f_u，f_y，f_u/f_y　　塑性：δ（δ_5，δ_{10}）
  - 冲击韧性：$\alpha_k = A_k/A$　　可焊性：C_E，P_{cm}
  - 冷弯性能　　耐久性　　z向伸缩率
- 性能影响因素
  - 化学成分：Fe，C，Si，Mn，S，O，P，N，V，Nb，Ti等
  - 冶金方法　　轧制工艺　　时间效应　　冷作硬化
  - 温度：250 ℃　　蓝脆现象　　应力集中——残余应力（应变）
- 两种破坏形式
  - 塑性：有先兆、断口纤维状、色泽发暗
  - 脆性：无先兆、突然发生、断口平齐、色泽发亮
- 种类、规格、选用
  - 种类：碳素结构钢、低合金高强度结构钢、特种优质结构钢
  - 规格：—，∟，[，I，H，T，○，◎
  - 选用：结构重要性、荷载特征、连接方法、工作环境

2.1 钢材的力学性能

2.1.1 钢材的单向拉伸试验

低碳钢在常温、静载条件下的单向拉伸应力-应变曲线如图 2-1 所示，共分为四个阶段：比例阶段（OA）、弹性非比例阶段（AB）、屈服阶段（BC）和应变硬化阶段（CD）。在 A 点以前，钢材处于弹性阶段，卸载后变形完全恢复，且应力与应变呈线性（正比）关系。越过 A 点后，钢材仍旧保持弹性，但应力与应变不再是线性关系。随后很快到达 B 点，进入塑性阶段，荷载不再增加，但变形持续增大，形成水平线段即屈服平台，卸载后塑性变形不再恢复，称为残余变形或塑性变形。由于 A 点与 B 点比较接近，为简化计算模型，一般假设在 B 点以前钢材处于弹性状态；经历屈服阶段 BC 后，由于钢材内部晶粒重新排列，强度有所提高，进入硬化阶段，但变形增加更快。到达 D 点时，钢材强度达到极限值 f_u，之后截面快速收缩，强度迅速降低直至断裂。低合金钢的单向拉伸应力-应变曲线与低碳钢相似，强度比低碳钢高，但屈服点没有低碳钢明显。

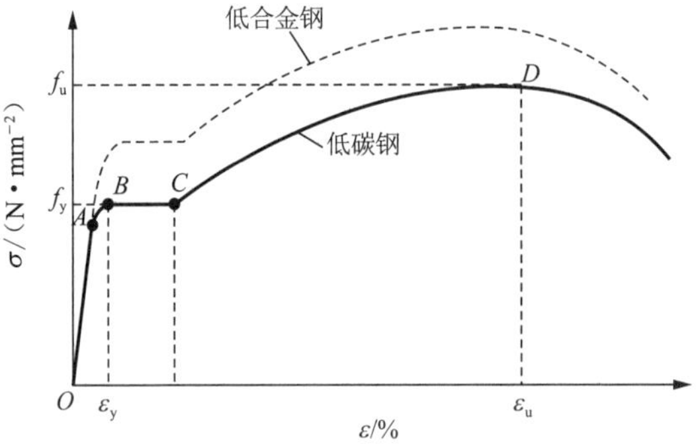

图 2-1 低钢材的单向拉伸应力-应变曲线

2.1.2 钢材的力学性能

钢材的力学性能是指标准条件下钢材的屈服强度、抗拉强度、伸长率、冷弯性能和冲击韧性，以及厚钢板的 z 向（厚度方向）性能等，也称为机械性能。

1）屈服强度

图 2-1 中屈服平台 BC 段所对应的应力称为屈服强度，用 f_y 表示，是评价钢材力学性能要求的重要指标。屈服点（C 点）是弹性变形的终点，因为在较大变形范围内应力不会增加，形成理想的弹塑性模型，所以将屈服强度作为弹性计算时强度的标准值。低碳钢和低合金钢都具有较为明显的屈服平台，而热处理钢材和高碳钢则没有。

2）抗拉强度

单向拉伸应力-应变曲线的最高点（图 2-1 中 D 点）所对应的强度称为抗拉强度或极限强度，用 f_u 表示，它是钢材所能承受的最大应力值。由于钢材屈服后具有较大的残余变形，已超出结构正常使用范畴，所以抗拉强度只能作为结构的安全储备指标。

3）伸长率

伸长率是试件断裂时的永久变形与原标定长度的百分比。标定长度（标距）取圆形试件直径的 5 倍或 10 倍，对应伸长率分别记作 δ_5 和 δ_{10}。伸长率代表钢材断裂前发生塑性变形的能力。这种能力使得钢结构在制作加工时，即使经受剪切、冲压、弯曲及锤击作用产生局部屈服也无明显破坏。伸长率越大，钢材的塑性和延性越好。

屈服强度、抗拉强度、伸长率是钢材的三个重要力学性能指标。钢结构中的所有钢材都应满足相关技术标准（规范）对这三个指标的规定。

4）冷弯性能

在常温条件下，钢材根据试样厚度、规定的弯心直径将试样弯曲（图 2-2），表面无裂纹和分层为合格。冷弯性能是一项综合指标，冷弯合格一方面表示钢材的塑性变形能力符合要求，另一方面也表示钢材的冶金质量（颗粒结晶及非金属夹杂等）符合要求。重要结构中需要钢材有良好的冷、热加工工艺性能时，要求冷弯试验合格。

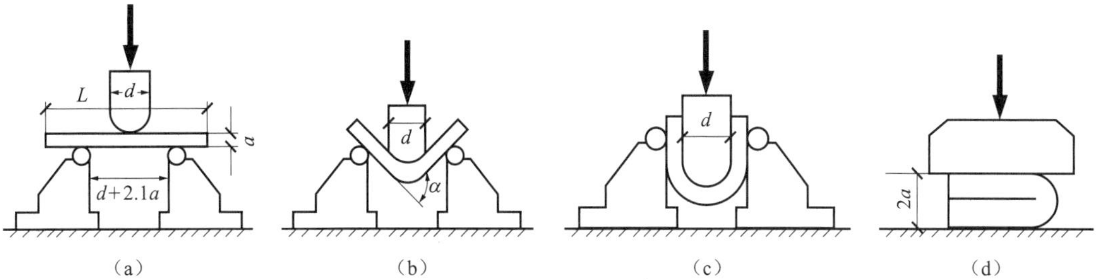

图 2-2　冷弯试验

5）冲击韧性

冲击韧性是钢材抵抗冲击荷载的能力，它用钢材断裂时所吸收的总能量来衡量。单向拉伸试验所表现的钢材性能都是静力性能，韧性则是动力性能。韧性是钢材强度、塑性的综合指标，韧性低则发生脆性破坏的可能性大。冲击韧性通过带有夏比缺口的夏比试验法测量（图 2-3），其值为试件折断时所需要的功，用 C_V 表示，单位为 J。缺口韧性值受温度的影响很大，当温度低于某一值时将急剧下降，因此应根据相应温度提出要求。

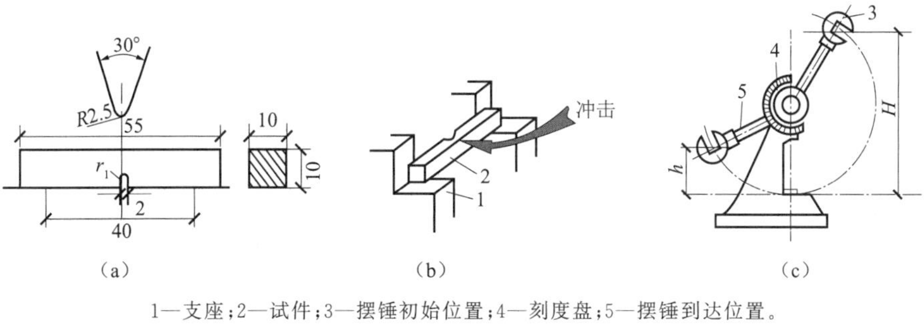

1—支座；2—试件；3—摆锤初始位置；4—刻度盘；5—摆锤到达位置。

图 2-3　冲击韧性试验

2.2 影响钢材性能的因素

2.2.1 化学成分

碳素结构钢由纯铁、碳及多种杂质元素组成，其中纯铁约占99%。低合金结构钢还需要加入合金元素，但总量通常不超过5%。钢材的化学成分对其性能有着重要影响。

碳(C)是形成钢材强度的主要成分。纯铁较软，而化合物渗碳体(Fe_3C)及渗碳体与纯铁的混合物珠光体则十分坚硬，钢的强度来自渗碳体和珠光体。含碳量提高，则钢材强度提高，但塑性、韧性、冷弯性能、可焊性及抗锈蚀性能下降，因此不能采用含碳量太高的钢材。含碳量(质量分数)低于0.25%时为低碳钢；在0.25%～0.60%时为中碳钢；高于0.60%时为高碳钢。结构用钢材的含碳量一般不高于0.22%；对于焊接结构，以不大于0.20%为宜。

锰(Mn)是有益元素，能显著提高钢材强度但又不过多降低其塑性和韧性。锰是弱脱氧剂，还能消除硫对钢的热脆影响。在低合金钢中，锰是合金元素，含量为1.0%～1.7%。锰含量过多，会降低低合金钢的可焊性，故对其含量有所限制。

硅(Si)是有益元素，有较强的脱氧作用，同时可使钢材颗粒变细，控制适量时可以提高钢材强度而不显著影响其塑性、韧性、冷弯性能及可焊性；锰过量则会恶化钢材的可焊性和抗锈蚀性能。硅在镇静钢中的含量一般为0.12%～0.30%，在低合金钢中一般为0.20%～0.55%。

钒(V)、铌(Nb)、钛(Ti)的作用都是使钢材晶粒细化。我国低合金钢都含有这三种元素。它们作为锰以外的合金元素，既可以提高钢材的强度，又可以保持钢材良好的塑性、韧性。

钢材中的铝(Al)不但是强脱氧剂，而且能细化晶粒，低合金钢的C,D,E级都规定铝含量不低于0.015%，以保证低温条件时必要的韧性。铬(Cr)和镍(Ni)是提高钢材强度的合金元素，用于Q390和Q420及以上的钢材。

硫(S)使钢材在高温时容易出现裂纹(热脆)，还会降低钢材的韧性、抗疲劳性能和抗腐蚀性能，必须严格控制其含量。磷(P)在低温下会使钢材变脆(冷脆)，但其可以提高钢的强度和抗锈蚀能力，有时也作为合金元素。氧(O)能使钢材热脆，其作用比硫剧烈。氮(N)能使钢材冷脆，必须严格控制其含量。

2.2.2 生产过程

钢材生产过程的影响主要包括冶炼时钢的炉种、浇铸前钢的脱氧和热轧等。

(1) 钢的炉种。

炼钢主要是将生铁或铁水中的碳和其他杂质如锰、硅、硫、磷等元素氧化成炉气和炉渣后而得到符合要求的钢液的过程。炼钢时采用的炉种有电炉、平炉和转炉等。电炉钢质量最佳，但耗电量很大，费用较贵，因此建筑用钢材不大采用电炉钢。平炉钢是利用平炉拱形炉顶的反射原理由燃烧煤气供给热能，使炉中含碳量少的废钢和含碳量高的生铁(或铁水)炼成含碳量适中的钢液，在氧化过程中还可以把杂质除去。平炉钢的冶炼工艺容易控制，产量高，质量均匀，多用于各种重要的结构。转炉钢的钢液含杂质较多，质量较差，过去只能用于次要构件中。氧气转炉钢所含有害元素及夹杂物少，钢材的质量和加工性能都不低于平炉钢，甚至某些性能（如含氮量低和冲击韧性较高等）还优于平炉钢，且生产效率高、成本低，可用于制造各种结构。氧气转炉可用于生产低碳钢，也可用于生产普通低合金钢。

（2）钢的脱氧。

钢液中残留的氧会使钢材晶粒粗细不均并发生热脆，因此浇铸钢锭时，在炉中或盛钢桶中加入脱氧剂以消除氧，可大大改善钢材的质量。按脱氧程度不同，钢通常分为沸腾钢、镇静钢和特殊镇静钢三类。

沸腾钢的生产周期短，消耗脱氧剂少，冷却凝固后钢锭顶面无缩孔，轧制钢材时钢锭的切头率小，成本较低；但钢材内部会形成许多小气泡，组织不够致密，有较多的氧化铁夹杂，化学成分不够均匀（称为偏析）。通过辊轧后，沸腾钢的强度和塑性并不比镇静钢低多少，但冲击韧性较低和脆性转变温度较高，抵抗冷脆性能差，抗疲劳性能也较镇静钢的差。

镇静钢的化学成分较均匀，晶粒细而均匀，组织密实，含气泡和有害氧化物等夹杂少，冲击韧性较高，特别是低温时的韧性大大高于沸腾钢，抗低温冷脆能力和抗疲劳性能都比较强。它是质量较好的钢材。普通低合金钢大多为镇静钢。

如果钢用硅脱氧后再用更强的脱氧剂铝补充脱氧，则可得特殊镇静钢，冲击韧性尤其是低温冲击韧性较高。

（3）钢的轧制。

我国的钢材大都是热轧型钢和热轧钢板。将钢锭加热至塑性状态，再通过轧钢机将其轧成钢坯，然后使其通过一系列不同形状和孔径的轧机，最后轧成所需形状和尺寸的钢材，称为热轧。钢材热轧成型的同时也可细化钢的晶粒使其组织紧密，钢锭内一些微观缺陷如小气泡和裂纹等，经过多次辊轧而弥合，使钢的质量得到改进。辊轧次数较多的薄型材和薄钢板，轧制后的压缩比大于辊轧次数较小的厚钢材，因而薄型材和薄钢板的屈服点和伸长率等就大于厚钢材。

（4）热处理。

一般钢材以热轧状态交货，某些高强度钢材在轧制后经热处理才出厂。热处理的目的在于取得高强度的同时保持良好的塑性和韧性。轧制后的钢材若再经过热处理可得到调质钢。热处理常采用下列方式。

① 淬火：把钢材加热到 900 ℃以上，放入水或油中快速冷却，使其硬度和强度提高，但塑性和韧性降低。

② 正火：把钢材加热至 850～900 ℃，并保持一段时间，在空气中缓慢冷却。正火可改善组织，细化晶粒，相当于热轧状态。

③ 回火：把淬火后的钢材加热至 500～600 ℃，在空气中缓慢冷却，可降低其脆性，提高其综合性能。

我国结构用钢按照热轧状态交付使用，高强度螺栓和轨道表面要经热处理后才能出厂。

2.2.3　其他因素

1）冷加工硬化

钢结构在弹性阶段卸载后，不产生残余变形，也不影响工作性能；但是在弹塑性阶段或塑性阶段卸载再重复加载时，其屈服点将提高，塑性和韧性降低，这种现象称为冷加工硬化。

钢结构在加工过程中一般要经过辊压、冲孔、剪切、冷弯等工序。这些工序通常会使钢材产生很大的塑性变形，对强度而言，提高了钢材的屈服点，甚至是抗拉强度，但是降低了塑性和韧性，增加了脆性破坏的危险，对直接承受动力荷载的构件尤其不利。

2）时效硬化

冶炼时残留在纯铁体中少量的氮和碳的固熔体，随着时间的增长将逐渐析出，并形成自由的氮化物或碳化物微粒，约束纯铁体的塑性变形，从而使钢材的强度提高，塑性和韧性下降，这种现象称为时效硬化。

时效硬化的时间有长有短，可从几天到几十年；材料经过塑性变形（约10%）后加热到250 ℃，可使时效硬化加速发展，只需几个小时即可完成，称为人工时效。对特别重要的结构，为了评定时效对钢材性能的影响，可经人工时效后再测定其冲击韧性。

3）温度的影响

钢材在常温下工作性能变化不大。当温度升高至约100 ℃时，钢材的强度降低，塑性增大，但数值不大；当温度升到250 ℃附近时，钢材的抗拉强度略有提高，而塑性和韧性均下降，此时加工有可能产生裂缝，因钢材表面的氧化膜呈蓝色，称为蓝脆现象；当温度超过300 ℃以后，屈服点和抗拉强度明显下降；当温度达到600 ℃时，强度几乎为零。

当钢材温度从常温降到一定值时，钢材的冲击韧性急剧降低，试件断口属脆性破坏，这种现象称为冷脆现象。

4）应力集中

钢构件常因为构造而产生空洞、槽口、凹角、裂缝、厚度变化、形状变化、内部缺陷等，这些因素使钢材内的一些区域产生局部高峰应力，称为应力集中现象。应力集中越严重，钢材的塑性越差。

冲击韧性试验试件带有V形缺口是为了使构件受荷时产生应力集中，由此测得的冲击韧性值能反映材料对应力集中的敏感性，从而能够全面反映材料的综合品质。

5）残余应力

型钢和钢板热轧成材后，一般放置在堆场自然冷却。在冷却过程中截面各部分散热速度不同，导致冷却不均匀。残余应力是钢材在冶炼、轧制、焊接、冷加工等过程中，由于不均匀的冷却、组织构造的变化而在钢材内部产生的不均匀应力。

钢材中残余应力的特点是应力在构件内部自相平衡，与外力无关。残余应力易使钢材发生脆性破坏。对钢材进行“退火”热处理，在一定程度上可以消除一些残余应力。

2.3 钢结构对材料性能的要求

钢结构对材料性能的要求是全方位、多方面的，使用时必须全面衡量，慎重选择合适的材料。工程使用时对钢材的性能要求主要有强度、塑性、韧性、可焊性、冷弯性、耐久性、z向伸缩率和破坏形式等。

2.3.1　钢材的强度

强度体现了材料的承载能力，主要指标有屈服强度 f_y、抗拉强度 f_u 和伸长率 δ，可通过静力拉伸试验得到。它们是钢结构设计中对钢材力学性能要求的三项最为重要的指标。

钢结构设计中常把屈服强度 f_y 定为构件应力的限值，这是因为当 $\sigma \geqslant f_y$ 时，钢材暂时失去了继续承载的能力，并伴随产生很大的不适宜继续受力或使用的变形。

钢材的抗拉强度 f_u 是钢材塑性变形很大且即将破坏时的强度，是钢材抗破坏能力的极限，此时已无安全储备，只能作为衡量钢材强度的一个指标。

钢材的屈服强度与抗拉强度之比（f_y/f_u）称为屈强比，是表明设计强度储备的一项重要指标。f_y/f_u 越大，强度储备越小，结构越不安全，在设计中要选用合适的屈强比。

2.3.2　钢材的塑性

塑性是指应力超过屈服强度后，钢材能产生显著的残余变形（塑性变形）而不立即断裂的性质。塑性好坏可用伸长率 δ 和断面收缩率 φ 表示。δ 和 φ 通过静力拉伸试验得到。

伸长率 δ 或断面收缩率 φ 越大，则塑性越好。结构或构件在受力时（尤其是承受动力荷载时），材料塑性好坏往往决定了结构是否安全可靠，因此钢材塑性指标比强度指标更为重要。

2.3.3　钢材的韧性

钢材的韧性是钢材在塑性变形和断裂过程中吸收能量的能力，也表示钢材抵抗冲击荷载的能力。它是强度与塑性的综合表现。钢材韧性通过冲击试验测定的冲击功来表示。

钢材的冲击韧性与钢材的质量、缺口形状、加载速度、时间厚度和温度有关，其中温度的影响最大。试验表明：钢材的冲击韧性值随温度的降低而降低，但不同牌号和质量等级的钢材，其降低规律又有很大的不同。在寒冷地区承受动力荷载作用的重要承重结构，应根据工作温度和所用的钢材牌号，对钢材提出相应温度下的冲击韧性指标要求，以防脆性破坏的发生。

钢结构设计标准（GB 50017—2017）对钢材的冲击韧性有常温和负温要求的规定。

在负温范围内，f_y 与 f_u 都增大，但塑性变形能力减小，因而材料转脆，对冲击韧性的影响十分突出。材料由韧性破坏转到脆性破坏的温度（范围）叫作该种钢材的转变温度。在钢材结构设计中，要求避免完全脆性破坏，因此结构所处温度应大于脆性转变温度。

2.3.4　钢材的可焊性

钢材的可焊性是指在一定工艺和结构条件下，钢材经过焊接能够获得良好的焊接接头的性能。可焊性分为施工可焊性和使用性能可焊性。施工可焊性指对产生裂纹的敏感性，使用性能可焊性指构件焊接后的力学性能不能够低于母材。

焊接过程中要求焊缝及焊缝附近金属不产生热裂纹或冷却收缩裂纹，用焊接裂纹敏感指数 P_{cm} 体现；使用过程中焊缝处的冲击韧性和热影响区内塑性良好。除 Q235A 不能保证作为焊接构件外，其他牌号的钢材均具有良好的焊接性能。在高强度低合金钢中，低合金元素大多对可焊性有不利影响。《钢结构焊接规范》（GB 50661—2011）推荐使用碳当量 C_E 来衡量低合金钢的可焊性。P_{cm} 和 C_E 的计算公式如下：

$$P_{cm}=w(C)+\frac{w(Si)}{30}+\frac{w(Mn)}{20}+\frac{w(Cu)}{20}+\frac{w(Ni)}{60}+\frac{w(Cr)}{20}+\frac{w(Mo)}{15}+\frac{w(V)}{10}+5w(B)$$

$$C_E=w(C)+\frac{w(Mn)}{6}+\frac{w(Cr)+w(Mo)+w(V)}{5}+\frac{w(Ni)+w(Cu)}{5}$$

式中，$w(C)$，$w(Si)$，$w(Mn)$，$w(Cr)$，$w(Mo)$，$w(V)$，$w(Ni)$，$w(Cu)$，$w(B)$分别为碳、硅、锰、铬、钼、钒、镍、铜和硼的质量分数，%。

当 $C_E \leqslant 0.38\%$时，钢材的可焊性很好，可以不采取措施直接施焊；当 C_E 在 $0.38\% \sim 0.45\%$范围内时，钢材呈现淬硬倾向，施焊时要控制焊接工艺、采用预热措施，并使热影响区缓慢冷却，以免发生淬硬开裂；当 $C_E > 0.45\%$时，钢材的淬硬倾向更加明显，需严格控制焊接工艺和预热温度才能获得合格的焊缝。

钢材焊接性能的优劣除了与钢材的碳当量有直接关系外，还与母材的厚度、焊接的方法、焊接工艺参数以及结构形式等条件有关。

2.3.5 钢材的冷弯性能

钢材的冷弯性能是指钢材在冷加工(常温下加工)产生塑性变形时，对产生裂缝的抵抗能力。钢材的冷弯性能由冷弯试验确定。试验时根据钢材牌号和板厚，按国家相关标准规定的弯心直径，在试验机上将试件弯曲，以试件内、外表面与侧面不出现裂缝和分层为合格。冷弯试验不仅能检验材料承受规定的弯曲变形能力的大小，还能显示其内部的冶金缺陷，因此是判断钢材塑性变形能力和冶金质量的综合指标。焊接承重结构以及重要的非焊接承重结构采用的钢材还应具有冷弯试验的合格保证。

2.3.6 钢材的耐久性

钢材的耐久性需要考虑耐腐蚀性、时效现象和疲劳现象等。

时效现象是指随着时间的增长，钢材的力学性能有所改变。

疲劳现象是指在多次反复荷载作用下，钢材强度低于屈服强度 f_y 而发生的破坏。

2.3.7 z 向伸缩率

当钢材较厚或承受沿厚度方向的拉力时，钢材具有板厚方向的收缩率要求，以防钢材厚度方向的分层、撕裂。

2.3.8 钢材的破坏形式

钢材有两种性质完全不同的破坏形式：塑性破坏和脆性破坏。钢结构所用钢材在正常使用条件下，虽然有较高的塑性和韧性，但在某些特定条件下仍然存在发生脆性破坏的可能。

塑性破坏也称延性破坏，在构件应力达到抗拉强度后，构件会产生明显的变形并断裂。破坏后的断口呈纤维状、色泽发暗。塑性破坏前通常具有较大的塑性变形发生，而且变形持续时间较长，容易被发现和抢修加固，因此不至于产生严重后果。

脆性破坏在破坏前无明显塑性变形(或根本就没有塑性变形),而是突然发生断裂。破坏后的断口平直,呈有光泽的晶粒状。由于破坏前没有任何预兆,破坏速度又极快,所以无法及时察觉和采取补救措施,具有较大的危险性。因此,在钢结构的设计、施工和使用过程中,要特别注意防范这种脆性破坏的发生。

2.3.9　钢材的疲劳和疲劳验算

钢结构构件及其连接在很多次重复加载与卸载作用下,其强度还低于钢材抗拉强度甚至钢材屈服点的情况下会突然断裂,称为疲劳破坏(图 2-4)。疲劳破坏是突然产生的,属脆性破坏,无预警,危害性较大。《钢结构设计标准》(GB 50017—2017)对钢结构进行疲劳计算时的规定如下:

(1) 直接承受动力荷载重复作用的钢结构构件及其连接,当应力变化的循环次数 n 等于或大于 5×10^4 次时,应进行疲劳计算。

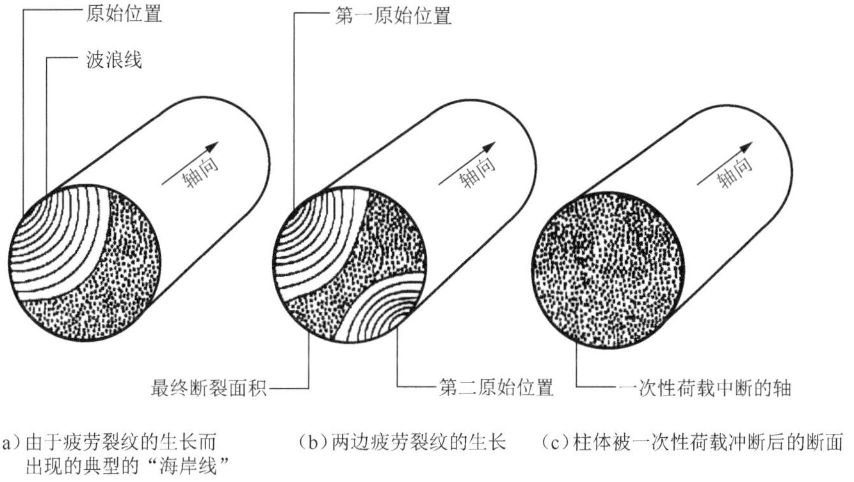

图 2-4　钢材的疲劳破坏

(2) 疲劳计算应采用基于名义应力的容许应力幅法,其中名义应力应按弹性状态计算,容许应力幅应按构件和连接类别、应力循环次数以及计算部位的板件厚度确定。对非焊接的构件和连接,其应力循环中不出现拉应力的部位可不计算疲劳强度。

(3) 计算疲劳强度时,应采用荷载的标准值。

(4) 对于直接承受动力荷载的结构,计算疲劳强度时,动力荷载标准值不应乘以动力系数。

(5) 直接承受动力荷载重复作用的高强度螺栓连接分两种情况:抗剪摩擦型连接,可不进行疲劳验算,但其连接处开孔主体金属应进行疲劳计算;栓焊并用连接应按全部剪力由焊缝承担的原则对焊缝进行疲劳计算。

(6) 计算吊车梁或吊车桁架及其制动结构的疲劳和挠度时,起重机荷载应由作用在跨间荷载效应最大的一台起重机确定。

疲劳计算可分为两种情况:

(1) 常幅疲劳计算。

在结构使用寿命期间,对于全部应力循环内的应力幅均相同的常幅疲劳,应使应力幅值不超过允许值或限定值。

(2) 变幅疲劳计算。

对应力循环内的应力幅值随机变化的变幅疲劳,若能预测结构在使用寿命期间由各种荷载的频率分布、应力幅水平以及频次分布总和所构成的设计应力谱,则可将其折算为等效常幅疲劳,按钢结构设计标准的相应规定进行计算。

2.4 钢材的种类、选用及规格

2.4.1 钢材的种类

结构用钢材主要有两种:碳素结构钢和低合金高强度结构钢。后者因含有锰、钒等合金元素而具有较高的强度。此外,处于腐蚀介质中的结构则采用高耐候性结构钢,这种钢因含铜、磷、铬、镍等合金元素而具有较高的抗锈能力。

1) 碳素结构钢

根据国家标准《碳素结构钢》(GB/T 700—2006),碳素结构钢的牌号(简称钢号)有Q195,Q215A 及 B,Q235A,B,C 及 D,Q275A,B,C 及 D。碳素结构钢的钢号由代表屈服强度的字母 Q、屈服点数值(单位:N/mm^2)、质量等级符号(如 A,B,C,D)、脱氧方法符号(如 F,Z,TZ)这四个部分组成。浇铸过程中由于脱氧程度不同,钢材有沸腾钢与镇静钢之分,分别以符号 F,Z 来表示;此外还有用铝补充脱氧的特殊镇静钢,用 TZ 表示。按国家标准规定,符号 Z,TZ 在表示牌号时可以省略。以 Q235 钢为例,A,B 两级钢的脱氧方法可以是 F 和 Z,C 级钢的只能为 Z,D 级钢的只能为 TZ。钢号的表示法和代表的意义举例如下:

(1) Q235A——屈服强度为 235 N/mm^2,A 级,镇静钢;

(2) Q235AF——屈服强度为 235 N/mm^2,A 级,沸腾钢;

(3) Q235B——屈服强度为 235 N/mm^2,B 级,镇静钢;

(4) Q235C——屈服强度为 235 N/mm^2,C 级,镇静钢;

(5) Q235D——屈服强度为 235 N/mm^2,D 级,特殊镇静钢。

从 Q195 到 Q275 是按强度由低到高排列的。Q195,Q215 的强度比较低,Q275 的含碳量超出了低碳钢的范围,因此建筑结构所用碳素结构钢主要是 Q235。

2) 低合金高强度结构钢

低合金高强度结构钢是在冶炼过程中添加少量几种合金元素(含碳量不大于 0.02%,合金元素总量不大于 0.05%),以使钢的强度明显提高,故称之为低合金高强度结构钢。

根据国家标准《低合金高强度结构钢》(GB/T 1591—2018),低合金高强度结构钢的牌号由代表屈服强度的字母 Q、规定的屈服强度数值、交货状态代号、质量等级符号四个部分组成。其中强度等级分为 Q355,Q390,Q420,Q460 四种;交货状态有热轧(AR 或 WAR)、正火(N)、正火轧制(+N)、热机械轧制(M)四种,括号内为表示符号。交货状态为热轧时,交货状态代号 AR 或 WAR 可省略;交货状态为正火或者正火轧制时,交货状态代号均用 N 表示。质量等级分为 B,C,D,E,F 五个。钢号表示方法和代表意义举例如下:

(1) Q355B——屈服强度为 355 N/mm^2,交货状态为热轧,质量等级为 B 级的低合金钢;

(2) Q355ND——屈服强度为 355 N/mm^2,A 级,交货状态为正火或者正火轧制,质量等级为 D 级的低合金钢;

(3) Q420ME——屈服强度为 420N/mm^2,交货状态为热机械轧制,质量等级为 E 级的低合金钢。

在新的钢材标准中,Q355 替代了原来的 Q345(《钢结构设计标准》GB 50017—2017 因颁布时间较早,没有修改,仍为 Q345)。

此外,当钢板需要有厚度方向的性能时,则在上述规定的牌号后加上代表厚度方向(Z 向)性能级别的符号,如 Q355NDZ25。

根据《钢结构设计标准》(GB 50017—2017),低合金钢中所有的钢号都可以选用。

3) 建筑结构用钢板

根据国家标准《建筑结构用钢板》(GB/T 19879—2015)的规定,采用该标准生产的钢材牌号由代表屈服强度的字母(Q)、规定的最小屈服强度数值、代表高性能建筑结构用钢的拼音字母(GJ)、质量等级符号(B,C,D,E)组成,如 Q345GJC;当钢板需要有厚度方向性能时,在质量等级后再加上厚度方向性能级别(Z15,Z25 或 Z35),如 Q345GJCZ15。

在高层钢结构、大跨度钢结构或者重要的钢结构工程中,可以选用性能较高、符合《建筑结构用钢板》(GB/T 19879—2015)要求的钢板,这类钢板俗称"高建钢"。

2.4.2　钢材的选择

正确合理地选用钢材是保证结构安全可靠和用材经济合理所必需的。钢材质量等级越高,钢材的价格也越高,因此应根据实际需要来选用合适的钢材质量等级。通常,选用钢材时应着重考虑下述五个因素:

(1) 结构的重要性。重要性是根据结构损坏带来后果的严重性(如危及人的生命、造成经济损失以及产生的社会影响等)而定的。重要的结构应采用质量较高的钢材。

(2) 结构所受的荷载特征。一般情况下,经常承受动力荷载的结构要求钢材具有较高的质量等级;承受静力荷载的结构可采用一般质量等级的钢材。

(3) 结构的连接方法。当结构采用焊缝连接时,为了保证连接质量,应采用质量等级较高的钢材;采用螺栓连接时,可采用一般要求的钢材。

(4) 结构所处工作环境情况。低温地区易产生钢材的冷脆,有腐蚀介质的环境要求钢材质量较高。

(5) 钢材的市场供货情况、市场供求情况和供货价格,它们会影响工程造价,也是需要考虑的因素。

确定钢材强度的主要因素是结构构件的布置情况和荷载的大小。若构件设计是由强度控制的,则提高钢材的牌号可以获得较高的性价比;若构件设计是由稳定或者刚度条件控制的,则提高钢材的牌号意义不大。

确定钢材的质量等级时,除需要考虑前述五个因素外,《钢结构设计标准》(GB 50017—

2017)中还有如下要求:

(1) A级钢仅可用于工作温度高于0 ℃的不需要验算疲劳的结构,且Q235A钢不宜用于焊接结构。

(2) 需验算疲劳的焊接结构用钢材应符合下列规定:

① 当工作温度高于0 ℃时其质量等级不应低于B级;

② 当工作温度不高于0 ℃但高于−20 ℃时,Q235,Q345钢不应低于C级,Q390,Q420及Q460钢不应低于D级;

③ 当工作温度不高于−20 ℃时,Q235钢和Q345钢不应低于D级,Q390钢、Q420钢、Q460钢应选用E级。

(3) 需验算疲劳的非焊接结构,其钢材质量等级要求可以较上述焊接结构降低一级但不应低于B级。吊车起重量不小于50 t的中级工作制吊车梁,其质量等级要求应与需要验算疲劳的构件相同。

2.4.3 钢材的规格

钢结构构件一般宜直接选用型钢,这样可减少再加工和制造的工作量,降低造价。型钢尺寸不合适或构件很大时则可用钢板组合制作。钢构件之间或直接连接或附以连接钢板进行连接,因此钢结构中的基本元件多为型钢和钢板。型钢有热轧及冷成型两种(图2-5、图2-6)。

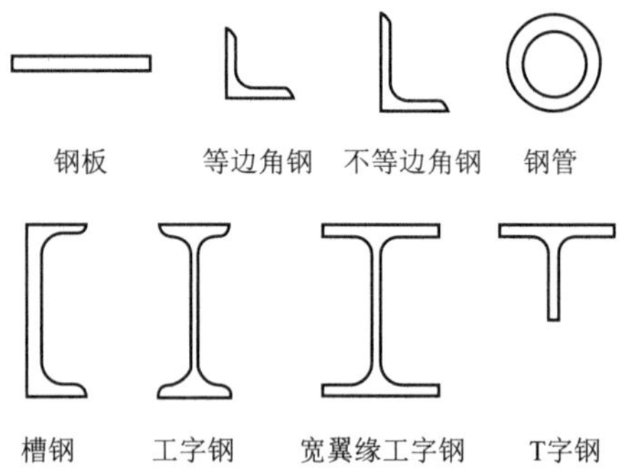

图2-5 常用热轧型钢

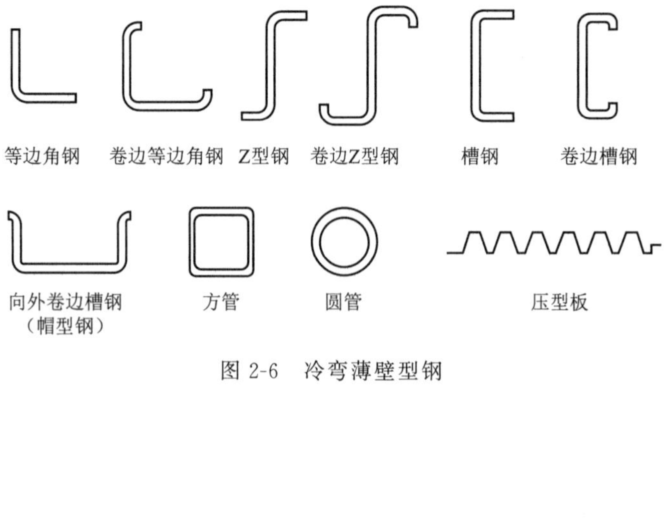

图2-6 冷弯薄壁型钢

1) 热轧钢板

热轧钢板分厚板及薄板两种。厚板的厚度为 4.5～60 mm，薄板的厚度为 0.35～4.00 mm。前者广泛用来组成焊接构件和连接钢板，后者是冷弯薄壁型钢(图 2-6)的原料。在图样中，钢板用“厚×宽×长”(单位：mm)前面附加钢板横断面符号的方法表示，如－12×800×2 100 等。

2) 热轧型钢

(1) 角钢。有等边和不等边两种。等边角钢(也叫等肢角钢)以边宽和厚度表示，如∟100×10 为肢宽 100 mm、厚 10 mm 的等边角钢。不等边角钢(也叫不等肢角钢)则以两边宽度和厚度表示，如∟100×80×8 等。

我国目前生产的等边角钢肢宽为 20～200 mm，不等边角钢肢宽为 25 mm×16 mm～200 mm×125 mm。

(2) 槽钢。我国槽钢有两种尺寸系列：热轧普通槽钢与热轧轻型槽钢。前者表示方法如[30a，指槽钢外廓高度为 30 cm 且腹板厚度为最薄的一种；后者的表示方法如[25Q，表示外廓高度为 25 cm，Q 是“轻”的汉语拼音首字母。相同号数时，轻型槽钢由于腹板薄及翼缘宽而薄，则截面面积小但回转半径大，所以能节约钢材、减少自重。但目前轻型系列的实际产品比较少。

(3) 工字钢。与槽钢相同，也分普通型和轻型两个尺寸系列。工字钢外轮廓高度的厘米数即型号。普通型工字钢当型号较大时腹板厚度分 a，b，c 三种；轻型工字钢由于壁厚薄，故不再按厚度划分。两种工字钢表示法如 I32c，I32Q 等。

(4) H 型钢。热轧 H 型钢分为三类：宽翼缘 H 型钢(HW)、中翼缘 H 型钢(HM)和窄翼缘 H 型钢(HN)。H 型钢的表示方法是先用符号 HW，HM 和 HN 表示 H 型钢的类别，后面再加上“高度(mm)×宽度(mm)”。例如，HW300×300 即截面高度为 300 mm、翼缘宽度为 300 mm 的宽翼缘 H 型钢。

(5) 剖分 T 型钢。剖分 T 型钢是由对应的 H 型钢沿腹板中部对等剖分而成的，也分为三类：宽翼缘剖分 T 型钢(TW)、中翼缘剖分 T 型钢(TM)和窄翼缘剖分 T 型钢(TN)。钢号表示方法与 H 型钢类同，如 TN225×200 表示截面高度为 225 mm、翼缘宽度为 200 mm 的窄翼缘剖分 T 型钢。

3) 冷弯薄壁型钢

冷弯薄壁型钢是用厚度 2～6 mm 的钢板经冷弯或模压而成型的。在国外，冷弯型钢所用钢板的厚度有加大的趋势，如美国有用到 1 in(1 in≈25.4 mm)厚的钢板。

4) 压型钢板

压型钢板由热轧薄钢板经冷压或冷轧成型，具有较大的宽度及曲折外形，从而增加了惯性矩和刚度，是近年来开始使用的新型薄壁型材，所用钢板厚度通常为 0.35～2.00 mm，用作轻型屋面等构件。国内压型钢板的应用发展很是迅速，型号也比较多，建筑领域常用的压型钢板厚度多为 0.35～1.5 mm，生产效率高，经济效益好。

热轧型钢的型号及截面几何特性见附表 2-1～2-6。薄壁型钢的常用型号及截面几何特性见《冷弯薄壁型钢结构技术规范》(GB 50018—2016)和《建筑结构用冷弯薄壁型钢》(JG/T380—2012)、《低层冷弯薄壁型钢房屋建筑技术规程》(JGJ 227—2011)及《冷弯薄壁型钢多层住宅技术标准》(JGJ/T 421—2018)等相关技术文献的附录。

习　题

一、判断题

1. 钢材的伸长率越大，说明钢材的韧性越好。（　　）
2. 钢材的含碳量提高，则强度提高，塑性提高，韧性变差。（　　）
3. 磷可以提高钢材的抗锈蚀能力。（　　）
4. 钢材发生塑性变形后，强度会提高，塑性和韧性会降低。（　　）
5. 钢构件上的孔洞、槽口、凹角会使钢材塑性变差。（　　）
6. 钢材塑性破坏在破坏前没有预兆，具有较大的危险性。（　　）
7. 钢材的焊接性能的好坏与钢材的碳当量直接相关。（　　）
8. 低温环境中的钢结构应选用质量等级较高的钢材。（　　）
9. 牌号为 Q345 的钢材的抗拉强度是 345 MPa。（　　）
10. 焊接 H 型钢 H400×200×8×12 的腹板厚度是 12 mm。（　　）

二、单选题

1. 钢材的三个重要力学指标不包括（　　）。
   A. 屈服强度　B. 抗拉强度　C. 冲击韧性　D. 伸长率
2. 钢材的单向拉伸应力-应变曲线中最高点对应的强度称为（　　）。
   A. 最高强度　B. 抗拉强度　C. 屈服强度　D. 强度极限
3. 下列钢材的性能中可以反映钢材加工性能好坏的是（　　）。
   A. 屈服强度　B. 伸长率　C. 冷弯性能　D. 冲击韧性
4. 钢材的性能中反映钢材动力性能的是（　　）。
   A. 强度　B. 伸长率　C. 冲击韧性　D. 冷弯性能
5. 下列牌号的钢材中属于碳素结构钢的是（　　）。
   A. Q235　B. Q345　C. Q390　D. Q420

三、问答题

1. 什么叫塑性破坏？什么叫脆性破坏？
2. 影响钢材性能的因素主要有哪些？
3. 选择钢材时应考虑哪些因素？

第3章

轴心受力构件

本章关键词 轴心受力，强度，刚度，整体稳定，局部稳定，构造要求，柱的截面验算

学习目标 (1) 理解并掌握轴心受力构件的界定；

(2) 掌握实腹式和格构式受压构件的设计、验算和构造要求；

(3) 掌握梁与柱的连接方式(铰接、刚接)；

(4) 掌握轴心受压柱柱脚的构造与设计(铰接)。

新形态资源

3-1 本章PPT

3-2 实腹式轴心受压柱截面的初步选择

3-3 实腹式轴心受力构件的验算

3-4 格构式轴心受力构件截面的初步选择

3-5 格构式轴心受力构件的验算

3-6 柱脚

知识结构框图

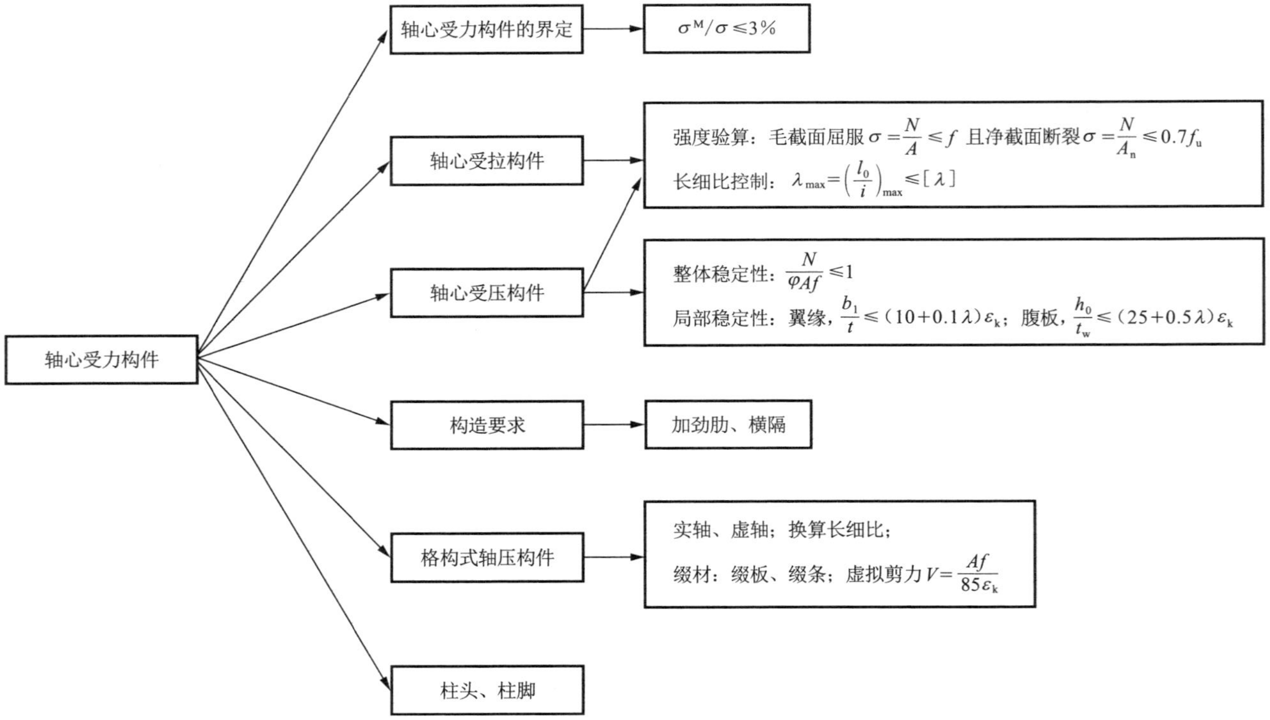
轴心受力构件
轴心受力构件的界定
$\sigma^{M}/\sigma \leqslant 3\%$
轴心受拉构件
强度验算：毛截面屈服 $\sigma=\frac{N}{A}\leqslant f$ 且净截面断裂 $\sigma=\frac{N}{A_n}\leqslant 0.7f_u$
长细比控制：$\lambda_{max}=\left(\frac{l_0}{i}\right)_{max}\leqslant[\lambda]$
轴心受压构件
整体稳定性：$\frac{N}{\varphi Af}\leqslant 1$
局部稳定性：翼缘，$\frac{b_1}{t}\leqslant(10+0.1\lambda)\varepsilon_k$；腹板，$\frac{h_0}{t_w}\leqslant(25+0.5\lambda)\varepsilon_k$
构造要求
加劲肋、横隔
格构式轴压构件
实轴、虚轴；换算长细比；
缀材：缀板、缀条；虚拟剪力 $V=\frac{Af}{85\varepsilon_k}$
柱头、柱脚

3.1　轴心受力构件概述

轴心受力构件在钢结构工程中的应用十分广泛，例如桁架、塔架和网架、网壳等结构中的杆件。为了便于计算和设计，这类结构的节点通常假设为铰接。当无节间荷载作用时，杆件只受轴向力(拉力或压力)的作用，称为轴心受力构件(包括轴心受拉构件或轴心受压构件)。图 3-1 是轴心受力构件在工程上应用的一些实例。

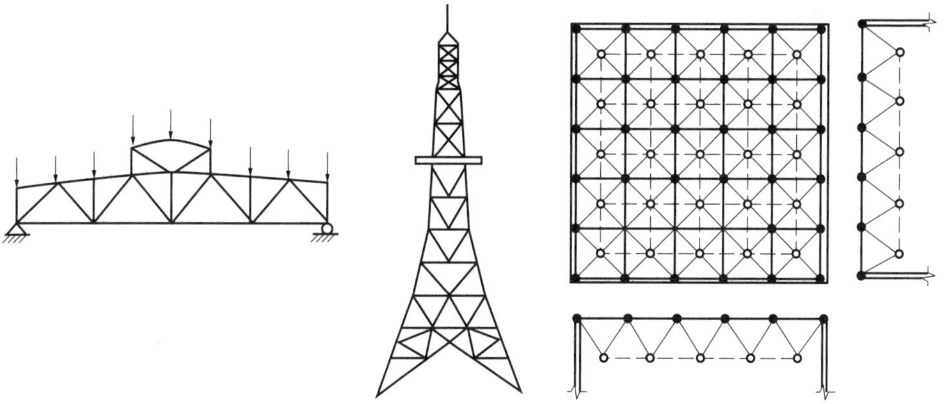

(a) 桁架　(b) 塔架　(c) 网架

图 3-1　轴心受力构件在工程中的应用

轴心受力构件常用的截面形式分为实腹式和格构式两大类。

(1) 实腹式构件制作简单，与其他构件的连接也比较方便，常用截面形式很多，可直接选用单个型钢截面，如圆钢、钢管、角钢、工字钢、H 型钢、T 型钢等(图 3-2a)；也可选用由型钢

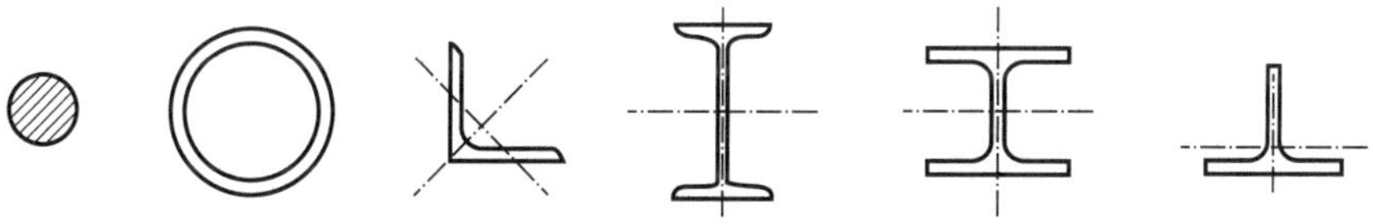

(a) 型钢截面

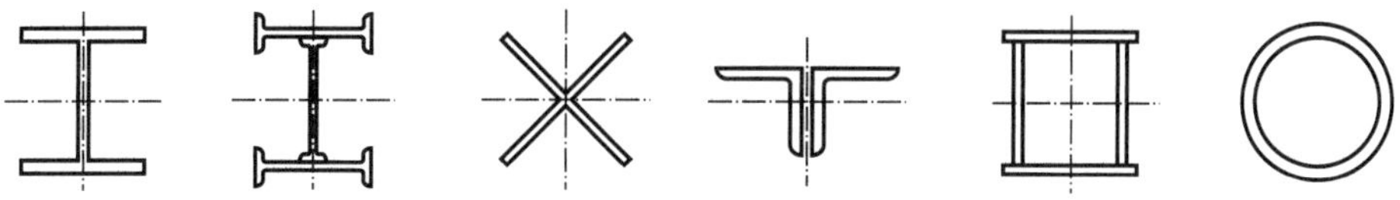

(b) 焊接实腹式组合截面

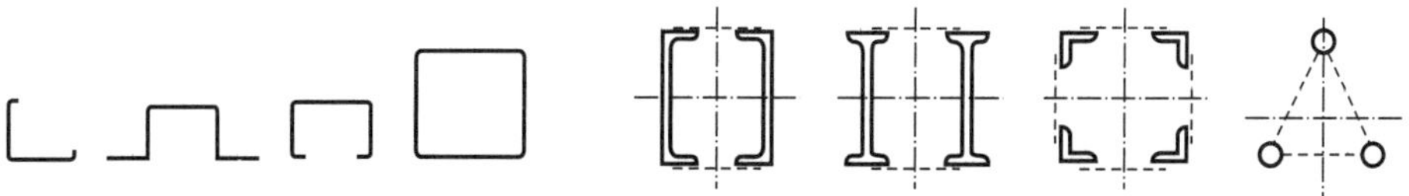

(c) 冷弯薄壁型钢截面　(d) 格构式截面

图 3-2　轴心受力杆件的截面形式

或钢板组成的组合截面(图 3-2b);在轻型结构中还可以采用冷弯薄壁型钢截面(图 3-2c)。在这些截面中,截面紧凑(如圆钢)或对两主轴刚度相差悬殊者(如单槽钢、工字钢),一般适用于轴心受拉构件;而受压构件通常采用较为开展、组成板件宽而薄的截面。

(2) 格构式构件(图 3-2d)比较容易使压杆实现两主轴方向的等稳定性。这种构件通常刚度大、抗扭性好,用料较省。格构式截面一般由两个或多个型钢肢件组成,肢件间采用缀条或缀板连成整体。缀条和缀板统称为缀材。

3.2 轴心受力构件的强度及刚度

轴心受拉构件的设计除了根据结构用途、构件受力大小和材料供应情况选用合理的截面形式外,还要对所选截面进行强度和刚度验算。强度要求是构件截面上的最大正应力不超过钢材的强度设计值;刚度要求是构件的长细比不超过容许长细比。

在轴心受压构件设计时,除了使所选截面满足强度和刚度要求外,还应使构件满足整体稳定性和局部稳定性的要求。整体稳定性要求是使构件在设计荷载作用下不致发生屈曲而丧失承载能力。局部稳定性要求一般是使组成构件的板件宽厚比不超过规定限值,以保证板件不会发生屈曲;或者使构件的局部失稳不先于整体失稳;或者使格构式构件的分肢不发生屈曲。

3.2.1 轴心受力构件的强度验算

1) 轴心受拉构件的强度验算

轴心受力构件强度验算在概念上要求构件内的应力 σ 不超过钢材的抗拉或抗压强度设计值 f,即 $\sigma \leqslant f$。

有孔洞等削弱轴心受力的构件,在孔洞处截面上的应力分布是不均匀的,会在靠近孔边处产生应力集中现象。在弹性阶段,孔壁边缘的最大应力 σ_{max} 可能达到构件毛截面平均应力 σ 的 3 倍。如果杆件内力继续增加,孔壁边缘的最大应力达到材料的屈服强度以后,应力不再增加,材料只发展塑性变形,截面上的应力产生塑性重分布,最后达到均匀分布。

因此,《钢结构设计标准》(GB 50017—2017)之 7.1 节规定:轴心受拉构件当端部连接及中部拼接处组成截面的各板件都由连接件直接传力时,除采用摩擦型高强度螺栓连接外,其截面强度计算还应符合下列规定:

毛截面屈服

$$\sigma = \frac{N}{A} \leqslant f \tag{3-1}$$

净截面断裂

$$\sigma = \frac{N}{A_n} \leqslant 0.7 f_u \tag{3-2}$$

式中 N——所计算截面处的拉力设计值,N;

f——钢材抗拉强度设计值,N/mm^2;

A——构件的毛截面面积,mm^2;

A_n——构件的净截面面积,mm^2,当构件的多个截面有孔时,取最不利情形下的截面面积；

f_u——钢材抗拉强度，N/mm^2。

采用摩擦型高强螺栓连接的构件，毛截面强度计算应采用式(3-1)，净截面断裂应按下式计算：

$$\sigma=\left(1-0.5\frac{n_1}{n}\right)\frac{N}{A_n}\leqslant 0.7f_u \tag{3-3}$$

式中 n——在节点或拼接处，构件一端连接的高强度螺栓数目；

n_1——所计算截面(最外列螺栓处)上高强度螺栓数目。

当轴心受力构件的普通螺栓连接采用错列排列时，A_n 应取Ⅰ-Ⅰ和Ⅱ-Ⅱ截面的较小面积计算，如图 3-3 所示。

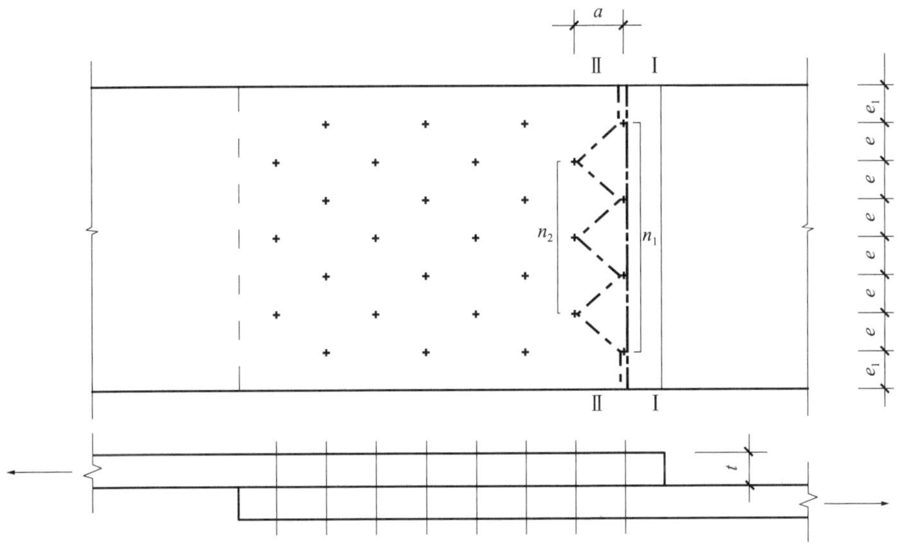

图 3-3 净截面面积计算

对于Ⅰ-Ⅰ截面：

$$A_n=A-n_1d_0t \tag{3-4}$$

对于Ⅱ-Ⅱ截面：

$$A_n=\left[2e_1+(n_2-1)\sqrt{a^2+e^2}-n_2d_0\right]t \tag{3-5}$$

式中 n_1——连接一侧的第一排的螺栓数目；

n_2——连接一侧的前两排的螺栓总数目；

e_1——连接一侧螺栓的边距；

t——被连接钢板中较薄钢板的厚度；

a,e——连接一侧螺栓的中距。

当拉杆为沿全长都用铆钉或螺栓连接而成的组合构件时，如双槽钢贴合在一起用螺栓相连，则净截面屈服成为承载极限。此时强度计算公式为

$$\sigma=\frac{N}{A_n}\leqslant f \tag{3-6}$$

单面连接的角钢轴心受力构件，连接偏心会引起弯矩，使角钢承受附加应力，因此《钢结

构设计标准》(GB 50017—2017)规定：单面连接的单角钢按轴心受力计算强度时，钢材强度的设计值 f 应乘以折减系数 0.85。

2) 轴心受压构件的强度验算

在验算压杆的截面强度时，可以认为孔洞由螺栓或铆钉填实，按式(3-1)验算强度。当孔洞为没有紧固件的虚孔时，则应按式(3-6)验算强度。一般情况下，轴心受压杆件的承载力由稳定条件决定，强度计算不起控制作用。

3) 端部部分连接的杆件的有效截面

对于轴心受拉和轴心受压的杆件，当组成板件在节点或拼接处并非全截面直接传力时，存在剪力滞后和正应力分布不均匀的问题，在达到全截面屈服前会出现裂缝，并非全截面有效，强度按下式计算：

$$\sigma=\frac{N}{\eta A}\leqslant f \tag{3-7}$$

式中 η——有效截面系数。

对于仅有单边连接的单角钢，η 取 0.85；对于工字型、H 型钢构件，当仅有翼缘连接时取 0.90，当仅有腹板连接时取 0.7。当采用螺栓连接时，式(3-7)中的 A 取 A_n。

3.2.2 轴心受力构件的刚度计算

为满足结构的正常使用要求，避免杆件在制作、运输、安装和使用过程中出现刚度不足、变形过大的情形，轴心受力构件不应做得过于细长，且应具有一定的刚度。当构件的长细比过大时，会产生以下不利影响：

(1) 在运输和安装过程中产生弯曲或过大的变形；

(2) 在使用期间因自重而明显下挠；

(3) 在动力荷载作用下发生较大的振动；

(4) 使构件的极限承载能力显著降低。同时，初弯曲和自重产生的挠度也将对构件的整体稳定性等带来不利影响。

轴心受力构件的刚度通常用长细比 λ 来衡量。长细比是构件计算长度 l_0 与截面回转半径 i 的比值，即 $\lambda=l_0/i$。λ 越小，表示构件的刚度越大、柔度越小；反之，λ 越大，表示构件的刚度越小、柔度越大。验算构件的长细比时，应分别考虑围绕截面两个主轴(即 x 轴和 y 轴)的长细比 λ_x 和 λ_y，它们都应不超过《钢结构设计标准》(GB 50017—2017)规定的容许长细比[λ]：

$$\begin{cases}\lambda_x=l_{0x}/i_x\leqslant[\lambda]\\ \lambda_y=l_{0y}/i_y\leqslant[\lambda]\end{cases} \tag{3-8}$$

式中 l_{0x}，l_{0y}——围绕截面主轴即 x 轴和 y 轴的构件计算长度；

i_x，i_y——围绕截面主轴即 x 轴和 y 轴的构件截面回转半径。

当截面主轴在倾斜方向时，如图 3-2(a)中所示的单角钢截面和双角钢十字形截面，其主轴常标志为 x_0 轴和 y_0 轴。此时，应计算 $\lambda_{x0}=l_0/i_{x0}$ 和 $\lambda_{y0}=l_0/i_{y0}$，或只计算其中的最大长细比 $\lambda_{max}=l_0/i_{min}$。

构件的计算长度 l_0 取决于两端的支撑情况。例如，当两端铰接时，l_0 等于构件的几何

长度 l，即 $l_0=l$；当一端铰接、一端固定时，$l_0=0.707l$；当两端都固定时，$l_0=0.5l$。

在总结钢结构长期使用经验的基础上，根据构件的重要性和荷载情况，对于受拉构件的容许长细比，我国《钢结构设计标准》(GB 50017—2017)规定了不同的要求和数值，见表 3-1。

对受压构件，长细比更为重要。长细比 λ 过大，会使其稳定承载能力降低很多，在较小荷载的作用下就会丧失整体稳定性，因而对其容许长细比$[\lambda]$限制得更加严格，见表 3-2。

表 3-1　受拉构件的容许长细比

项次	构件名称	承受静力荷载或间接承受动力荷载的结构			直接承受动力荷载的结构
		一般建筑结构	对腹杆提供平面外支点的弦杆	有重级工作制起重机的厂房	
1	桁架的杆件	350	250	250	250
2	吊车梁或吊车桁架以下的柱间支撑	300	—	200	—
3	除张紧的圆钢外的其他拉杆、支撑、系杆等	400	—	350	—

注：验算容许长细比时，在直接或间接承受动力荷载的结构中，计算单角钢受拉构件的长细比时，应采用角钢的最小回转半径，但计算在交叉点相互连接的交叉杆件平面外的长细比时，可采用与角钢肢边平行轴的回转半径。受拉构件的容许长细比宜符合下列规定：

① 除对腹杆提供平面外支点的弦杆外，承受静力荷载的结构受拉构件，可仅计算竖向平面内的长细比。

② 中、重级工作制吊车桁架下弦杆的长细比不宜超过 200。

③ 在设有夹钳或刚性料耙等硬钩起重机的厂房中，支撑的长细比不宜超过 300。

④ 受拉构件在永久荷载与风荷载组合作用下受压时，其长细比不宜超过 250。

⑤ 跨度等于或大于 60 m 的桁架，其受拉弦杆和腹杆的长细比，承受静力荷载或间接承受动力荷载时不宜超过 300，直接承受动力荷载时不宜超过 250。

⑥ 受拉构件的长细比不宜超过表 3-1 规定的容许值。柱间支撑按拉杆设计时，竖向荷载作用下的柱子轴力应按无支撑时考虑。

表 3-2　受压构件的容许长细比

构件名称	容许长细比
轴心受压柱、桁架和天窗架中的杆件	150
柱的缀条、吊车梁或吊车桁架以下的柱间支撑	150
支撑(吊车梁或吊车桁架以下的柱间支撑除外)	200
用以减小受压构件长细比的杆件	200

注：验算容许长细比时，可不考虑扭转效应。计算单角钢受压构件的长细比时，应采用角钢的最小回转半径，但计算在交叉点相互连接的交叉杆件平面外的长细比时，可采用与角钢肢边平行轴的回转半径。轴心受压构件的容许长细比宜符合下列规定：

① 跨度等于或大于 60 m 的桁架，其受压弦杆、端压杆和直接承受动力荷载的受压腹杆的长细比不宜大于 120。

② 轴心受压构件的长细比不宜超过表 3-2 规定的容许值，但当杆件内力设计值不大于承载能力的 50%时，容许长细比值可取 200。

【例 3-1】 如图 3-4 所示，某有重型起重机的厂房的钢屋架下弦的双角钢拉杆，承受轴心拉力设计值 700 kN，截面为 2∟100×10，材质 Q235，双角钢之间填板厚度 10 mm，杆件节间长度 6 m，角钢上有交错排列的普通螺栓孔，孔径 $d_0=21.5$ mm。试验算该拉杆是否满足强度和刚度要求。

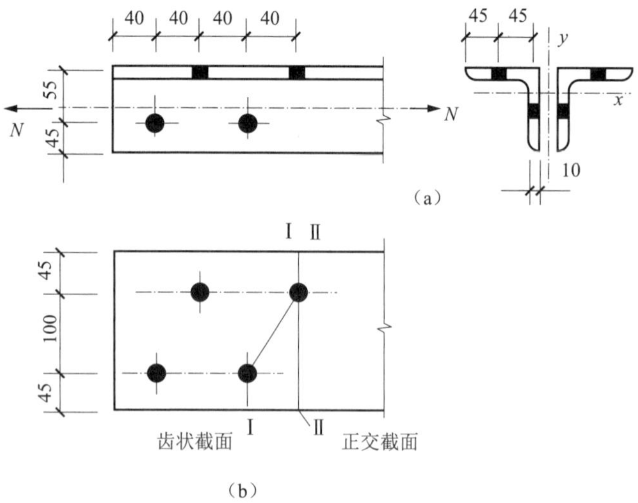

图 3-4 双角钢拉杆截面

【解】 查附表 2-3，2∟100×10，$i_x=30.5\ \text{mm}$，$i_y=45.2\ \text{mm}$，$f=215\ \text{N/mm}^2$，$f_u=370\ \text{N/mm}^2$，重级工作制吊车厂房屋架弦杆$[\lambda]=250$。确定危险截面之前先将其按中面展开，如图 3-5(b)所示。

毛截面的面积 $A=2\times(45+100+45)\times10\ \text{mm}^2=3\ 800\ \text{mm}^2$

齿状净截面Ⅰ-Ⅰ的面积

$$A_n=2\times(45+\sqrt{100^2+40^2}+45-2\times21.5)\times10\ \text{mm}^2=3\ 094\ \text{mm}^2$$

正交净截面Ⅱ-Ⅱ的面积

$$A_n=2\times(45+100+45-21.5)\times10\ \text{mm}^2=3\ 370\ \text{mm}^2$$

毛截面强度验算：

$$\sigma=\frac{N}{A}=\frac{700\times10^3}{3\ 800}\ \text{N/mm}^2=184.21\ \text{N/mm}^2<f$$

净截面危险截面是Ⅰ-Ⅰ齿状截面，该截面强度验算：

$$\sigma=\frac{N}{A_n}=\frac{600\times10^3}{3\ 094}\ \text{N/mm}^2=193.92\ \text{N/mm}^2<0.7f_u=259\ \text{N/mm}^2$$

刚度验算：屋架弦杆按两端铰接考虑，计算长度 $l_{0x}=l_{0y}=6\ 000\ \text{mm}$，截面绕 x 轴的回转半径小，仅需验算绕 x 轴的长细比 $\lambda_x=\dfrac{6\ 000}{30.5}=196.72<[\lambda]$。

综上，该轴心受拉杆件的强度和刚度均满足要求。

3.3 轴心受压实腹式构件的整体稳定验算

3.3.1 整体稳定的概念

对于轴心受压构件，除了构件很短或(及)有孔洞等削弱时可能发生强度破坏以外，通常是由整体稳定控制承载能力的。轴心受压构件丧失整体稳定常常是突发性的，容易造成很严重后果，应予以特别重视。

直杆由稳定平衡过渡到不稳定平衡的分界标志是临界状态。临界状态下的轴心压力称为临界力 N_{cr}，N_{cr} 除以毛截面面积 A 所得应力称为临界应力 σ_{cr}。σ_{cr} 常低于钢材的屈服应力，也就是说，轴心受压构件在到达强度极限状态前就会丧失整体稳定性。

当轴心受压构件的截面为双轴对称时，如 I 形、箱形、十字形，通常可能发生绕主轴(即 x 轴或 y 轴)的弯曲屈曲(图 3-5a)；当截面为极点对称、扭转刚度较小的截面时，如 Z 形、十字形截面，常发生扭转屈曲(图 3-5b)。对称截面的两种屈曲是互不相关的，究竟发生哪种形态的屈曲取决于截面绕 x 轴或 y 轴的抗弯刚度、抗扭刚度、构件长度、构件支撑约束条件等因素。每个屈曲形态都可求出相应的临界力，其中最小值将首先到达，起控制作用。

截面为单轴对称，如 T 形、Π 形、Λ 形的轴心受压构件，可能发生围绕非对称轴(不妨假设为 x 轴)弯曲屈曲；也可能发生绕对称轴(假设为 y 轴)弯曲变形并同时伴随有扭转变形的屈曲，称为弯曲扭转屈曲或失稳，简称弯扭屈曲或失稳(图 3-5c)。这是因为轴心压力所通过的截面形心与截面剪切中心(简称剪心，或称扭转中心或弯曲中心，即构件弯曲时截面剪应力合力作用点通过的位置)不重合，所以围绕对称轴的弯曲变形总是伴随着扭转变形，应求出每个屈曲形态的临界力，其最小者作为控制值。

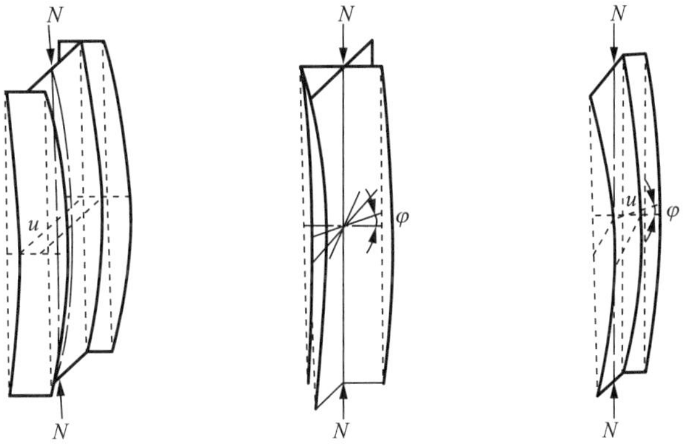

(a) 弯曲屈曲　　(b) 扭转屈曲　　(c) 弯扭屈曲

图 3-5　轴心受压构件的屈曲形态(两端铰接)

截面没有对称轴的轴心受压构件很少采用，其屈曲形态都属于弯扭屈曲。

实践表明，一般钢结构中常用截面的轴心受压构件由于厚度较大，抗扭刚度也较大，失稳时主要发生弯曲屈曲。因此，《钢结构设计标准》(GB 50017—2017)对轴心受压构件整体稳定验算所采用的稳定系数 $\varphi=\sigma_u/f_y$ 主要是根据弯曲屈曲给出的。这里，σ_u 是轴心受压构件的极限承载力 N_u(综合考虑构件缺陷求得的稳定承载力)除以毛截面面积 A 得到的应力，f_y 为钢材的屈服应力，比值 φ 称为稳定系数。对于对单轴对称截面的构件绕对称轴弯扭屈曲的情况，则采用按弯曲屈曲而适当调整降低其稳定系数的办法来简化计算。

在普通钢结构构件中，起主要作用的是弯曲屈曲；当发生弯扭屈曲时，其临界力将比按弯曲屈曲计算时的有所降低；在冷弯薄壁型钢构件中，还需要考虑扭转失稳和弯扭失稳。

3.3.2　整体稳定计算

根据《钢结构设计标准》(GB 50017—2017)，对轴心受压构件应按下式计算整体稳定：

$$\frac{N}{\varphi A f} \leqslant 1$$

式中 N——轴心受压构件的压力设计值；

A——构件的毛截面面积；

φ——轴心受压构件的稳定系数；

f——钢材的抗压强度设计值，见附表 1-1。

整体稳定系数 φ 应根据表 3-3 和表 3-4 的截面分类和构件的长细比，按照附表 1-11～附表 1-14 查出。

表 3-3 轴心受压构件的截面分类(板厚 t<40 mm)

截面形式		对 x 轴	对 y 轴
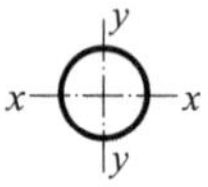 轧制		a 类	b 类
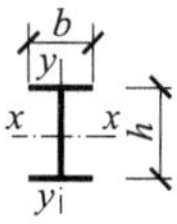 轧制	$b/h \leqslant 0.8$	a 类	b 类
	$b/h > 0.8$	a^* 类	b^* 类
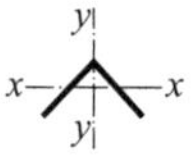 轧制等边角钢		a^* 类	a^* 类
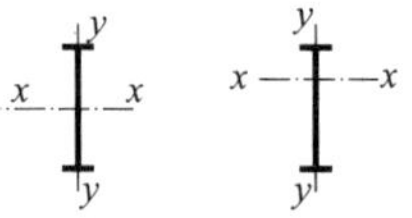 焊接、翼缘为焰切边	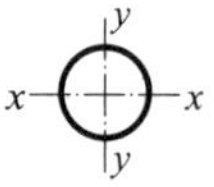 焊接	b 类	b 类
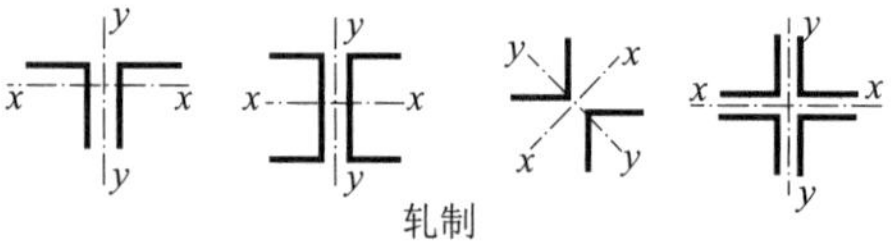 轧制			
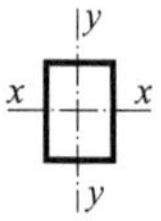 轧制、焊接(板件宽厚比>20)	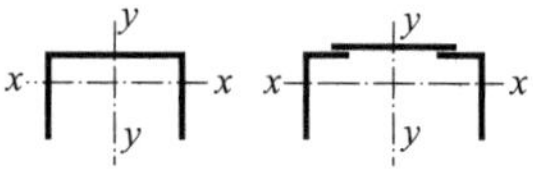 轧制或焊接	b 类	b 类
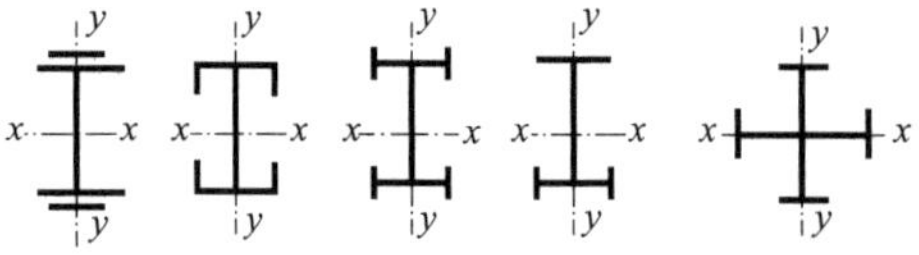 焊接	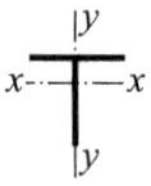 轧制截面和翼缘为焰切边的焊接截面		
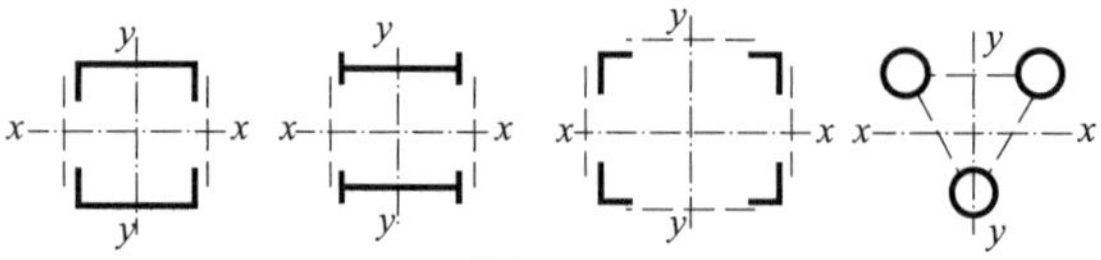 格构式	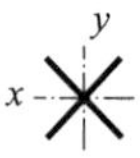 焊接，板件边缘焰切		

续表

截面形式		对 x 轴	对 y 轴
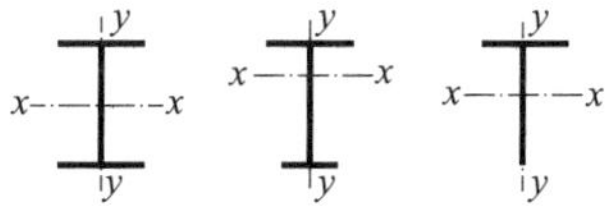 焊接，翼缘为轧制或剪切边		b 类	c 类
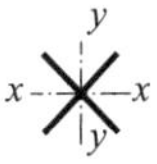 焊接，板件边缘轧制或剪切	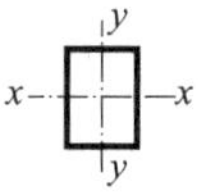 轧制、焊接（板件宽厚比≤20）	c 类	c 类

注：① a* 类含义为 Q235 钢取 b 类，Q355，Q390，Q420 和 Q460 钢取 a 类；b* 类含义为 Q235 钢取 c 类，Q355，Q390，Q420 和 Q460 钢取 b 类。

② 无对称轴且剪心和形心不重合的截面，其截面分类可按有对称轴的类似截面确定，如不等边角钢采用等边角钢的类别；当无类似截面时，可取 c 类。

表 3-4　轴心受压构件的截面分类(板厚 $t \geqslant 40$ mm)

截面形式		对 x 轴	对 y 轴
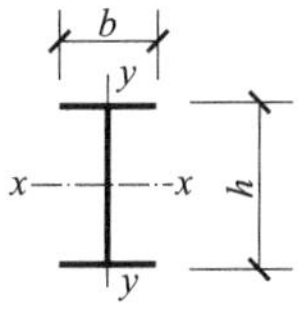 轧制工字形或 H 形截面	$t<80$ mm	b 类	c 类
	$t \geqslant 80$ mm	c 类	d 类
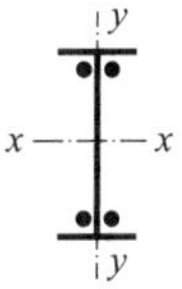 焊接工字形截面	翼缘为焰切边	b 类	b 类
	翼缘为轧制或剪切边	c 类	d 类
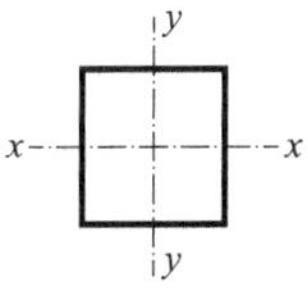 焊接箱形截面	板件宽厚比>20	b 类	b 类
	板件宽厚比≤20	c 类	c 类

3.4　轴心受压实腹式构件的局部稳定验算

轴心受压构件不仅有丧失整体稳定的可能，也有丧失局部稳定的可能。组成构件的板件，如 H 形截面构件的翼缘和腹板，板件的厚度与其他两个尺寸相比都非常小。当所承受的压应力达到某一数值时，板件不能继续维持平面平衡状态而产生凸曲现象，如图 3-6 所示。因为板件只是构件的一部分，所以把这种屈曲现象称为丧失局部稳定。丧失局部稳定的构件还有可能继续维持整体稳定的平衡状态，但因为部分板件已经屈曲，承载力会大大降低。

轴心受压构件中板件的局部屈曲实际上是薄板在轴心压力作用下的屈曲问题，相连板件互为支承。比如 H 形截面柱的翼缘相当于单向均匀受压的三边支承、一边自由的矩形薄板。在钢结构设计中，一般较多地以理想受压平板屈曲的临界应力为准，再根据试验或经验综合考虑各种有利和不利因素的影响，以限制板件的宽厚比来防止发生局部屈曲。本节内容对板件宽厚比的规定是基于局部屈曲不先于整体屈曲考虑的，根据板件临界应力和构件临界应力相等的原则来确定板件的宽厚比。轴心受压构件中板件尺寸如图 3-7 所示。

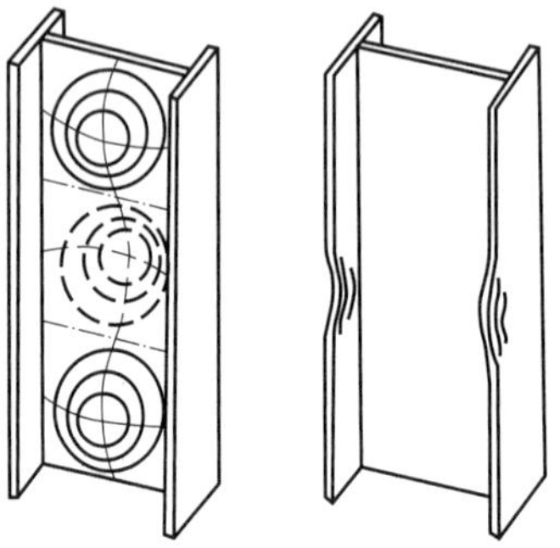

图 3-6　轴心受压构件局部屈曲

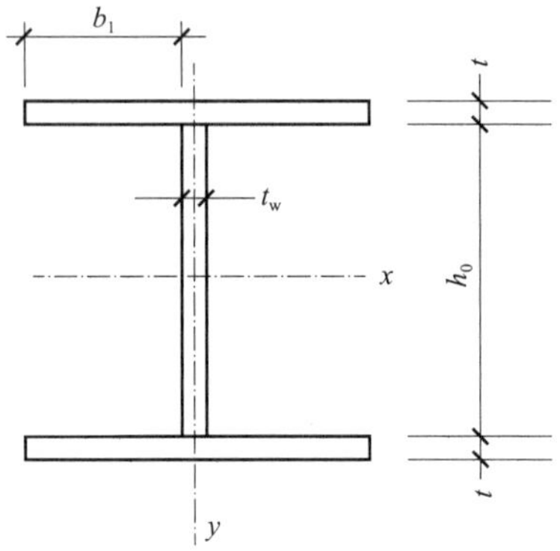

图 3-7　板件尺寸

3.4.1　翼缘的宽厚比

板件的翼缘为三边简支、一边自由；腹板对翼缘嵌固作用很小，《钢结构设计标准》(GB 50017—2017)采用：

$$\frac{b_1}{t_f} \leqslant (10+0.1\lambda)\varepsilon_k \tag{3-9}$$

式中　b_1, t_f——翼缘板自由外伸宽度和厚度；

λ——取构件两个方向长细比的较大者；

ε_k——钢号修正系数，$\varepsilon_k=\sqrt{235/f_y}$。

3.4.2　腹板的高厚比

H 形截面的腹板为两边简支、两边弹性嵌固；翼缘对腹板的嵌固作用较大，采用下式进行验算：

$$\frac{h_0}{t_w} \leqslant (25+0.5\lambda)\varepsilon_k \tag{3-10}$$

式中　h_0, t_w——腹板的计算高度和厚度，对于热轧 H 型钢，h_0 不包括翼缘板与腹板过渡处的圆弧段；

λ——构件中长细比的较大者，当 $\lambda<30$ 时取 $\lambda=30$，当 $\lambda \geqslant 100$ 时取 $\lambda=100$。

3.5　轴心受压实腹式构件的构造要求

轴心受压构件在有初弯曲、初偏心或偶然横向力作用时，截面内会产生剪力。当轴心压力达到极限承载力时，剪力达到最大，数值通常不大，但对腹板的局部稳定和构件的扭转稳定有一定程度的影响。因此，《钢结构设计标准》(GB 50017—2017)规定：当 $h_0/t_w \geqslant 80\varepsilon_k$ 时，应采用横向加劲肋加强(图 3-8)，间距不得大于 $3h_0$，这样可以提高腹板的局部稳定性，增大构件的抗扭刚度，防止制造、运输和安装过程中截面变形。横向加劲肋通常在腹板两侧成对配置，其尺寸应满足：

外伸宽度　$b_s \geqslant \dfrac{h_0}{30} + 40\ \text{mm}$

厚度　$t_s \geqslant \dfrac{b_s}{15}$

此外，为了保证构件截面几何形状不变、提高构件抗扭刚度，以及传递必要的内力，对大型实腹式构件，在受有较大横向力处和每个运送单元的两端，还应设置横隔。当构件较长时，可设置中间横隔，且横隔的间距不得大于构件截面较大宽度的 9 倍或 8 m(图 3-8)。

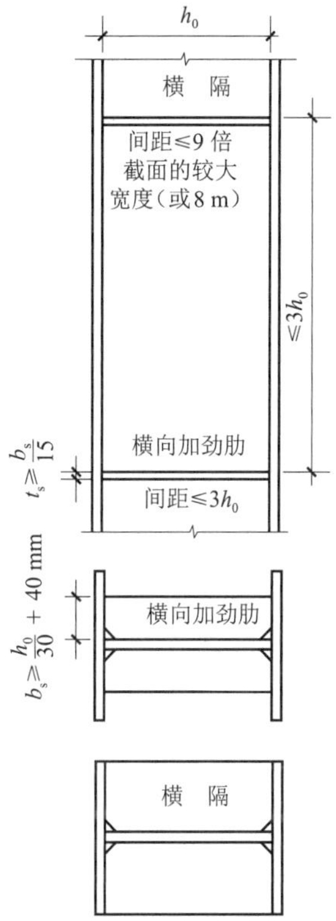

图 3-8　实腹式构件的横向加劲肋和横隔

【例 3-2】 如图 3-9 所示，上下端均为铰接的钢柱，长度为 9.0 m，在三分点处有侧向支撑以阻止钢柱绕弱轴过早失稳，钢柱选用热轧宽翼缘 H 型钢 HW200×200×8×12，材质为 Q235。构件承受的最大压力设计值 $N=500$ kN，容许长细比取$[\lambda]=150$。试验算该柱是否符合要求。

【解】 根据题意，$l_x=9.0$ m，$l_y=3.0$ m，$f=215$ N/mm^2。

从附表 2-5 查得：$A=64.28$ cm^2，$i_x=8.61$ cm，$i_y=4.99$ cm。

验算支柱的整体稳定、刚度和局部稳定。

首先计算长细比得

$$\lambda_x = 900/8.61 = 104.53 < [\lambda] = 150$$

$$\lambda_y = 300/4.99 = 60.12 < [\lambda] = 150$$

由于截面 $b/h=1>0.8$，由表 3-3 知该截面对 x 轴为 a* 类截面，对 y 轴为 b* 类截面，因为材质为 Q235，所以对 x 轴应查 b 类稳定系数表，对 y 轴应查 c 类稳定系数表，分别查附表 1-12 和附表 1-13，并进行线性插值计算得：$\varphi_x=0.491$，$\varphi_y=0.708$。

取 $\varphi=\min\{\varphi_x, \varphi_y\}=0.491$，则有

$$\frac{N}{\varphi A f} = \frac{500 \times 10^3}{0.524 \times 6\ 428 \times 215} = 0.69 < 1$$

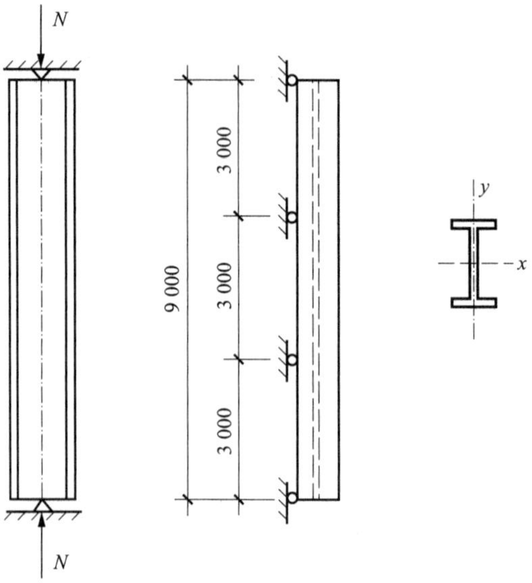

图 3-9　例 3-2 用图

因此，截面符合对柱的整体稳定和容许长细比要求。因为轧制型钢的翼缘和腹板通常较厚，故都能满足局部稳定的要求，不必再进行验算。另因构件截面无削弱，在整体稳定满足要求的条件下，强度自然满足，也不必再进行验算。

【讨论】 如果中点只设一道支撑或者不设支撑，是否可以满足要求，试进行相关计算并体会支撑在保持构件稳定中的作用。

【例 3-3】 图 3-10 所示为一根上端铰接、下端固定的轴心受压柱，所承受的轴心压力设计值 $N=900$ kN，柱的长度 $l=5.25$ m，柱截面采用焊接 H 型钢，翼缘为剪切边，翼缘宽度 $b=25$ cm，厚度 $t_f=1.0$ cm；腹板高度 $h_0=20$ cm，厚度 $t_w=0.6$ cm，材质为 Q235。试验算该柱截面是否符合要求。

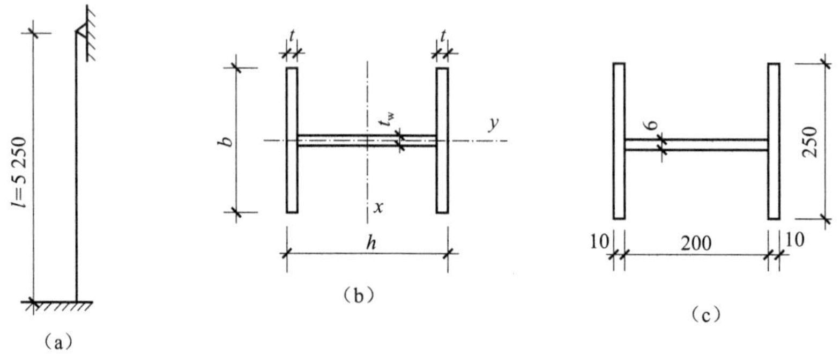

图 3-10　例 3-3 用图

【解】 根据题意，柱的计算长度系数 $\mu=0.707$，则 $l_x=l_y=0.707\times5.25$ m $=3.712$ m，$f=215$ N/mm^2。

(1) 截面特性计算。

$$A=(2\times25\times1+20\times0.6)\ \text{cm}^2=62\ \text{cm}^2$$

$$I_x=(0.6\times20^3/12+50\times10.5^2)\ \text{cm}^4=5\ 913\ \text{cm}^4,\quad i_x=\sqrt{I_x/A}=\sqrt{5\ 913/62}\ \text{cm}=9.77\ \text{cm}$$

$$I_y=2\times1\times25^3/12\ \text{cm}^4=2\ 604\ \text{cm}^4,\quad i_y=\sqrt{I_y/A}=\sqrt{2\ 604/62}\ \text{cm}=6.48\ \text{cm}$$

$$\lambda_x=371.2/9.77=37.99,\quad \lambda_y=371.2/6.48=57.28$$

(2) 验算柱的整体稳定、刚度和局部稳定。

由表 3-3 可知，截面绕 x 轴和 y 轴分别属于 b 类和 c 类截面，查附表 1-13 得 $\varphi_x=0.906$，查附表 1-14 得 $\varphi_y=0.726$。

比较这两个值后取 $\varphi=\min\{\varphi_x,\varphi_y\}=0.726$，有

$$\frac{N}{\varphi Af}=\frac{900\times10^3}{0.726\times6\ 200\times215}=0.93<1$$

刚度验算：$\lambda_x=37.99<[\lambda]=150$，$\lambda_y=57.28<[\lambda]=150$。

局部稳定验算：

翼缘宽厚比

$$b_1/t_f=122/10=12.2<(10+0.1\times57.28)\times\sqrt{235/235}=15.73$$

腹板高厚比

$$h_0/t_w=200/6=33.3<(25+0.5\times57.28)\times\sqrt{235/235}=53.64$$

综上，该截面的刚度、整体稳定和局部稳定都满足要求；因为构件截面无削弱，在整体稳定满足要求的前提条件下，强度自然满足，不必再进行验算。

3.6 轴心受压格构式构件

轴心受压格构式柱通常由两个、三个或四个肢件组成，如图 3-11 和图 3-12 所示。肢件为槽钢或工字型钢，用缀材把它们连成整体，用于较重型结构的截面形式。格构柱肢件间的距离调整方便，易于实现两个主轴的等稳定性。如图 3-12 所示，在柱的横截面上穿过肢件腹板的轴称为实轴，穿过两肢之间缀材面的轴称为虚轴。缀材有缀条和缀板两种。缀条用斜杆组成，也可以用斜杆和横杆共同组成，一般用角钢作缀条；缀板用钢板组成(图 3-11b)。

轴心受压格构式构件中，常用截面是由两个槽钢和工字钢作为分肢，用缀材(缀条或缀板)连成整体而构成的。槽钢的翼缘可以向内或向外，向内比较普遍。受力较小、长度较大的轴心受压构件也可以采用四个角钢组成的截面，四面均用缀材相连，两个主轴都是虚轴，可以用较小的截面面积获得较大的刚度，但制造较为复杂、费事。

轴心受压格构式构件的设计和验算与轴心受压实腹式构件相似，应考虑强度、刚度(长细比)、整体稳定性和局部稳定性(分肢肢件和板件的稳定)几个方面的要求；此外，轴心受压格构式构件的设计和验算还包括缀材的设计和验算。

3.6.1 轴心受压格构式构件绕虚轴的整体稳定

轴心受压格构式构件截面通常具有对称轴，整体失稳往往绕截面主轴弯曲屈曲。绕实轴弯曲失稳时，情况与轴心受压实腹式构件没有区别；绕虚轴弯曲失稳时，则采用经过放大的等效长细比 λ_{0x}(换算长细比)代替原始长细比 λ_x，按照 b 类截面采用式(3-7)进行验算绕虚轴的稳定。

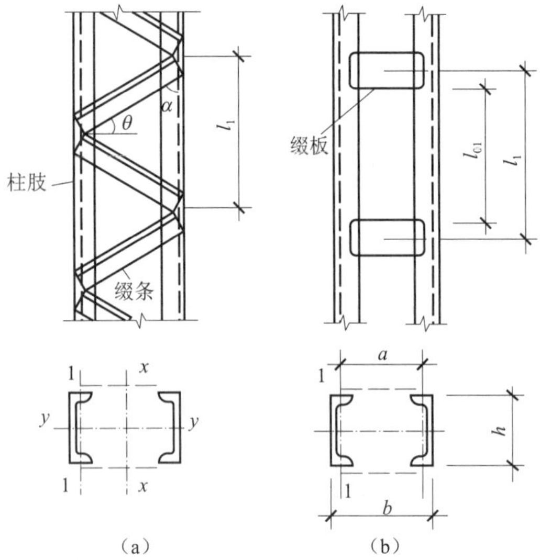

l_1—节间长度；l_{01}—节间计算长度；

a—形心距；b—外轮廓尺寸；h—型钢截面高度。

图 3-11　格构式构件的常用截面形式

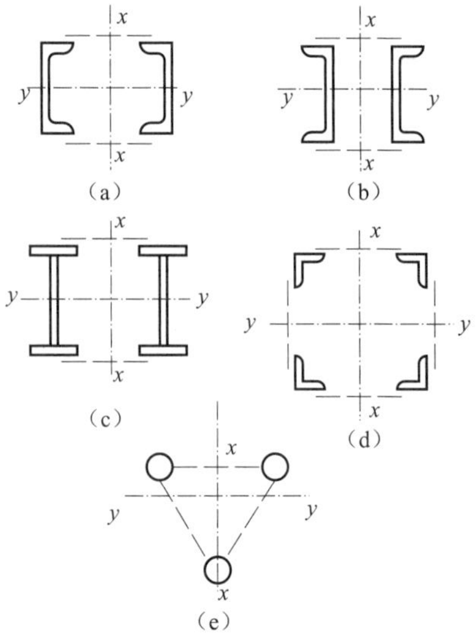

图 3-12　格构式构件的缀材布置

缀条式格构式构件的换算长细比为

$$\lambda_{0x}=\sqrt{\lambda_x^2+27\frac{A}{A_{1x}}} \tag{3-11}$$

缀板式格构式构件的换算长细比为

$$\lambda_{0x}=\sqrt{\lambda_x^2+\lambda_1^2} \tag{3-12}$$

式中　A——柱肢截面毛面积；

A_{1x}——斜缀条截面面积和；

λ_1——柱分肢节间内长细比。

3.6.2　轴心受压格构式构件分肢肢件的稳定和强度

轴心受压格构式构件的分肢肢件既是组成整体截面的一部分，在缀材节点间又是一个单独的实腹式受压构件。因此，对格构式构件除了需要作为整体计算其稳定、刚度和强度外，还应计算各分肢的稳定性、刚度和强度。

《钢结构设计标准》(GB 50017—2017)规定，轴心受压格构式构件的截面剪力设计值为

$$V=\frac{Af}{85\varepsilon_k} \tag{3-13}$$

同时规定，当格构式构件的分肢长细比满足下列条件时，能够保证分肢的稳定和强度高于整体，不必再做验算。

缀条式构件

$$\lambda_1\leqslant 0.7\lambda_{max} \tag{3-14}$$

缀板式构件

$$
\begin{cases}\lambda_1 \leqslant 25, & \text{当 } \lambda_{max} \leqslant 50 \text{ 时} \\ \lambda_1 \leqslant 0.5\lambda_{max}, & \text{当 } 50 < \lambda_{max} < 80 \text{ 时} \\ \lambda_1 \leqslant 40, & \text{当 } \lambda_{max} \geqslant 80 \text{ 时}\end{cases} \tag{3-15}
$$

式中　λ_{max}——格构式构件两方向长细比的较大值，其中对虚轴取换算长细比。

缀板柱中同一截面处缀板或型钢横杆的线刚度之和不得小于柱较大分肢线刚度的 6 倍。

3.6.3　轴心受压格构式构件的缀材设计

缀件面宽度较大的格构式柱宜采用缀条柱，斜缀条与构件轴线间的夹角应为 40°～70°。轴心受压格构式构件可能发生的最大剪力设计值按照式(3-13)计算。为了设计方便，该剪力 V 可以认为沿构件全长不变，方向可正可负，由承受该剪力的各缀材面共同承担。图 3-13 双肢格构式构件有两个缀材面，每面承担剪力 $V_1 = V/2$。

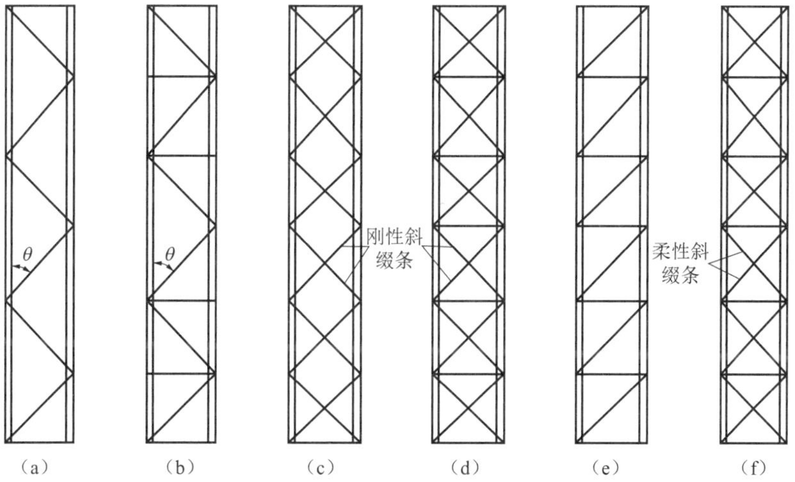

图 3-13　格构式构件的缀条体系

1) 缀条设计

在缀条式格构构件中，缀条内力可按铰接桁架进行分析。缀条一般采用单角钢，与构件分肢单面连接。考虑到受力时的偏心和受压时的弯扭，应按照标准规定对其设计强度进行折减。图 3-13 中，(a)，(b)和(e)为单缀条体系；(c)，(d)和(f)为双缀条体系。

2) 缀板设计

缀板与构件两个分肢组成单跨多层空间刚架，内力分析时简化为多层平面刚架，承受该截面的剪力为 V_1，并近似取反弯点均在各段分肢和缀板的中点。每个缀板剪力 V_{b1} 和弯矩 M_{b1} 为

$$
V_{b1} = \frac{V_1 l_1}{c}, \quad M_{b1} = \frac{V_1 l_1}{2} \tag{3-16}
$$

式中　c——柱两分肢轴线间距。

根据 V_{b1} 和 M_{b1} 验算缀板的剪切强度和弯曲强度。缀板通常用角焊缝与分肢相连，搭接长度一般为 20～30 mm，可以三面围焊或只在缀板端部设纵向焊缝。

3.6.4 轴心受压格构式构件的横隔

与大型实腹式柱相似，格构式构件在受较大水平力作用处和每个运输单元的两端应设置横隔，以保证几何形状不变，提高构件抗扭刚度，以及传递必要的内力；构件较长时，还应设置中间横隔；横隔的间距不宜大于构件截面长边尺寸的 9 倍且不宜大于 8 m。格构式构件的横隔可用钢板或交叉角钢做成(图 3-14)。

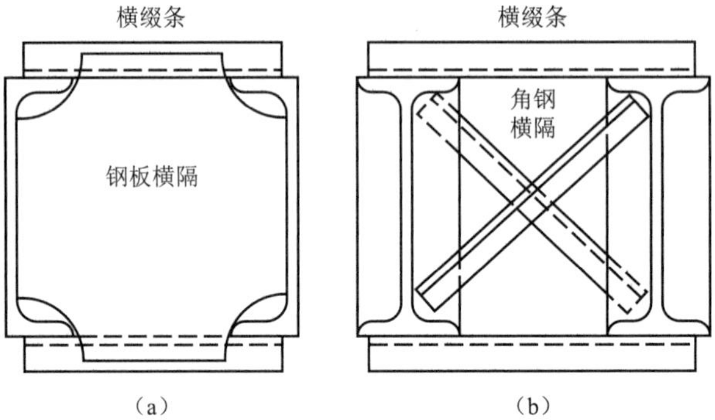

图 3-14 格构式构件的横隔

【例 3-4】 如图 3-15 所示，试验算某支承工作平台的轴心受压格构式柱的截面是否符合要求？柱身为 2[28b 组成的缀板柱。钢材为 Q235，焊条为 E43 型。柱高为 7.2 m，两端铰接，平台传递给柱的轴心压力设计值为 1 460 kN，柱身自重估计为 10 kN。

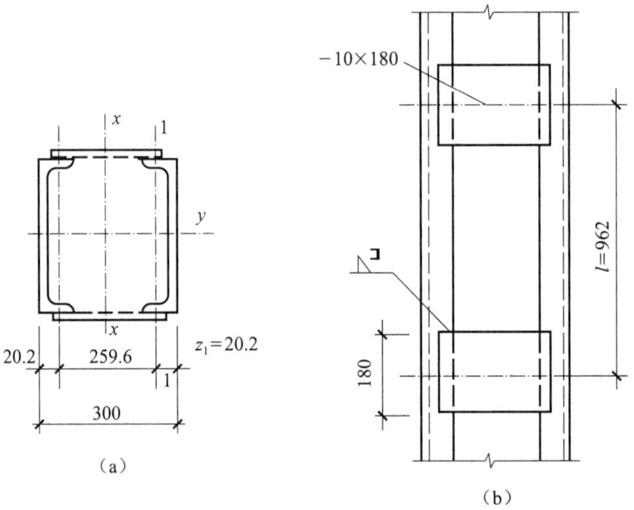

图 3-15 例 3-4 用图

【解】 柱的计算长度在两个主轴方向均为 7.2 m。

(1) 对于实轴，由附表 2-2 可知，$A=2\times45.62\ \text{cm}^2=91.24\ \text{cm}^2$，$i_y=10.6$ cm，$\lambda_y=720/10.6=67.9$，查附表 1-12 得 $\varphi_y=0.763$，有

$$\frac{N}{\varphi_y A f}=\frac{(1\,460+10)\times10^3}{0.763\times9\,124\times215}=0.982<1.0\ (\text{满足要求})$$

$$\lambda_y=67.9<[\lambda]=150\ (\text{满足要求})$$

(2) 对虚轴，由附表 2-2 分肢槽钢[28b 对本身轴的惯性矩 $I_1=241.5\ cm^4$，回转半径 $i_1=2.3\ cm$，形心距 $z_1=2.02\ cm$。

整个截面绕虚轴的惯性矩

$$I_x=2\times(241.5+45.62\times12.98^2)\ cm^4=15\ 855\ cm^4$$

$$i_x=\sqrt{I_x/A}=\sqrt{15\ 855/(45.62\times2)}\ cm=13.2\ cm,\ \lambda_x=720/13.2=54.5$$

换算长细比

$$\lambda_{0x}=\sqrt{\lambda_x^2+\lambda_1^2}=\sqrt{54.5^2+34^2}=64.2<[\lambda]=150$$

按 b 类截面查附表 1-12 得 $\varphi_x=0.785$，有

$$\frac{N}{\varphi_x Af}=\frac{(1\ 460+10)\times10^3}{0.785\times9\ 124\times215}=0.954<1.0\quad（满足要求）$$

对于实轴和虚轴，整体稳定和刚度条件均满足。因截面无削弱也无虚孔，所以无须验算毛截面屈服和净截面断裂，截面强度自然能够满足。

(3) 缀板验算。

缀板轴线间距离 $l=l_1+b_p=(78.2+18)\ cm=96.2\ cm$，柱分肢的线刚度 $I_1/l=241.5/96.2=2.51$，两块缀板线刚度之和为 $2\times1\times18^3/(12\times25.96)=37.44$，比值 $37.44/2.52=14.86>6$，缀板刚度足够。

作用于柱身的剪力

$$V=\frac{Af}{85\varepsilon_k}=\frac{9\ 124\times215}{85}\ N=23\ 078\ N\approx23.08\ kN$$

作用于一侧缀板系的剪力

$$V_b=V/2=11.54\ kN$$

缀板与柱肢连接处的内力剪力

$$T=\frac{V_b l}{a}=\frac{11.54\times96.2}{25.96}\ kN=42.76\ kN$$

则
$$\tau=\frac{3V}{2A}=\frac{3\times42\ 770}{2\times10\times180}\ MPa=35.64\ MPa\leqslant f_v=125\ MPa$$

弯矩

$$M=\frac{V_b l}{2}=\frac{11.54\times0.962}{2}\ kN\cdot m=5.55\ kN\cdot m$$

则
$$\sigma=\frac{6M}{th^2}=\frac{6\times33.3\times10^6}{10\times180^2}\ MPa=102.8\ MPa\leqslant f=215\ MPa$$

缀板与柱肢连接用角焊缝 $h_f=8\ mm$，焊缝两端采用围焊，但计算长度偏于安全地取用长度 $l_w=180\ mm$。

在剪力 T 与弯矩 M 共同作用下角焊缝应力为

$$\sqrt{\left(\frac{\sigma_f}{\beta_f}\right)^2+\tau_f^2}=\sqrt{\left(\frac{M}{\beta_f W_w}\right)^2+\left(\frac{T}{A_w}\right)^2}=\sqrt{\left(\frac{6\times5.55\times10^6}{1.22\times0.7\times8\times180^2}\right)^2+\left(\frac{42.76\times10^3}{0.7\times8\times180}\right)^2}\ N/mm^2$$

$$=\sqrt{150.4^2+42.4^2}\ N/mm^2=156.3\ N/mm^2<f_f^w=160\ N/mm^2$$

缀板尺寸与连接均符合设计要求。

【例 3-5】 试验算图 3-16 所示轴心受压缀条格构式柱的截面，缀条采用∟45×4 角钢。已知荷载设计值(包括估算构件自重)为轴心压力 1 600 kN，柱高 6.0m，两端铰接，钢材为 Q235，截面无削弱也无虚孔。

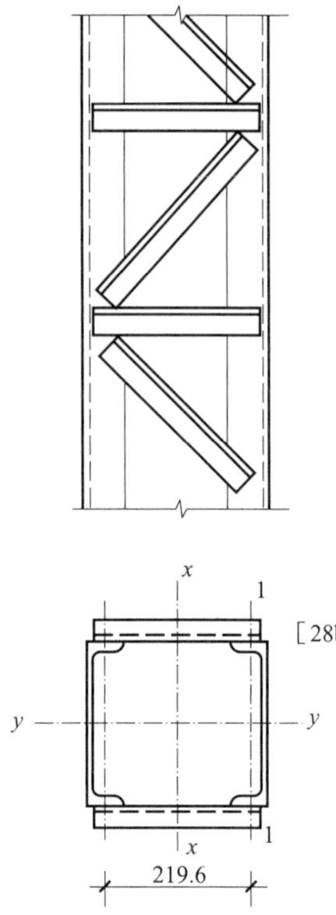

图 3-16

【解】 柱的计算长度在两主轴方向相等，即 $l_{0x}=l_{0y}=6.0\ \text{m}$。

(1) 2[28b 截面面积 $A=2\times45.62\ \text{cm}^2=91.24\ \text{cm}^2$，对实轴回转半径 $i_y=10.60\ \text{cm}$，单肢对弱轴的惯性矩 $I_1=242.1\ \text{cm}^4$，回转半径 $i_1=2.30\ \text{cm}$，形心距 $z_1=2.02\ \text{cm}$。

实轴方向长细比 $\lambda_y=l_{0y}/i_y=600/10.60=56.6$。

整个截面对虚轴的惯性矩 $I_x=2\times[242.1+45.634\times(26/2-2.02)^2]\ \text{cm}^4=11\ 488\ \text{cm}^4$

$$i_x=\sqrt{11\ 484/91.268}\ \text{cm}=11.22\ \text{cm}$$

$$\lambda_x=l_{0x}/i_x=600/11.22=53.5$$

$$\lambda_{0x}=\sqrt{\lambda_x^2+27\frac{A}{A_{1x}}}=\sqrt{53.5^2+27\times\frac{91.24}{6.97}}=56.7$$

取 $\lambda=\max\{\lambda_{0x},\lambda_y\}=56.7<[\lambda]=150$。查附表 1-12 得 $\varphi=0.825$，有

$$\frac{N}{\varphi Af}=\frac{1\ 600\times10^3}{0.825\times9\ 126.8\times215}\approx0.988<1.0$$

整体稳定和刚度条件满足，因截面无削弱也无虚孔，所以无须验算毛截面屈服和净截面断裂，截面强度自然能够满足要求。

(2) 单肢验算。

缀条按 $\alpha=45°$ 布置，如图 3-16 所示，得

单肢计算长度 $l_{01}=21.96\ \text{cm}$，单肢回转半径 $i_1=2.30\ \text{cm}$。

单肢长细比 $\lambda_1=\frac{l_{01}}{i_1}=\frac{21.96}{2.30}=9.55<0.7\lambda_{\max}=39.7$，满足要求。

(3) 缀条验算。

作用在柱上的计算剪力

$$V=\frac{Af}{85\varepsilon_k}=\frac{9\ 126.8\times215}{85}\ \text{N}=23\ 085\ \text{N}\approx23.085\ \text{kN}$$

作用在斜缀条上的轴力

$$N_t=\frac{V_1}{n\cos\alpha}=\frac{23\ 085}{2\times0.707}\ \text{N}=16\ 326\ \text{N}$$

缀条∟45×4 的几何特性：面积 $A_1=3.486\ \text{cm}^2$，最小回转半径 $i_{\min}=0.89\ \text{cm}$，计算长度 $l_t=l_{01}/\cos\alpha=21.96/0.707\ \text{cm}=31.06\ \text{cm}$，长细比 $\lambda=l_t/i_{\min}=31.06/0.89=34.9$。

缀条稳定性验算：由 $\lambda=34.9$ 查附表 1-12 得 $\varphi=0.918$。

单边连接强度折减系数

$$\gamma_0=0.6+0.001\ 5\lambda=0.6+0.001\ 5\times34.9=0.652$$

$$\frac{N_t}{\gamma_0\varphi A_t f}=\frac{16\ 326}{0.652\times0.918\times348.6\times215}=0.364<1.0\quad(\text{满足要求})$$

缀条截面无削弱也无虚孔，整体稳定满足，强度自然满足。

横缀条与斜缀条截面相同，长度是斜缀条的 0.707 倍，无须再验算。

3.7　轴心受压柱与梁和基础的连接

3.7.1　柱　头

柱的顶部与梁(或桁架)的连接部分称为柱头，其作用是将梁等上部结构的荷载传递到柱身。轴心受压柱与梁的连接应为铰接，否则会产生弯矩作用。按照与梁连接的位置不同，有两种连接方式：一是将梁直接放在柱顶上，称为顶面连接；二是将梁连接于侧面，称为侧面连接。连接构造设计的原则：传力明确、可靠、简捷，便于制造安装，经济合理。

1) 顶面连接

顶面连接通常是将梁安放在柱顶面的柱顶板上(图 3-17a～d)。按照梁的支承方式不同，又有以下两种连接方法。

(1) 梁端支承加劲肋采用突缘板形式，底部刨平(或铣平)，与柱顶板顶紧。

(2) 梁端支承加劲肋对准柱的翼缘放置，使梁的支座反力通过承压直接传给柱翼缘。

无论采用哪种形式，每个梁端都应采用两个螺栓将梁下翼缘与柱顶板加以连接，使其位置固定在柱顶板上。

2) 侧面连接

侧面连接通常是在柱的侧面焊以承托，以支承梁的支座反力。图 3-17(e)，(f)分别表示梁与实腹式柱和格构式柱的连接构造。侧面连接的具体方法是将相邻梁端支座加劲肋的突缘部分刨平(或铣平)，安放在柱侧面的承托上，并与之顶紧。

侧面连接形式受力明确，但对梁的长度误差要求较严。当两相邻梁的支座反力不相等时，对柱产生偏心弯矩，设计时应予以考虑。

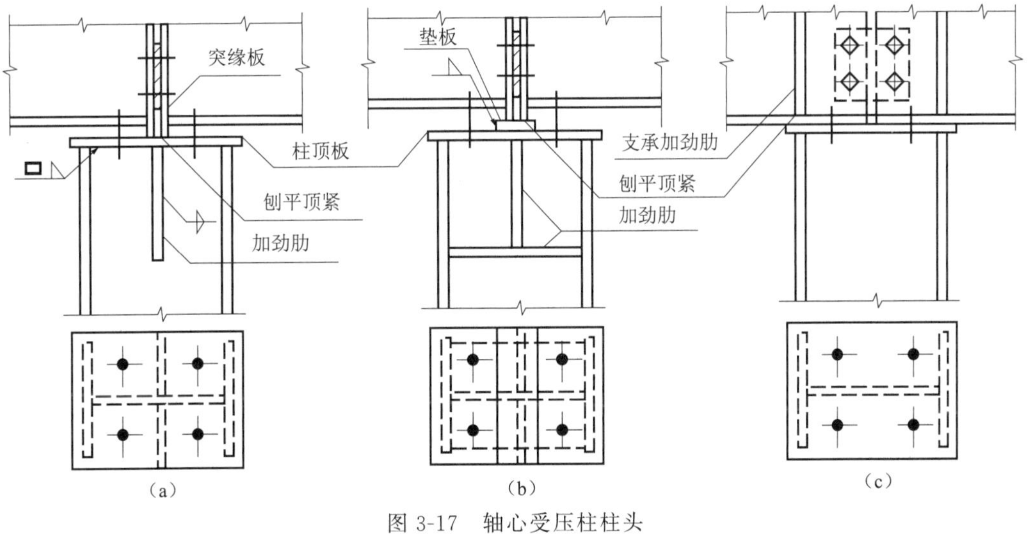

图 3-17　轴心受压柱柱头

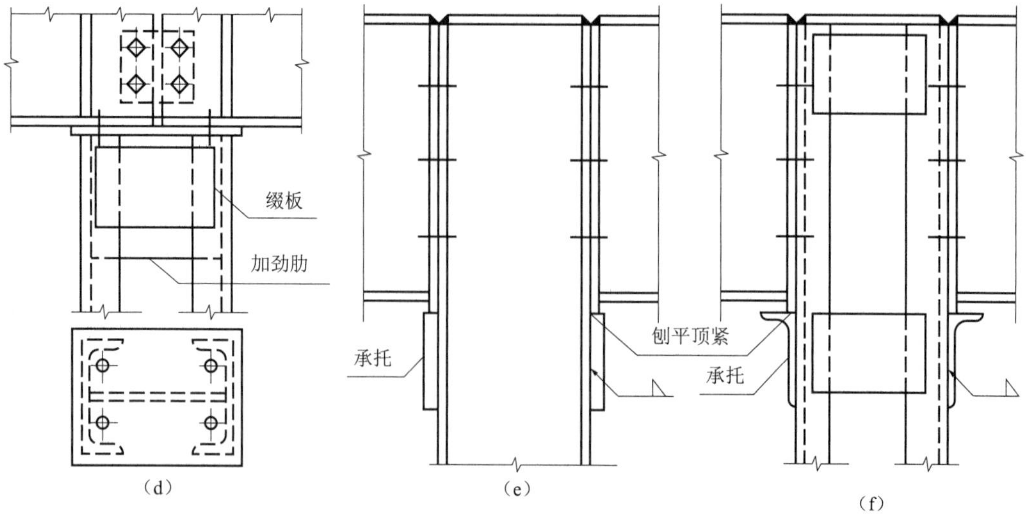

续图 3-17　轴心受压柱柱头

3.7.2　柱脚的形式

柱下端与基础相连的部分称为柱脚，其作用是将柱身所受的力传递和分布到基础，并将柱固定于基础。基础一般由钢筋混凝土或混凝土制成，强度远远低于钢材。因此，必须将柱身的底端扩大以增加与基础接触的面积，使接触面上的承压应力小于或等于基础的抗压强度设计值。这就要求柱脚应有一定的宽度和长度，也应有一定的刚度和强度，使柱身压力比较均匀地传递到基础。柱脚设计应当做到传力明确、可靠、简捷、构造简单、节约材料、施工方便，并符合计算模型和简图。

轴心受压柱的柱脚一般设计成铰接，通常由底板、靴梁、肋板和锚栓等组成。图 3-18 是常用铰接柱脚形式，用于轴心受压柱。当柱轴力较大时，需要在底板上采取加劲措施，以防在基础反力作用下底板抗弯刚度不够。柱脚通过锚栓固定在基础上。为了符合计算图式，铰接柱脚只沿着一条轴线设置两个连接于底板上的锚栓，以使柱端能绕此轴线转动。在铰接柱脚中，锚栓不需计算，按构造设置。

如果柱脚的转动受到了有效的限制，则成为刚接柱脚。如图 3-19 是常见的刚接柱脚，一般用于偏心受压柱。刚接柱脚不但要传递轴力，还要传递弯矩和剪力。在弯矩作用下，倘若底板范围内产生拉力，就需由锚栓来承受。锚栓须经过计算得到。为了保证柱脚与基础能形成刚性连接，锚栓不宜固定在底板上；为了方便安装，锚栓不宜穿过底板。

当单靠摩擦力不能抵抗柱受到的外部剪力时，可将柱脚底板与基础上的预埋件用焊缝连接，或在柱脚两侧埋入一段型钢，或在底板以下使用抗剪键块，如图 3-20 所示。刚接柱脚的其他构造要求可参照铰接柱脚。

3.7.3　轴心受压柱柱脚计算

轴心受压柱柱脚是一个受力复杂的空间结构，计算时通常做适当的简化，对底板、靴梁和隔板等分别进行计算。

1) 底板的计算

底板的计算包括底板平面尺寸和厚度的计算。

(1) 底板的平面尺寸。

底板与基础之间接触面上的压应力可假定为均匀分布的,底板长度 L 和宽度 B 按下式确定:

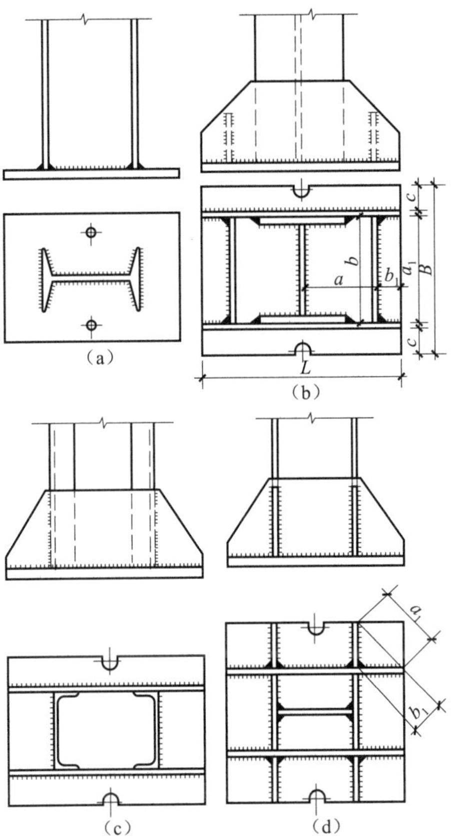

图 3-18　铰接柱脚

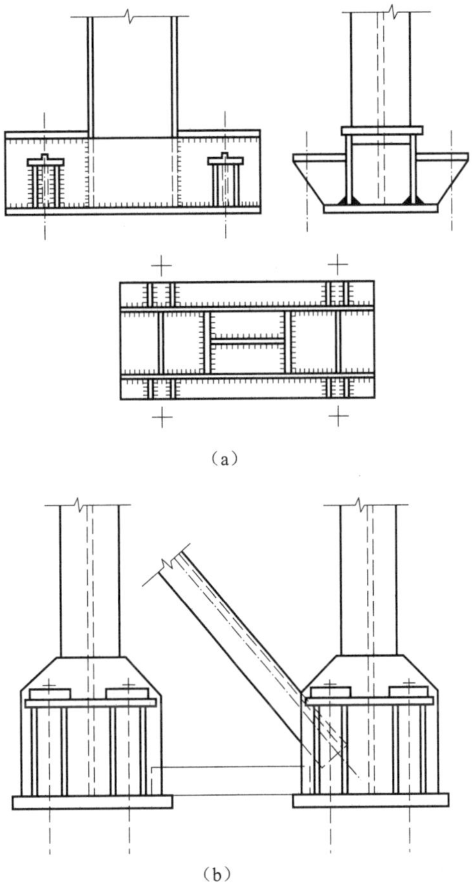

图 3-19　刚接柱脚

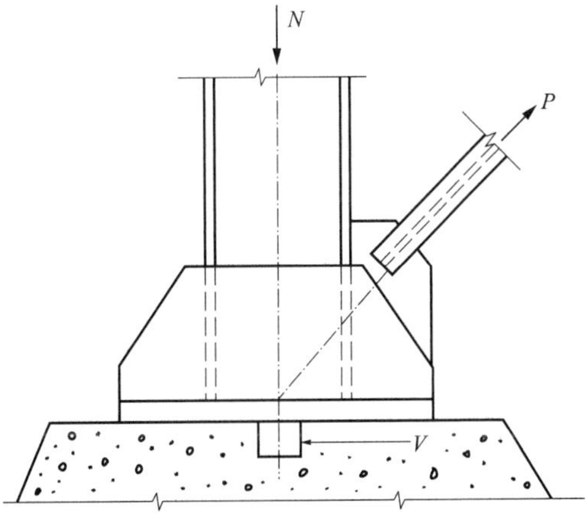

图 3-20　柱脚的抗剪图

$$L \cdot B \geqslant \frac{N}{f_{ce}^{h}} + A_0 \tag{3-17}$$

式中　N——柱的轴心压力，N；

f_{ce}^{h}——基础所用钢筋混凝土的局部承压强度设计值，N/mm^2；

A_0——锚栓孔的面积，m^2。

(2) 底板厚度。

底板厚度由底板在基础的反力作用下产生的弯矩计算决定。靴梁、肋板、隔板和柱的端面等均可作为底板的支承边。将底板分成几块各种支承形式的区格，其中有四边支承、三边支承、两相邻边支承和单边支承(图 3-18b，d)。在均匀分布的基础反力作用下，各区格单位宽度上最大弯矩 M_{max} 为

四边支承板

$$M_{max} = \alpha q a^2 \tag{3-18}$$

三边支承板及两相邻边支承板

$$M_{max} = \beta q a_1^2 \tag{3-19}$$

一边支承(悬臂)板

$$M_{max} = \frac{1}{2} q c^2 \tag{3-20}$$

式中　q——作用在底板单位面积上的压力，N/mm^2，$q = \frac{N}{LB - A_0}$；

a——四边支承板中短边的长度，m；

α——弯矩系数，由边长比 b/a 查表 3-5 得到，其中 b 为四边支承板长边长度；

a_1——三边支承板中自由边长度或两相邻边支承中对角线长度，m；

β——系数，由 b_1/a_1 查表 3-6 得到，其中 b_1 为三边支承板中垂直于自由边方向的长度或两相邻边支承板中内角顶点至对角线的垂直距离，当三边支承板的 $b_1/a_1 \leqslant 0.3$ 时，按照悬臂长为 b_1 的悬臂板计算；

c——悬臂长度，m。

取各区格弯矩中的最大值 M'_{max} 来计算板的厚度为

$$t = \sqrt{\frac{6M'_{max}}{f}} \tag{3-21}$$

表 3-5　四边支承板弯矩系数 α

b/a	1.0	1.1	1.2	1.3	1.4	1.5	1.6
α	0.047 9	0.055 3	0.062 6	0.069 3	0.075 3	0.081 2	0.086 2
b/a	1.7	1.8	1.9	2.0	2.5	3.0	≥4.0
α	0.090 8	0.094 8	0.098 5	0.101 7	0.113 2	0.118 9	0.125

表 3-6　三边支承板及两相邻边支承板弯矩系数 β

b_1/a_1	0.3	0.35	0.4	0.45	0.5	0.55	0.6	0.65	0.7	0.75
β	0.027 3	0.035 5	0.043 9	0.052 2	0.060 2	0.067 7	0.074 7	0.081 2	0.087 1	0.092 4
b_1/a_1	0.8	0.85	0.9	0.95	1.0	1.1	1.2	1.3	≥1.4	
β	0.097 2	0.101 5	0.105 3	0.108 7	0.111 7	0.116 7	0.120 5	0.123 5	0.125 0	

2) 焊缝的计算

柱的压力一部分由柱身通过焊缝传给靴梁、肋板或隔板，再传给柱底板；另一部分则直接通过柱端与底板之间的焊缝传给底板。制作柱脚时，柱端不一定平齐，有时为控制标高，柱端与底板之间可能出现较大且不均匀的缝隙，因此柱端与底板之间的焊缝质量不一定可靠；而靴梁、隔板和肋板的底边可预先刨平，拼装时可任意调整位置，使之与底板密合，它们与底板间的焊缝质量是可靠的。因此，计算时可偏安全地假定柱端与底板间的焊缝不受力，靴梁、隔板、肋板与底板的角焊缝则可按柱的轴心压力 N 计算；柱与靴梁间的角焊缝也按受力 N 计算。注意，每条焊缝的计算长度不宜大于 $60h_f$。

3) 靴梁、隔板、肋板的计算

靴梁可作为承受由底面焊缝传来的均布力并支承于柱边的双悬臂简支梁计算(图 3-21)。先根据靴梁与柱身之间的焊缝长度要求来确定靴梁的高度，其厚度取略小于柱翼缘，然后验算其抗弯和抗剪强度。隔板作为底板的支承边，应具有一定的刚度，其厚度可以比靴梁略薄些，高度略小些。在较大的柱脚中，隔板需要计算。隔板计算时，在其两侧的底板区格中取适当部分作为其受载面积，按两端支承于靴梁上的简支梁计算。

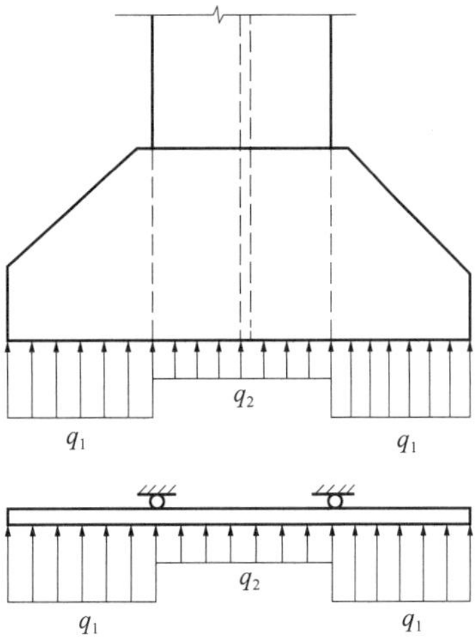

图 3-21　靴梁计算简图

肋板可按悬臂梁计算强度和与靴梁间的焊缝。

【例 3-6】 试设计图 3-22 所示轴心受压格构式柱的柱脚。轴心压力设计值 $N=1\ 420$ kN(静力荷载)，钢材为 Q235，焊条为 E43 型，基础混凝土强度等级为 C25。

【解】 选用带靴梁的柱脚，如图 3-23 所示。

(1) 确定底板平面尺寸 BL。基础混凝土强度等级 C25，$f_c=11.9\ \text{N/mm}^2$。

拟采用 $d=24$ mm 锚栓，锚栓孔面积

$$A_0=2\times(50\times30+\pi\times25^2/2)\ \text{mm}^2\approx5\ 000\ \text{mm}^2$$

靴梁厚度取 $t_b=10$ mm，悬臂 c 取 $c=3d=3\times24=72$，取整为 75 mm，则

$$A=BL=N/f_{cc}+A_0=(1\ 420\times10^3/11.9+5\ 000)\ \text{mm}^2=124\ 328\ \text{mm}^2$$

$$B=b+2t_b+2c=(280+2\times10+2\times75)\ \text{mm}=450\ \text{mm}$$

$$L=124\ 328/450\ \text{mm}=276\ \text{mm}$$

采用 $BL=450\times500$，则作用在底板单位面积上的压力为

$$q=1\ 420\times10^3/(450\times500-5\ 000)\ \text{N/mm}^2=6.45\ \text{N/mm}^2<f_c=11.9\ \text{N/mm}^2$$

(2) 确定底板厚度，如图 3-23 所示。

区格①为四边支承板，$b/a=290/280=1.036$，查表 3-5 得 $\alpha=0.050\ 6$，则区格单位宽度上最大弯矩为

$$M_{\max}=\alpha qa^2=0.050\ 6\times6.45\times280^2\ \text{N}\cdot\text{mm}\approx25\ 590\ \text{N}\cdot\text{mm}$$

区格②为三边支承板，$b_1/a_1=105/280=0.375$，查表 3-6 有 $\beta=0.039\ 7$，则有

$$M_{\max}=\beta qa_1^2=0.039\ 7\times6.45\times280^2\ \text{N}\cdot\text{mm}=20\ 075\ \text{N}\cdot\text{mm}$$

区格③为悬臂板，有 $M_{max}=qc^2/2=6.45\times75^2/2\ N\cdot mm=18\ 140\ N\cdot mm$

最大弯矩 $M'_{max}=25\ 590\ N\cdot mm$，又 $f=200\ N/mm^2$（16 mm<t≤40 mm 钢板），柱承受静力荷载，钢板受弯时 $\gamma=1.2$，于是有

$$t=\sqrt{6M_{max}/(\gamma_x f)}=\sqrt{6\times25\ 590/(1.2\times200)}\ mm=25.3\ mm$$

取 $t=28$ mm。

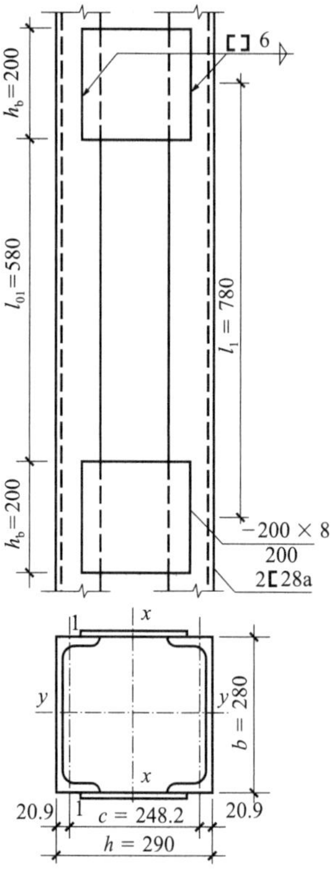

图 3-22

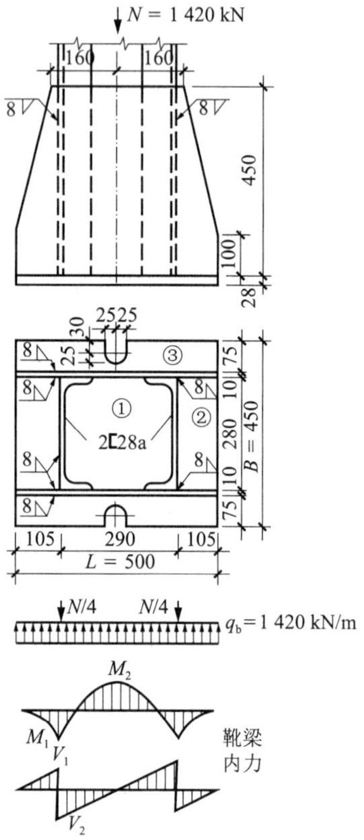

图 3-23

(3) 靴梁与柱身的竖向焊缝计算。

焊缝共有 4 条，每条所需尺寸

$$h_f l_w=N/(4\times0.7f_f^w)=1\ 420\times10^3/(4\times0.7\times160)\ mm^2=3\ 170\ mm^2$$

取 $h_f\times l_w=8\times440=3\ 520\ mm^2>3\ 170\ mm^2$，靴梁高度取 450 mm。

(4) 靴梁与底板连接焊缝计算。

焊缝总长度

$$\sum l_{wi}=[2\times(500-10)+4\times(105-8)]\ mm=1\ 368\ mm$$

所需焊缝尺寸

$$h_f=\frac{N}{0.7\beta_f f_f^{wi}\sum l_{wi}}=\frac{1\ 420\times10^3}{0.7\times1.22\times160\times1\ 368}\ mm=7.60\ mm$$

取 h_f 为 8 mm。

$$h_f=8\ mm>1.5\sqrt{t}=1.5\sqrt{28}=7.94\ mm\quad（满足要求）$$

(5) 靴梁验算。

截面采用 $t_b h_b = 10\ \text{mm} \times 450\ \text{mm}$，线均布荷载

$$q_b = \frac{N}{2L} = \frac{1\ 420 \times 10^3}{2 \times 500}\ \text{N/mm} = 1\ 420\ \text{N/mm}$$

支座和跨中的弯矩和剪力分布分别为

$$M_1 = \frac{q_b l_1^2}{2} = \frac{1\ 420 \times 105^2}{2}\ \text{N} \cdot \text{mm} = 7.83 \times 10^6\ \text{N} \cdot \text{mm}$$

$$M_2 = \frac{q_b l_2^2}{8} - M_1 = \left(\frac{1\ 420 \times 290^2}{8} - 7.83 \times 10^6\right)\ \text{N} \cdot \text{mm} = 7.10 \times 10^6\ \text{N} \cdot \text{mm}$$

$$M_{max} = 7.83 \times 10^6\ \text{N} \cdot \text{mm}$$

$$V_1 = q_b l_1 = 1\ 420 \times 105\ \text{N} = 149.1 \times 10^3\ \text{N}$$

$$V_2 = q_b l_2 / 2 = 1\ 420 \times 290/2\ \text{N} = 205.9 \times 10^3\ \text{N}$$

$$V_{max} = 205.9 \times 10^3\ \text{N}$$

$$\sigma_{max} = \frac{6M_{max}}{\gamma_x t_b h_b^2} = \frac{6 \times 7.83 \times 10^6}{1.2 \times 10 \times 450^2}\ \text{N/mm}^2 = 19.3\ \text{N/mm}^2 < f = 215\ \text{N/mm}^2$$

$$\tau_{max} = \frac{1.5V_{max}}{t_b h_b} = \frac{1.5 \times 205.9 \times 10^3}{10 \times 450}\ \text{N/mm}^2 = 68.6\ \text{N/mm}^2 < f_v = 125\ \text{N/mm}^2$$

(满足要求)

习　题

一、判断题

1. 网架结构在进行力学分析时，杆件的连接节点通常假设为刚接。 (　　)
2. H 型钢的截面形式为格构式截面。 (　　)
3. 轴心受拉构件不需要验算整体稳定和局部稳定。 (　　)
4. 构件的长细比是构件的几何长度与构件截面回转半径的比值。 (　　)
5. 轴心受拉构件的容许长细比通常比轴心受压构件的容许长细比大。 (　　)
6. 双轴对称的轴心受压构件整体失稳时通常发生扭转屈曲。 (　　)
7. 极点对称的轴心受压构件整体失稳时通常发生扭转屈曲。 (　　)
8. 轴心受压钢构件的强度设计值越高，整体稳定承载力也越高。 (　　)
9. 轴心受压钢构件的整体稳定承载力与钢构件的加工制造方式没有关系。 (　　)
10. 焊接 H 型钢 H400×200×8×10 的翼缘宽厚比是 20。 (　　)
11. 焊接 H 型钢 H500×200×10×20 的腹板高厚比是 50。 (　　)

二、计算题

1. 本章例题 3-2 中若只在侧向加一道支撑，试为钢柱选定合适的热轧 H 型钢。
2. 本章例题 3-2 中若侧向不加支撑，试为钢柱选定合适的热轧型钢。
3. 本章例题 3-3 中若柱的长度变为 8 m，试为钢柱选定合适的焊接 H 型钢。

三、上机实践题

用计算机软件(例如 PKPM,3D3S,旗云工具箱等)核算本章中的计算例题和习题中的计算题,并打印计算书。

第 4 章

受弯构件计算

本章关键词 受弯构件，强度（弯曲正应力、剪应力、局部压应力、折算应力），刚度（挠度），整体稳定性，局部稳定性，塑性发展系数，加劲肋，支承加劲肋，构造要求，焊接截面梁的设计

学习目标 （1）理解并掌握梁的类型与梁格布局；
（2）掌握梁强度、刚度验算和构造要求；
（3）掌握梁整体稳定性的保证措施与验算；
（4）掌握梁局部稳定性的保证措施与验算；
（5）掌握梁腹板加劲肋的设置与设计。

新形态资源

4-1　本章 PPT

4-2　焊接截面梁的截面设计

4-3　工字形截面梁的验算

4-4　梁腹板加劲肋的配置

知识结构框图

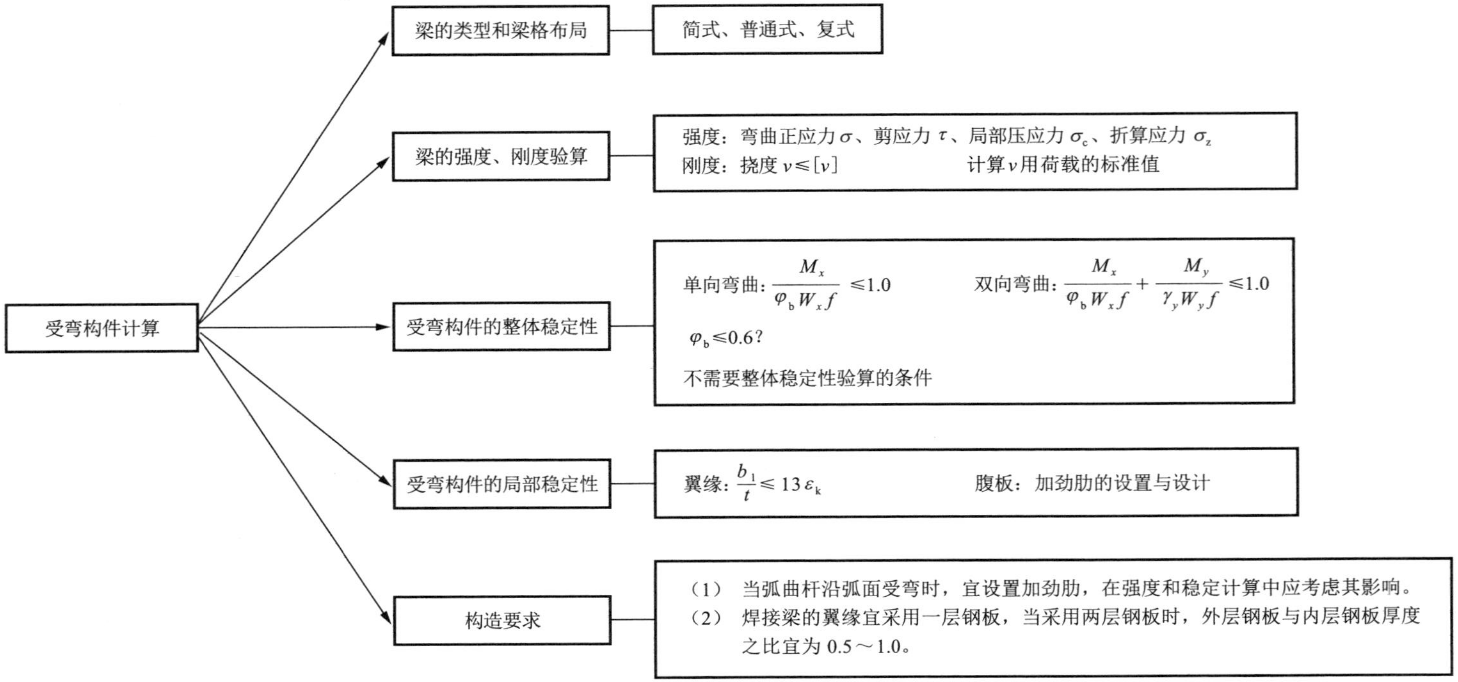
受弯构件计算
梁的类型和梁格布局
简式、普通式、复式
梁的强度、刚度验算
强度：弯曲正应力 σ、剪应力 τ、局部压应力 σ_c、折算应力 σ_z
刚度：挠度 $v \leq [v]$
计算 v 用荷载的标准值
受弯构件的整体稳定性
单向弯曲：$\frac{M_x}{\varphi_b W_x f} \leq 1.0$
双向弯曲：$\frac{M_x}{\varphi_b W_x f} + \frac{M_y}{\gamma_y W_y f} \leq 1.0$
$\varphi_b \leq 0.6$?
不需要整体稳定性验算的条件
受弯构件的局部稳定性
翼缘：$\frac{b_1}{t} \leq 13\varepsilon_k$
腹板：加劲肋的设置与设计
构造要求
（1） 当弧曲杆沿弧面受弯时，宜设置加劲肋，在强度和稳定计算中应考虑其影响。
（2） 焊接梁的翼缘宜采用一层钢板，当采用两层钢板时，外层钢板与内层钢板厚度之比宜为 0.5～1.0。

4.1 梁的类型和梁格布局

梁是用于承受横向荷载的构件，是结构的最基本元素，在建筑结构中应用广泛。在工业和民用建筑中最常见的是楼盖梁、墙架梁、工作平台梁、吊车梁和檩条等。

4.1.1 梁的类型

钢梁按制作方法不同，可以分为型钢梁和组合梁两大类(图 4-1)。型钢梁又分为热轧型钢梁和冷弯薄壁型钢梁，前者常用工字钢、槽钢、H 型钢制成(图 4-1a，b)，成本比较低廉，应用比较广泛。其中 H 型钢截面最为合理，翼缘内外边缘平行，与其他构件连接方便。当荷载较小、跨度不大时可用冷弯薄壁 C 型钢(图 4-1d，e)或 Z 型钢(图 4-1e)，可以有效节约钢材，例如用作屋面檩条或墙面墙梁。

受到钢材尺寸和规格的限制，当荷载或跨度较大时，型钢梁往往不能满足承载力或刚度的要求，这时需要用组合截面梁。组合截面的连接方式通常为焊接，有时候也称之为焊接截面梁。最常见的是用三块钢板焊接而成的工字形焊接截面梁(图 4-1f)，俗称焊接 H 型钢，其构造简单，加工方便，当所需翼缘板较厚时，可采用双层翼缘板(图 4-1g)。当荷载很大而截面高度受到限制或对抗扭刚度要求较高时，可采用箱形截面梁(图 4-1h)。当梁承受动力荷载时，由于对疲劳性能要求较高，需要采用高强度螺栓连接的工字形截面梁(图 4-1i)。鉴于“混凝土适于受压、钢材适于受拉”的特点，钢与混凝土组合梁(图 4-1j)可以充分发挥两种材料的优势，经济效果较明显。

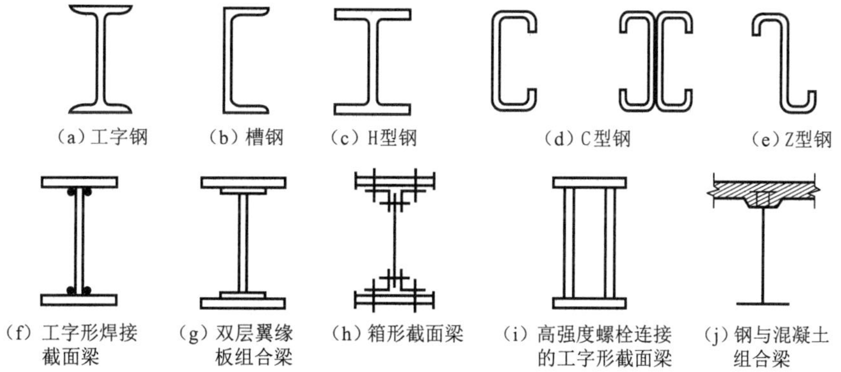

图 4-1 梁的截面形式

为了更好地发挥材料的性能，钢材可以做成截面沿梁长度方向变化的变截面梁。常用的变截面梁有楔形梁，这种梁仅改变腹板高度，而翼缘的厚度、宽度及腹板的厚度均不改变，且加工方便，经济性能较好，目前已经广泛用于轻型门式刚架房屋中。

根据梁的支承情况，梁可分为简支梁、悬臂梁和连续梁。简支梁可以在支座附近降低截面高度，除节约材料外，还可节省净空，已广泛应用于大跨度吊车梁中。另外，简支梁也可做成改变翼缘板宽度或厚度的变截面梁。简支梁较费钢材，但制造简单、安装方便，还可避免支座沉降的不利影响，从而得到了广泛的应用。

根据受力情况的不同,梁可以分为单向受弯梁和双向受弯梁,如吊车梁(单向受弯)、檩条(双向受弯)等。

4.1.2 梁格布局

梁格是由许多梁排列而成的平面体系,例如楼盖和工作平台梁等。梁格上的荷载一般先由铺板传给次梁,再由次梁传给主梁,然后传到柱子或墙上,最后传给基础和地基。

根据梁的排列方式,梁格可分为下列三种典型的形式:

(1) 简式梁格。如图 4-2(a)所示,它是只有主梁的布置情形,适用于梁跨度较小的情况。

(2) 普通式梁格。如图 4-2(b),它有次梁和主梁,次梁支承于主梁上。

(3) 复式梁格。如图 4-2(c)所示,除主梁和纵向次梁外,还有支承于纵向次梁上的横向次梁,或更次级的次梁。

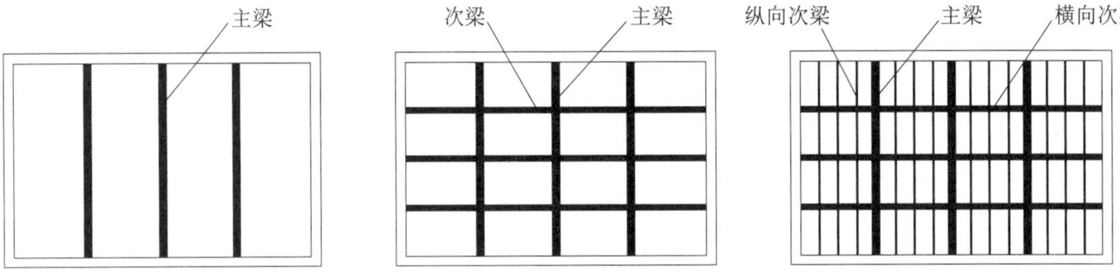

(a) 简式梁格　(b) 普通式梁格　(c) 复式梁格

图 4-2　梁格的形式

铺板可采用钢筋混凝土板、钢板或由压型钢板与混凝土组成的组合板。铺板宜与梁牢固连接,以使二者共同工作,它可分担梁的受力而节约钢材,并增强梁的整体稳定性。布置梁格时,在满足使用要求的前提下,应考虑材料的供应情况、制造和安装的条件等,对几种可能的布置方案进行技术经济比较,选用最合理且又经济的方案。

4.2 梁的强度和刚度

梁在横向荷载作用下截面上将产生弯矩 M 和剪力 V,继而产生弯曲应力和剪切应力,同时在集中荷载作用处还有局部承压应力,因此梁的强度应包括抗弯强度、抗剪强度和局部承压强度三个方面。在弯曲正应力、剪切应力及局部压应力共同作用处,通常还需要验算复杂应力状态下的折算应力。

4.2.1 梁截面上的正应力

梁在纯弯曲时的弯矩-挠度曲线与材料拉伸试验的应力-应变曲线类似,屈服点也相差不多,分析时可采用理想弹塑性模型。根据平截面假定,梁截面上的正应力分布随着荷载的增加通常可分为三个工作阶段(图 4-3)。

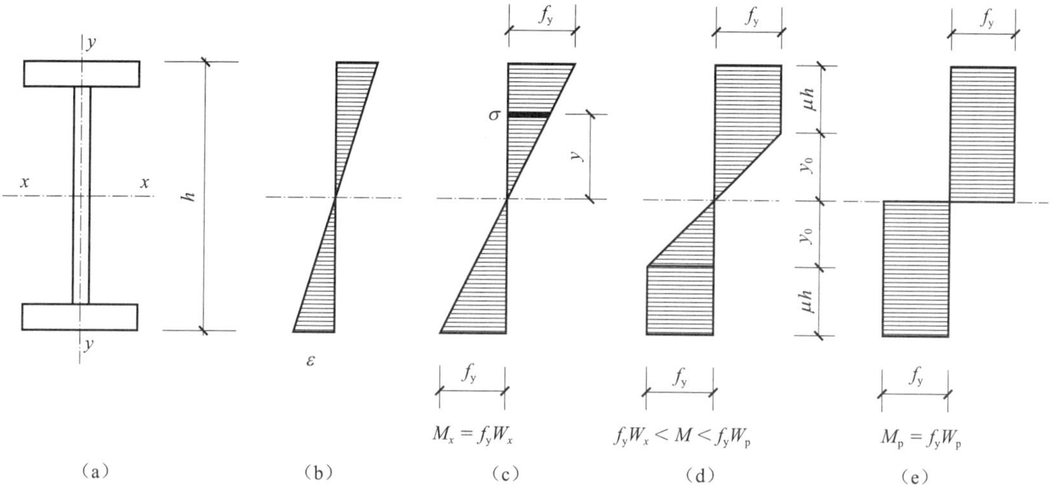

图 4-3　双轴对称工字形截面在纯弯曲下的正应力

1）弹性工作阶段

钢梁受力最大部分的应力未超过钢材屈服强度的加载过程属于弹性工作阶段，如图 4-3(b)和(c)所示。对于直接承受动力荷载的梁，以受力最大部分的应力达到钢材屈服强度作为承载能力的极限状态。

2）弹塑性工作阶段

随着荷载的继续增加，梁的翼缘板逐渐屈服，随后腹板的两侧也逐渐屈服，此时梁的截面部分处于弹性、部分处于塑性，如图 4-3(d)所示。对于承受静力荷载或间接承受动力荷载的梁，国家相关技术标准（规范）适当考虑了截面的塑性发展。

3）塑性工作阶段

荷载进一步增大，梁截面将出现塑性铰，如图 4-3(e)所示，梁将发生较大塑性变形。塑性设计的超静定梁允许出现塑性铰，直至形成几何可变体系。

弹性工作阶段，梁的最大弯矩为

$$M_e=W_nf_y \tag{4-1}$$

塑性工作阶段，梁的塑性铰弯矩为

$$M_p=W_{pn}f_y \tag{4-2}$$

$$W_{pn}=S_{1n}+S_{2n}$$

式中　f_y——钢材的屈服强度；

W_n——净截面模量；

W_{pn}——净截面塑性截面模量；

S_{1n}——中和轴以上净截面面积对中性轴的面积矩；

S_{2n}——中和轴以下净截面面积对中性轴的面积矩。

在实际工程中，如果梁不直接承受动力荷载，则通常允许钢梁截面有一定程度的塑性发展，同时为了控制截面上塑性变形发展的深度，一般采用截面塑性发展系数来衡量其可以塑性发展的程度。

《钢结构设计标准》(GB 50017—2017)规定梁的正应力验算公式如下：

单向受弯

$$\sigma=\frac{M_x}{\gamma_x W_{nx}}\leqslant f \tag{4-3}$$

双向受弯

$$\sigma=\frac{M_x}{\gamma_x W_{nx}}+\frac{M_y}{\gamma_y W_{ny}}\leqslant f \tag{4-4}$$

式中 M_x,M_y——绕 x 轴和 y 轴(对 H 形截面,x 轴为强轴,y 轴为弱轴)的弯矩设计值;

W_{nx},W_{ny}——对 x 轴和 y 轴的净截面模量(利用屈曲后强度的 S5 级截面为有效截面模量,详见钢结构设计标准);

f——钢材的抗弯强度设计值;

γ_x,γ_y——截面塑性发展系数。

对工字形和箱形截面,当截面板件宽厚比等级为 S4 或 S5 级时,截面塑性发展系数应取 1.0;当截面板件宽厚比等级为 S1,S2 及 S3 时,截面塑性发展系数应按下列规定取值:

① 工字形截面(x 轴为强轴,y 轴为弱轴),$\gamma_x=1.05$,$\gamma_y=1.20$;

② 箱形截面,$\gamma_x=\gamma_y=1.05$。

对其他截面可按表 4-1 采用。

对需要计算疲劳的梁,宜取 $\gamma_x=\gamma_y=1.0$。

表 4-1 截面塑性发展系数 γ_x,γ_y

项 次	截面形式	γ_x	γ_y
1	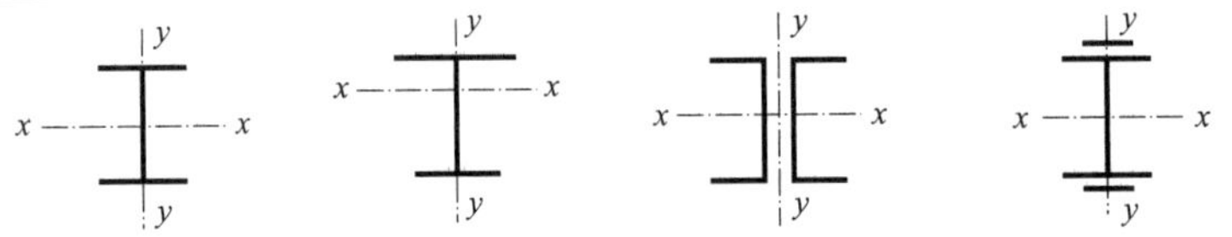	1.05	1.20
2	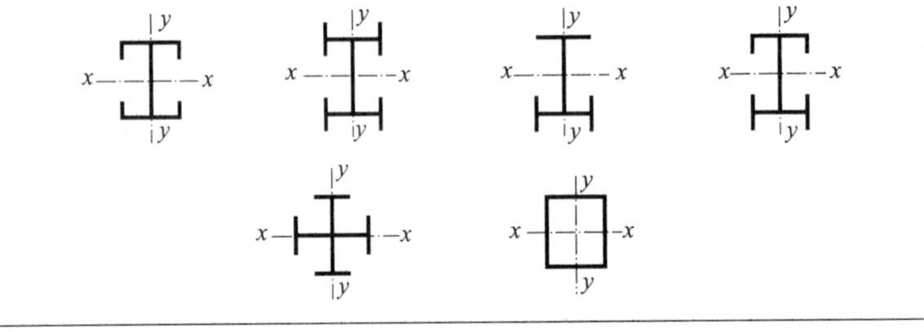	1.05	1.05
3	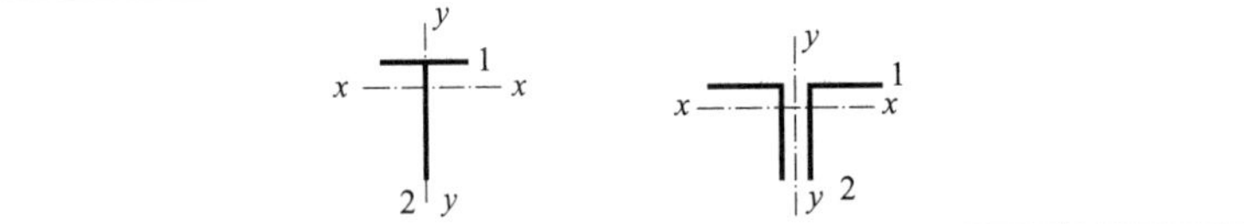	$\gamma_{x1}=1.05$ $\gamma_{x2}=1.20$	1.20
4	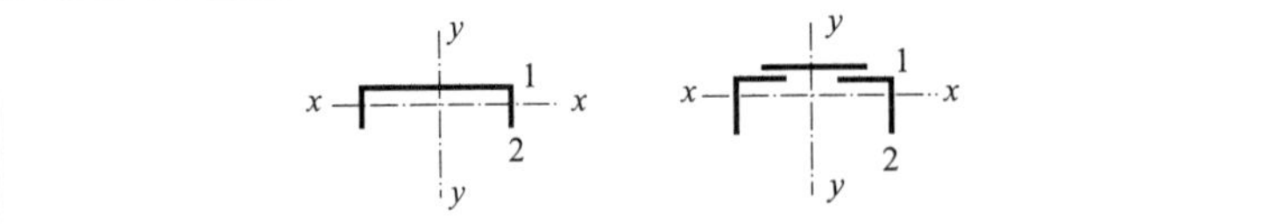		1.05
5	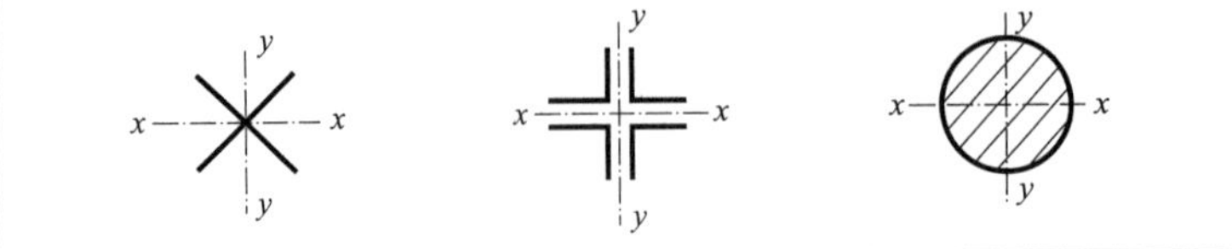	1.20	1.20

续表

项 次	截面形式	γ_x	γ_y
6	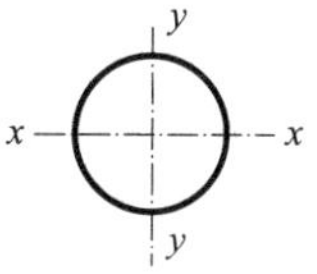	1.15	1.15
7	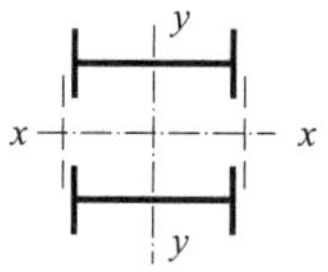 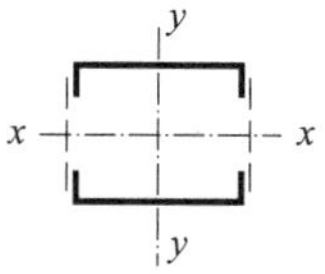	1.00	1.05
8	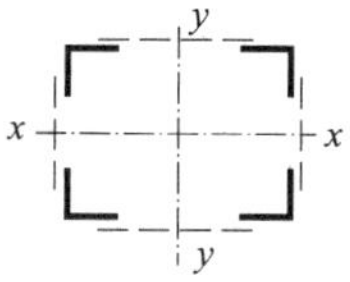 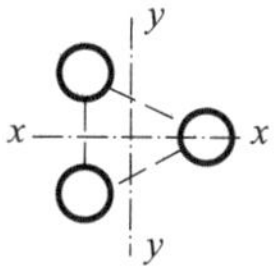		1.00

4.2.2 梁截面上的剪应力

在横向荷载作用下，梁在受弯的同时也承受剪力。对于工字形截面和槽形截面，其最大剪应力在腹板上，剪应力分布如图 4-4 所示，其计算公式为

$$\tau=\frac{VS}{It_{w}}\leqslant f_{v} \tag{4-5}$$

式中 V——所计算截面沿腹板平面作用的剪力；

I——构件的毛截面惯性矩；

S——所计算剪应力处以外(以上或以下)毛截面对中性轴的面积矩；

t_w——构件的腹板厚度；

f_v——钢材抗剪强度设计值。

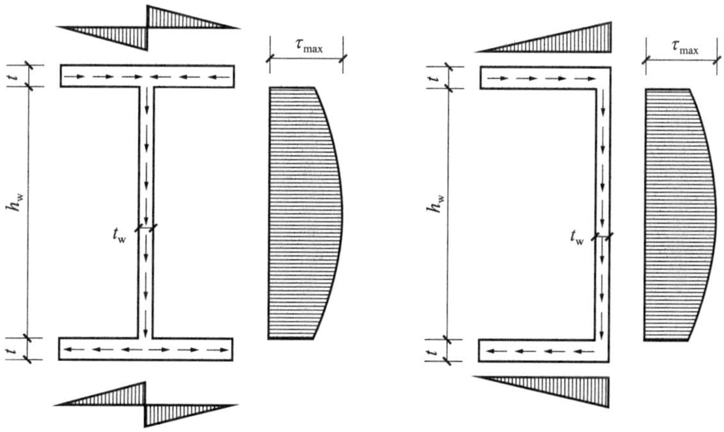

图 4-4 工字形截面和槽形截面上的剪应力流

4.2.3 腹板计算高度边缘的局部承压强度

当梁的翼缘承受较大的固定集中荷载(包括支座)且未设支承加劲肋(图 4-5a)或受移动的集中荷载(如吊车轮压,图 4-5b)时,应计算腹板高度边缘的局部承压强度。假定集中荷载从作用处在 h_y 高度范围内以 1∶2.5 扩散,在 h_R 高度范围内以 1∶1 扩散,均匀分布于腹板高度计算边缘,这样得到的 σ_c 与理论的局部压应力的最大值十分接近。局部承压强度可按下式计算

$$\sigma_c=\frac{\psi F}{t_w l_z}\leqslant f \tag{4-6}$$

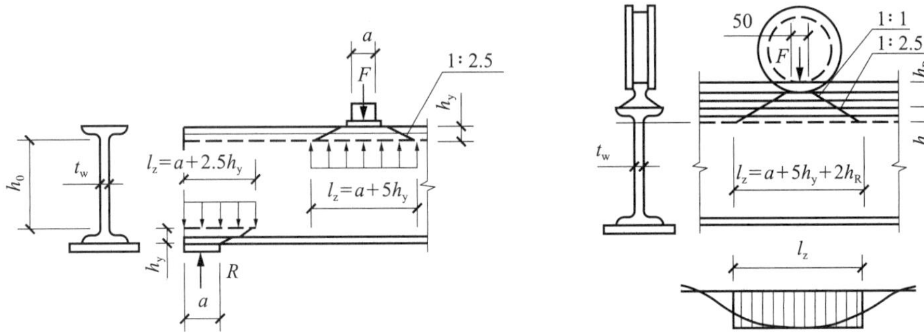

(a) 受固定集中荷载且未设支承加劲肋　　(b) 受移动的集中荷载

图 4-5　梁腹板局部压应力

式中 F——集中荷载,对动荷载应考虑动力系数;

ψ——集中荷载增大系数,对重级工作制吊车梁取 $\psi=1.35$,其他梁取 $\psi=1.0$;

l_z——集中荷载在腹板计算高度处的假定分布长度,对于跨中集中荷载,可按简化公式 $l_z=a+5h_y+2h_R$ 计算,l_z 宜按理论公式 $l_z=3.25\sqrt[3]{\frac{I_R+I_F}{t_w}}$ 计算,而对于梁端支反力,$l_z=a+2.5h_y+a_1$;

a——集中荷载沿跨度方向的支承长度,对吊车轮压,无资料时可取 50 mm;

h_y——自梁顶至腹板计算高度处的距离;

h_R——轨道高度,梁顶无轨道时取 0;

I_R——轨道绕自身形心轴的惯性矩;

I_F——梁上翼缘绕翼缘中面的惯性矩;

a——梁端至支座板外边缘的距离,取值不得大于 $2.5h_y$。

当计算的 σ_c 不能满足要求时,对承受固定集中荷载或支座处,可通过设置横向加劲肋予以加强,也可修改截面尺寸进行加强;当承受移动集中荷载时,则只能修改截面尺寸进行加强。

4.2.4 折算应力

当腹板计算高度处同时承受较大的正应力、剪应力或局部压应力时,该处处于复杂的应力状态(图 4-6),需计算该处的折算应力 σ_{eq}(有时也称为等效应力)。

$$\sigma_{eq}=\sqrt{\sigma^2+\sigma_c^2-\sigma\sigma_c+3\tau^2}\leqslant\beta_1 f \tag{4-7}$$

$$\sigma=\frac{My_1}{I_n},\ \tau=\frac{VS_1}{It_w},\ \sigma_c=\frac{\psi F}{t_w l_z}$$

式中　σ,τ,σ_c——腹板计算高度边缘同一点上同时产生的正应力、剪应力和局部压应力，以拉应力为正，压应力为负；

I_n——梁净截面惯性矩；

y_1——所计算点 1 至梁中性轴的距离；

β_1——强度增大系数，当 σ 与 σ_c 异号时，$\beta_1=1.2$，而当 σ 与 σ_c 同号或 $\sigma_c=0$ 时，$\beta_1=1.1$。

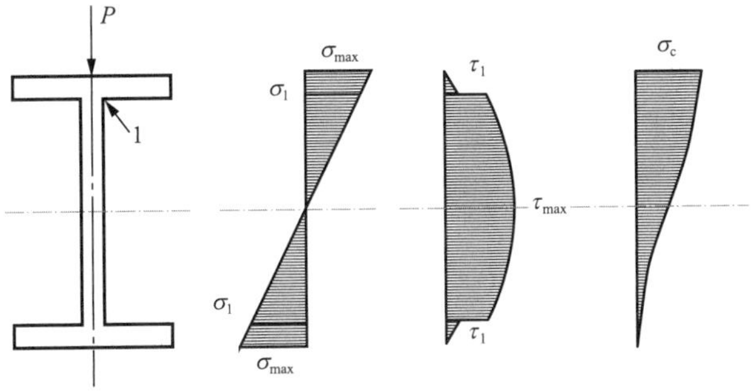

图 4-6　折算应力的验算截面

4.2.5　梁的刚度

梁的刚度通常是以梁在使用荷载下的下垂变形——挠度来衡量的，属正常使用极限状态。梁的刚度不足将会影响结构或构件的正常使用和观感。所谓正常使用，是指设备正常运行、装饰物与非结构构件不受损坏以及人感觉舒适等。一般梁在动力影响下发生的振动可通过限制梁的变形来控制。

《钢结构设计标准》(GB 50017—2017)规定，在荷载标准值的作用下，梁的挠度不应超过其容许值，即

$$v\leqslant[v] \tag{4-8}$$

式中　v——由荷载标准值(不考虑动力系数)求得的梁的最大挠度；

$[v]$——梁的容许挠度，见表 4-2。

表 4-2　受弯构件挠度容许值

项　次	构件类别	挠度容许值	
		$[v_T]$	$[v_Q]$
1	吊车梁和吊车桁架(按自重和起重量最大的一台吊车计算挠度) (1) 手动吊车和单梁吊车(含悬挂吊车)； (2) 轻级工作制桥式吊车； (3) 中级工作制桥式吊车； (4) 重级工作制桥式吊车	 $l/500$ $l/750$ $l/900$ $l/1\ 000$	—

续表

项　次	构件类别	挠度容许值	
		$[v_T]$	$[v_Q]$
2	手动或电动葫芦的轨道梁	$l/400$	—
3	有重轨(每米质量等于或大于 38 kg/m)轨道的工作平台梁 有轻轨(每米质量等于或小于 24 kg/m)轨道的工作平台梁	$l/600$ $l/400$	—
4	楼(屋)盖梁或桁架、工作平台梁(第 3 项除外)和平台板 (1) 主梁或桁架(包括设有悬挂起重设备的梁和桁架) (2) 仅支承压型金属板屋面和冷弯型钢檩条 (3) 除支承压型金属板屋面和冷弯型钢檩条外,尚有吊顶 (4) 抹灰顶棚的次梁 (5) 除(1)～(4)款外的其他梁(包括楼梯梁) (6) 屋盖檩条 　支承压型金属板屋面者 　支承其他屋面材料者 　有吊顶 (7) 平台板	 $l/400$ $l/180$ $l/240$ $l/250$ $l/250$ $l/150$ $l/200$ $l/240$ $l/150$	 $l/500$ — — $l/350$ $l/300$ — — — —
5	墙架构件(风荷载不考虑阵风系数) (1) 支柱(水平方向) (2) 抗风桁架(作为连续支柱的支承时,水平位移) (3) 砌体墙的横梁(水平方向) (4) 支承压型金属板的横梁(水平方向) (5) 支承其他墙面材料的横梁(水平方向) (6) 带有玻璃窗的横梁(竖直和水平方向)	 — — — — — $l/200$	 $l/400$ $l/1\ 000$ $l/300$ $l/100$ $l/200$ $l/200$

注:① l 为受弯构件的跨度(对于悬臂梁和伸臂梁,l 为悬伸长度的 2 倍)。

② $[v_T]$—永久和可变荷载标准值产生的挠度(如有起拱应减去拱度)的容许值;$[v_Q]$—可变荷载标准值产生的挠度的容许值。

③ 当吊车梁或吊车桁架跨度大于 12 m 时,其挠度容许值$[v_T]$应乘以系数 0.9。

④ 当墙面采用延性材料或结构采用柔性连接时,墙架构件的支柱水平位移容许值可采用 $l/300$,抗风桁架(作为连续支柱的支承时)水平位移容许值可采用 $l/800$。

在计算梁的挠度时,一定要采用荷载标准值。通常的构造等措施(如采用螺栓连接时的开孔)给梁造成的截面削弱,对梁的整体刚度影响不大。因此,习惯上采用毛截面的特性,按材料力学方法(或从实际中取得的综合经验公式)来计算梁的最大挠度。常用的几种等截面简支梁的最大挠度计算公式见表 4-3。

表 4-3　几种常用等截面简支梁的最大挠度计算公式

荷载情况	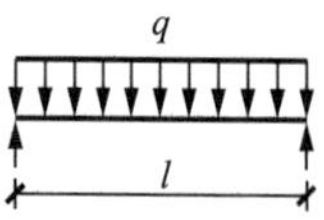	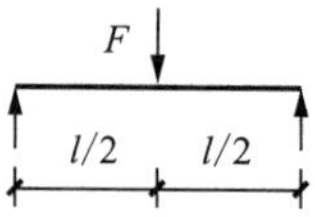	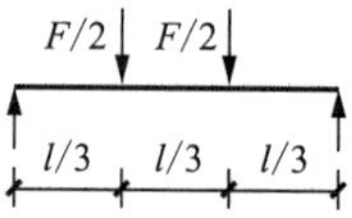	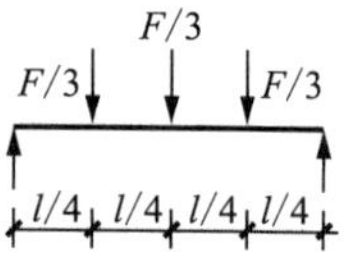
计算公式	$\frac{5}{384}\cdot\frac{ql^4}{EI}$	$\frac{1}{48}\cdot\frac{Fl^3}{EI}$	$\frac{23}{1\ 296}\cdot\frac{Fl^3}{EI}$	$\frac{19}{1\ 152}\cdot\frac{Fl^3}{EI}$

4.3　受弯构件的整体稳定性验算

4.3.1　梁的整体失稳现象

在一个主平面内弯曲的梁，工程设计时为了更有效地发挥材料的性能，其截面常常设计成窄而高的形式(图 4-7)，两个主轴的惯性矩相差极大(即 $I_x \gg I_y$)。不妨设 M_x 为绕梁惯性矩较大主轴 x(即强轴)的弯矩。当 M_x 较小时，梁仅在弯矩作用平面内弯曲；但当 M_x 逐渐增加，达到某一数值时，梁会突然发生侧向(绕弱轴 y)弯曲和扭转(绕形心 O)，并丧失继续承载的能力，这种现象称为梁丧失整体稳定或梁的弯曲扭转屈曲。

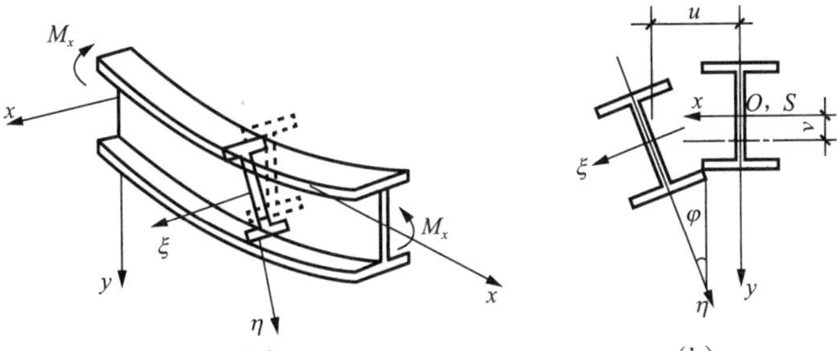

图 4-7　梁的整体失稳

4.3.2　《钢结构设计标准》关于钢梁整体稳定性验算的规定

1) 梁不需计算整体稳定性的情况

梁丧失整体稳定时必然同时发生侧向弯曲和扭转变形，因此《钢结构设计标准》(GB 50017—2017)规定：当梁上有铺板(钢筋混凝土板或钢板)密铺在梁的受压翼缘上并与其牢固相连，能阻止梁受压翼缘的侧向位移时，可不计算梁的整体稳定性。这里必须注意，使铺板能阻止梁受压翼缘发生侧向位移的必要条件有两个：① 铺板自身必须具有一定的刚度，② 铺板必须与钢梁牢固相连，否则就达不到预期的目的。

2) 梁整体稳定性的验算公式

梁整体稳定性的验算公式为

$$\frac{M_x}{\varphi_b W_x f} \leqslant 1.0 \tag{4-9}$$

在两个主平面内受弯的 H 形截面构件的整体稳定性验算公式如下

$$\frac{M_x}{\varphi_b W_x f} + \frac{M_y}{\gamma_y W_y f} \leqslant 1.0 \tag{4-10}$$

式中　M_x, M_y——绕 x 轴(强轴)、y 轴(弱轴)作用的最大弯矩设计值；

W_x, W_y——按受压最大纤维确定的对 x 轴(强轴)、y 轴(弱轴)的毛截面模量；

φ_b——绕强轴弯曲确定的整体稳定系数。

当截面板件宽厚比等级为 S1 级、S2 级、S3 级或 S4 级时，W_x, W_y 应取全截面模量；当板件宽厚比等级为S5级时，应取有效截面模量，有效截面按《钢结构设计标准》(GB 50017—2017)规定确定。对弱轴 y 采用 γ_y，因为弯矩 M_y 绕弱轴 y 弯曲时不会有稳定问题，只需验算其抗弯强度。把对 x 轴的稳定和对 y 轴的强度两个验算公式相综合，即得式(4-10)。

3) 梁的整体稳定系数

(1) 等截面焊接工字型和轧制H型钢简支梁整体稳定系数 φ_b 按下式计算：

$$\varphi_b=\beta_b\frac{4\ 320}{\lambda_y^2}\cdot\frac{Ah}{W_x}\left[\sqrt{1+\left(\frac{\lambda_y t_1}{4.4h}\right)^2}+\eta_b\right]\varepsilon_k^2 \tag{4-11a}$$

$$\lambda_y=\frac{l_1}{i_y} \tag{4-11b}$$

式中 β_b——梁整体稳定的等效弯矩系数，按附表1-6采用；

λ_y——梁在侧向支承点间对截面弱轴 y 的长细比；

l_1——梁受压翼缘侧向支承点间的距离；

i_y——梁毛截面对 y 轴的回转半径；

A——梁的毛截面面积；

h——梁截面的全高；

t_1——受压翼缘的厚度；

η_b——截面不对称影响系数；

ε_k——钢号修正系数，$\varepsilon_k=\sqrt{\dfrac{235}{f_y}}$。

对双轴对称截面：$\eta_b=0$；对单轴对称工字形截面：加强受压翼缘时，$\eta_b=0.8(2\alpha_b-1)$；加强受拉翼缘时，$\eta_b=2\alpha_b-1$。其中，$\alpha_b=I_1/(I_1+I_2)$；I_1 和 I_2 分别为受压翼缘和受拉翼缘对 y 轴的惯性矩。

上述整体稳定系数是按弹性理论求得的。研究表明：当按式(4-11a)算得的 φ_b 大于0.6时，梁已进入非弹性工字状态，整体稳定临界应力有明显的降低，须对 φ_b 进行修正。应用式(4-12)计算的 φ'_b 代替 φ_b：

$$\varphi'_b=1.07-\frac{0.282}{\varphi_b}\leqslant 1.0 \tag{4-12}$$

(2) 轧制普通工字钢简支梁的整体稳定系数 φ_b。

轧制工字钢的截面虽然也是H形的，但其翼缘厚度是变化的，不能把其翼缘板简化为矩形截面；另外，翼缘板与腹板交接处还具有加厚的圆角。轧制工字钢简支梁的 φ_b 如果简单地套用焊接H形截面简支梁的 φ_b 公式来计算，将引起较大的误差。因此，《钢结构设计标准》(GB 50017—2017)直接给出了轧制工字钢简支梁的 φ_b，见附表1-7，可按工字钢型号、荷载类型与作用点高度以及梁的侧向自由长度直接查得 φ_b。当查得的 $\varphi_b>0.6$ 时，也需按式(4-12)换算成 φ'_b。

(3) 轧制槽钢简支梁。

不论荷载的形式和荷载作用点在截面高度上的位置如何，均可按式(4-13)计算：

$$\varphi_b=\frac{570bt}{l_1h}\cdot\varepsilon_k^2 \tag{4-13}$$

式中 h,b,t——槽钢截面的高度、翼缘宽度和平均厚度。

当按式(4-13)算得的 φ_b 大于 0.6 时，应用式(4-12)算得相应的 φ'_b 来代替 φ_b。

钢梁简支端的抗扭构造措施如图 4-8 所示。

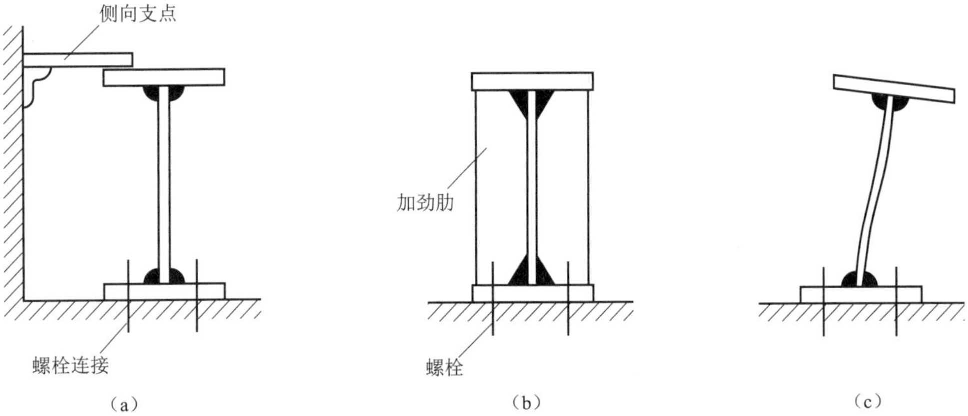

图 4-8　钢梁简支端的抗扭构造措施示意图

(4) 双轴对称工字形截面悬臂梁的整体稳定系数 φ_b。

双轴对称工字形截面悬臂梁的整体稳定系数 φ_b 可按式(4-11)计算，但式中系数 β_b 应按附表 1-8 查得($\lambda_y = l_1/i_y$，l_1 为悬臂梁的悬伸长度)。当计算得到的 $\varphi_b > 0.6$ 时，也需按式(4-12)换算成 φ'_b。

钢结构中真正的悬臂梁很少，用得较多的是由邻跨延伸出来的伸臂梁，二者在支座处的边界条件并不相同。因此，当应用适用于悬臂梁的计算时，必须在构造上采取措施加强伸臂梁在支承处的抗扭能力，否则其承载能力将有较大的降低。图 4-9 所示为加强伸臂梁在支承处的抗扭措施，可供参考。

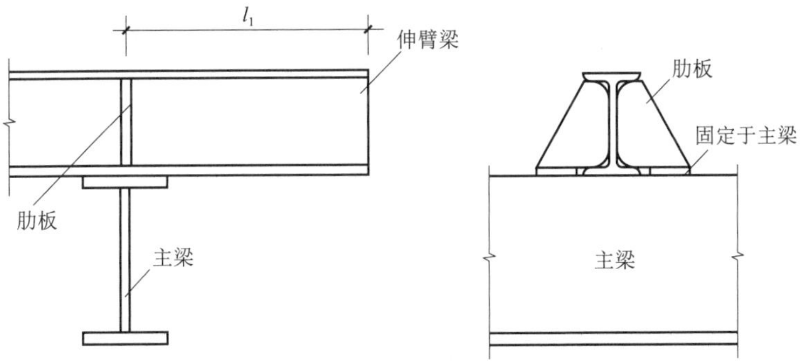

图 4-9　加强伸臂梁在支承处的抗扭措施

此外，如果在伸臂梁自由端有条件设置侧移约束或扭转约束，则伸臂梁的稳定承载力也将有所提高。

(5) 整体稳定性系数 φ_b 的近似计算。

均匀弯曲的受弯构件，当 $\lambda_y \leqslant 120\varepsilon_k$ 时，其整体稳定性系数 φ_b 可按下列近似公式计算：

① 工字形截面。

双轴对称时

$$\varphi_b = 1.07 - \frac{\lambda_y^2}{44\ 000\varepsilon_k^2} \tag{4-14}$$

单轴对称时

$$\varphi_b = 1.07 - \frac{W}{(2\alpha_b + 0.1)Ah} \cdot \frac{\lambda_y^2}{14\ 000\varepsilon_k^2} \tag{4-15}$$

② T 形截面(弯矩作用在对称轴平面,绕 x 轴)。

a. 弯矩使翼缘受压时

双角钢 T 形截面

$$\varphi_b = 1 - 0.001\ 7\lambda_y / \varepsilon_k \tag{4-16}$$

剖分 T 型钢或两板组合 T 形截面

$$\varphi_b = 1 - 0.002\ 2\lambda_y / \varepsilon_k \tag{4-17}$$

b. 弯矩使翼缘受拉且腹板高厚比不大于 $18\varepsilon_k$ 时,有

$$\varphi_b = 1 - 0.000\ 5\lambda_y / \varepsilon_k \tag{4-18}$$

当按公式(4-14)或(4-18)计算得到的 $\varphi_b > 0.6$ 时,无须按表换算成 φ_b' 值,因为在导出上述公式时已考虑了这种换算;但当算得的 $\varphi_b > 1.0$ 时,取 $\varphi_b = 1.0$。

4.4 受弯构件的局部稳定性

4.4.1 受弯构件的局部失稳

钢梁的承载能力往往由整体稳定控制。为了合理有效地使用钢材,钢梁截面一般设计得比较开展,板件宽而薄对整体稳定是有利的。在设计时,从强度方面考虑,腹板越高、越薄越好;从整体稳定考虑,翼缘越宽、越薄越好,即腹板的高厚比、翼缘的宽厚比应尽量大。但腹板高厚比、翼缘宽厚比过大,也会带来一个问题:在构件发生强度破坏或丧失整体稳定之前,受压翼缘或腹板中压应力或剪应力达到某一临界应力时,突然出现波形屈曲,这种现象称为丧失局部稳定,如图 4-10 所示。

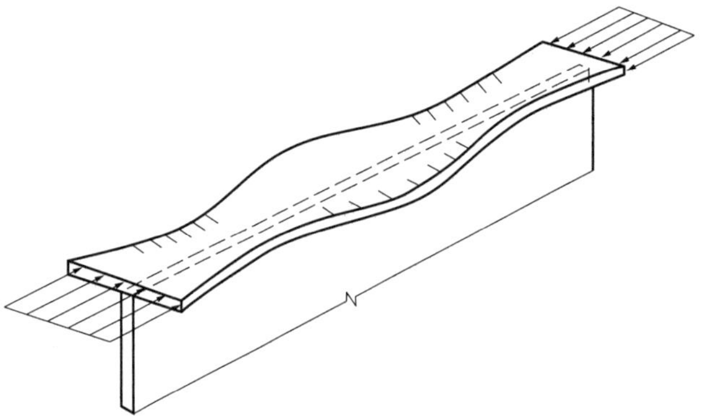

(a) 翼缘受压失稳

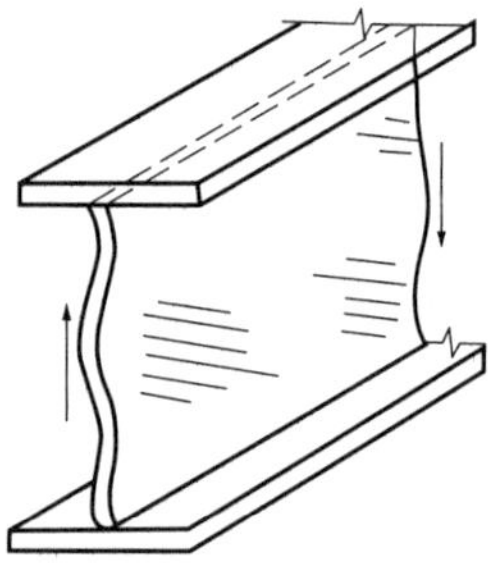

(b) 腹板受压失稳

图 4-10　梁的局部屈曲

局部失稳不会使整个构件立即丧失承载力，但会改变梁的受力状况、降低梁的整体稳定性和刚度。梁的受压翼缘，当其翼缘宽厚比不超过受弯构件 S4 级截面的要求时，就可防止受压翼缘发生局部失稳。

有关腹板的局部稳定，对于热轧型钢构件，腹板的高厚比一般都能满足局部稳定要求，不需要计算；对于焊接截面梁腹板的局部稳定问题，目前的处理方法主要有两种：

(1) 对直接承受动力荷载的吊车梁及类似构件或其他不考虑屈曲后强度的焊接截面梁，以腹板的屈曲作为承载能力的极限状态，不允许腹板发生局部失稳，根据计算需要在腹板上设置加劲肋，将腹板分成若干区格，然后验算腹板各区格的稳定性，以保证不发生局部失稳。

承受反复荷载时，局部失稳后的变形更容易导致疲劳破坏，并且构件的承载性能也将逐步恶化，在此类受荷条件下一般不考虑利用屈曲后强度；当结构进行塑性设计时，局部失稳将使构件塑性不能充分发展，此时也不考虑利用屈曲后强度。

(2) 对承受静力荷载和间接承受动力荷载的焊接截面梁，可容许腹板局部失稳，考虑腹板的屈曲后强度。考虑屈曲后强度有两种基本设计方法：一是考虑屈曲的部分退出工作，采用有效截面的方法进行强度、整体稳定性的验算；二是按腹板屈曲后降低的承载力进行验算。

4.4.2　翼缘板的局部稳定

梁的翼缘板远离截面形心，强度一般能够得到比较充分的利用。同时，翼缘板发生局部屈曲，会很快导致梁丧失继续承载的能力。因此，对翼缘的局部稳定要求比较严格，要保证其必要的厚度，以防止局部失稳。《钢结构设计标准》(GB 50017—2017)规定：

(1) 允许边缘屈服的梁，即属于标准规定的 S4 级截面，受压翼缘的自由外伸宽度 b 与其厚度 t 之比即宽厚比应满足：

$$\frac{b}{t} \leqslant 15\varepsilon_k$$

(2) 当超静定梁采用塑性设计方法，即允许截面上出现塑性铰并要求有一定的转动能力时，翼缘的应变发展较大，甚至达到应变硬化的程度，对其翼缘的宽厚比要求更为严格，此时相当于标准规定的 S1 级截面，其宽厚比应满足：

$$\frac{b}{t} \leqslant 9\varepsilon_k \tag{4-19}$$

(3) 当简支梁截面允许出现部分塑性时，相当于标准规定的 S3 级截面，翼缘宽厚比应满足：

$$\frac{b}{t} \leqslant 13\varepsilon_k \tag{4-20}$$

4.4.3　腹板的局部稳定

腹板的局部稳定计算按是否利用腹板屈曲后强度划分为两类：承受静力荷载的受弯构件宜在腹板的局部稳定计算中利用腹板的屈曲后强度，达到充分利用材料的目的；直接承受动力荷载的吊车梁与其他需要计算疲劳的构件，通常在腹板的局部稳定计算中不考虑腹板屈曲后强度。高而薄的腹板常采用配置加劲肋的方法来保证局部稳定，图 4-11 所示为设置加劲肋来予以加强的情况。加劲肋主要分为横向加劲肋、纵向加劲肋、短加劲肋和支承加劲肋等几种，设计中按照不同情况采用。如果不设置加劲肋，腹板厚度必须很大，而大部分应力很低，不够经济。下面论述在不考虑腹板屈曲后强度时，受弯构件腹板加劲肋的配置、计算和有关构造要求。

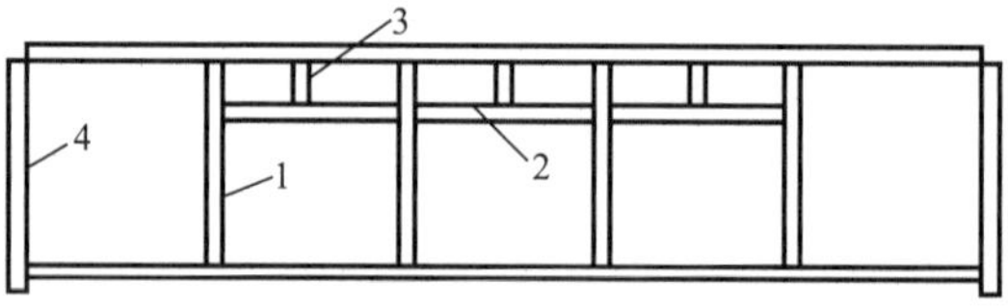

1—横向加劲肋；2—纵向加劲肋；3—短加劲肋；4—支承加劲肋。

图 4-11 梁的加劲肋

1) 腹板加劲肋的配置

(1) 对于 $h_0/t_w \leqslant 80\varepsilon_k$ 的梁，如果有局部压应力，宜按构造要求配置横向加劲肋；但对无局部压应力的梁，可不配置横向加劲肋。

(2) 直接承受动力荷载的吊车梁及类似构件，应按下列规定配置加劲肋：

① 当 $h_0/t_w > 80\varepsilon_k$ 时，应配置横向加劲肋。

② 当受压翼缘扭转受到约束且 $h_0/t_w > 170\varepsilon_k$、受压翼缘扭转未受到约束且 $h_0/t_w > 150\varepsilon_k$ 时，或按计算需要时，应在弯曲应力较大区格的受压区增加配置纵向加劲肋。局部压应力很大的梁，必要时还宜在受压区配置短加劲肋。对于单轴对称梁，当确定是否配置纵向加劲肋时，h_0 应取腹板受压区高度 h_c 的 2 倍。

(3) 不考虑腹板屈曲后强度时，当 $h_0/t_w > 80\varepsilon_k$ 时，宜配置横向加劲肋。

(4) 任何情况下，h_0/t_w 均不应超过 250。

(5) 梁的支座处和上翼缘受较大固定集中荷载处，宜设置支承加劲肋。

腹板的计算高度 h_0 应按下列规定取值：对于轧制型钢梁，h_0 为腹板以上、下翼缘相接处两内弧起点间的距离；对于焊接截面，h_0 为腹板高度。

2) 腹板加劲肋配置的计算

配置腹板加劲肋时，一般先进行加劲肋的布置，然后进行验算，并做必要的调整。验算局部稳定的计算可参阅《钢结构设计标准》(GB 50017—2017)的相关规定。

3) 腹板加劲肋的构造要求

(1) 加劲肋常在腹板两侧成对配置(图 4-12a)，为了节省钢材和减轻制作工作量，其横向和纵向加劲肋亦可考虑单侧配置(图 4-12b)。支承加劲肋、重级工作制吊车梁的加劲肋不应单侧配置。

(2) 横向加劲肋的最小间距应为 $0.5h_0$，除无局部压应力的梁当 $h_0/t_w \leqslant 100$ 时可采用 $2.5h_0$ 外，最大间距应为 $2h_0$。纵向加劲肋至腹板计算高度受压边缘的距离应为 $h_c/2.5$～$h_c/2$。

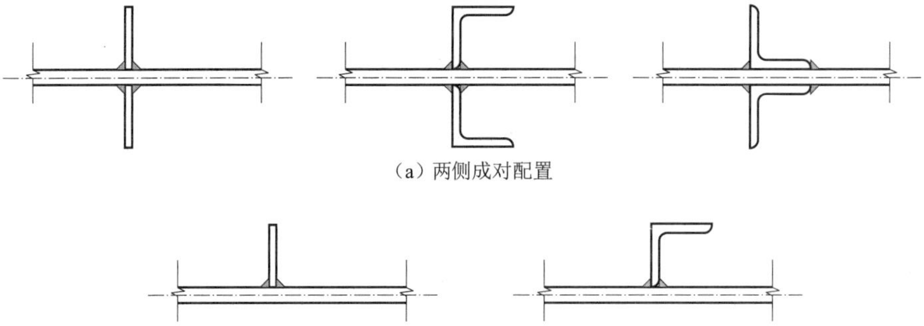

(a) 两侧成对配置

(b) 单侧配置

图 4-12　加劲肋的形式

(3) 在腹板两侧成对配置的钢板横向加劲肋，其截面尺寸按下列公式规定：

外伸宽度

$$b_s \geqslant \frac{h_0}{30} + 40\ \text{mm} \tag{4-21}$$

厚度

承压加劲肋

$$t_s \geqslant \frac{b_s}{15} \tag{4-22a}$$

不受力加劲肋

$$t_s \geqslant \frac{b_s}{19} \tag{4-22b}$$

(4) 在腹板单侧配置的钢板横向加劲肋，其外伸宽度应大于按公式(4-21)计算值的 1.2 倍，厚度应符合公式(4-22)的要求。

(5) 在同时用横向加劲肋和纵向加劲肋加强的腹板中，横向加劲肋的截面尺寸除应符合上述规定外，其截面惯性矩 I_z 还应符合下式要求：

$$I_z \geqslant 3h_0 t_w^3 \tag{4-23}$$

纵向加劲肋的截面惯性矩 I_y 应符合下列公式要求：

当 $a/h_0 \leqslant 0.85$ 时，有

$$I_y \geqslant 1.5h_0 t_w^3 \tag{4-24}$$

当 $a/h_0 > 0.85$ 时，有

$$I_y \geqslant \left(2.5 - 4.5\frac{a}{h_0}\right)\left(\frac{a}{h_0}\right)^2 h_0 t_w^3 \tag{4-25}$$

(6) 短加劲肋的最小间距为 $0.75h_1$。短加劲肋外伸宽度应取横向加劲肋外伸宽度的 0.7～1.0 倍，厚度不应小于短加劲肋外伸宽度的 1/15。

(7) 用型钢(H 型钢、工字钢、槽钢、肢尖焊于腹板的角钢)做成的加劲肋，其截面惯性矩不得小于相应钢板加劲肋的惯性矩。在腹板两侧成对配置的加劲肋，其截面惯性矩应以梁腹板中心线为轴线进行计算(图 4-13a)；在腹板单侧配置的加劲肋，其截面惯性矩应以与加劲肋相连的腹板边缘为轴线进行计算(图 4-13b)。

(8) 焊接梁的横向加劲肋与翼缘板、腹板连接处应切角，当作为焊接工艺孔时，切角宜采用 $R=30$ mm 的 1/4 圆弧。

为了避免三向焊缝交叉，横向加劲肋的端部一般切去宽约 $b_s/3$（但不大于 40 mm）、高约 $b_s/2$（但不大于 60 mm）的斜角（图 4-13a），以使梁的翼缘焊缝连续通过。在纵向加劲肋与横向加劲肋相交处，应将纵向加劲肋两端切去相应的斜角，使横向加劲肋与腹板连接的焊缝连续通过（图 4-13b）。

吊车梁横向加劲肋的上端应与上翼缘刨平顶紧，当为焊接吊车梁时，尚宜焊接；中间横向加劲肋的下端一般在距受拉翼缘 50～100 mm 处断开（图 4-12c），不应与受拉翼缘焊接，以改善梁的抗疲劳性能。

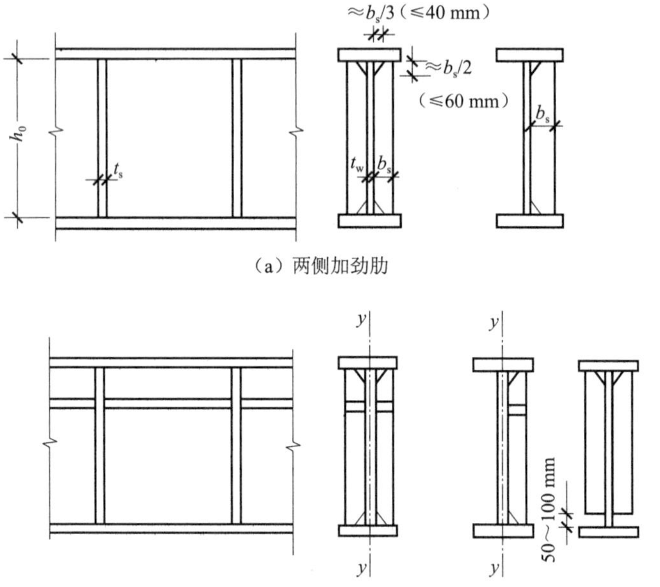

（a）两侧加劲肋

（b）单侧加劲肋　　（c）中间横向加劲肋

图 4-13　加劲肋的构造及计算尺寸

4）支承加劲肋的计算

支承加劲肋是指承受固定集中荷载或梁支座反力的横向加劲肋，这种加劲肋应在腹板两侧成对配置，其截面常较一般中间横向加劲肋的截面大，并需要进行计算。

（1）支承加劲肋的稳定性计算。支承加劲肋按承受固定集中荷载或梁支座反力的轴心受压构件计算其在腹板平面外的稳定性。此受压构件的截面面积 A 包括加劲肋和加劲肋每侧 $15t_w\varepsilon_k$ 范围内的腹板面积，计算长度近似取 h_0。

（2）承压强度计算。梁支承加劲肋的端部应按所承受的固定集中荷载或支座反力计算（图 4-14a），当加劲肋的端部刨平顶紧时，应用下式计算其端面承压应力为

$$\sigma=\frac{N}{A_b}\leqslant f_{ce} \tag{4-26}$$

式中　f_{ce}——钢材端面承压的强度设计值；

A_b——支承加劲肋与翼缘板或柱顶相接触的面积。

对于图 4-14(b)所示的凸缘支座，也可应用式(4-26)按端面承压验算，必须保证支承加劲肋向下的伸出长度不大于 $2t$。当端部为焊接时，应按传力情况计算其焊缝应力。支承加劲肋与腹板的连接焊缝应按传力需要进行计算。

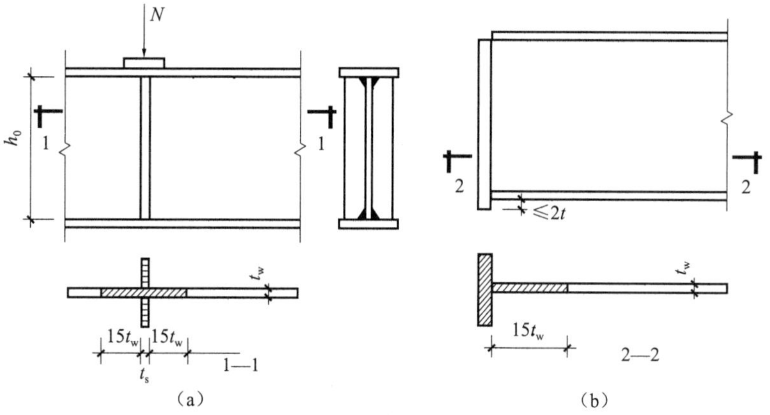

图 4-14　支承加劲肋

4.5　型钢梁的截面设计

型钢梁的截面通常采用的设计步骤是:① 根据抗弯强度或整体稳定性需要计算所需截面抵抗矩 W_x 和刚度需要的截面惯性矩 I_x;② 查型钢表选择合适的型钢梁截面;③ 进行强度、整体稳定性和挠度验算(当能肯定由哪一个条件控制截面时,也可只由此条件试选截面)。

抗弯强度需要的截面抵抗矩为

$$W_x=\frac{M_x}{\gamma_x f} \tag{4-27}$$

整体稳定性需要的截面抵抗矩为

$$W_x=\frac{M_x}{\varphi_b f} \tag{4-28}$$

式(4-27)、式(4-28)中的 M_x 是梁所承受的最大弯矩设计值,从中选取较大值。式(4-28)中的整体稳定系数 φ_b 需预先假定,因而由其求出的 W_x 是一个估算值,不是一个确切的需要值。

梁的刚度要求就是限制其在荷载标准值作用下的挠度不超过容许值。《钢结构设计标准》(GB 50017—2017)中对各种用途的钢梁规定了其容许挠度(表 4-2)。梁的挠度可按材料力学公式计算。

【例 4-1】 某工作平台的布置如图 4-15 所示。平台板为现浇钢筋混凝土板,与次梁连接牢固。已知平台恒荷载标准值(包括平台板自重)$q_{Gk}=3.69\ kN/m^2$,平台活荷载标准值 $q_{Qk}=7.47\ kN/m^2$(为静力荷载),钢材选用 Q235B 钢。试设计此工作平台次梁的截面。

【解】 次梁为跨度 $l=6.0\ m$ 的两端简支梁。

(1) 荷载及内力(暂不计次梁自重)。

荷载标准值　$q_k=(q_{Gk}+q_{Qk})a=(3.69+7.47)\times 3\ kN/m=33.48\ kN/m$

荷载设计值　$q=(\gamma_{Gk}q_{Gk}+\gamma_{Qk}q_{Qk})a=(1.3\times 3.69+1.5\times 7.47)\times 3\ kN/m=48.006\ kN/m$

最大弯矩标准值 $M_{xk}=\frac{1}{8}q_k l^2=\frac{1}{8}\times 33.48\times 6^2\ \mathrm{kN\cdot m}=150.66\ \mathrm{kN\cdot m}$

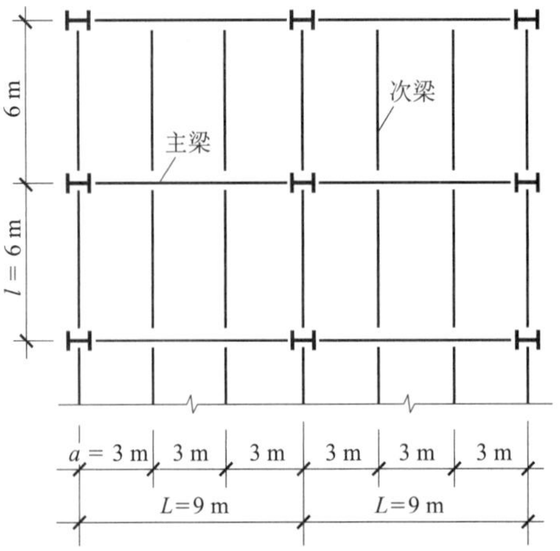

图 4-15 工作平台的布置

最大弯矩设计值 $M_x=\frac{1}{8}ql^2=\frac{1}{8}\times 48.006\times 6^2\ \mathrm{kN\cdot m}=216.027\ \mathrm{kN\cdot m}$

最大剪力设计值 $V=\frac{1}{2}ql=\frac{1}{2}\times 48.006\times 6\ \mathrm{kN}=144.018\ \mathrm{kN}$

(2) 试选截面。

设次梁自重引起的弯矩为 $0.03M_x$(估计值)。因次梁上钢筋混凝土平台板并与之连接牢固,故对次梁不必计算整体稳定性。截面将由抗弯强度确定,需要的截面抵抗矩

$$W_x\geqslant\frac{M_x}{\gamma_x f}=\frac{1.03\times 216.027\times 10^6}{1.05\times 215}\ \mathrm{mm^3}=9.86\times 10^5\ \mathrm{mm^3}$$

均布荷载下简支梁的挠度条件为

$$v=\frac{5}{384}\frac{ql^4}{EI_x}\leqslant[v]=\frac{l}{250}$$

需要的截面惯性矩

$$I_x\geqslant\frac{5\times 250}{384}\cdot\frac{q_k l^3}{E}=\frac{5\times 250}{384\times 206\times 10^3}\times 1.03\times 36\times 6\ 000^3\ \mathrm{mm^4}=1.266\times 10^8\ \mathrm{mm^4}$$

(3) 选用热轧工字钢,按需要的 W_x 和 I_x 查附表 2-1 得最轻的热轧普通工字钢为 I40a,其截面特征如下:

$$W_x=1.086\times 10^6\ \mathrm{mm^3},\ I_x=2.17\times 10^8\ \mathrm{mm^4}>1.266\times 10^8\ \mathrm{mm^4}$$

$$S_x=I_x/34.4=\frac{2.17\times 10^8}{34.4\times 10}\mathrm{mm^3}=6.308\times 10^5\ \mathrm{mm^3},\ t_w=10.5\ \mathrm{mm},\ t=16.5\ \mathrm{mm}$$

自重

$$g=67.56\times 9.81\ \mathrm{N/m}=663\ \mathrm{N/m}=0.663\ \mathrm{kN/m}$$

(4) 截面验算(此时要计入次梁自重)。

弯矩设计值

$$M_x=\left(216.027+\frac{1}{8}\times 1.3\times 0.663\times 6^2\right)\ \mathrm{kN\cdot m}=219.91\ \mathrm{kN\cdot m}$$

剪力设计值

$$V=\left(144.018+\frac{1}{2}\times1.3\times0.663\times6\right)\ \text{kN}=146.60\ \text{kN}$$

抗弯强度

$$\sigma=\frac{M_x}{\gamma_x W_x}=\frac{219.91\times10^6}{1.05\times1.086\times10^6}\ \text{N/mm}^2=192.85\ \text{N/mm}^2<f=205\ \text{N/mm}^2$$

抗剪强度

$$\tau=\frac{VS_x}{I_x t_w}=\frac{146.60\times10^3\times6.308\times10^5}{10.5\times2.17\times10^8}\ \text{N/mm}^2=40.59\ \text{N/mm}^2<f_v=120\ \text{N/mm}^2$$

说明在型钢梁的设计中，抗剪强度常可不计算。

因供给的 $I_x=2.17\times10^8\ \text{mm}^4>1.266\times10^8\ \text{mm}^4$（需要值），所以挠度条件必然满足，不再验算。

4.6 焊接梁的截面设计

焊接 H 形钢梁的截面设计与轧制型钢梁的设计思路类似，可以先根据抗弯强度或整体稳定性需要的截面抵抗矩 W_x 和刚度需要的截面惯性矩 I_x，参照轧制 H 型钢的型钢表确定一个截面；然后进行验算，根据验算结果对不满足（满意）的截面参数进行逐步调整和再验算，直到得到一个满意的截面。需要进一步学习的读者，可以参阅高福聚编著的《钢结构原理与设计》（中国石油大学出版社，2020 年），也可以借助计算机软件，根据经验（或计算机软件内设默认参数）和所承受的荷载直接进行试算而得到满足要求并经济的截面。

【例 4-2】 试设计一个焊接工字形截面的钢板梁。跨度 $l=18$ m，侧向支撑点间距 $l_1=6$ m（侧向支撑点位于集中荷载作用处），如图 4-16 所示。梁受静力荷载，作用于梁上翼缘；其中集中荷载中永久荷载标准值 $P_{Gk}=140$ kN，集中荷载中可变荷载标准值 $P_{Qk}=185$ kN；均布荷载中永久荷载标准值 $q_{Gk}=18.5$ kN/m（已计入梁自重），均布荷载中可变荷载标准值 $q_{Qk}=28$ kN/m；钢材为 Q355（对应原 Q345）。要求：梁的最大高度应小于 2 000 mm，梁的挠度 $v_{max}\leqslant l/400$。

【解】 1. 钢板梁截面的初选

(1) 最大内力。

荷载的设计值

$$P=(1.3\times140+1.5\times185)\ \text{kN}=459.5\ \text{kN}\approx460\ \text{kN}$$

$$q=(1.3\times18.5+1.5\times28)\ \text{kN/m}=66.05\ \text{kN/m}\approx66\ \text{kN/m}$$

荷载的标准值

$$P_k=(140+185)\ \text{kN}=325\ \text{kN}$$

$$q_k=(18.5+28)\ \text{kN/m}=46.5\ \text{kN/m}$$

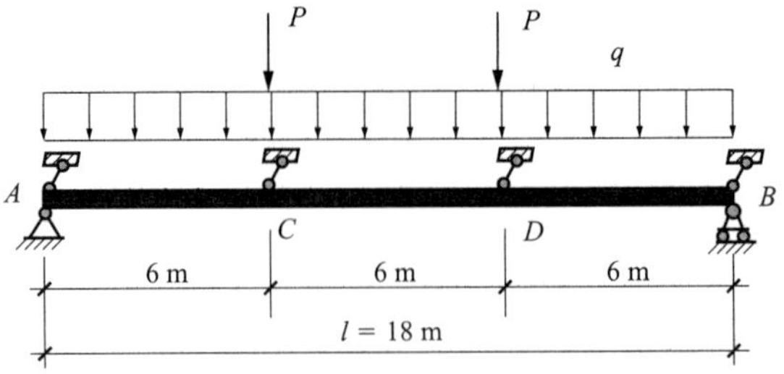

图 4-16

最大弯矩设计值(发生在跨度中点)

$$M_{\max}=M_x=\left(460\times6+\frac{1}{8}\times66\times18^2\right)\ \mathrm{kN\cdot m}=5\ 433\ \mathrm{kN\cdot m}$$

集中荷载作用点 C 处的弯矩设计值

$$M_C=\left(460\times6+\frac{1}{2}\times66\times18\times6-\frac{1}{2}\times66\times6^2\right)\ \mathrm{kN\cdot m}=5\ 136\ \mathrm{kN\cdot m}$$

最大弯矩标准值(发生在跨度中点)

$$M_{\mathrm{maxk}}=M_{x\mathrm{k}}=\left(325\times6+\frac{1}{8}\times46.5\times18^2\right)\ \mathrm{kN\cdot m}=3\ 833.25\ \mathrm{kN\cdot m}$$

最大剪力设计值(梁的两端)

$$V_{\max}=\left(460+\frac{1}{2}\times66\times18\right)\ \mathrm{kN}=1\ 054\ \mathrm{kN}$$

C 点处剪力设计值

$$V_{C左}=(1\ 054-66\times6)\ \mathrm{kN}=658\ \mathrm{kN},\quad V_{C右}=(658-460)\ \mathrm{kN}=198\ \mathrm{kN}$$

(2) 腹板高度。

① 钢梁的最大高度 $h_{\max}<2\ 000$ mm(设计资料要求)。

② 钢梁的最小高度(按最大挠度限值确定)为

$$h_{\min}\approx\frac{\gamma_x nf}{6.65E}l=\frac{1.05\times295}{6.65\times2.06\times10^5}\times400\times18\ 000\ \mathrm{mm}=1\ 628\ \mathrm{mm}$$

取 Q355 钢的抗弯强度设计值 $f=295\ \mathrm{N/mm^2}$(假设钢板厚度 $t=17\sim35$ mm),$E=2.06\times10^5\ \mathrm{N/mm^2}$ 和 $n=[v/L]=1/400$。

③ 经济高度经验公式。

$$h_e=7\sqrt[3]{W_x}-300$$

今需要的梁截面模量取以下两者中的较大值。

$$W_x=\frac{M_x}{\gamma_x f}=\frac{5\ 433\times10^6}{1.05\times295}\ \mathrm{mm^3}=1.754\times10^7\ \mathrm{mm^3}$$

$$W_x=\frac{M_x}{\varphi_b f}=\frac{5\ 433\times10^6}{0.9\times295}\ \mathrm{mm^3}\approx2.046\ 3\times10^7\ \mathrm{mm^3}$$

(暂且假设 $\varphi_b=0.90$,再验算是否合适)

$W_x=2.046\ 3\times10^7\ \mathrm{mm^3}$,则 $h_e=(7\times\sqrt[3]{2.046\ 3\times10^7}-300)\ \mathrm{mm}\approx1\ 615\ \mathrm{mm}$

取腹板高度 $h_w=h_0=1\ 650$ mm,再加上翼缘板厚度可使梁高满足上述三个要求($h_{\min}\leqslant h_0\leqslant h_{\max}$)。

(3) 腹板厚度。

① 抗剪要求。

$$t_{w1}=\frac{1.2V_{max}}{h_w f_v}=\frac{1.2\times 1\ 054\times 10^3}{1\ 650\times 175}\ \text{mm}=4.4\ \text{mm}$$

式中，取 Q355 钢的 $f_v=175\ N/mm^2$（$t_w\leqslant 16$ mm 时）。

② 经验公式（式中，h_w 以 mm 计）。

$$t_{w2}=7+0.003h_w=(7+0.003\times 1\ 650)\ \text{mm}=11.95\ \text{mm}$$

综上，取 $t_w=12$ mm，选用腹板－1 650×12。

(4) 翼缘板截面尺寸（$b\times t$）。

根据抗弯强度要求和整体稳定性要求有

$$b\times t\geqslant\frac{W_x}{h_w}-\frac{1}{6}h_w t_w=\left(\frac{2.046\ 3\times 10^7}{1\ 650}-\frac{1}{6}\times 1\ 650\times 12\right)\ \text{mm}^2=9\ 102\ \text{mm}^2 \tag{a}$$

在确定 b 和 t 时，应考虑翼缘板的局部稳定性要求，近似取

$$\frac{b}{2t}\leqslant 13\varepsilon_k=13\times\sqrt{\frac{235}{345}}=10.73$$

亦即

$$\frac{b}{21.5}\approx\frac{b}{2\times 10.73}\leqslant t \tag{b}$$

由式(a)及式(b)得

$b=\sqrt{9\ 102\times 21.5}$ mm ≈ 442 mm，取 $b=440$ mm；$t\geqslant\frac{b}{2\times 10.73}$ mm $=\frac{440}{21.5}$ mm $=$ 20.5 mm，取 $t=20$ mm。

梁的试选截面如图 4-17 所示。

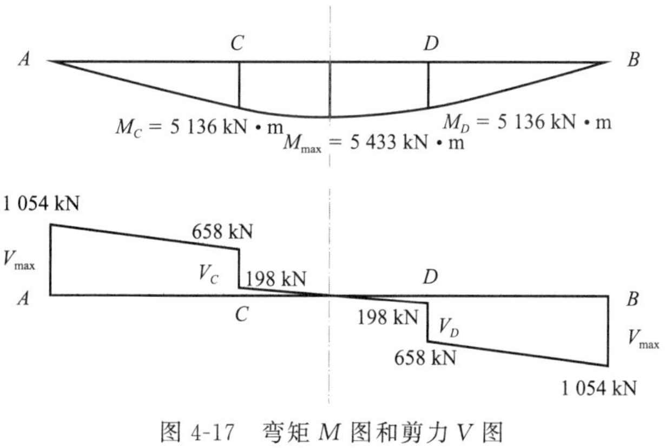

图 4-17　弯矩 M 图和剪力 V 图

2. 钢板梁截面的验算

(1) 截面的几何特性。

截面面积

$$A=(2\times 440\times 20+1\ 650\times 12)\ \text{mm}^2=37\ 400\ \text{mm}^2$$

截面惯性矩

$$I_x=\frac{1}{12}\times(440\times 1\ 690^3-428\times 1\ 650^3)\ \text{mm}^4\approx 1.676\times 10^{10}\ \text{mm}^4$$

$$I_y=\frac{1}{12}\times(2\times20\times440^3+1\ 650\times12^3)\ \text{mm}^4\approx2.841\ 8\times10^8\ \text{mm}^4$$

截面模量为

$$W_x=\frac{I_x}{h/2}=\frac{1.676\times10^{10}}{1\ 690/2}\ \text{mm}^3\approx1.983\ 4\times10^7\ \text{mm}^3$$

对 y 轴的回转半径

$$i_y=\sqrt{\frac{I_y}{A}}=\sqrt{\frac{2.841\ 8\times10^8}{37\ 400}}\ \text{mm}\approx87.2\ \text{mm}$$

梁的侧向长细比

$$\lambda_y=\frac{l_1}{i_y}=\frac{6\ 000}{87.2}\approx68.8$$

半截面对中性轴 x 轴的面积矩

$$S_x=\left(440\times20\times835+\frac{1}{2}\times12\times825^2\right)\ \text{mm}^3=1.143\ 2\times10^7\ \text{mm}^3$$

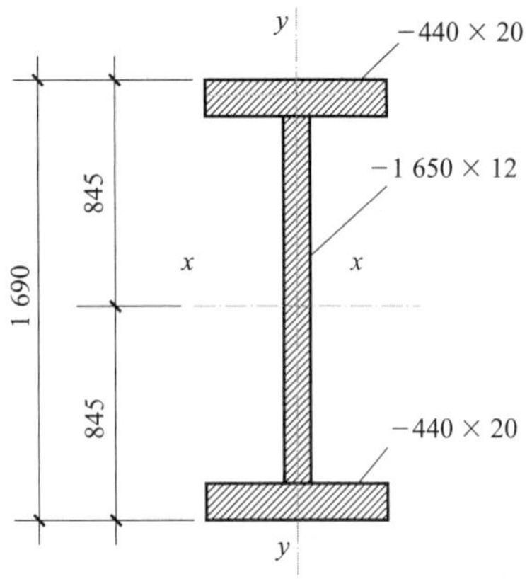

图 4-18　初选截面

(2) 强度验算。

① 抗弯要求。

$$\sigma=\frac{M_x}{\gamma_x W_x}=\frac{5.433\times10^9}{1.05\times1.983\ 4\times10^7}\ \text{N/mm}^2=260.9\ \text{N/mm}^2\leqslant f=295\ \text{N/mm}^2\quad(\text{可})$$

② 抗剪要求。

$$\tau=\frac{V_{\max}S_x}{I_x t_w}=\frac{1.054\times10^6\times1.143\ 2\times10^7}{1.676\times10^{10}\times12}\ \text{N/mm}^2=59.9\ \text{N/mm}^2\leqslant f_v=175\ \text{N/mm}^2\quad(\text{可})$$

(3) 挠度验算。

$$v_{\max}=\frac{M_{xk}l^2}{9.5EI_x}=\frac{3.833\ 25\times10^9\times18\ 000^2}{9.5\times2.06\times10^5\times1.676\times10^{10}}\ \text{mm}=37.9\ \text{mm}$$

$$\frac{v_{\max}}{l}=\frac{37.9}{18\ 000}=\frac{1}{475}\leqslant\left[\frac{v}{L}\right]=\frac{1}{400}\quad(\text{可})$$

(4) 整体稳定性验算。

因为该梁没有满足可以不验算整体稳定性的条件，所以需要按照《钢结构设计标准》验算其整体稳定。

$$\varphi_b=\beta_b\frac{4\ 320}{\lambda_y^2}\cdot\frac{Ah}{W_x}\sqrt{1+\left(\frac{\lambda_y t_1}{4.4h}\right)^2}\cdot\varepsilon_k^2$$

取 $\beta_b=1.20$，则

$$\varphi_b=1.20\times\frac{4\ 320}{68.8^2}\times\frac{37\ 400\times1\ 690}{1.938\ 4\times10^7}\times\sqrt{1+\left(\frac{68.8\times20}{4.4\times1\ 690}\right)^2}\times\frac{235}{345}=2.47\geqslant0.6$$

$$\varphi'_b=1.07-\frac{0.282}{\varphi_b}=1.07-\frac{0.282}{2.47}=0.956$$

$$\frac{M_x}{\varphi'_b W_x f}=\frac{5.433\times10^9}{0.956\times1.938\ 4\times10^7\times295}=0.994\leqslant1.0\quad(\text{可})$$

(5) 局部稳定性验算。

① 翼缘。

$$\frac{b-t_w}{2t}=\frac{440-12}{2\times 20}=10.7\leqslant 13\varepsilon_k=13\times\sqrt{\frac{235}{345}}=10.73$$

满足 S3 级截面要求。

② 腹板。

$$80\varepsilon_k=80\times\sqrt{\frac{235}{345}}=66.03$$

$$170\varepsilon_k=170\sqrt{\frac{235}{345}}=140.31$$

$$\frac{h_w}{t_w}=\frac{1\ 650}{12}=137.5$$

$$66.03\leqslant\frac{h_w}{t_w}\leqslant 140.31$$

应配置横向加劲肋，并应按标准计算横向加劲肋的间距或腹板的局部稳定性，如图 4-19 所示。

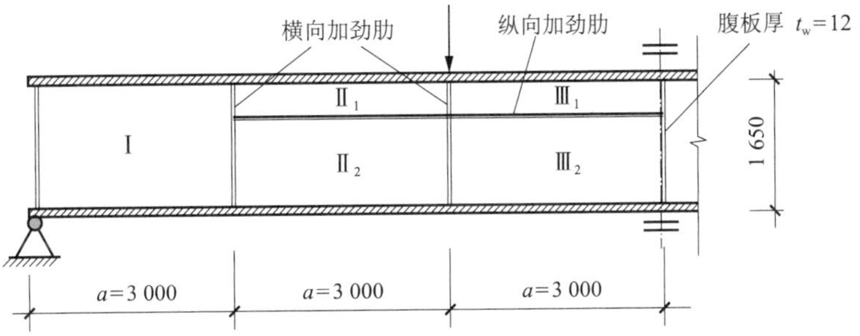

图 4-19　加劲肋布置

3. 钢板梁腹板局部稳定性的验算

(1) 区格Ⅰ是拉、压应力并存的情形，按照《钢结构设计标准》，其局部稳定性的验算条件为

$$\left(\frac{\sigma}{\sigma_{cr}}\right)^2+\left(\frac{\tau}{\tau_{cr}}\right)^2+\frac{\sigma_c}{\sigma_{c,cr}}\leqslant 1.0$$

① 各种应力单独作用下的临界应力。

a. 弯曲临界应力。

用于腹板受弯计算时的正则化宽厚比

$$\lambda_{n,b}=\frac{2h_c/t_w}{153\varepsilon_k}=\frac{1\ 650/12}{153}\sqrt{\frac{345}{235}}=1.089$$

$$0.85<\lambda_{n,b}<1.25$$

故 $\sigma_{cr}=[1-0.75(\lambda_{n,b}-0.85)]f=[1-0.75\times(1.089-0.85)]\times 305\ N/mm^2=250.3\ N/mm^2$。

b. 剪切临界应力。

$$a/h_0=3\ 000/1\ 650=1.82>1.0$$

用于腹板受剪计算时的正则化宽厚比

$$\lambda_{n,s}=\frac{h_0/t_w}{37\sqrt{5.34+4(h_0/a)^2}}\cdot\frac{1}{\varepsilon_k}=\frac{137.5}{37\sqrt{5.34+4\times(1\ 650/3\ 000)^2}}\sqrt{\frac{345}{235}}=1.762>1.2$$

故有

$$\tau_{cr}=\frac{1.1f_v}{\lambda_{n,s}^2}=\frac{1.1\times175}{1.59^2}\ \mathrm{N/mm^2}=76.1\ \mathrm{N/mm^2}$$

② 区格受力。

支座附近区格Ⅰ平均弯矩 $\overline{M}_{\mathrm{I}}$ 和平均剪力 $\overline{V}_{\mathrm{I}}$ 为

$$\overline{M}_{\mathrm{I}}=\frac{1}{2}(M_1+M_2)=\frac{1}{2}\times\left[0+\left(460\times3+\frac{1}{2}\times66\times18\times3-\frac{1}{2}\times66\times3^2\right)\right]\ \mathrm{kN\cdot m}$$

$$=1\ 432.5\ \mathrm{kN\cdot m}$$

$$\overline{V}_{\mathrm{I}}=\frac{1}{2}(V_1+V_2)=\frac{1}{2}\times\left[\left(460+\frac{1}{2}\times66\times18\right)+\left(460+\frac{1}{2}\times66\times18-66\times3\right)\right]\ \mathrm{kN}$$

$$=955\ \mathrm{kN}$$

平均弯矩产生的腹板计算高度边缘的弯曲压应力

$$\sigma=\frac{\overline{M}_{\mathrm{I}}}{I_{x1}}h_c=\frac{1.432\times10^9}{1.23\times10^{10}}\times\frac{1\ 650}{2}\ \mathrm{N/mm^2}=96.1\ \mathrm{N/mm^2}$$

平均剪力产生的腹板平均剪应力

$$\tau=\frac{\overline{V}_{\mathrm{I}}}{h_w t_w}=\frac{955\times10^3}{1\ 650\times12}\ \mathrm{N/mm^2}=48.2\ \mathrm{N/mm^2}$$

③ 区格局部稳定性验算。

$$\left(\frac{\sigma}{\sigma_{cr}}\right)^2+\left(\frac{\tau}{\tau_{cr}}\right)^2+\frac{\sigma_c}{\sigma_{c,cr}}=\left(\frac{96.1}{250.3}\right)^2+\left(\frac{48.2}{76.1}\right)^2+0=0.548\ 6\leqslant1.0\quad(可)$$

区格II_2和III_2也是拉、压应力并存，与区格Ⅰ的验算方法和步骤相同，经验算均为合格，步骤省略。

(2) 纯受压区格II_1和III_1的局部稳定性的验算条件为$\frac{\sigma}{\sigma_{cr}}+\left(\frac{\tau}{\tau_{cr}}\right)^2+\left(\frac{\sigma_c}{\sigma_{c,cr}}\right)^2\leqslant1.0$。

现以II_1为例进行验算，III_1的验算方法和步骤与之相同，经验算为合格，步骤省略。

① 各种应力单独作用下的临界应力。

a. 弯曲临界应力。

$$\lambda_{n,b1}=\frac{h_1/t_w}{64\varepsilon_k}=\frac{350/12}{64}\sqrt{\frac{345}{235}}=0.552<0.85$$

故有

$$\sigma_{cr}=f=305\ \mathrm{N/mm^2}$$

b. 剪切临界应力。

因 $a/h_1=3\ 000/350=8.57>1.0$，故有

$$\lambda_{n,s1}=\frac{h_1/t_w}{37\sqrt{5.34+4(h_1/a)^2}}\cdot\frac{1}{\varepsilon_k}=\frac{350/12}{37\sqrt{5.34+4\times(350/3\ 000)^2}}\sqrt{\frac{345}{235}}=0.411<0.8$$

故有：

$$\tau_{cr}=f_v=175\ \text{N/mm}^2$$

② 区格受力 II_1 的局部稳定性。

该区格的平均弯矩 $\overline{M}_{\text{II}}$ 和平均剪力 $\overline{V}_{\text{II}}$ 为

$$\overline{M}_{\text{II}}=\frac{1}{2}\times\left[\left(460\times3+\frac{1}{2}\times66\times18\times3-\frac{1}{2}\times66\times3^2\right)+\left(460\times6+\frac{1}{2}\times66\times18\times6-\frac{1}{2}\times66\times6^2\right)\right]\ \text{kN}\cdot\text{m}=4\ 000.5\ \text{kN}\cdot\text{m}$$

$$\overline{V}_{\text{II}}=\frac{1}{2}\times\left[\left(460+\frac{1}{2}\times66\times18-66\times3\right)+\left(460+\frac{1}{2}\times66\times18-66\times6\right)\right]\ \text{kN}=757\ \text{kN}$$

平均弯矩产生的腹板计算高度边缘的弯曲压应力

$$\sigma=\frac{\overline{M}_{\text{II}}}{I_{x1}}h_c=\frac{4.000\ 5\times10^9}{1.23\times10^{10}}\times\frac{1\ 650}{2}\ \text{N/mm}^2=268.3\ \text{N/mm}^2$$

平均剪力产生的腹板平均剪应力

$$\tau=\frac{\overline{V}_{\text{II}}}{h_w t_w}=\frac{757\times10^3}{1\ 650\times12}\ \text{N/mm}^2=38.2\ \text{N/mm}^2$$

得

$$\frac{\sigma}{\sigma_{cr1}}+\left(\frac{\tau}{\tau_{cr1}}\right)^2+\left(\frac{\sigma_c}{\sigma_{c,cr1}}\right)^2=\frac{268.3}{305}+\left(\frac{38.2}{175}\right)^2+0=0.927\ 3\leqslant1.0\quad(\text{可})$$

③ 区格受力 III_1 的局部稳定性。

该区格的平均弯矩 $\overline{M}_{\text{III}}$ 和平均剪力 $\overline{V}_{\text{III}}$ 为

$$\overline{M}_{\text{III}}=\frac{1}{2}(M_C+M_{max})=\frac{1}{2}\times(5\ 136+5\ 433)\ \text{kN}\cdot\text{m}=5\ 284.5\ \text{kN}\cdot\text{m}$$

$$\overline{V}_{\text{III}}=\frac{1}{2}V_{C右}=\frac{1}{2}\times198\ \text{kN}=99\ \text{kN}$$

平均弯矩产生的腹板计算高度边缘的弯曲压应力

$$\sigma=\frac{\overline{M}_{\text{III}}}{I_{x1}}h_c=\frac{5.284\ 5\times10^9}{1.676\times10^{10}}\times\frac{1\ 650}{2}\ \text{N/mm}^2=260.1\ \text{N/mm}^2$$

平均剪力产生的腹板平均剪应力

$$\tau=\frac{\overline{V}_{\text{III}}}{h_w t_w}=\frac{99\times10^3}{1\ 650\times12}\ \text{N/mm}^2=5.0\ \text{N/mm}^2$$

故有

$$\frac{\sigma}{\sigma_{cr1}}+\left(\frac{\tau}{\tau_{cr1}}\right)^2+\left(\frac{\sigma_c}{\sigma_{c,cr1}}\right)^2=\frac{260.1}{305}+\left(\frac{5}{175}\right)^2+0=0.853\ 6\leqslant1.0\quad(\text{可})$$

综上，图 4-19 所示的腹板加劲肋布置满足局部稳定性要求。

4. 钢板梁腹板中间加劲肋的设计

中间加劲肋的截面由其刚度条件控制，通常采用钢板在腹板两侧成对布置，如图 4-20 所示。

(1) 横向加劲肋。

外伸宽度：$b_s=\frac{h_0}{30}+40=\left(\frac{1\ 650}{30}+40\right)\ \text{mm}=95\ \text{mm}$，采用 $b_s=100\ \text{mm}$。

厚度 $t_s \geqslant \frac{b_s}{15} = \frac{95}{15} = 6.3$ mm，选用 $t_s = 8$ mm，则横向加劲肋对梁腹板水平轴 z 轴的惯性矩 I_z 为

$$I_z = \frac{1}{12} t_s (2b_s + t_w)^3 = \frac{1}{12} \times 8 \times (2 \times 100 + 12)^3 \text{ mm}^4 = 6.35 \times 10^6 \text{ mm}^4$$

$$I_z < 3h_0 t_w^3 = 3 \times 1\ 650 \times 12^3 \text{ mm}^4 = 8.55 \times 10^6 \text{ mm}^4$$

不满足规范要求横向加劲肋用作纵向加劲肋支承必须具有的刚度，改取 $b_s = 130$ mm 和 $t_s = 10$ mm，则

$$I_z = \frac{1}{12} t_s (2b_s + t_w)^3 = \frac{1}{12} \times 10 \times (2 \times 130 + 12)^3 \text{ mm}^4 = 1.677 \times 10^7 \text{ mm}^4$$

$$I_z > 3h_0 t_w^3 = 8.55 \times 10^6 \text{ mm}^4 \quad （可）$$

$$\frac{b_s}{t_s} = \frac{130}{10} = 13 \leqslant 15 \quad （可）$$

因此，选用中间横向加劲肋的截面为 2－130×10，其与腹板用角焊缝相连接，按构造取 $h_f = 6$ mm（$h_{min} = 1.5\sqrt{12} = 5.2$ mm）。

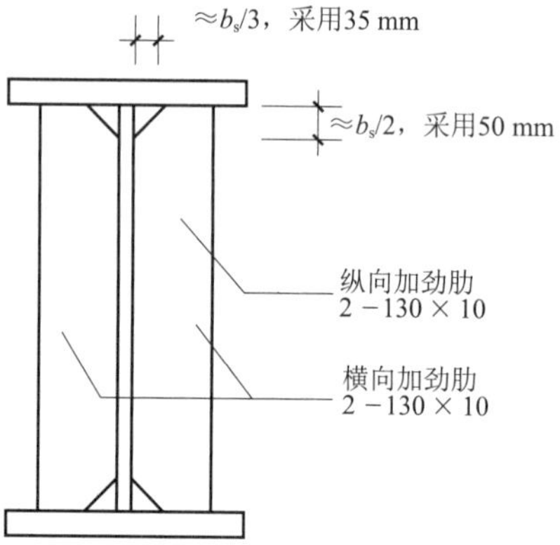

图 4-20　中间加劲肋

焊接梁的横向加劲肋与翼缘板相接处应切角，如图 4-20 所示。

(2) 纵向加劲肋。

取与横向加劲肋相同截面尺寸，即选用纵向加劲肋为 2－130×10，则其对梁腹板竖直轴 y 轴的惯性矩 $I_y = I_z = 1.677 \times 10^7$ mm^4。

按钢结构设计标准要求，当 $a/h_0 > 0.85$ 时，I_y 应符合下列公式要求

$$I_y \geqslant \left(2.5 - 0.45 \frac{a}{h_0}\right)\left(\frac{a}{h_0}\right)^2 h_0 t_w^3$$

将 $a/h_0 = 3\ 000/1\ 650 = 1.82$ 代入上式右边，有

$$(2.5 - 0.45 \times 1.82) \times 1.82^2 \times 1\ 650 \times 12^3 \text{ mm}^4 = 1.588 \times 10^7 \text{ mm}^4 \leqslant I_y = 1.677 \times 10^7 \text{ mm}^4 \quad （可）$$

综上，中间加劲肋尺寸适用。

5. 钢板梁支承加劲肋的设计

在梁承受固定集中荷载处（包括支座）的腹板两侧宜设支承加劲肋。支承加劲肋兼有中间横向加劲肋的作用，其截面尺寸除应满足中间横向加劲肋的截面尺寸要求外，还应计算由支承加劲肋及部分腹板组成的轴心受压构件在腹板平面外的稳定性和支承加劲肋端部的承压应力（刨平顶紧）或焊缝应力（用焊缝连接时）。支承加劲肋与腹板的连接焊缝应按传力需要进行计算。

(1) 梁支座处的支承加劲肋。

如图 4-21 所示梁支座处采用的支承加劲肋。

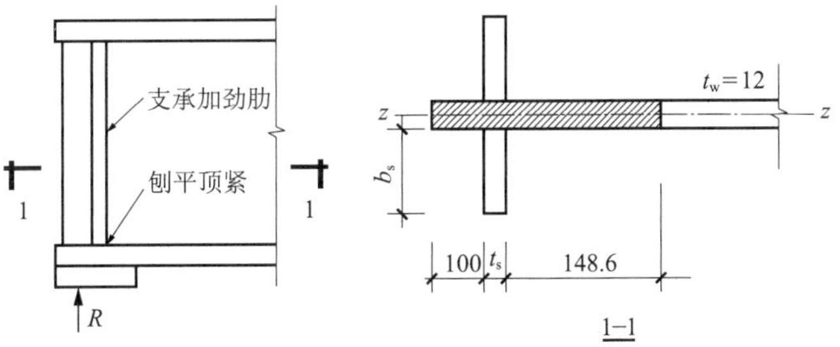

图 4-21　支承加劲肋

① 按支承加劲肋端面承压强度试选其外伸宽度和厚度。

端面承压强度设计值　　$f_{ce}=400\ \mathrm{N/mm^2}$

支座反力设计值　　$R=V_{max}=1\ 054\ \mathrm{kN}$

需要端面承压面积(刨平顶紧)

$$A_{ce}=\frac{R}{f_{ce}}=\frac{1.054\times10^6}{400}\ \mathrm{mm^2}=2\ 635\ \mathrm{mm^2}$$

支承加劲肋的宽度 b_s 不应超出支座处翼缘板的宽度 b_1，即

$$b_s\leqslant\frac{1}{2}(b_1-t_w)=\frac{1}{2}\times(280-12)\ \mathrm{mm}=134\ \mathrm{mm}$$

取 b_s 为 130 mm。需要加劲肋厚度 $t_s\geqslant\dfrac{A_{ce}}{2(b_s-\Delta)}=\dfrac{2\ 635}{2\times(130-40)}\ \mathrm{mm}=14.6\ \mathrm{mm}$，$t_s$ 取 16 mm。式中，$\Delta=40$ mm 为加劲肋切角宽度(图 4-20)。

加劲肋局部稳定要求

$$t_s=16\ \mathrm{mm}\geqslant\frac{b_s}{15}=\frac{130}{15}\ \mathrm{mm}=8.7\ \mathrm{mm}\quad（满足）$$

端面承压强度

$$\sigma_{ce}\geqslant\frac{R}{A_{ce}}=\frac{1.054\times10^6}{2\times(130-40)\times16}\ \mathrm{N/mm^2}=366.0\ \mathrm{N/mm^2}\leqslant f_{ce}=400\ \mathrm{N/mm^2}\quad（满足）$$

② 按轴心受压构件验算支承加劲肋在梁腹板平面外的稳定性。

可计入支承加劲肋截面的梁腹板宽度

$$b_w=100+t_s+15t_w\varepsilon_k=\left(100+16+15\times12\sqrt{\frac{235}{345}}\right)\ \mathrm{mm}=(116+148.6)\ \mathrm{mm}=264.6\ \mathrm{mm}$$

支承加劲肋截面面积

$$A_s=2b_st_s+b_wt_w=(2\times130\times16+264.6\times12)\ \mathrm{mm^2}=7\ 335.2\ \mathrm{mm^2}$$

对 z 轴的惯性矩(腹板纵截面的惯性矩略去不计)

$$I_z=\frac{1}{12}t_s(2b_s+t_w)^3=\frac{1}{12}\times16\times(2\times130+12)^3\ \mathrm{mm^4}=2.683\times10^6\ \mathrm{mm^4}$$

对 z 轴的回转半径

$$i_z=\sqrt{\frac{I_z}{A_s}}=\sqrt{\frac{2.683\times10^6}{7\ 335}}\ \mathrm{mm}=60.5\ \mathrm{mm}$$

长细比

$$\lambda_z=\frac{h_0}{i_z}=\frac{1\ 650}{60.5}=27.3$$

不考虑扭转效应的影响，由 $\lambda_z/\varepsilon_k=27.3\bigg/\sqrt{\frac{235}{345}}=33.1$ 查表按照 Q355 钢，c 类截面，得 $\varphi=0.883$，则有

$$\frac{R}{\varphi A_s f}=\frac{1.054\times10^6}{0.883\times7\ 335\times310}=0.525\leqslant1.0 \quad (可)$$

综上，所选截面适用，其尺寸系由端面承压强度所控制。

③ 加劲肋与梁腹板角焊缝连接计算。

E50 型焊条、手工焊，有

$$f_f^w=200\ \text{N/mm}^2$$

试取焊脚尺寸

$$h_f=6\ \text{mm}=h_{f\min}=1.5\sqrt{t_{\max}}=1.5\sqrt{16}=6\ \text{mm}$$

计算长度

$$l_w=h_w-2\Delta-2h_f=(1\ 650-2\times60-2\times6)\ \text{mm}=1\ 518\ \text{mm}$$

式中，$\Delta=60$ mm 为加劲肋竖向切角尺寸。

焊缝应力

$$\tau_f=1.3\times\frac{R}{0.7h_f\sum l_{wi}}=1.3\times\frac{1.054\times10^6}{0.7\times6\times4\times1\ 518}\ \text{N/mm}^2=53.7\ \text{N/mm}^2$$

$$\tau_f\leqslant f_f^w=200\ \text{N/mm}^2 \quad (可)$$

式中，1.3 是考虑由加劲肋截面端部传来的力对焊缝的偏心影响系数。

(2) 跨度三分点、集中荷载 P 作用处的支承加劲肋。

① 试取支承加劲肋尺寸与中间横向加劲肋相同，即采用 $b_s=130$ mm，$t_s=10$ mm。

验算顶部端面承压强度(顶端刨平顶紧)。

$$P=460\ \text{kN},\ A_{ce}=2\times(130-35)\times10\ \text{mm}^2=1\ 900\ \text{mm}^2$$

$$\sigma_{ce}=\frac{P}{A_{ce}}=\frac{460\times10^3}{1\ 900}\ \text{N/mm}^2=242.1\ \text{N/mm}^2\leqslant f_{ce}=400\ \text{N/mm}^2 \quad (可)$$

② 按轴心受压构件验算腹板平面外的稳定性。

可以计入支承加劲肋截面的腹板宽度

$$b_w=t_s+2\times15t_w\varepsilon_k=\left(10+2\times15\times12\sqrt{\frac{235}{345}}\right)\ \text{mm}=(10+2\times148.6)\ \text{mm}=307.2\ \text{mm}$$

支承加劲肋截面面积

$$A_s=(2\times130\times10+307.2\times12)\ \text{mm}^2=6\ 286\ \text{mm}^2$$

惯性矩

$$I_z=\frac{1}{12}\times10\times(2\times130+12)^3\ \text{mm}^4=1.677\times10^6\ \text{mm}^4$$

回转半径

$$i_z=\sqrt{\frac{I_z}{A_s}}=\sqrt{\frac{1.677\times10^6}{6\ 286}}\ \text{mm}=16.3\ \text{mm}$$

长细比

$$\lambda_z=\frac{h_0}{i_z}=\frac{1\ 650}{5.19}=31.8$$

由 $\lambda_z/\varepsilon_k=31.8\Big/\sqrt{\frac{345}{235}}=26.2$ 查附表 1-12，按 Q355 钢，b 类截面，得 $\varphi=0.904\ 5$，则有

$$\frac{R}{\varphi A_s f}=\frac{4.60\times10^5}{0.904\ 5\times6\ 286\times310}=0.261\leqslant1.0\quad（可）$$

所选截面合适，截面尺寸由兼作横向加劲肋时的刚度要求所控制。加劲肋与腹板的角焊缝 $h_f=6$ mm，E50 型焊条，手工焊。

6. 钢板梁的翼缘焊缝

钢板梁的翼缘与腹板的连接焊缝采用双面角焊缝，焊缝应力应满足下式要求：

$$\frac{1}{1.4h_f}\sqrt{\left(\frac{VS_1}{I}\right)^2+\left(\frac{\psi F}{\beta_f l_z}\right)^2}\leqslant f_f^w$$

由于集中荷载 P 作用处已设置支承加劲肋，故翼缘焊缝不传递力 P。由均布荷载产生的焊缝中竖向应力为

$$\frac{q}{\beta_f}=\frac{66}{1.22}\ \text{N/mm}^2=54.1\ \text{N/mm}^2$$

此值甚小，通常可不计。

(1) 在梁端翼缘截面已缩小的区段内的翼缘焊缝。

$$V=V_{max}=1\ 054\ \text{kN}$$

$$S_1=S_{x1}=20\times280\times835\ \text{mm}^3=4.676\times10^6\ \text{mm}^3$$

$$I=I_{x1}=1.23\times10^{10}\ \text{mm}^4$$

$$\frac{VS_1}{I}=\frac{1.054\times10^6\times4.676\times10^6}{1.2\times10^{10}}\ \text{N/mm}^2=410.7\ \text{N/mm}^2$$

因此

$$h_f\geqslant\frac{1}{1.4f_f^w}\sqrt{\left(\frac{VS_1}{I}\right)^2+\left(\frac{\psi q}{\beta_f}\right)^2}=\frac{1}{1.4\times200}\sqrt{410.7^2+(1.0\times54.1)^2}\ \text{mm}=1.48\ \text{mm}$$

由上式可见，均布荷载引起的根号内的第 2 项完全可不计。

构造要求：

① 手工焊时，$h_f\geqslant1.5\sqrt{t_{max}}=1.5\sqrt{20}$ mm$=6.7$ mm，采用 $h_f=8$ mm；

② 自动焊时，$h_f\geqslant1.5\sqrt{t_{max}}-1=(6.7-1)$ mm$=5.7$ mm，采用 $h_f=6$ mm。

(2) 跨中至翼缘截面改变处的翼缘焊缝。

最大剪力发生在变截面处，有

$$V=V_1=724\ \text{kN},S_1=440\times20\times835\ \text{mm}^3=7.348\times10^6\ \text{mm}^3$$

$$I=I_x=1.676\times10^{10}\ \text{mm}^4$$

$$\frac{VS_1}{I}=\frac{7.24\times10^5\times7.348\times10^6}{1.676\times10^{10}}\ \text{N/mm}^2=317.4\ \text{N/mm}^2\leqslant400.7\ \text{N/mm}^2$$

该区段内的翼缘焊缝同样由构造控制，取 $h_f=6$ mm(自动焊时)或 $h_f=8$ mm(手工焊时)。

全梁上、下翼缘焊缝采用相同的焊脚尺寸。

习　题

一、判断题

1. 桥式吊车的吊车梁是单向受弯梁。（　　）
2. 箱形截面的钢梁通常比 H 形截面的钢梁抗扭刚度高。（　　）
3. 直接承受动力荷载的钢梁，强度计算时允许截面有一定程度的塑性发展。（　　）
4. 钢梁上固定集中荷载作用处即使设有支承加劲肋，也要进行局部承压强度计算。（　　）
5. 钢梁在荷载设计值的作用下，挠度不应超过设计规范允许值。（　　）
6. 梁的整体失稳是弯曲屈曲。（　　）
7. 当钢梁上有铺板密铺在梁的受压翼缘上时，可不计算梁的整体稳定。（　　）
8. 钢梁设置横向加劲肋是为了提高翼缘板的局部稳定性。（　　）
9. 钢梁 H400×200×8×10 的翼缘宽厚比是 20。（　　）
10. 坡屋面上的檩条是单向受弯构件。（　　）

二、计算题

1. 试为本章例 4-1 的次梁选定合适的热轧 H 型钢。
2. 试为本章例 4-1 的次梁选定合适的焊接 H 型钢。
3. 本章例 4-1 中的主梁若是简支梁，试为主梁选定合适的焊接 H 型钢。
4. 本章例 4-1 中的次梁，若受压翼缘没有与之牢固连接的钢筋混凝土板，试为该次梁选定合适的焊接 H 型钢。

三、上机实践题

用计算机软件（例如 PKPM、3D3S、旗云工具箱等）核算本章中的计算例题和习题中的计算题，并打印计算书。

第 5 章

拉弯和压弯构件计算

本章关键词 拉弯和压弯构件，强度，刚度，整体稳定性，局部稳定性，构造要求，刚接柱脚

学习目标 (1) 掌握拉弯和压弯构件受弯的缘由和保证措施；

(2) 掌握单向压弯构件的强度、刚度和稳定性验算、构造要求；

(3) 掌握双向双肢压弯构件的强度、刚度和稳定性验算、构造要求。

新形态资源

5-1 本章 PPT

5-2 实腹式双向压弯构件的验算

5-3 双向压弯的双肢格构式柱的验算

5-4 偏心柱脚

知识结构框图

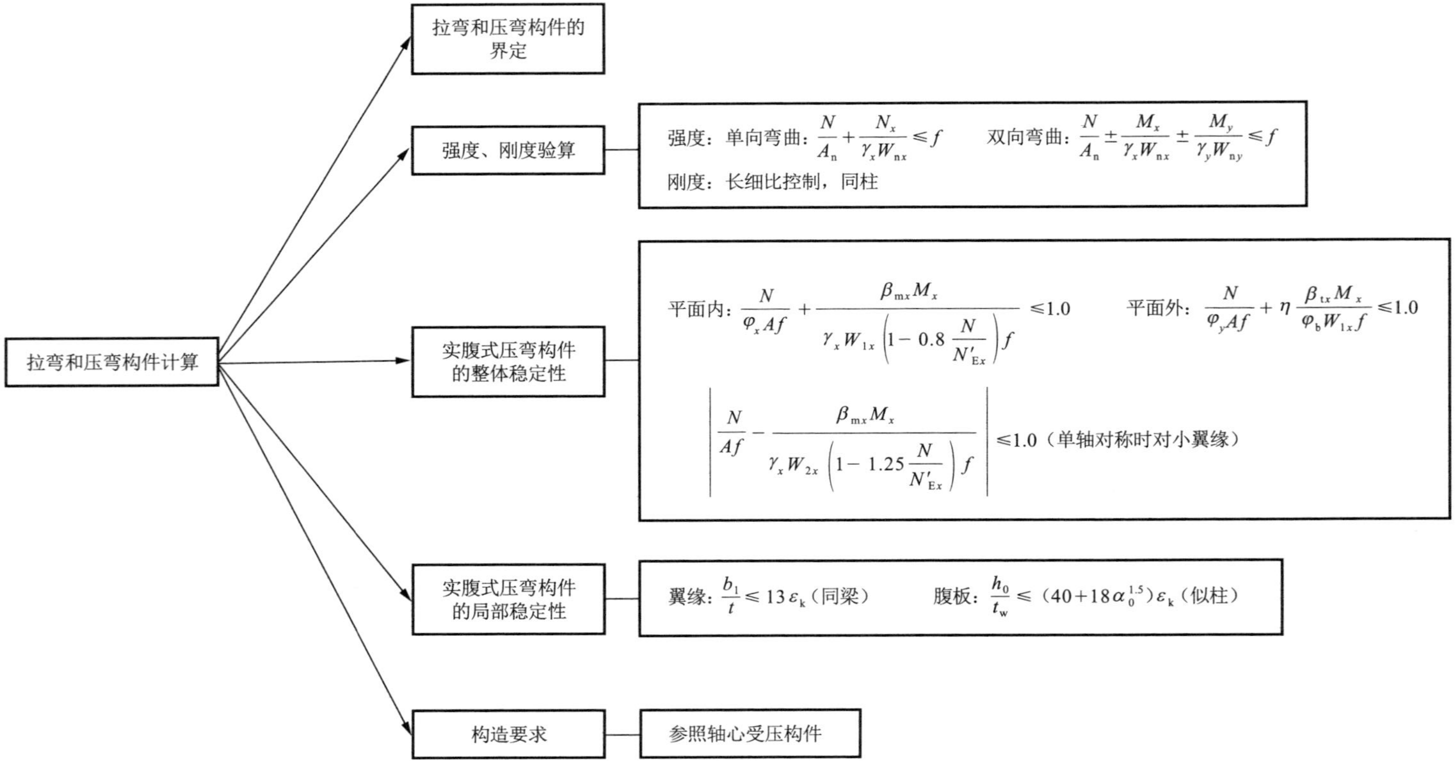
拉弯和压弯构件计算
拉弯和压弯构件的界定
强度、刚度验算
强度：单向弯曲：$\frac{N}{A_n}+\frac{N_x}{\gamma_x W_{nx}}\leqslant f$　双向弯曲：$\frac{N}{A_n}\pm\frac{M_x}{\gamma_x W_{nx}}\pm\frac{M_y}{\gamma_y W_{ny}}\leqslant f$
刚度：长细比控制，同柱
实腹式压弯构件的整体稳定性
平面内：$\frac{N}{\varphi_x Af}+\frac{\beta_{mx}M_x}{\gamma_x W_{1x}\left(1-0.8\frac{N}{N'_{Ex}}\right)f}\leqslant 1.0$　平面外：$\frac{N}{\varphi_y Af}+\eta\frac{\beta_{tx}M_x}{\varphi_b W_{1x}f}\leqslant 1.0$
$\left|\frac{N}{Af}-\frac{\beta_{mx}M_x}{\gamma_x W_{2x}\left(1-1.25\frac{N}{N'_{Ex}}\right)f}\right|\leqslant 1.0$（单轴对称时对小翼缘）
实腹式压弯构件的局部稳定性
翼缘：$\frac{b_1}{t}\leqslant 13\varepsilon_k$（同梁）　腹板：$\frac{h_0}{t_w}\leqslant(40+18\alpha_0^{1.5})\varepsilon_k$（似柱）
构造要求
参照轴心受压构件

5.1　抗弯和压弯构件概述

轴心受力(拉或压)并同时承受弯矩的构件称为拉弯构件或压弯构件(图 5-1)。承受节间荷载的桁架下弦杆是拉弯构件的典型例子(图 5-2 中 AB 杆);压弯构件的应用则更为广泛,例如承受节间荷载的桁架上弦杆(图 5-2 中 CD 杆)、轻型厂房的刚架柱、多层和高层建筑的框架柱等。

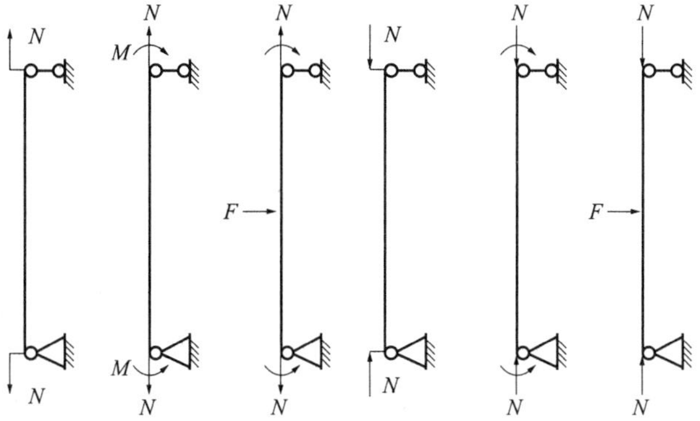

图 5-1　拉弯与压弯构件

拉弯、压弯构件的设计与其他构件的设计一样,要同时满足承载能力和刚度两方面的要求。拉弯构件设计需要考虑强度和刚度两个方面的要求;压弯构件设计除要考虑强度和刚度要求外,还需要考虑整体稳定和局部稳定的要求。

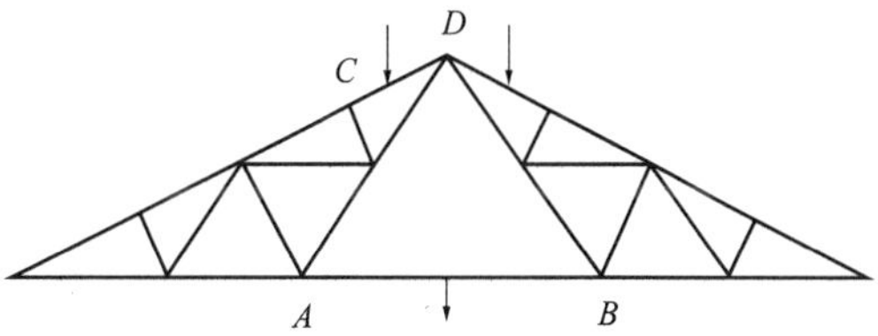

图 5-2　承受节间荷载的桁架上弦杆图

压弯构件常采用单轴对称或双轴对称的截面。当弯矩只作用在构件的最大刚度平面内时称构件为单向压弯构件,当在两个主平面内都有弯矩作用时称构件为双向压弯构件。工程结构中大多数压弯构件可按单向压弯构件考虑(图 5-3)。

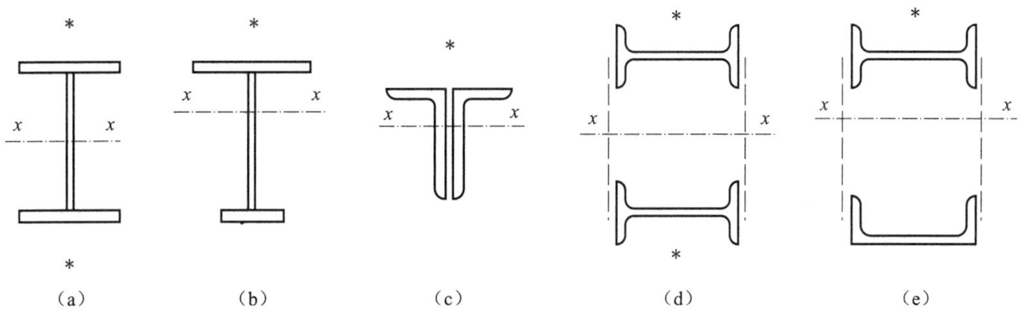

*——轴心压力的作用点或弯矩产生的受压侧。

图 5-3　单向压弯构件的常用截面形式

拉弯、压弯构件的截面形式很多，一般可分为型钢截面和组合截面两类；而组合截面又分为实腹式和格构式两类(图 5-4)。如承受的弯矩很小而轴力很大，其截面一般与轴心受力构件相似；但是当构件承受弯矩很大时，除采用截面高度较大的双轴对称截面外，还可以采用图 5-4 所示的单轴对称截面以获得较好的经济效果。

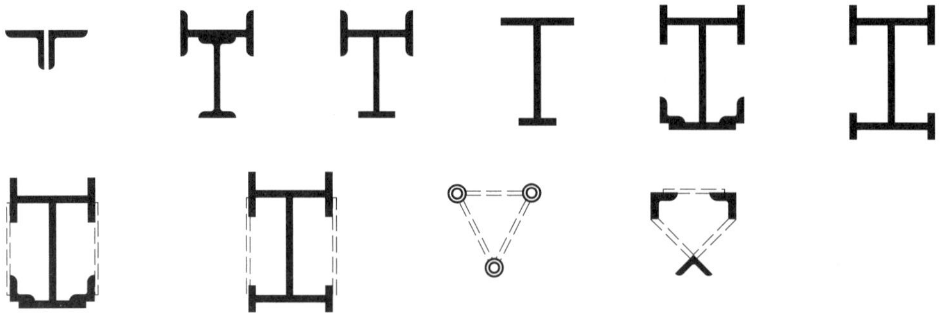

图 5-4　拉弯、压弯构件的截面形式

5.2　拉弯、压弯构件的强度和刚度

5.2.1　拉弯、压弯构件的强度

拉弯构件和不致整体及局部失稳的压弯构件，它的最不利截面(最大弯矩截面或有严重削弱的截面)最终将形成塑性铰而达到承载能力极限。

我们以矩形截面构件为例来讨论拉弯、压弯构件的强度问题。图 5-5 所示为一受轴力 N 和弯矩 M 共同作用的矩形截面构件。设 N 为定值而逐渐增加 M，当截面边缘纤维最大应力 $\frac{N}{A_n} \pm \frac{M}{W_n} = f_y$ 时，截面达到边缘屈服状态。当 M 继续增加，最大应力一侧的塑性区将向截面内部发展，随后另一侧边缘达到屈服并向截面内部发展，最终以整个截面屈服形成塑性铰而达到强度承载能力极限。

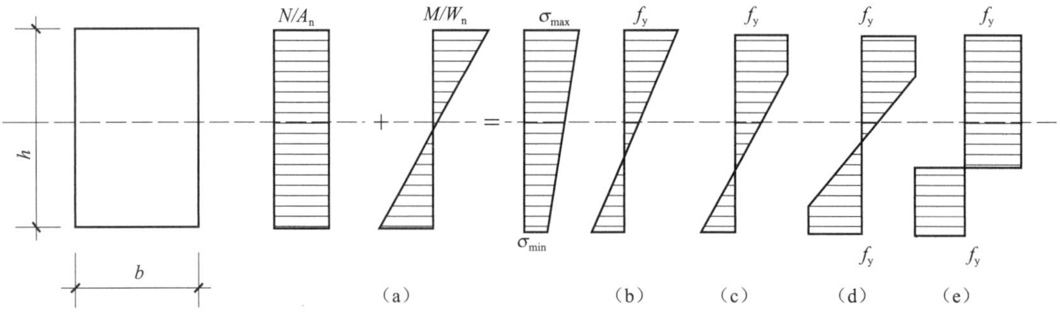

图 5-5　拉弯、压弯构件截面的应力状态

计算拉弯、压弯构件的强度时，根据不同情况可以采用三种不同的强度计算准则：

(1) 边缘纤维屈服准则。

采用这个准则时，当构件受力最大截面边缘处的最大应力达到屈服时，即认为构件达到了强度极限。按此准则，构件始终在弹性阶段工作。《钢结构设计标准》(GB 50017—2017)对需要计算疲劳的构件和部分格构式构件的强度计算采用这一准则。

(2) 全截面屈服准则。

这一准则以构件最大受力截面形成塑性铰为强度极限。

塑性设计的工字形截面梁，计算公式如下：

当$\frac{N}{A_n f}>0.13$时，有

$$M_x \leqslant 0.15\left(1-\frac{N}{A_n f}\right)W_{pnx} f \tag{5-1}$$

式中，M 和 W 的下角标 x 表示弯曲轴为强轴。

当$\frac{N}{A_n f}\leqslant 0.13$时，忽略 N 的影响，公式简化为

$$M \leqslant W_{pnx} f \tag{5-2}$$

(3) 部分发展塑性准则。

该准则以构件最大受力截面的部分受压区和受拉区进入塑性为强度极限，截面塑性发展深度将根据具体情况给予规定。为了避免构件形成塑性铰时过大的非弹性变形，《钢结构设计标准》(GB 50017—2017)规定一般构件以这一准则作为强度极限。为了计算简便并偏于安全，强度计算可用直线式相关关系，并和受弯构件的强度计算一样，用 $\gamma_x W_{nx}$ 和 $\gamma_y W_{ny}$ 分别代替截面对两个主轴的塑性抵抗矩。

单向拉弯、压弯构件的强度计算公式为

$$\frac{N}{A_n} \pm \frac{M_x}{\gamma_x W_{nx}} \leqslant f \tag{5-3}$$

除圆管截面外的双向拉弯、压弯构件的强度计算公式为

$$\frac{N}{A_n} \pm \frac{M_x}{\gamma_x W_{nx}} \pm \frac{M_y}{\gamma_y W_{ny}} \leqslant f \tag{5-4}$$

圆形截面拉弯构件和压弯构件，其截面强度按下列规定计算

$$\frac{N}{A_n} \pm \frac{\sqrt{M_x^2+M_y^2}}{\gamma_m W_n} \leqslant f \tag{5-5}$$

式中　N——同一截面轴心力设计值；

M_x，M_y——同一截面处对 x 轴和 y 轴的弯矩设计值；

γ_x，γ_y——截面塑性发展系数；

γ_m——圆形截画构件的塑性发展系数；

A_n，W_n——构件净截面面积和净截面模量。

根据受压板件的内力分布情况确定截面的宽厚比等级。当截面板件宽厚比不满足 S3 级要求时，γ_x 与 γ_y 取 1.0；当截面板件宽厚比满足 S3 级要求时，γ_x 与 γ_y 可按表 4-1 取用；对需要验算疲劳强度的拉弯、压弯构件，取 $\gamma_x=\gamma_y=1.0$。对于实腹圆形截面，γ_m 取 1.2，当宽厚比不满足 S3 级要求时，γ_m 取 1.0；当圆管截面宽厚比满足 S3 级要求时，γ_m 取 1.15；对需要验算疲劳强度的拉弯、压弯构件，γ_m 宜取 1.0。

5.2.2 拉弯、压弯构件的刚度

拉弯、压弯构件的刚度，除特殊情况（如作为墙架构件的支柱、厂房柱等）需要做变形验算外，一般与轴心受力构件相同，也是通过限制长细比来保证的。拉弯构件的容许长细比按照轴心受拉构件、压弯构件的容许长细比按照轴心受压构件查表取其限值，即 $\lambda \leqslant [\lambda]$。式中，$\lambda$ 为拉弯和压弯构件绕对应主轴的长细比，$[\lambda]$为受拉或受压构件的容许长细比。

【例 5-1】 试验算图 5-6 所示拉弯构件的强度和刚度。轴心拉力设计值 $N=210$ kN；构件中点横向集中荷载 $F=30.0$ kN，均为静力荷载。钢材为 Q235 钢。杆中点螺栓孔直径 $d_0=21.5$ mm。

【解】 查附表 2-4，单根角钢∟140×90×8 的截面特征为 $A_1=18.0\ \text{cm}^2=1\ 800\ \text{mm}^2$，$q=14.2$ kg/m，即 0.139 N/mm，$i_y=4.5\ \text{cm}=45\ \text{mm}$，$z_y=45\ \text{mm}$，$I_y=366\ \text{cm}^4=3.66\times10^6\ \text{mm}^4$。

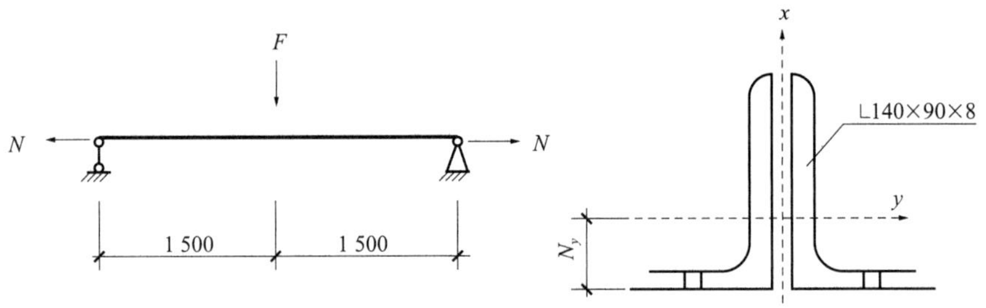

图 5-6 拉弯构件

1. 强度验算

(1) 内力计算（杆中点为最不利截面）。

轴力 $$N=2.1\times10^5\ \text{N}$$

最大弯矩（计入杆件自重）

$$M_{\max}=\frac{Fl}{4}+\frac{ql^2}{8}=\left(\frac{30.0\times10^3\times3\ 000}{4}+\frac{2\times0.139\times3\ 000^2}{8}\right)\ \text{N}\cdot\text{mm}$$
$$=2.28\times10^7\ \text{N}\cdot\text{mm}$$

(2) 截面几何特性。

净截面面积 $A_n=2\times(1\ 800-21.5\times8)\ \text{mm}^2=3.26\times10^3\ \text{mm}^2$

净截面抵抗矩（假定中性轴位置与毛截面相同）

肢背处

$$W_{n1}=\frac{I_{ny}}{y_1}=\frac{2\times[3.66\times10^6-21.5\times8\times(45-4)^2]}{45}\ \text{N}\cdot\text{mm}=1.50\times10^5\ \text{N}\cdot\text{mm}$$

肢尖处

$$W_{n2}=\frac{I_{ny}}{y_2}=\frac{2\times[3.66\times10^6-21.5\times8\times(45-4)^2]}{140-45}\ \text{N}\cdot\text{mm}=7.10\times10^4\ \text{N}\cdot\text{mm}$$

(3) 截面强度。

查表 4-1，$\gamma_{x1}=1.05$，$\gamma_{x2}=1.20$。

肢背处

$$\frac{N}{A_n}+\frac{M_{max}}{\gamma_{x1}W_{n1}}=\left(\frac{2.1\times10^5}{3.26\times10^3}+\frac{2.28\times10^7}{1.05\times1.5\times10^5}\right)\ N/mm^2$$

$$=(64.4+144.8)\ N/mm^2=209.2\ N/mm^2<f=215\ N/mm^2$$

肢尖处

$$\frac{N}{A_n}-\frac{M_{max}}{\gamma_{x2}W_{n2}}=\left(\frac{2.1\times10^5}{3.26\times10^3}-\frac{2.28\times10^7}{1.20\times7.1\times10^4}\right)\ N/mm^2$$

$$=(64.4-267.6)\ N/mm^2=-203.2\ N/mm^2<f=215\ N/mm^2$$

2. 刚度验算

承受静力荷载，仅需计算竖向平面长细比

$$\lambda_x=\frac{l}{i_x}=\frac{3\ 000}{45}=66.7<[\lambda]=350$$

综上，该拉弯构件的强度和刚度均符合要求。

5.3　实腹式压弯构件的整体稳定性

对于压弯构件来说，弯矩和轴力都是主要荷载。轴压力的弯曲失稳是在两个主轴方向中长细比较大的方向发生的；而弯矩通常绕截面强轴作用，故构件可能在弯矩作用平面内发生弯曲失稳，称为平面内失稳（图 5-7a）；压弯构件也可能像梁一样，由于垂直于弯矩作用平面方向的刚度不足而发生由侧向弯曲和扭转，引起弯扭失稳，即弯矩作用平面外失稳（图 5-7b）或平面外失稳。因此，压弯构件要分别计算弯矩作用平面内和弯矩作用平面外的整体稳定。

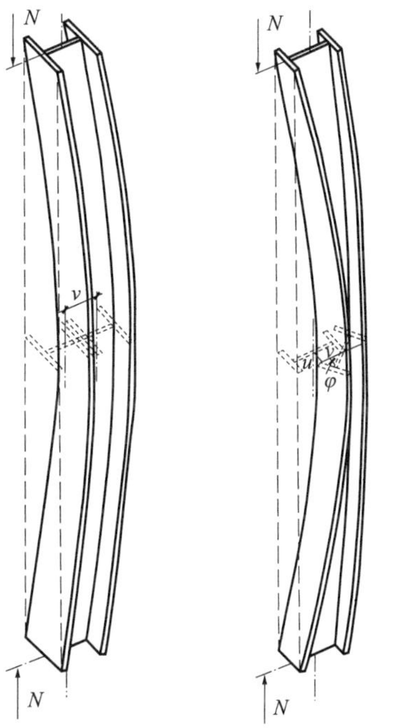

（a）平面内失稳　　（b）平面外失稳

图 5-7　压弯构件整体失稳

5.3.1　压弯构件在弯矩作用平面内的稳定性

实腹式压弯构件在弯矩作用平面外的抗弯刚度较大，或截面抗扭刚度较大，或有足够的侧向支承，当可以阻止弯矩作用平面外的弯扭变形时，将发生弯矩作用平面内的失稳破坏。确定压弯构件弯矩作用平面内稳定承载能力的方法很多，可分为两类：一类是边缘屈服准则的计算方法，以构件截面应力最大的边缘纤维开始屈服时的荷载作为压弯构件稳定承载力；一类是极限承载能力准则的计算方法，以具有各种初始缺陷（初弯曲、初偏心等）的构件作为模型，容许截面发展塑性，求解压弯构件极限承载力。

《钢结构设计标准》（GB 50017—2017）规定：除圆管截面外，弯矩作用在对称平面的实腹式压弯构件，弯矩作用平面内的稳定性按下式计算：

$$\frac{N}{\varphi_x Af}+\frac{\beta_{mx}M_x}{\gamma_x W_{1x}\left(1-0.8\frac{N}{N'_{Ex}}\right)f}\leqslant 1.0 \tag{5-6}$$

$$N'_{Ex}=\frac{\pi^2 EA}{1.1\lambda_x^2} \tag{5-7}$$

式中 N——所计算构件段范围内的轴心压力；

M_x——所计算构件段范围内的最大弯矩；

φ_x——弯矩作用平面内的轴心受压构件的稳定系数；

W_{1x}——弯矩作用平面内受压最大纤维的毛截面模量；

N'_{Ex}——修订的欧拉临界力；

β_{mx}——等效弯矩系数，其取值按下面规定采用。

1）无侧移框架柱和两端支承的构件

（1）无横向荷载作用时，β_{mx} 按下式计算：

$$\beta_{mx}=0.6+0.4\frac{M_2}{M_1} \tag{5-8}$$

式中，M_1 和 M_2 为端弯矩，使构件产生同向曲率（无反弯点）时取同号，使构件产生反向曲率（有反弯点）时取异号，且 $|M_1|\geqslant|M_2|$。

（2）无端弯矩但有横向荷载作用时，β_{mx} 按下式计算：

跨中单个集中荷载

$$\beta_{mx}=1-0.36N/N_{cr} \tag{5-9a}$$

全跨均布荷载

$$\beta_{mx}=1-0.18N/N_{cr} \tag{5-9b}$$

$$N_{cr}=\frac{\pi^2 EI}{(\mu l)^2}$$

式中 N_{cr}——弹性临界力；

μ——构件的计算长度系数。

（3）有端弯矩和横向荷载同时作用时，式（5-6）中的 $\beta_{mx}M_x$ 应按下式计算：

$$\beta_{mx}M_x=\beta_{mqx}M_{qx}+\beta_{m1x}M_1 \tag{5-10}$$

式中 M_{qx}——横向荷载产生的弯矩最大值；

M_1——跨中单个横向集中荷载产生的弯矩；

β_{m1x}——取本条第（1）款第1项计算的等效弯矩系数；

β_{mqx}——取本条第（1）款第2项计算的等效弯矩系数。

2）有侧移框架柱和悬臂构件

（1）除本款第2项规定之外的框架柱，β_{mx} 按下式计算：

$$\beta_{m}=1-0.36N/N_{cr} \tag{5-11}$$

（2）有横向荷载的柱脚铰接的单层框架柱和多层框架的底层柱，$\beta_{mx}=1.0$；

（3）自由端作用有弯矩的悬臂柱，β_{mx} 按下式计算：

$$\beta_{m}=1-0.36(1-m)N/N_{cr} \tag{5-12}$$

式中 m——自由端弯矩与固定端弯矩之比，当弯矩图无反弯点时取正号，有反弯点时取负号。

对 T 型钢、双角钢组成的 T 形等单轴对称截面压弯构件，当弯矩作用于对称轴平面而且使较大翼缘受压时，构件失稳时出现的塑性区除存在前述受压区屈服和受压、受拉区同时屈服两种情况外，还可能在受拉区首先出现屈服而导致构件失去承载能力，故除了按式(5-6)计算外，还应按下式计算：

$$\left|\frac{N}{Af}-\frac{\beta_{mx}M_x}{\gamma_x W_{2x}\left(1-1.25\frac{N}{N'_{Ex}}\right)f}\right|\leqslant 1.0 \tag{5-13}$$

式中　W_{2x}——受拉侧最外纤维的毛截面抵抗矩；

γ_x——与 W_{2x} 相应的截面塑性发展系数。

5.3.2　单向压弯构件弯矩作用平面外的整体稳定性

当实腹式压弯构件在弯矩作用平面外的抗弯刚度较小，或截面抗扭刚度较小，或侧向支承不足以阻止弯矩作用平面外的弯扭变形时，将在弯矩作用平面内弯曲失稳之前发生弯矩作用平面外的弯扭失稳破坏。

《钢结构设计标准》(GB 50017—2017)规定：除圆管截面外，弯矩作用在对称平面的实腹式压弯构件，弯矩作用平面外稳定性按下式计算：

$$\frac{N}{\varphi_y Af}+\eta\frac{\beta_{tx}M_x}{\varphi_b W_{1x}f}\leqslant 1.0 \tag{5-14}$$

式中　M_x——所计算构件段范围内的最大弯矩；

η——截面影响系数，闭口截面 $\eta=0.7$，其他截面 $\eta=1.0$；

φ_y——弯矩作用平面外的轴心受压构件稳定系数；

φ_b——均匀弯曲的受弯构件整体稳定系数；

β_{tx}——等效弯矩系数。

对工字形(含 H 型钢)和 T 形截面的非悬臂构件，当 $\lambda_y\leqslant 120\varepsilon_k$ 时，其整体稳定系数 φ_b 可以采用近似计算公式。

β_{tx} 的取值按下面规定采用：

(1) 在弯矩作用平面外有支撑的构件，应根据两相邻支撑间构件段内的荷载和内力情况确定。

① 无横向荷载作用时，β_{tx} 按下式计算：

$$\beta_{tx}=0.65+0.35\frac{M_2}{M_1} \tag{5-15}$$

式中　M_1，M_2——端弯矩，使构件产生同向曲率(无反弯点)时取同号，使构件产生反向曲率(有反弯点)时取异号，$|M_1|\geqslant|M_2|$。

② 端弯矩和横向荷载同时作用时，β_{mx} 按下列规定取值：使构件产生同向曲率时，β_{tx} 取 1.0；使构件产生反向曲率时，β_{tx} 取 0.85。

③ 无端弯矩但有横向荷载作用时，β_{tx} 取 1.0。

(2) 弯矩作用平面外的悬臂构件，β_{tx} 取 1.0。

5.3.3　双向弯曲实腹式压弯构件的整体稳定性

弯矩作用在两个主轴平面内的压弯构件为双向弯曲压弯构件，在实际工程中应用较少。

双向弯曲压弯构件丧失整体稳定性属于空间失稳，理论计算非常繁杂，目前多采用数值分析法求解。为便于应用，并与单向弯曲压弯构件计算相衔接，多采用相关公式计算。我国标准规定，弯矩作用在两个主轴平面内的双轴对称实腹式工字形（含 H 形）和箱形（闭口）截面的压弯构件的稳定性计算按下列相关公式进行：

$$\frac{N}{\varphi_x A f}+\frac{\beta_{mx}M_x}{\gamma_x W_x\left(1-0.8\dfrac{N}{N'_{Ex}}\right)f}+\eta\frac{\beta_{ty}M_y}{\varphi_{by}W_y f}\leqslant 1.0 \tag{5-16a}$$

$$\frac{N}{\varphi_y A f}+\eta\frac{\beta_{tx}M_x}{\varphi_{bx}W_x f}+\frac{\beta_{my}M_y}{\gamma_y W_y\left(1-0.8\dfrac{N}{N'_{Ey}}\right)f}\leqslant 1.0 \tag{5-16b}$$

$$N'_{Ex}=\frac{\pi^2 EA}{1.1\lambda_x^2}$$

式中　N——对应轴力，N；

M_x，M_y——绕 x 轴强轴和绕 y 轴弱轴的弯矩，N·mm；

A——构件毛截面面积，mm^2；

W_x，W_y——两主轴方向最大受压纤维的毛截面抵抗矩，mm^3；

β_{mx}，β_{my}，β_{tx}，β_{ty}——构件两主轴方向弯矩作用平面内、外的等效弯矩系数；

φ_x，φ_y——对强轴和弱轴的轴心受压稳定系数；

φ_{bx}，φ_{by}——均匀弯曲的受弯构件整体稳定系数，工字形截面时 φ_{bx} 可按《钢结构设计标准》（GB 50017—2017）第四章 4.3.2 梁整体稳定性的验算公式第 5 种情形近似计算确定，可取 1.0，闭合截面时可取 $\varphi_{bx}=\varphi_{by}=1.0$。

5.4　实腹式压弯构件的局部稳定性

实腹式压弯构件的截面组成与轴心受压构件和受弯构件相似，板件在均匀压应力或不均匀压应力和剪应力作用下可能发生波形凸曲，偏离其原来所在的平面而屈曲，从而丧失局部稳定性。通常采用与轴心受压构件相同的方法来限制板件的宽（高）厚比来保证翼缘和腹板的局部稳定性。

5.4.1　实腹式压弯构件翼缘的宽厚比限值

实腹式压弯构件（图 5-8）翼缘受力情况与轴心受压构件及受弯构件的受压翼缘基本相同，因而采用受弯构件受压翼缘局部稳定性的控制方法。对于做压弯构件的 H 形截面，如图 5-8 所示，《钢结构设计标准》（GB 50017—2017）对其翼缘宽厚比的规定如下：

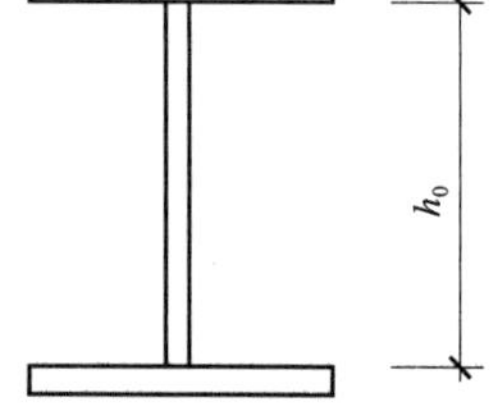

图 5-8　实腹式 H 形压弯构件的截面

（1）允许部分塑性发展的 S3 级 H 形截面的翼缘外伸宽度与厚度之比需要满足

$$\frac{b}{t}\leqslant 13\varepsilon_k \tag{5-17}$$

(2) 边缘纤维可达屈服强度，不能发展塑性的 S4 级 H 形截面的翼缘外伸宽度与厚度之比需要满足

$$\frac{b}{t}\leqslant 15\varepsilon_k \tag{5-18}$$

式中 b——翼缘板外伸宽度；

t——翼缘板厚度；

ε_k——钢号修正系数。

5.4.2 实腹式压弯构件腹板的高厚比限值

实腹式压弯构件的腹板受压、弯、剪共同作用，其截面可能是弹性状态，也可能是弹塑性状态，因此其稳定性计算较复杂。

腹板的压应力与弯曲正应力叠加后的应力沿截面高度方向线性分布。最大压应力和最小拉应力（最小压应力或最大拉应力）分别为

$$\sigma_{max}=\sigma_N+\sigma_{max}^M \tag{5-19}$$

$$\sigma_{min}=\sigma_N+\sigma_{min}^M \tag{5-20}$$

式中 σ_N——轴心压力引起的压应力，取正值；

$\sigma_{max}^M,\sigma_{min}^M$——弯矩引起的腹板最大压应力和最小压应力（或最大拉应力），压应力取正值，拉应力取负值。

腹板的稳定与其压应力不均匀分布的梯度 $\alpha_0=(\sigma_{max}-\sigma_{min})/\sigma_{max}$ 有关。$\alpha_0=0$ 表示轴心受压，$\alpha_0=2$ 表示纯弯曲，$\alpha_0=1$ 表示三角形分布受压。腹板的剪应力可认为是均匀分布的。

《钢结构设计标准》(GB 50017—2017) 规定 H 形截面的压弯构件其腹板高厚比 h_0/t_w 限值应符合：

(1) 允许部分塑性发展的 S3 级 H 形截面的腹板高厚比需要满足

$$h_0/t_w\leqslant(40+18\alpha_0^{1.50})\varepsilon_k \tag{5-21}$$

(2) 边缘纤维可达屈服强度，不能发展塑性的 S4 级 H 形截面的腹板高厚比需要满足

$$h_0/t_w\leqslant(45+25\alpha_0^{1.66})\varepsilon_k \tag{5-22}$$

式中 h_0——腹板的高度；

t_w——腹板的厚度；

α_0——应力分布不均匀梯度；

ε_k——钢号修正系数。

5.4.3 实腹式压弯构件的构造要求

实腹式压弯构件的构造要求与实腹式轴心受压构件相似。当腹板 $h_0/t_w>80$ 时，为防止腹板在施工和运输中发生变形，应设置间距不大于 $3h_0$ 的横向加劲肋。为保持截面形状不变，提高构件抗扭刚度，防止施工和运输过程中发生变形，实腹式柱在受有较大水平力处

和运输单元的端部应设置横隔；构件较长时应设置中间横隔，横隔的间距不得大于柱截面较大宽度的 9 倍或 8 m。压弯构件设置侧向支承，当截面高度较小时，可在腹板加横肋或横隔连接支承；当截面高度较大或受力较大时，则应在两个翼缘平面内同时设置支承。

【例 5-2】 如图 5-9 所示，材质为 Q235 的焊接 H 形截面压弯构件，翼缘为火焰切割边，承受的轴线压力设计值为 $N=900$ kN，构件一端承受 $M=490$ kN·m 的弯矩，另一端弯矩为零。构件两端铰接，并在三分点处各有一侧向支承点。若该构件为 S3 级截面，试验算此构件是否满足要求。

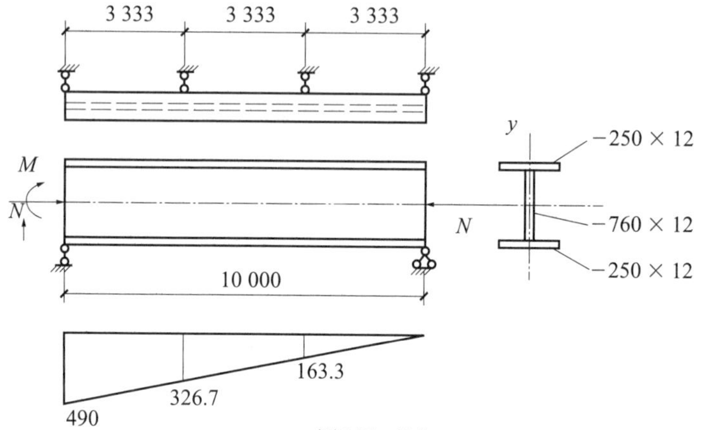

图 5-9 例 5-2 用图

【解】 (1) 截面几何特性：$A=151.2\ \text{cm}^2$，$I_x=133\ 295.2\ \text{cm}^4$，$W_x=3\ 400.4\ \text{cm}^3$，$i_x=29.69$ cm，$I_y=3\ 125.0\ \text{cm}^4$，$i_y=4.55\ \text{cm}=45.5$ mm。

(2) 强度验算。

$$\frac{N}{A_n}+\frac{M_x}{\gamma_x W_{nx}}=\left(\frac{900\times1\ 000}{151.2\times100}+\frac{490\times10^6}{1.05\times3\ 400.4\times10^3}\right)\ \text{N/mm}^2$$

$$=(59.5+137.2)\ \text{N/mm}^2=196.7\ \text{N/mm}^2<f=215\ \text{N/mm}^2$$

(3) 弯矩作用平面内稳定验算。

$\lambda_x=\dfrac{l_x}{i_x}=1\ 000/29.69=33.68<[\lambda]=150$，按 b 类截面查附表 1-12 得 $\varphi_x=0.922$。

$$N'_{Ex}=\frac{\pi^2EA}{1.1\lambda_x^2}=\frac{\pi^2\times206\ 000\times15\ 120}{1.1\times33.68^2}\times10^{-3}\ \text{kN}=24\ 636.7\ \text{kN},\ \beta_{mx}=0.60$$

$$\frac{N}{\varphi_x Af}+\frac{\beta_{mx}M_x}{\gamma_x W_{1x}\left(1-0.8\dfrac{N}{N'_{Ex}}\right)f}=\frac{900\times10^3}{0.922\times15\ 120\times215}+$$

$$\frac{0.60\times490\times10^3}{1.05\times3\ 400.4\times\left(1-0.8\times\dfrac{900}{24\ 636.7}\right)\times215}=0.300+0.395=0.695<1$$

(4) 弯矩作用平面外稳定验算。

$\lambda_y=\dfrac{l_y}{i_y}=333.3/4.55=73.3<[\lambda]=150$，按 b 类截面查附表 1-12 得 $\varphi_y=0.730$。

因最大弯矩在左端，而左边第一段 β_{tx} 又最大，故只需验算该段。

$$\beta_{tx}=0.65+0.35\times 326.7/490=0.833$$

因 $\lambda_y=73.3\leqslant 120\varepsilon_k=120$，$\varepsilon_k=1$，故

$$\varphi_b=1.07-\frac{\lambda_y^2}{44\ 000\varepsilon_k^2}=1.07-\frac{73.3^2}{44\ 000}=0.948$$

$$\frac{N}{\varphi_y Af}+\eta\frac{\beta_{tx}M_x}{\varphi_b W_{1x}f}=\frac{900\times 10^3}{0.730\times 15\ 120\times 215}+\frac{0.883\times 490\times 10^3}{0.948\times 3\ 400.4\times 215}=1.004\approx 1.0$$

(5) 局部稳定验算。

翼缘板局部稳定验算

$$\frac{b}{t}=\frac{(250-12)/2}{12}=9.9<13\varepsilon_k=13 \quad（满足要求）$$

腹板局部稳定验算

$$\sigma_{max}=\frac{N}{A}+\frac{M_x}{W_{1x}}=\left(\frac{900\times 10^3}{15\ 120}+\frac{490\times 10^3}{3\ 400.4}\right)\ \mathrm{N/mm^2}=(59.5+144.1)\ \mathrm{N/mm^2}=203.6\ \mathrm{N/mm^2}$$

$$\sigma_{min}=\frac{N}{A}-\frac{M_x}{W_{1x}}=\left(\frac{900\times 10^3}{15\ 120}-\frac{490\times 10^3}{3\ 400.4}\right)\ \mathrm{N/mm^2}=(59.5-144.1)\ \mathrm{N/mm^2}=-84.6\ \mathrm{N/mm^2}$$

$$\alpha_0=\frac{\sigma_{max}-\sigma_{max}}{\sigma_{max}}=\frac{203.6-(-84.6)}{203.6}=1.416$$

$$\frac{h_0}{t_w}=\frac{760}{12}=63.3\leqslant(40+18\alpha_0^{1.5})\varepsilon_k=(40+18\times 1.416^{1.5})\times 1=70.33$$

综上，该压弯构件的强度、刚度、整体稳定和局部稳定均满足要求。

5.5 格构式压弯构件

格构式压弯构件大多用于单向压弯情形，且使弯矩绕截面的虚轴作用。调整格构式压弯构件两分肢轴线的距离可增大抵抗弯矩的能力。压弯构件两分肢轴线间距离较大时，为增大构件的刚度，通常都采用缀条柱。

5.5.1 弯矩绕虚轴作用的格构式压弯构件

格构式压弯构件当弯矩绕虚轴（x 轴）作用时（图 5-10），应进行弯矩作用平面内的整体稳定计算和分肢的稳定计算。

1) 弯矩作用平面内的整体稳定计算

对弯矩绕虚轴作用的格构式压弯构件，由于截面中部空心，不能考虑塑性的深入发展，故弯矩作用平面内的整体稳定计算宜采用边缘屈服准则按下式计算：

$$\frac{N}{\varphi_x Af}+\frac{\beta_{mx}M_x}{W_{1x}\left(1-\frac{N}{N'_{Ex}}\right)f}\leqslant 1.0 \tag{5-23}$$

$$W_{1x}=I_x/y_0$$

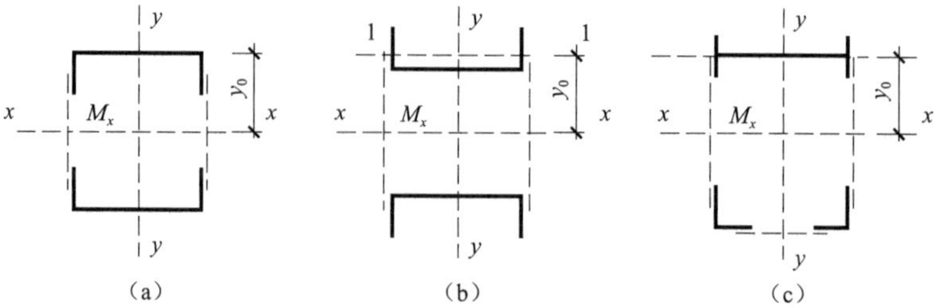

图 5-10　弯矩绕虚轴作用的格构式压弯构件截面

式中　φ_x——轴心压杆的整体稳定系数，由对虚轴 x 轴的换算长细比 λ_{0x} 确定；

I_x——对 x 轴的毛截面惯性矩；

y_0——由 x 轴到压力较大分肢轴线的距离或者到压力较大分肢腹板边缘的距离，两者取较大值。

2）弯矩作用平面外的整体稳定计算

弯矩作用平面外的整体稳定可不必计算，但应计算分肢的稳定性。这是因为格构式压弯构件两个分肢之间只靠缀件联系，而缀件只在平面内对两个分肢起联系作用，即当一个分肢倾向于在缀件平面内发生弯曲位移时，另一个分肢将通过缀件起牵制和支承作用；但缀件在其平面外的刚度很弱，当一个分肢倾向于向缀件平面外弯曲或屈曲侧移时，另一个分肢只能通过缀件给予很弱的牵制（对比实腹式构件，则能通过通长整体联系并有一定侧向刚度的腹板给予较大牵制，从而构件侧向屈曲时表现为发生整体弯扭变形）。因此，当弯矩绕格构式压弯构件的虚轴作用时，要保证构件在弯矩作用平面外（即垂直于缀件平面）的整体稳定，主要是要求两个分肢在弯矩作用平面外的稳定都得到保证，亦即可用验算每个分肢的稳定来代替验算整个构件在弯矩作用平面外的整体稳定。

3）分肢的稳定计算

格构式压弯构件的每个分肢本身也是一个单独的轴心受压（拉）或压弯（拉弯）构件，应保证各分肢在弯矩作用平面内和平面外的稳定。对于弯矩绕虚轴作用的双分肢格构式压弯构件，可把分肢视作桁架的弦杆来计算每个分肢的轴心力（图 5-11，忽略附加弯矩）：

分肢 1

$$N_1 = N\frac{y_2}{a} + \frac{M_x}{a} \tag{5-24a}$$

分肢 2

$$N_2 = N - N_1 \tag{5-24b}$$

缀条式压弯构件的分肢按轴心压杆计算。分肢的计算长度，在缀条平面内（分肢绕 1-1 轴）取缀条体系的节间长度（图 5-11），在缀条平面外（分肢绕 y 轴）取整个构件两侧向支撑点间的距离。

进行缀板式压弯构件的分肢计算时，除轴心力 N_1（或 N_2）外，还应考虑由缀板的剪力作用引起的局部弯矩，按实腹式压弯构件验算单肢的稳定性。在缀板平面内，分肢的计算长度（分肢绕 1-1 轴）取缀板间净距。

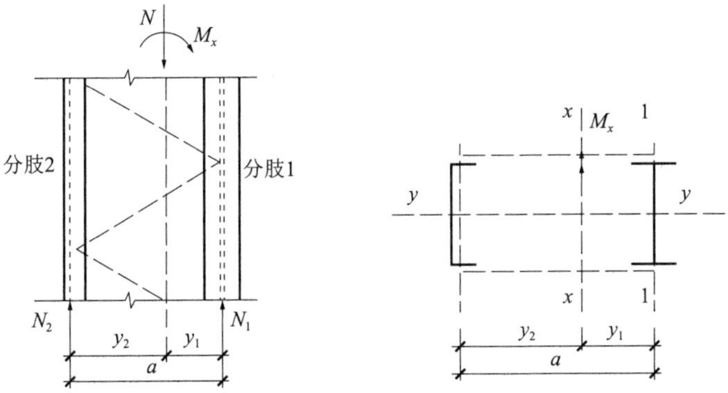

图 5-11　分肢的内力计算

4) 缀材的计算

计算压弯构件的缀材时，应取构件实际剪力和按式(3-13)计算所得剪力两者中的较大值，这与格构式轴心受压构件相同。

$$V=\frac{Af}{85\varepsilon_k}$$

5.5.2　弯矩绕实轴作用的格构式压弯构件

格构式压弯构件当弯矩绕实轴(y 轴)作用时(图 5-12)，受力性能与实腹式压弯构件完全相同。因此，弯矩作用平面内和平面外的整体稳定计算均与实腹式构件相同，但在计算弯矩作用平面外的整体稳定时，长细比应取换算长细比，整体稳定系数取 $\varphi_b=1.0$。

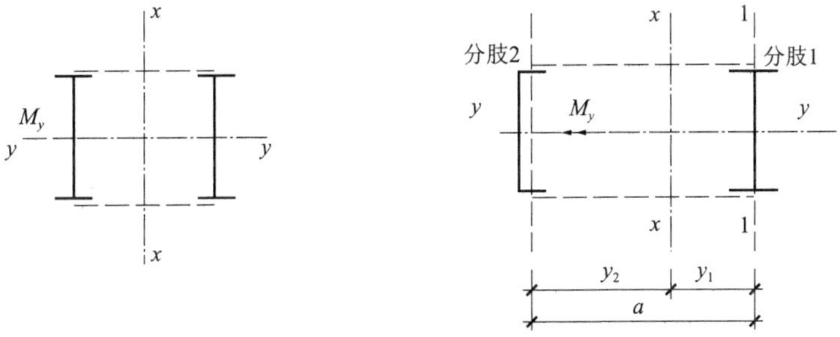

(a)　　　　(b)

图 5-12　弯矩绕实轴作用的格构式压弯构件截面

分肢稳定按实腹式压弯构件计算，内力按以下原则分配(图 5-12b)：轴心压力 N 在两分肢间的分配与分肢轴线至虚轴 x 轴的距离成反比；弯矩 M_y 在两分肢间的分配与分肢对实轴 y 轴的惯性矩成正比，与分肢轴线至虚轴 x 轴的距离成反比。

分肢 1 的轴心力

$$N_1-N\frac{y_2}{a} \tag{5-25a}$$

分肢 1 的弯矩

$$M_{y1}=\frac{I_1/y_1}{I_1/y_1+I_2/y_2} \tag{5-25b}$$

分肢 2 的轴心力

$$N_2 = N - N_1 \tag{5-25c}$$

分肢 2 的弯矩

$$M_{y2} = M_y - M_{y1} \tag{5-25d}$$

式中 I_1, I_2——分肢 1 和分肢 2 对 y 轴的惯性矩，mm^4。

式(5-25)适用于当 M_y 作用在构件的主平面时的情形，当 M_y 不是作用在构件的主轴平面而是作用在一个分肢的轴线平面(如图 5-12 中分肢 1 的 1-1 轴线平面)时，则 M_y 视为全部由该分肢承受。

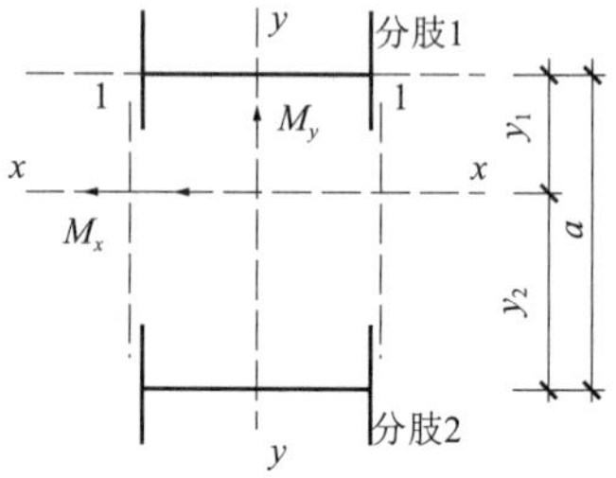

图 5-13 双向受弯的格构式柱

5.5.3 双向受弯的双肢格构式压弯构件

弯矩作用在两个主平面内的双肢格构式压弯构件(图 5-13)，其稳定性可按下列规定计算。

1) 按照整体计算

《钢结构设计标准》(GB 50017—2017)采用与边缘屈服准则导出的弯矩绕虚轴作用的格构式压弯构件弯矩作用平面内整体稳定计算式相衔接的直线式进行计算：

$$\frac{N}{\varphi_x A f} + \frac{\beta_{mx} M_x}{W_{1x}\left(1 - \frac{N}{N'_{Ex}}\right) f} + \frac{\beta_{ty} M_y}{W_{1y} f} \leqslant 1.0$$

式中 W_{1y}——在 M_y 作用下对较大受压纤维的毛截面模量，mm^3。

2) 按照分肢计算

分肢按实腹式压弯构件计算其稳定性，在轴力和弯矩共同作用下产生的内力按以下原则分配：N 和 M_x 在两分肢产生的轴心力 N_1 和 N_2 按式(5-25a)和式(5-25c)计算；M_x 在两分肢间的分配按式(5-25b)和(5-25d)计算。对缀板式压弯构件，还应考虑缀板剪力产生的局部弯矩 M_{x1}，其分肢稳定按双向压弯构件计算。

5.5.4 格构式压弯构件的设计

对截面高度较大的压弯构件，采用格构式可以节省材料，所以格构式压弯构件一般用于厂房的框架柱和高大的独立支柱。当截面的高度较大且有较大的剪力时，构件宜采用缀条连接。格构式压弯构件的端部或中间横隔的设置方法与轴心受压格构柱相同。

现以该种格构式压弯构件为例说明其截面设计的步骤，其他格构式压弯构件的设计均可参照进行。

(1) 按构造要求或凭以往设计经验确定构件两分肢轴线间或两背面间的距离 b，例如取 $b\approx(1/22\sim1/15)H$，其中 H 为构件的高度。当构件为有吊车的、单层厂房阶形柱的下部柱时，柱截面的宽度常根据厂房在柱列定位轴线间的跨度与吊车桥的标准跨度等尺寸确定。

(2) 由构件所受轴心压力 N 和弯矩 M_x（x 轴为截面的虚轴）按式(5-25)，即按求桁架弦杆内力一样求出两分肢所受轴心压力 N_1 和 N_2，然后按轴心受压构件确定两分肢的截面尺寸。

(3) 进行缀条设计，包括选定缀条布置形式、确定缀条截面尺寸及其与分肢的连接。

计算格构式压弯构件的缀件时，所用剪力应取构件中的实际最大剪力和按式(3-13)算出的剪力两者的较大值。

(4) 对整个格构式构件进行各项验算。若不满足要求，则做适当修正，直到全部满足要求为止。

(5) 与第 3 章所述轴心受压的格构式构件一样，在受有较大水平力处和运送单元的端部应设置横隔。横隔的间距不得大于柱截面较大宽度的 9 倍或 8 m。

【例 5-3】 试设计某格构式单向压弯双肢缀条柱，柱高 $H=6$ m，两端铰接；在柱高中点处沿虚轴 x 方向有一侧向支承，截面无削弱。柱顶荷载设计值为轴心压力 $N=600$ kN，弯矩 $M_x=150$ kN·m，绕虚轴作用；柱底无弯矩，如图 5-14(a)所示，荷载为静力荷载。钢材为 Q235BF。

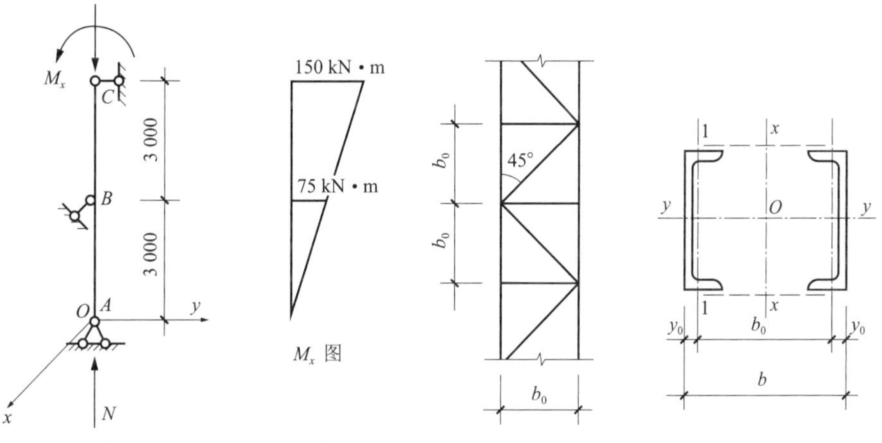

图 5-14　格构式单向压弯缀条柱

【解】 1. 选定柱截面宽度 b

按构造和刚度要求

$$b=\left(\frac{1}{22}\sim\frac{1}{15}\right)H=\left(\frac{1}{22}\sim\frac{1}{15}\right)\times 6\ 000\ \text{mm}=273\sim400\ \text{mm}$$

采用 $b=400$ mm。

2. 确定分肢截面

因柱子承受正、负弯矩且数值相同，故采用双轴对称截面。分肢截面采用热轧槽钢。设槽钢轴线离其背面距离 $y_0=20$ mm，则两分肢轴线间距离(图 5-14d)为

$$b_0=b-2y_0=(400-2\times20)\text{ mm}=360\text{ mm}$$

分肢中最大轴心压力

$$N_1=\frac{N}{2}+\frac{M_x}{b_0}=\left(\frac{600}{2}+\frac{150}{0.36}\right)\text{ kN}=716.7\text{ kN}$$

分肢的计算长度

$$l_{0y}=\frac{H}{2}=\frac{6\ 000}{2}\text{ mm}=3\ 000\text{ mm}$$

设斜缀条与分肢轴线间夹角为45°，由图5-14(c)得分肢对1-1轴的计算长度 $l_{0y}=b_0=$ 360 mm。

设分肢 $\lambda_y=35$，按b类截面查附表1-12得 $\varphi=0.918$。

分肢截面面积

$$A_1=\frac{N_1}{\varphi f}=\frac{716.7\times10^3}{0.918\times215}\text{ mm}^2=3\ 630\text{ mm}^2$$

同转半径 $$i_y=\frac{l_{0y}}{\lambda_y}=\frac{3\ 000}{35}\text{ mm}=85.7\text{ mm}$$

按所需 A_1 和 i_y，由附表2-2查得[25b可同时满足二者要求，其截面特性(按图5-14d所示坐标)为

$$A_1=3\ 991\text{ mm}^2,I_{y1}=3.55\times10^6\text{ mm}^4,y_0=19.9\text{ mm}$$

$$i_x=95.2\text{ mm},I_y=1.964\times10^6\text{ mm}^4,i_y=22.2\text{ mm}$$

3. 缀条设计

柱中剪力为

① $V=\dfrac{M_x}{H}=\dfrac{150}{6}\text{ kN}=25\text{ kN}$；

② $V=\dfrac{Af}{85\varepsilon_k}=\dfrac{2\times3\ 991\times215}{85\times1}\text{ N}=20\ 190\text{ N}=20.19\text{ kN}$。

采用较大值 $V_{max}=25$ kN。

一根斜缀条中的内力

$$N_d=\frac{V_{max}}{2\sin45°}=\frac{25}{2\times0.707}\text{ kN}=17.7\text{ kN}$$

斜缀条长度

$$l_d=\frac{b_0}{\cos45°}=\frac{400-2\times19.9}{0.707}\text{ mm}=509\text{ mm}$$

选用斜缀条截面为∟45×4(最小角钢)，$A_d=348.6\text{ mm}^2\approx349\text{ mm}^2$，$i_{min}=i_y=8.9$ mm。

长细比

$$\lambda_d=\frac{l_d}{i_{min}}=\frac{509}{8.9}=57.2<150\quad(可)$$

按b类截面查附表1-12得 $\varphi=0.822$。

单面连接等边单角钢按轴心受压验算稳定时，其强度设计值折减系数为

$$\eta_f=0.6+0.001\ 5\lambda_d=0.6+0.001\ 5\times57.3=0.686$$

斜缀条的稳定性

$$\frac{N_{\mathrm{d}}}{\eta_{\mathrm{f}}\varphi A_{\mathrm{d}}f}=\frac{17.7\times10^{3}}{0.686\times0.822\times349\times215}=0.418\leqslant1.0\quad（可）$$

计算缀条与柱分肢的角焊缝连接(略)。

4. 格构柱的验算

(1) 整个柱截面几何特性(图 5-14d)。

截面面积

$$A=2A_{1}=2\times3\ 991\ \mathrm{mm}^{2}=7\ 982\ \mathrm{mm}^{2}$$

惯性矩

$$I_{x}=2\times[1.964\times10^{6}+3\ 992\times(200-19.9)^{2}]\ \mathrm{mm}^{4}=2.629\times10^{8}\ \mathrm{mm}^{4}$$

回转半径

$$i_{x}=\sqrt{\frac{I_{x}}{A}}=\sqrt{\frac{2.629\times10^{8}}{7\ 982}}=181.5\ \mathrm{mm}$$

弹性抵抗矩

$$W_{1x}=W_{\mathrm{n}x}=\frac{I_{x}}{b/2}=\frac{2.629\times10^{8}}{200}\ \mathrm{mm}^{3}=1.315\times10^{6}\ \mathrm{mm}^{3}$$

(2) 弯矩作用平面内的稳定。

条件

$$\frac{N}{\varphi_{x}Af}+\frac{\beta_{\mathrm{m}x}M_{x}}{W_{1x}\left(1-\frac{N}{N'_{\mathrm{E}x}}\right)f}\leqslant1.0$$

$$\lambda_{x}=\frac{l_{0x}}{i_{x}}=\frac{6\ 000}{181.5}=33.06$$

两斜缀条的截面面积

$$A_{\mathrm{d}}=2\times349\ \mathrm{mm}^{2}=698\ \mathrm{mm}^{2}$$

换算长细比

$$\lambda_{0x}=\sqrt{\lambda_{x}^{2}+27\frac{A}{A_{\mathrm{d}x}}}=\sqrt{33.06^{2}+27\times\frac{7\ 982}{698}}=37.4$$

由 $\lambda_{0x}=37.4$，按 b 类截面查附表 1-12 得 $\varphi_{x}=0.908$。

欧拉临界力

$$N'_{\mathrm{E}x}=\frac{\pi^{2}EA}{1.1\lambda_{0x}^{2}}=\frac{\pi^{2}\times206\times10^{3}\times7\ 982}{1.1\times37.4^{2}}\ \mathrm{kN}=10\ 547\ \mathrm{kN}$$

参阅图 5-14(b)的弯矩图，$M_{1}=150\ \mathrm{kN\cdot m}$，$M_{2}=0$，故

$$\beta_{\mathrm{m}x}=0.60+0.40\frac{M_{2}}{M_{1}}=0.60\quad\frac{N}{\varphi_{x}Af}+\frac{\beta_{\mathrm{m}x}M_{x}}{W_{1x}\left(1-\frac{N}{N'_{\mathrm{E}x}}\right)f}=\frac{600\times10^{3}}{0.908\times7\ 982\times215}+$$

$$\frac{0.60\times150\times10^{6}}{1.315\times10^{6}\times\left(1-\frac{600}{10\ 547}\right)\times215}=0.385+0.337=0.722<1.0\quad（可）$$

(3) 弯矩作用平面外的稳定。

不必计算。

(4) 分肢的稳定。

分肢内力

$$N_1=\frac{N}{2}+\frac{M_x}{b_0}=\left(\frac{600}{2}+\frac{150\times10^3}{400-2\times19.8}\right)\ \mathrm{kN}=716.2\ \mathrm{kN}$$

分肢对 1-1 轴的长细比

$$\lambda_1=\frac{b_0}{i_y}=\frac{400-2\times19.8}{22.2}=16.2<[\lambda]=150$$

分肢对 y 轴的长细比

$$\lambda_y=\frac{l_{0y}}{i_x}=\frac{300}{9.41}=31.9<[\lambda]=150$$

按由 $\lambda_y=31.9$，按 b 类截面查附表 1-12 得 $\varphi_x=0.929$。

$$\frac{N_1}{\varphi_1 A_1 f}=\frac{716.2\times10^3}{0.929\times3\ 991\times215}=0.898<1.0 \qquad (可)$$

(5) 全截面的强度。

条件 $$\frac{N}{A_{\mathrm{n}}}+\frac{M_x}{\gamma_x W_{\mathrm{n}x}}\leqslant f \quad (此处\ \gamma_x=1.0)$$

今有

$$\frac{N}{A_n}+\frac{M_x}{\gamma_x W_{nx}}=\left(\frac{600\times10^3}{7\ 982}+\frac{150\times10^6}{1.0\times1.315\times10^6}\right)\ \mathrm{N/mm^2}$$

$$=(75.2+114.0)\ \mathrm{N/mm^2}=189.2\ \mathrm{N/mm^2}<f=215\ \mathrm{N/mm^2} \qquad (可)$$

以上强度、刚度和稳定性等全部满足要求，因此所选截面合适。

5. 横隔设置

用 10 mm 厚钢板做横隔，间距应不大于柱截面较大宽度的 9 倍和 8 m，即不大于 9×0.4=3.6 m。今柱高为 6 m，除柱上、下端各设一道横隔外，在柱高中点再设置一道横隔，横隔间距为 3 m，满足要求。

5.6 框架柱的柱脚

与轴心受压柱一样，压弯柱也由柱头、柱身(可能其上与梁有连接)和柱脚三部分组成。柱头和梁端连接的作用是将上部构件和梁传来的荷载及弯矩 N 和 M 传给柱身，柱脚则把柱身内力传给基础。由于传递的荷载或内力与轴心受压柱不同，所以柱头、梁柱连接和柱脚的构造各异，但构造原理和设计原则相同。

5.6.1 框架柱柱脚的形式和构造

框架柱的柱脚大多需要承受轴心压力、水平剪力和弯矩，因而要与基础刚接。少数框架柱柱脚也可能做成与基础铰接，其形式和构造与第 3 章中的轴心受压柱柱脚无异，不再赘述。下面主要介绍与基础刚接的柱脚。

图 5-15 所示为常用的分离式钢柱脚，用于格构式柱且两柱肢间距大于或等于 1.5 m

时。分离式柱脚实质上是两个轴心受压柱柱脚用连系构件连成的整体,按构造设置。

图 5-16 为整体式钢柱脚,主要用于实腹柱(或格构柱)的分肢间距小于 1.5 m 时。图 5-16(a)所示柱脚的底板平面呈矩形,图 5-16(b)所示柱脚的底板接近于正方形。

刚接柱脚在弯矩作用下,柱脚底板下可能出现拉应力;拉应力的合力必须通过锚栓来承受,以避免底板与混凝土基础分离。锚栓通常不能直接固定在柱脚底板上,必须固定在锚栓支架上。

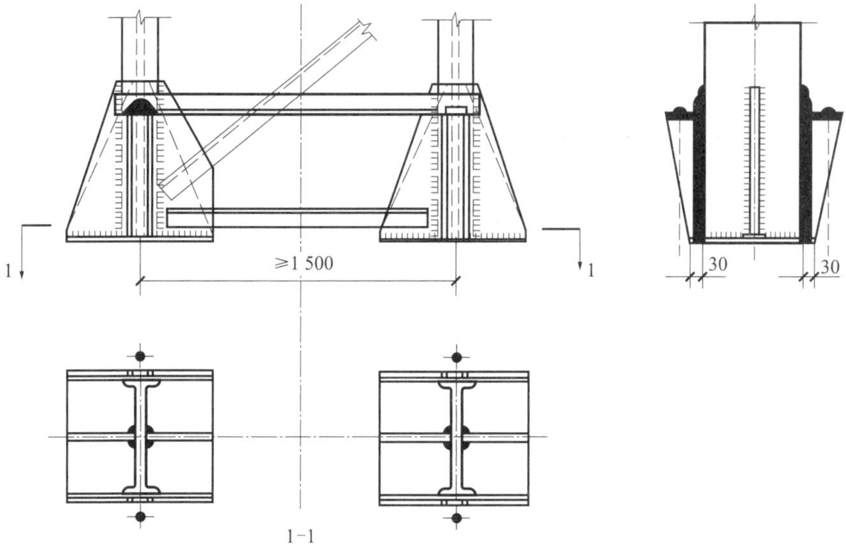

图 5-15　分离式钢柱脚

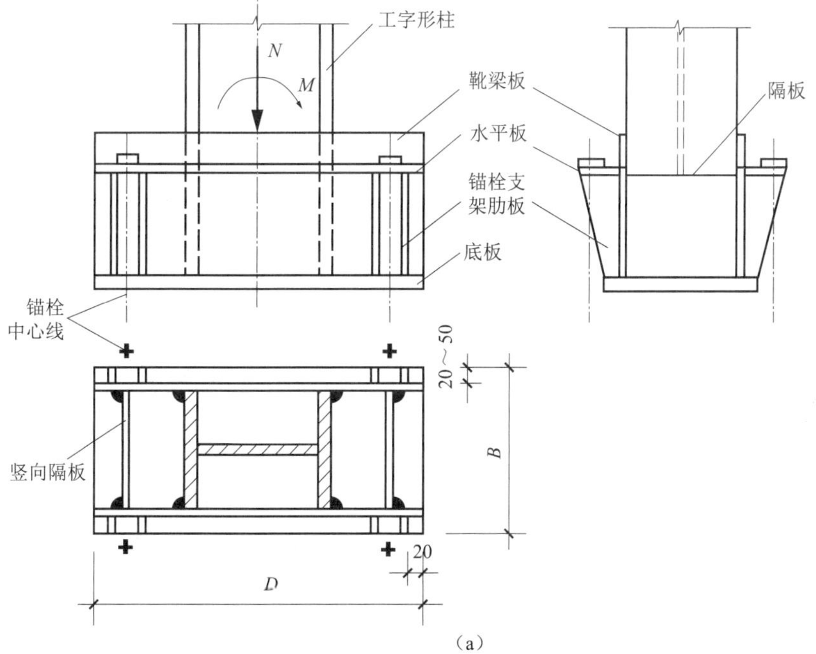

图 5-16　整体式钢柱脚

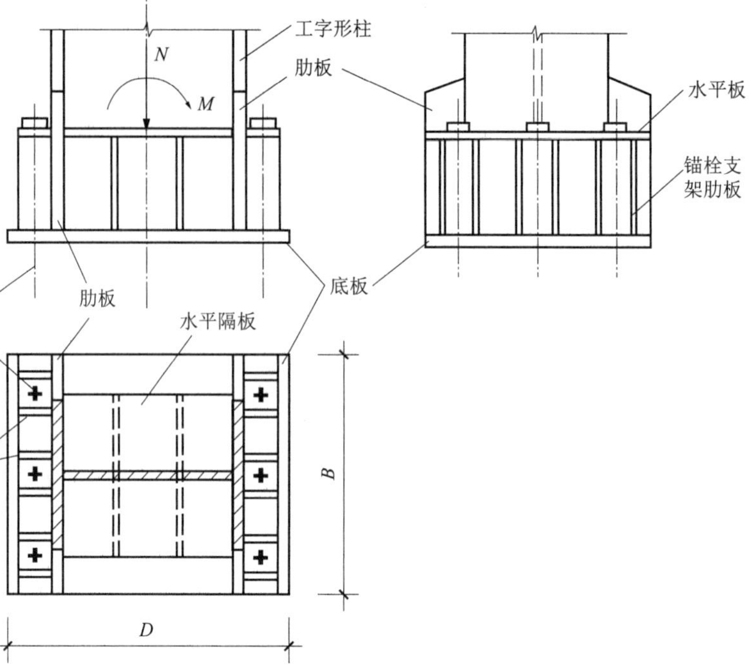

（b）

续图 5-16　整体式钢柱脚

高层房屋钢结构中要求柱脚具有较高的刚性，通常采用埋入式柱脚和外包式柱脚，如图 5-17 和图 5-18 所示。埋入式柱脚中 H 形钢钢柱埋入深度为柱截面高度的两倍或两倍以上，由计算确定；柱中轴力 N 部分由底板直接传给基础，部分由焊于柱翼缘板上的栓钉传给基础；柱端的弯矩由混凝土基础承压承受。

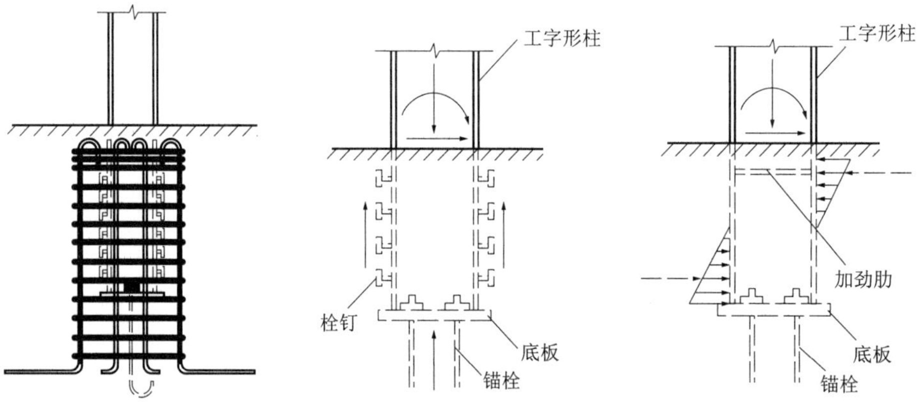

（a）埋入式柱脚构造　（b）由栓钉及底板传递轴心压力　（c）由基础与柱翼缘板间的承压传递弯矩

图 5-17　埋入式柱脚

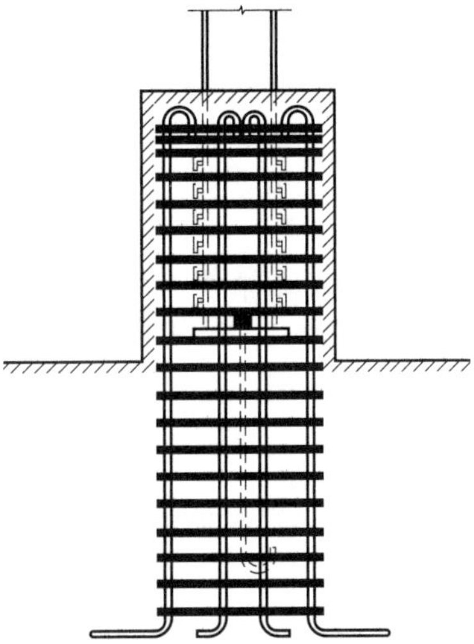

图 5-18　外包式柱脚

5.6.2　整体式钢柱脚底板尺寸的确定

假定柱脚有无限刚性，在弯矩和轴心压力作用下柱脚底板与混凝土基础间的应力为直线分布。由材料力学公式可得底板下的应力分布，如图 5-19(a)所示，其值为

$$\sigma_{max}=\frac{N}{BD}+\frac{6M}{BD^2} \tag{5-26a}$$

$$\sigma_{min}=\frac{N}{BD}-\frac{6M}{BD^2} \tag{5-26b}$$

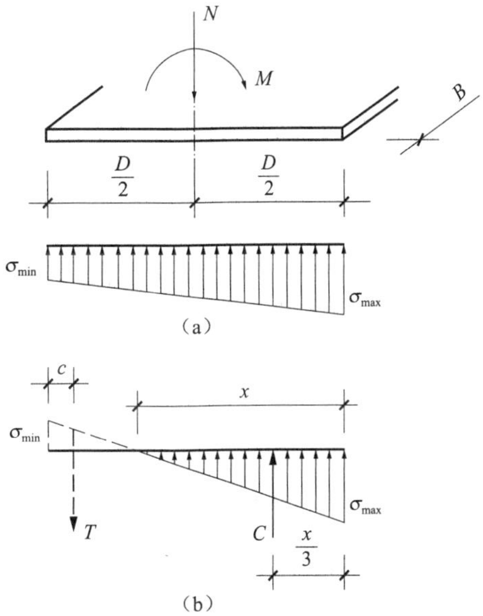

图 5-19　底板下的应力分布

当应力分布如图 5-19(b)所示时，底板下出现拉应力。底板与基础表面间无法抵抗此拉应力，为了维持静力平衡，必须在拉应力的三角形面积形心处设置锚栓以承受此拉力。图中受压区长度为

$$x=\sigma_{max}\cdot\frac{D}{\sigma_{max}+|\sigma_{min}|} \tag{5-27}$$

锚栓中心至底板边缘的距离为

$$c=\frac{1}{3}(D-x)$$

必须指出：柱脚锚栓的位置实际上是不可能刚好使 $c=\frac{1}{3}(D-x)$，因而图 5-19(b)所示的底板按式(5-26)求得的应力分布在一般情况下与 N 和 M 是不能完全满足静力平衡条件的。

柱脚底板尺寸一般情况下可按下列条件确定(以图 5-16a 所示柱脚为例)：

(1) 根据柱截面翼缘板的宽度 b 确定底板宽度 B，即令 $B\approx b+2t_1+2a$。式中，t_1 为靴

梁厚度，初步可取 $t_1=10$ mm；a 为底板伸出靴梁外表面的长度，一般可取 $a=20\sim50$ mm。

(2) 使式(5-26a)的 σ_{max} 小于或等于基础混凝土的轴心抗压强度设计值 f_c，由此解得底板长度 D。

底板尺寸 B 和 D 都应取 50 mm 的整数，并应使 $B\leqslant D\leqslant 2B$。如不符合，则需要重新设定 B 再做计算。

柱底端的内力值 N 和 M 可由各种荷载组合下得出，用以确定底板尺寸 B 和 D 的荷载组合。应使 M 和 N 都较大。

5.6.3 柱脚底板的厚度

确定了柱脚底板长和宽后，宜进行靴梁、隔板、肋板等的布置和有关计算。这些都与轴心受压柱柱脚设计相似，不再赘述。区格板厚度的算法也与轴心受压柱柱脚相同，但此时底板下应力并不是均匀分布的，可偏安全地取各区格底板下的最大压应力作为均布应力值进行各区格的计算。

5.6.4 锚栓的计算

当柱脚底板下应力分布如图 5-19(a)所示时，锚栓可按构造设置，柱子每边一般设两个直径 22 mm 或 24 mm 的锚栓。在刚接柱脚中，底板下应力分布大部分如图 5-19(b)所示，因而必须按计算设置锚栓。

$$\sigma_{max}=\frac{N}{BD}+\frac{6M}{BD^2},\quad \sigma_{min}=\frac{N}{BD}-\frac{6M}{BD^2}$$

$$x=\sigma_{max}\cdot\frac{D}{\sigma_{max}+|\sigma_{max}|}$$

参阅图 5-19(b)，对受压区压应力合力 C 的作用点取力矩使 $\sum M_i=0$，可得锚栓中拉力 T 为

$$T=\frac{M-N\left(\dfrac{D}{2}-\dfrac{x}{3}\right)}{D-c-\dfrac{x}{3}} \tag{5-28}$$

式中 c——锚栓中心至底板边缘的距离。

求得 T 后，除以在柱身一侧的柱脚锚栓数目 n（例如图 5-16a 中 $n=2$，图 5-16b 中 $n=3$）和锚栓的抗拉强度设计值 f_t^a 即可得到所需每一锚栓的有效面积：

$$A_e=\frac{T}{nf_t^a} \tag{5-29}$$

根据 A_e 可得到锚栓的直径。

锚栓内力 T 除可用于选定所用锚栓直径外，还可用于计算锚栓支架的一对肋板，包括肋板的端部承压面积、肋板的受压强度及其与靴梁或柱身的连接等。

锚栓在基础中的埋设深度由锚栓与混凝土间的黏结力传递值 T 确定，一般取埋设深度$\geqslant 35d$，其中 d 为锚栓的外部直径。柱脚底部所受水平剪力由底板与混凝土表面间的摩擦力承受，可取摩擦系数为 0.4 进行验算。当水平剪力大于摩擦力时，需在底板下部设置抗

剪键。柱脚的锚栓不得用以抵抗柱脚底部的水平剪力。

【例 5-4】 试设计框架柱的整体式柱脚。已知柱子采用焊接工字形截面，柱子翼缘为 —360×20，腹板为 —650×10。柱脚钢材为 Q235，焊条为 E43 型，柱脚和锚栓的最不利荷载组合的内力设计值 $N=80\ \text{kN}$，$M=700\ \text{kN}\cdot\text{m}$。基础混凝土强度等级为 C25，$f_c=11.9\ \text{N/mm}^2$。

【解】 选用整体式刚接柱脚，参阅图 5-16(a)，图 5-20、图 5-21。

1. 底板尺寸

靴梁厚度取 $t=12\ \text{mm}$，则底板宽度 $B=(360+2\times12+2\times28)\ \text{mm}=440\ \text{mm}$。

底板应力

$$\frac{N}{BL}+\frac{6M}{BL^2}=\frac{80\times10^3}{440L}+\frac{6\times700\times10^6}{440L^2}\leqslant f_c=11.9\ \text{N/mm}^2$$

整理得
$$L^2-15.28L-802\ 139=0$$

解得
$$L=903.3\ \text{mm}$$

选用
$$B\cdot L=440\ \text{mm}\times1\ 000\ \text{mm}$$

基础顶面的实际应力为

$$\sigma_{\max}=\frac{N}{BL}+\frac{6M}{BL^2}=\left(\frac{80\times10^3}{440\times1\ 000}+\frac{6\times700\times10^6}{440\times1\ 000^2}\right)\ \text{N/mm}^2=9.7\ \text{N/mm}^2\leqslant f_c=11.9\ \text{N/mm}^2$$

$$\sigma_{\min}=\frac{N}{BL}-\frac{6M}{BL^2}=\left(\frac{80\times10^3}{440\times1\ 000}-\frac{6\times700\times10^6}{440\times1\ 000^2}\right)\ \text{N/mm}^2=-9.4\ \text{N/mm}^2$$

$$\sigma_2=\frac{C_1-70}{C_1}\cdot\sigma_{\max}=\frac{508-70}{508}\times9.7\ \text{N/mm}^2=8.36\ \text{N/mm}^2$$

$$\sigma_1=\frac{C_2}{C_1}\cdot\sigma_{\max}=\frac{353}{508}\times9.7\ \text{N/mm}^2=6.7\ \text{N/mm}^2$$

其中，受压区高度分别为

$$C_1=\frac{\sigma_{\max}}{\sigma_{\max}+|\sigma_{\min}|}\cdot L=\frac{9.7}{9.7+9.4}\times1\ 000\ \text{mm}=508\ \text{mm}$$

$$C_2=C_1-155=(508-155)\ \text{mm}=353\ \text{mm}$$

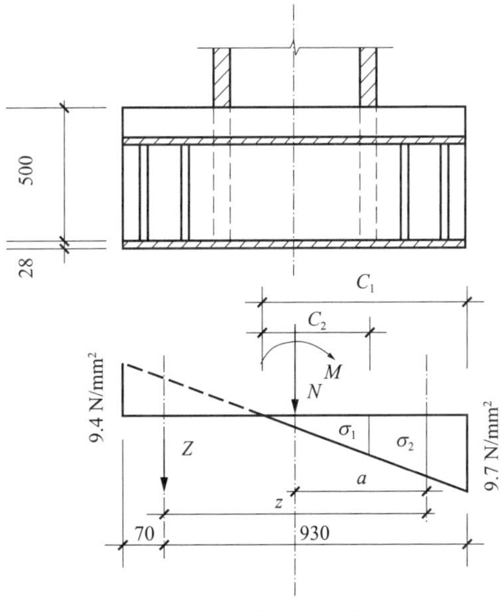

图 5-20　例 5-4 用图

悬臂板的弯矩为

$$M_1=\frac{1}{2}\sigma_{\max}\cdot c^2=\frac{1}{2}\times9.7\times28^2\ \text{N}\cdot\text{mm}=3\ 802\ \text{N}\cdot\text{mm}$$

三边支承板的弯矩为 $\frac{b_1}{a_1}=\frac{70}{360}=0.2<0.3$。由于 b_1 与 a_1 相差太大，所以按照悬臂板计算弯矩

$$M_3=\frac{1}{2}\sigma_{\max}\cdot b_1^2=\frac{1}{2}\times9.7\times70^2\ \text{N}\cdot\text{mm}=23\ 765\ \text{N}\cdot\text{mm}$$

四边支承板的弯矩为

四隔板与柱翼缘范围，$\frac{b_2}{a_2}=\frac{360}{85}=4.24>4.0$ 取 $\alpha=0.125$。

$$M_4=\alpha\sigma_2\cdot a_2^2=0.125\times 8.36\times 85^2\ \text{N}\cdot\text{mm}=7\ 550\ \text{N}\cdot\text{mm}$$

柱腹板与靴梁范围，柱身范围底板与受压区长边 $b'=c_2$，$\dfrac{b'}{a'}=\dfrac{C_2}{a'}=\dfrac{353}{180}=1.96$，取 $\alpha=0.101$。

$$M'_4=\alpha\sigma_1\cdot a'^2=0.101\times 6.7\times 180^2\ \text{N}\cdot\text{mm}=21\ 925\ \text{N}\cdot\text{mm}$$

各区格中板的最大弯矩 $M_{\max}$ 为

$$M_{\max}=23\ 765\ \text{N}\cdot\text{mm}$$

底板厚度 $t\geqslant\sqrt{\dfrac{6M_{\max}}{f}}=\sqrt{\dfrac{6\times 23\ 765}{205}}=26.4$ mm，取底板厚度为 28 mm。

2. 靴梁与柱身间竖向焊缝计算

$$N_1=\frac{N}{2}+\frac{M}{h}=\left(\frac{80}{2}+\frac{700}{0.65+0.02}\right)\ \text{kN}=1\ 085\ \text{kN}$$

取 $h_f=12$ mm，焊缝长度 l_w 为

$$l_w=\frac{N_1}{2\times 0.7h_f f_f^w}=\frac{1\ 085\times 10^3}{2\times 0.7\times 12\times 160}\ \text{mm}=404\ \text{mm}$$

取靴梁高度 $h=500$ mm。

3. 靴梁与底板的焊缝计算

悬伸部分(四条焊缝)

$$h_f=\frac{B\cdot 1\cdot\sigma_{\max}}{4\times 0.7f_f^w\times 1.22}=\frac{440\times 1\times 9.7}{4\times 0.7\times 160\times 1.22}\ \text{mm}=7.8\ \text{mm}$$

柱身部分(两条焊缝)

$$h'_f=\frac{B\cdot 1\cdot\sigma_1}{2\times 0.7f_f^w\times 1.22}=\frac{440\times 1\times 6.7}{2\times 0.7\times 160\times 1.22}\ \text{mm}=10.8\ \text{mm}$$

取焊脚尺寸 $h_f=12$ mm。

4. 靴梁强度计算

靴梁按照双悬臂简支梁计算，悬伸部分长度 $l=155$ mm，厚度取 $t=12$ mm。

靴梁支座处最大剪力 $V_{\max}$ 为

$$V_{\max}=\frac{\sigma_{\max}+\sigma_1}{2}\cdot\frac{B}{2}\cdot l=\frac{9.7+6.7}{2}\times\frac{440}{2}\times 155\ \text{N}=2.8\times 10^5\ \text{N}$$

靴梁支座处最大弯矩 $M_{\max}$ 为

$$M_{\max}=\frac{\sigma_1}{2}\cdot\frac{B}{2}\cdot l^2+\frac{\sigma_{\max}-\sigma_1}{2}\cdot\frac{Bl}{2}\cdot\frac{2l}{3}=$$

$$\left(\frac{6.7}{2}\times\frac{440}{2}\times 155^2+\frac{9.7-6.7}{2}\times\frac{440\times 155}{2}\times\frac{2\times 155}{3}\right)\ \text{N}\cdot\text{mm}=2.3\times 10^7\ \text{N}\cdot\text{mm}$$

靴梁强度

$$\sigma=\frac{M_{\max}}{W}=\frac{6\times 2.3\times 10^7}{500^2\times 12}\ \text{N/mm}^2=46\ \text{N/mm}^2<f=215\ \text{N/mm}^2$$

$$\tau=\frac{1.5V_{\max}}{th}=\frac{1.5\times 2.8\times 10^5}{500\times 12}\ \text{N/mm}^2=70\ \text{N/mm}^2<f_v=125\ \text{N/mm}^2$$

满足要求。

5. 隔板计算

隔板按照简支梁计算，隔板厚度取 $t=12$ mm。

底板传递给隔板的荷载为

$$q=\left(70+\frac{85}{2}\right)\sigma_{\max}=\left(70+\frac{85}{2}\right)\times 9.7\ \text{N/mm}=1\ 091\ \text{N/mm}$$

隔板与底板的连接焊缝为

$$h_f=\frac{q}{0.7f_f^w\times 1.22}=\frac{1\ 091}{0.7\times 160\times 1.22}\ \text{mm}=7.98\ \text{mm}$$

取焊脚尺寸 $h_f=10$ mm。

隔板与靴梁的连接焊缝，取焊脚尺寸 $h_f=8$ mm。

隔板的支座反力 R 为

$$R=\frac{1}{2}q\times 360=\frac{1}{2}\times 1\ 091\times 360\ \text{N}=19.6\times 10^4\ \text{N}$$

焊缝长度 l_w 为

$$l_w=\frac{R}{0.7h_f f_f^w}=\frac{19.6\times 10^6}{0.7\times 8\times 160}\ \text{mm}=219\ \text{mm}$$

隔板高度取 $h=450$ mm，厚度取 $t=10$ mm。

$$V_{\max}=R=19.6\times 10^4\ \text{N}$$

$$\tau=\frac{1.5V_{\max}}{th}=\frac{1.5\times 19.6\times 10^4}{10\times 450}\ \text{N/mm}^2=65\ \text{N/mm}^2<f_v=125\ \text{N/mm}^2$$

$$M_{\max}=\frac{1}{8}q\times 360^2=\frac{1}{8}\times 1\ 091\times 360^2\ \text{N}\cdot\text{mm}=17.7\times 10^6\ \text{N}\cdot\text{mm}$$

$$\sigma=\frac{M_{\max}}{W}=\frac{6\times 17.7\times 10^6}{10\times 450^2}\ \text{N/mm}^2=52.4\ \text{N/mm}^2<f=215\ \text{N/mm}^2$$

满足要求。

6. 锚栓计算

$$C_1=508\ \text{mm}$$

$$a=\frac{L}{2}-\frac{C_1}{3}=\left(\frac{1\ 000}{2}-\frac{508}{3}\right)\ \text{mm}=331\ \text{mm}$$

$$x=\left(1\ 000-70-\frac{508}{3}\right)\ \text{mm}=761\ \text{mm}$$

锚栓拉力 Z 为

$$Z=\frac{M-Na}{x}=\left(\frac{700\times 10^6-80\times 10^3\times 331}{761}\right)\ \text{N}=8.85\times 10^5\ \text{N}$$

$$A_e=\frac{Z}{nf_t^a}=\frac{8.85\times 10^5}{2\times 180}\ \text{mm}^2=2\ 458\ \text{mm}^2$$

选用 $\phi 64$ 锚栓，钢材为 Q355。

7. 加劲肋计算

加劲肋按照悬臂梁计算，所承受的压力为

$$N'=\frac{Z}{4}=\frac{8.85\times 10^5}{4}\ \text{N}=2.2\times 10^5\ \text{N}$$

加劲肋厚度取 $t=10$ mm。

加劲肋与隔板的焊缝计算

$$h_f=\frac{2.2\times10^5}{0.7\times(260-10)\times160\times1.22}\text{ mm}=6.4\text{ mm}$$

取 $h_f=8$ mm。

加劲肋与靴梁的焊缝计算

$$V=N'=2.2\times10^5\text{ N}$$

$$M=130N'=2.2\times10^5\times130\text{ N}\cdot\text{mm}=2.86\times10^7\text{ N}\cdot\text{mm}$$

取 $h_f=10$ mm，$l_w=450-10=440$ mm。

$$\tau_f=\frac{2.2\times10^5}{0.7\times10\times440}\text{ N/mm}^2=71\text{ N/mm}^2$$

$$\sigma_f=\frac{6\times2.86\times10^7}{0.7\times10\times440^2}\text{ N/mm}^2=127\text{ N/mm}^2$$

$$\sqrt{\left(\frac{\sigma_f}{\beta_f}\right)^2+\tau_f^2}=\sqrt{\left(\frac{127}{1.22}\right)^2+71^2}\text{ N/mm}^2=126\text{ N/mm}^2<f_f^w=160\text{ N/mm}^2$$

满足要求(加劲肋的强度计算从略)。

最终设计成果如图 5-21 所示。

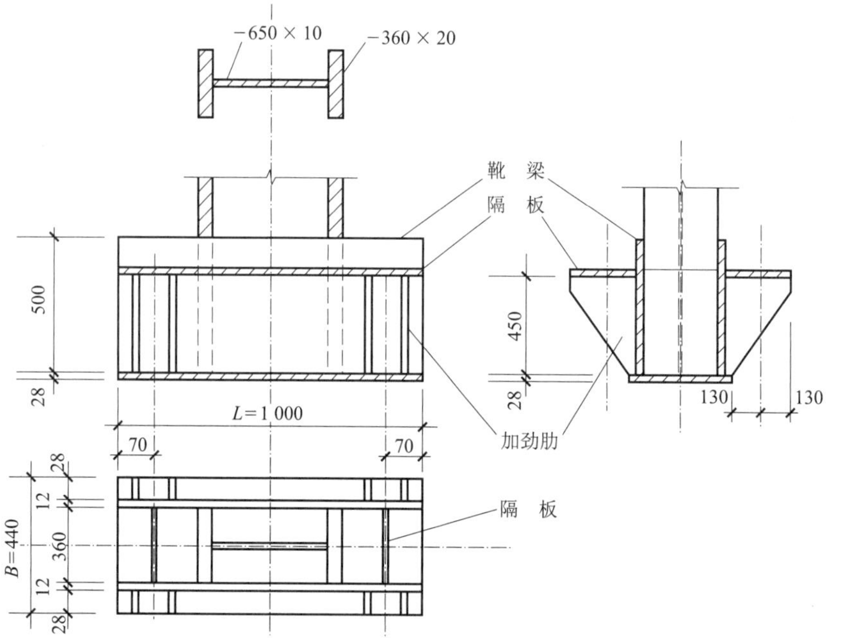

图 5-21　整体式钢柱脚

习　题

一、判断题

1. 在进行钢构件设计时，钢框架的框架柱应按压弯构件进行设计。（　）

2. 对于直接承受动力荷载作用或截面不允许出现塑性区的实腹式拉弯或压弯构件，强度计算时不考虑塑性发展。（　）

3. 对于直接承受动力荷载作用或截面不允许出现塑性区的实腹式拉弯或压弯构件，强度计算时不考虑塑性发展。（　）

4. 拉弯、压弯构件的刚度通常以挠度来控制。（　）

5. 一个两端简支的钢桁架，若上弦节点上作用有方向向下的恒、活荷载，节间作用有悬挂荷载的下弦杆，则应按压弯构件进行设计。（　）

6. 截面局部有螺栓孔的拉弯构件在进行强度计算时用毛截面即可。（　）

7. 压弯构件刚度计算时，容许长细比取轴心受压构件的容许长细比。（　）

8. 压弯构件的长细比是构件的长度与截面回转半径的比值。（　）

9. 截面局部有螺栓孔的拉弯构件在进行强度计算时用毛截面即可。（　）

10. 型钢 H500×300×8×10，材质为 Q235B，若其为静荷载作用下的压弯构件，则在强度计算时可以部分考虑塑性发展。（　）

二、计算题

1. 本章例题5-2若仅在跨中有1道支撑，试为该压弯构件选择合适的热轧H型钢截面。

2. 本章例题5-2若跨中没有支撑，试为该压弯构件选择合适的焊接H型钢截面。

三、上机实践题

用计算机软件（例如PKPM、3D3S、旗云工具箱等）核算本章中的计算例题和习题中的计算题，并打印计算书。

第 6 章

钢结构连接计算

本章关键词 对接焊缝，角焊缝，普通螺栓，高强度螺栓，构造与计算

学习目标 (1) 了解钢结构连接的类型和重要性；

(2) 理解焊接的种类和焊接应力、变形的概念；

(3) 掌握对接焊缝连接的概念和四大情形；

(4) 掌握角焊缝连接的概念和五大情形；

(5) 掌握普通螺栓连接的概念和四大情形；

(6) 掌握高强度螺栓连接的概念与两个特殊情形。

新形态资源

6-1 本章 PPT

6-2 高强度螺栓受剪连接传力机理

6-3 摩擦型高强度螺栓连接抗剪+普通螺栓连接抗剪

6-4 剪拉联合作用下高强度螺栓连接的验算（摩擦型、承压型）

知识结构框图

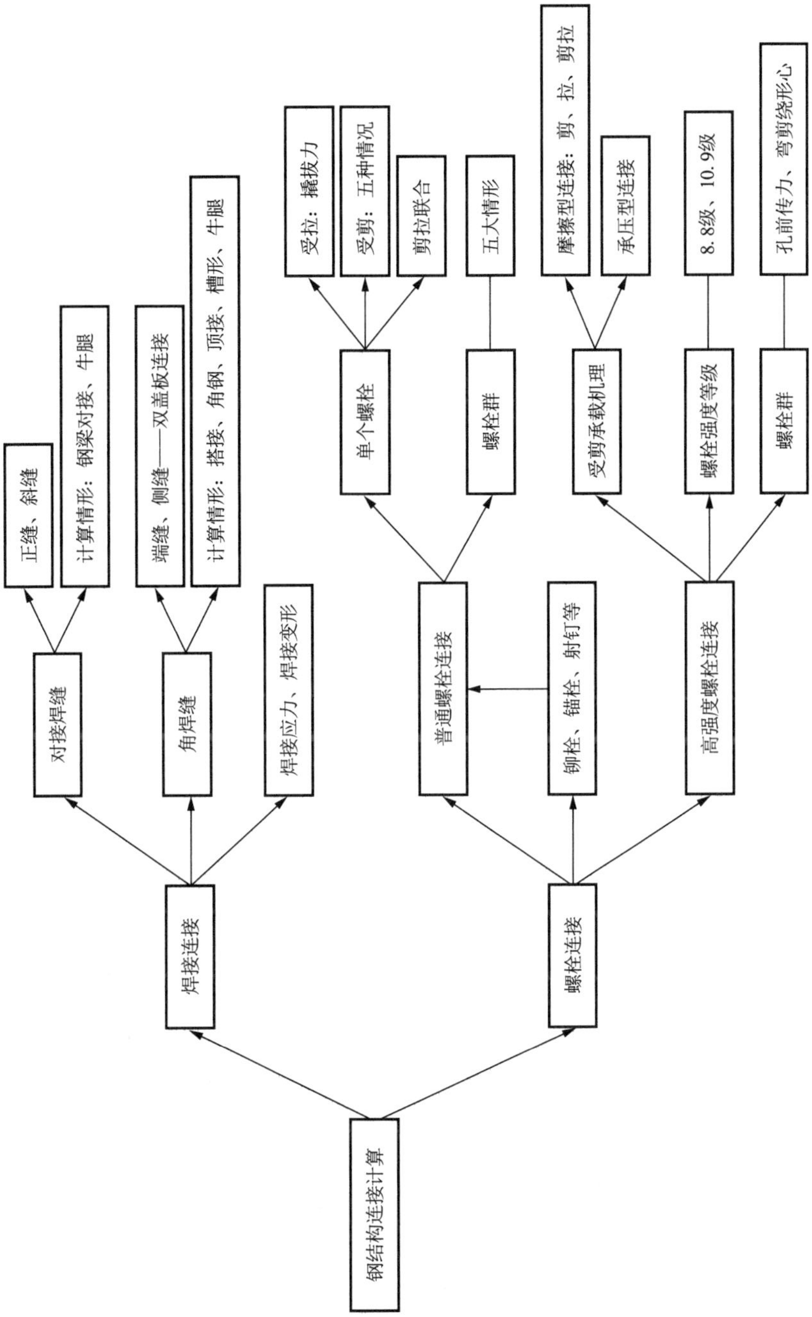
钢结构连接计算
焊接连接
对接焊缝
正缝、斜缝
计算情形：钢梁对接、牛腿
角焊缝
端缝、侧缝——双盖板连接
计算情形：搭接、角钢、顶接、槽形、牛腿
焊接应力、焊接变形
螺栓连接
普通螺栓连接
单个螺栓
受拉：撬拔力
受剪：五种情况
剪拉联合
螺栓群
五大情形
铆栓、锚栓、射钉等
高强度螺栓连接
受剪承载机理
摩擦型连接：剪、拉、剪拉
承压型连接
螺栓强度等级
8.8级、10.9级
螺栓群
孔前传力、弯剪绕形心

6.1 钢结构的连接方法

连接在钢结构中占有重要地位。钢结构所采用的连接方法主要有焊缝连接、螺栓连接和铆钉连接。连接的设计必须遵循“安全可靠、传力明确、构造简单、制造方便和节约钢材”的原则。

焊缝连接是现代钢结构最主要的连接方式,其优点是对任何形状的结构都适用,构造简单。焊缝连接一般不需要拼接材料,省钢省工,且能实现自动化操作,生产效率较高。它的缺点是焊接过程中的高温会使连接产生焊接残余应力和残余应变,要注意改善焊接工艺,减少焊接应力和焊接变形。

铆钉连接刚度大,传力可靠,韧性和塑性较好,易于检查,用于经常受动力荷载作用且荷载较大和跨度较大的结构。但是铆钉连接费钢费工,现在已经很少采用。

螺栓连接分普通螺栓连接和高强度螺栓连接两种。普通螺栓分为粗制螺栓(C级)和精制螺栓(A,B级)两种。精制螺栓的栓杆与栓孔加工严格,受力性能较好,但费用较高;建筑钢结构中所用普通螺栓一般为粗制螺栓。高强度螺栓连接分为摩擦型和承压型两种。摩擦型高强度螺栓连接的剪切变形小,弹性性能好,施工简单,耐疲劳,特别适用于承受动力荷载的结构。承压型高强度连接螺栓剪切变形较大,不得用于承受动力荷载的结构中。除上述常用连接方式外,在轻钢结构中还经常采用射钉、拉铆钉和自攻螺钉等连接方式。

6.2 焊缝连接

6.2.1 常用焊接方法

在钢结构中,焊接方法通常有电弧焊、电渣焊、气体保护焊、电阻焊和气焊等。

6.2.2 焊缝连接的优缺点

与螺栓连接、铆钉连接相比较,焊接连接有下列优点:

(1) 不需要在钢材上制孔,既省工又不减损钢材截面,可以充分利用材料;

(2) 任何形状的构件都可以直接相连,不需要辅助零件,构造简单;

(3) 焊缝连接的密封性好,整体性好,结构刚度大。

焊缝连接存在下列缺点:

(1) 施焊时的高温作用在焊缝附近形成热影响区,使钢材金属组织和机械性能发生变化,材质变脆;

(2) 焊接残余应力使焊接结构发生脆性破坏的可能性增大,残余变形使其尺寸和形状发生变化,矫正费工;

(3) 焊接结构局部裂缝一经发生便容易扩展到整体,对整体不利,低温冷脆问题更为突出。

6.2.3　焊缝连接形式

焊缝连接形式按被连接板件的相对位置、焊缝构造及施焊位置进行划分。

1) 按被连接板件的相对位置划分

焊缝连接形式按被连接板件的相对位置可以分为平接、搭接、T 形连接和角接四种，如图 6-1 所示。

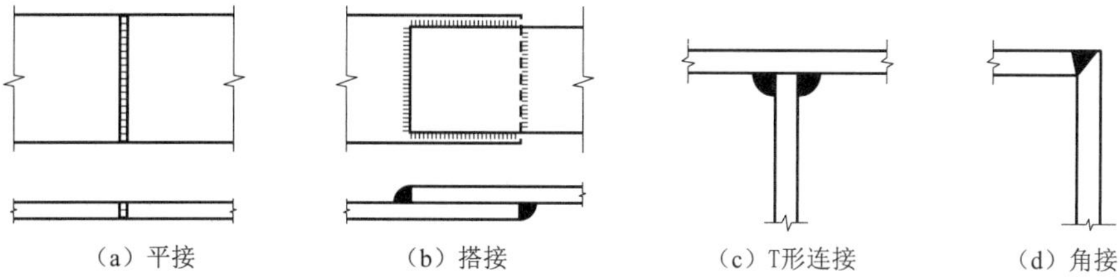

图 6-1　焊缝连接形式

2) 按焊缝构造划分

如图 6-2 所示，焊缝按构造可分为对接焊缝和角焊缝两种。对接焊缝位于被连接板件之间的缝隙内，必然处于其中至少一个板件的平面内；角焊缝位于两个被连接板件的边缘角隅位置。

对接焊缝按作用力方向与焊缝长度的相对位置可分为对接正焊缝和对接斜焊缝（简称正缝和斜缝）；角焊缝根据焊缝轴线与焊件受力方向的关系可分为端面角焊缝与侧面角焊缝（简称端缝和侧缝）。

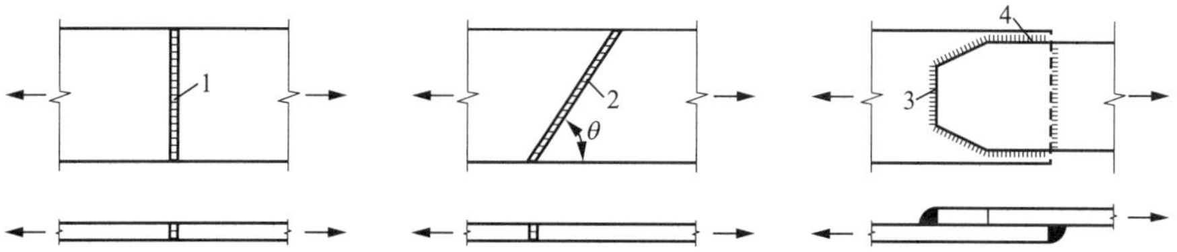

1—对接正焊缝；2—对接斜焊缝；3—端面角焊缝；4—侧面角焊缝。

图 6-2　焊缝方向与受力方向的关系

3) 按施焊位置划分

焊缝按施焊位置可分为平焊、横焊、立焊及仰焊等（图 6-3）。平焊也称为俯焊，施焊条件最好，质量易保证；仰焊的施工条件最差，质量不易保证，在设计、制作和安装时应尽量避免。

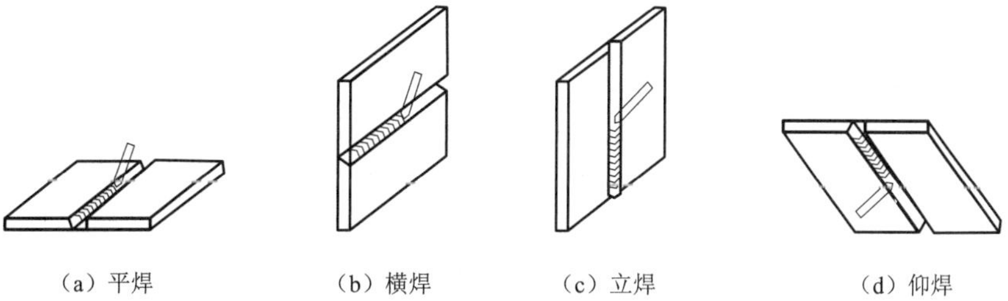

图 6-3　焊缝施焊位置

6.2.4 焊接残余应力和焊接残余变形

1) 焊接残余应力和焊接残余变形的成因与分类

在钢结构施焊过程中,焊缝及附近区域的温度可达 1 500 ℃以上,并由焊缝中心向周围区域急剧递降。在施焊完成后的冷却过程中,焊缝各部分之间的热胀冷缩不同步、不均匀,这将使结构局部形成应力和变形,称为焊接残余应力和焊接残余变形。

焊接残余应力简称焊接应力,包括沿焊缝长度方向的纵向焊接应力、垂直于焊缝长度方向的横向焊接应力和沿厚度方向的焊接应力。

焊接残余变形包括纵、横向收缩,弯曲变形,角变形和扭曲变形等(图 6-4),通常是几种变形的组合。当焊接残余变形超过验收规范的规定时,必须进行校正,以免影响构件在正常使用条件下的承载能力。

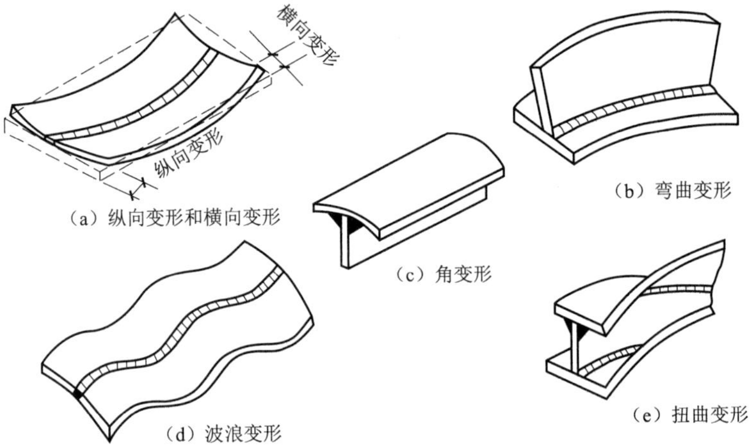

图 6-4　焊接残余变形

2) 焊接残余应力和焊接残余变形的危害及预防措施

焊接残余应力虽然不会影响结构静力荷载作用下的承载力,但是会使结构的刚度、稳定性、低温冷脆和抗疲劳强度降低。因此,在设计和制作过程中必须考虑焊接残余应力对结构的不利影响。

焊接残余变形会使钢构件不能保持原来的设计尺寸及位置,影响结构的正常工作,严重时还会使构件无法正常安装就位。

减少焊接残余应力和残余变形的方法有:

(1) 采取合理的施焊次序,例如对厚焊缝分层施焊,I 字形截面施焊时采用对称跳焊,钢板对接焊接时可采用分段施焊等方法。

(2) 尽可能采用对称焊缝,焊缝厚度在满足计算和构造要求的基础上不宜太大。

(3) 施焊前给构件施加一个与焊接残余变形相反的预变形,使构件在焊接后产生的变形正好与之抵消。

(4) 对于小构件,焊前预热和焊后回火可消除焊接残余应力,减少焊接残余变形。

6.3　对接焊缝连接的构造与计算

6.3.1　对接焊缝的构造

对接焊缝的焊件常需做成坡口，故又叫坡口焊缝。坡口形式（图 6-5）与焊件的厚度有关：焊件厚度较薄（≤10 mm）时可不做坡口，采用 I 字形对接焊缝直接焊接；焊件厚度为 10～20 mm 时可采用有坡口的 V 形、U 形焊缝；板件厚度再大时，可采用 K 形、X 形焊缝。在图 6-5 中，c 为根部间隙，p 为钝边长度。坡口和根部间隙共同组成一个焊条能够运转的施焊空间，钝边有托住熔化金属的作用。对于 V 形、U 形焊缝，需要对焊缝根部进行补焊。

对接焊缝用料经济，传力平顺均匀，没有明显的应力集中，承受动力荷载作用时采用对接焊缝最为有利；但对接焊缝的焊件边缘常需要进行坡口加工，焊件尺寸必须精确，施焊时焊件要保持一定的间隙。对接焊缝的起点和终点常因不能熔透而出现凹形的焊口，在受力后易出现裂缝及应力集中，因此，施焊时常采用引弧板（图 6-6）。

在对接焊缝的拼接中，当焊件的宽度不同或厚度相差 4 mm 以上时，应分别在宽度或厚度方向从一侧或两侧做成坡度不大于 1∶2.5 的斜坡（图 6-7），以使截面过渡和缓，减小应力集中。

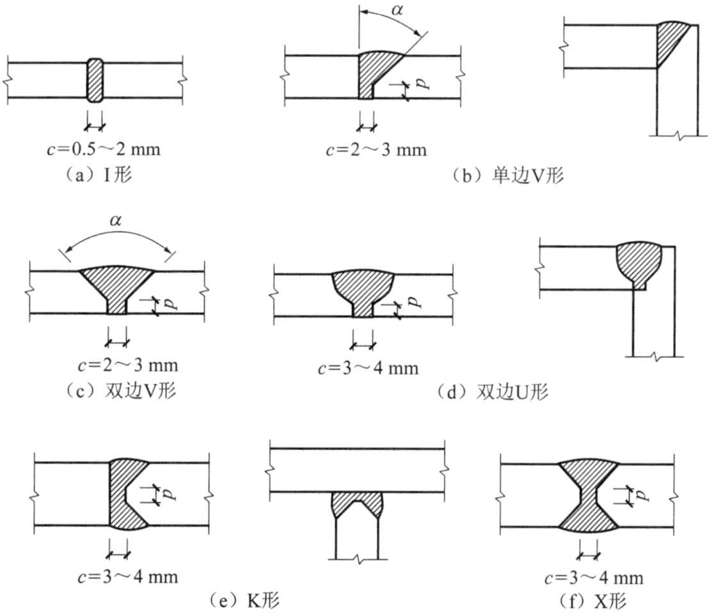

图 6-5　对接焊缝的坡口形式

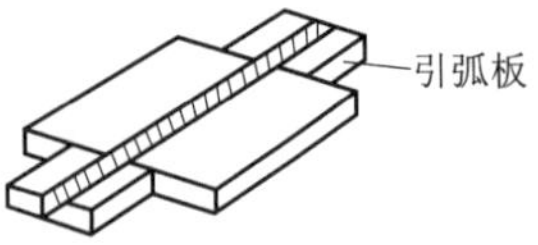

图 6-6　引弧板

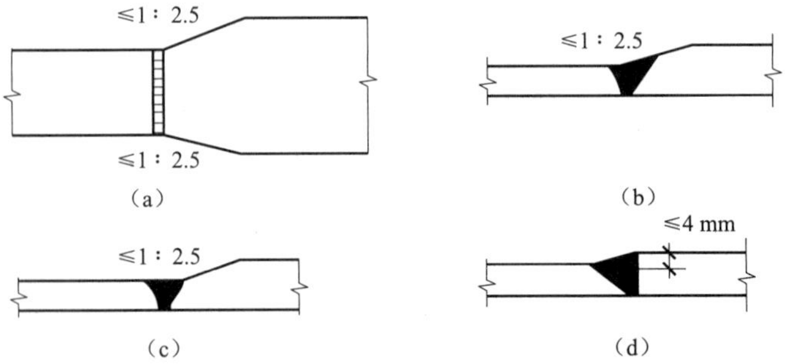

图 6-7　不同厚度及宽度的钢板连接

6.3.2　对接焊缝的计算

1）轴心受力的对接焊缝计算

对接焊缝轴心受力是指作用力通过焊件截面形心，且垂直于焊缝长度方向（图 6-8a），其应力计算公式为

$$\sigma=\frac{N}{l_{w}t}\leqslant f_{t}^{w} \text{ 或 } f_{c}^{w} \tag{6-1}$$

式中　N——轴心拉力或压力设计值；

l_w——焊缝的计算长度，不采用引弧板施焊时取焊缝的实际长度减去 $2t$，采用引弧板施焊时为焊缝的实际长度即板宽；

t——对接连接中连接件较小的厚度，在 T 形接头中为腹板厚度；

f_t^w——对接焊缝抗拉强度；

f_c^w——对接焊缝抗压强度。

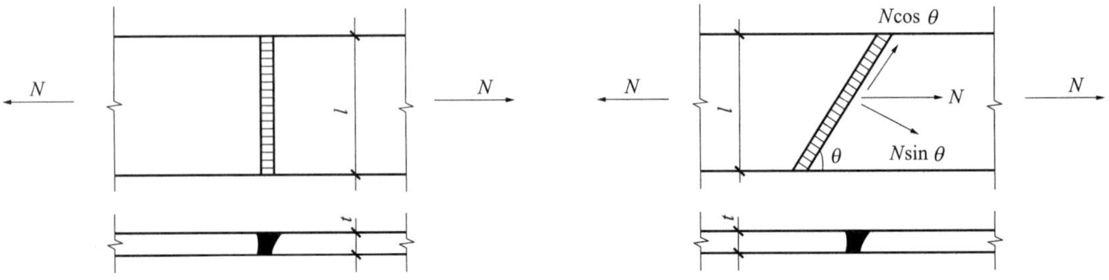

（a）对接正焊缝　　（b）对接斜焊缝

图 6-8　对接焊缝

【例 6-1】　如图 6-8(a)所示，两块钢板采用对接焊缝。已知钢板宽度 b 为 600 mm，板厚 t 为 8 mm，轴心拉力 $N=950$ kN，钢材为 Q235 钢，焊条用 E43 型，手工焊，不采用引弧板。若焊缝为三级焊缝，问该焊缝是否可以满足荷载的要求？

【解】　该对接焊缝为三级焊缝且板厚为 8 mm，查附表 1-2 可知 $f_t^w=185\ \text{N/mm}^2$。

因轴力通过焊缝形心，假定焊缝受力均匀分布、不采用引弧板，则 l_w 为

$$l_w=l-2t=(600-2\times8)\ \text{mm}=584\ \text{mm}$$

$$\sigma=\frac{N}{l_w t}=\frac{950\times10^3}{584\times8}\ \text{N/mm}^2=203.3\ \text{N/mm}^2>f_t^w=185\ \text{N/mm}^2$$

综上，该焊缝不能满足荷载的要求。

2) 斜向受力的对接焊缝计算

对接焊缝斜向受力是指作用力通过焊缝重心，与焊缝长度方向呈 θ 角，如图 6-8(b)所示，其正应力与剪应力的计算公式为

$$\begin{cases}\sigma=\dfrac{N\sin\theta}{l_w t}\leqslant f_t^w(\text{或 } f_c^w)\\[2ex]\tau=\dfrac{N\cos\theta}{l_w t}\leqslant f_v^w\end{cases}\tag{6-2}$$

式中　θ——焊缝长度方向与作用力方向间的夹角；

l_w——斜向焊缝计算长度，即 $l_w=b/\sin\theta-2t$（无引弧板），$l_w=b/\sin\theta$（有引弧板）；

b——焊件的宽度。

由于一、二级检验的焊缝与母材强度相等，故只有三级检验的焊缝才需按式(6-2)进行抗拉强度验算。如果用直缝不能满足强度需要，则可采用如图 6-8(b)所示的斜对接焊缝。计算证明：在加引弧板的条件下，θ 满足 $\tan\theta\leqslant1.5$ 时，斜焊缝的强度不低于母材强度，可不再进行验算。

【例 6-2】　设计 500×14 钢板的对接焊缝拼接，钢板承受轴心拉力，其中恒荷载和活荷载标准值引起的轴心拉力分别为 800 kN 和 600 kN，相应的荷载分项系数分别为 1.3 和 1.5。已知钢材为 Q355，采用 E50 型焊条手工电弧焊，三级检验标准，施焊时未用引弧板。

【解】　焊缝承受的轴心拉力设计值为

$$N=(800\times1.3+600\times1.5)\text{ kN}=1\ 940\text{ kN}$$

三级对接焊缝抗拉强度设计值为

$$f_t^w=260\text{ N/mm}^2$$

先考虑用直焊缝验算其强度

$$\sigma=\frac{N}{l_w t}=\frac{1\ 940\times10^3}{(500-2\times14)\times14}\text{ N/mm}^2=293.6\text{ N/mm}^2>f_t^w$$

$$=260\text{ N/mm}^2(\text{但}<f=305\text{ N/mm}^2)$$

直焊缝强度不够，故建议采用斜焊缝，按照 $\tan\theta\leqslant1.5$ 的要求布置斜焊缝并加引弧板，如图 6-9 所示。

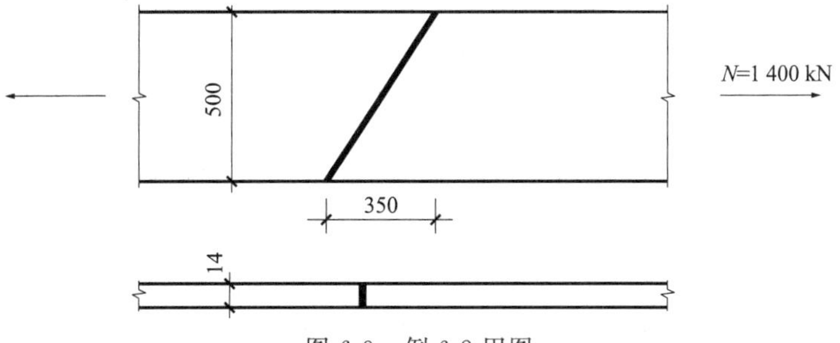

图 6-9　例 6-2 用图

3) 弯矩和剪力共同作用的对接焊缝计算

在弯矩和剪力共同作用下，矩形截面的对接焊缝，其正应力和剪应力分布分别为三角形

与抛物线形(图 6-10),应分别计算正应力与剪应力以及特殊位置处的折算应力。弯矩作用下焊缝截面上翼缘外侧正应力最大,其计算公式为

$$\sigma_{\max}=\frac{M}{W_x}\leqslant f_t^w(f_c^w) \tag{6-3}$$

式中 W_x——焊缝截面抵抗矩。

剪力作用下焊缝截面上中性轴处剪应力最大,其计算公式为

$$\tau_{\max}=\frac{VS_w}{I_w t_w}\leqslant f_v^w \tag{6-4}$$

式中 S_w——焊缝截面上计算点以上截面对中性轴的面积矩;

I_w——焊缝截面对中性轴的惯性矩;

f_v^w——对接焊缝的抗剪强度设计值。

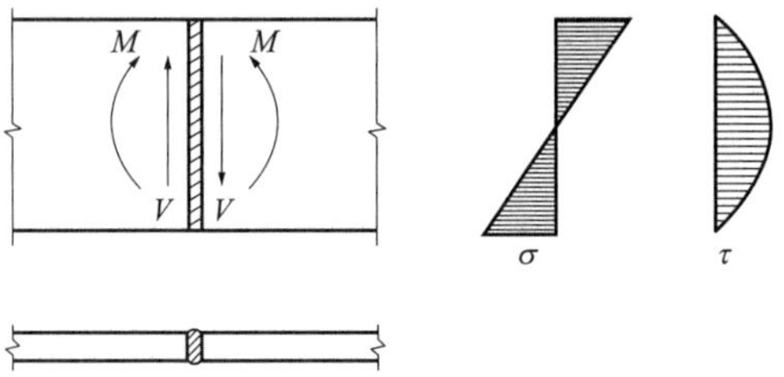

图 6-10 弯矩和剪力共同作用下矩形截面的对接焊缝

对于 H 形或 I 字形截面,腹板和翼缘的交界处的正应力、剪应力虽不是最大,但都比较大(图 6-11),因此除了验算最大正应力、最大剪应力外,还需验算此处的折算应力,即

$$\sigma_{zs}=\sqrt{\sigma_1^2+3\tau_1^2}\leqslant 1.1 f_t^w \tag{6-5}$$

式中 σ_1,τ_1——腹板与翼缘交界点处的正应力和剪应力;

1.1——系数,考虑到最大折算应力只在部分截面的部分点出现,而将强度设计值适当提高。

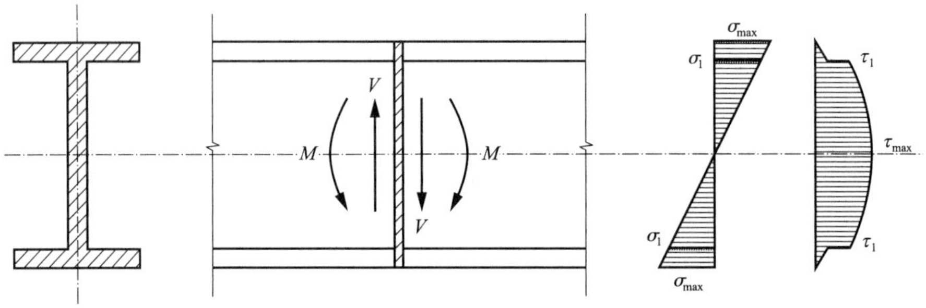

图 6-11 H(I)形截面的正应力和剪应力分布

【例 6-3】 8 m 跨度简支梁的截面和荷载设计值(梁自重包括在内)如图 6-12 所示,拟在离支座 2.5 m 处做翼缘和腹板的拼接,试设计其拼接对接焊缝。已知钢材为 Q235BF,采用 E43 型焊条手工电弧焊,三级检验标准,加引弧板施焊。

【解】 离支座 2.5 m 处的弯矩(设计值)为

$$M=\frac{qab}{2}=\frac{150\times2.5\times(8-2.5)}{2}\ \text{kN}\cdot\text{m}=1\ 031.25\ \text{kN}\cdot\text{m}$$

$$V=q(l/2-a)=150\times(8/2-2.5)\ \text{kN}=225\ \text{kN}$$

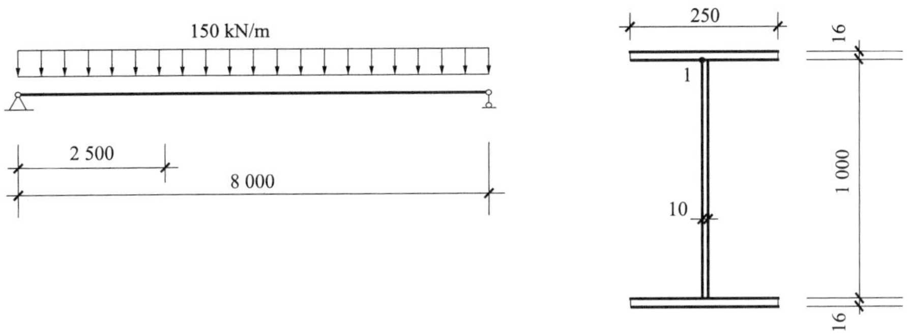

图 6-12　例 6-3 用图

梁截面参数

$$I_w=(250\times1\ 032^3-240\times1\ 000^3)/12\ \text{mm}^4=2\ 898\times10^6\ \text{mm}^4$$

$$W=2\ 898\times10^6/(500+16)\ \text{mm}^3=5.616\times10^6\ \text{mm}^3$$

$$S_w=(2.032\times10^6+10\times500^2/2)\ \text{mm}^3=3.282\times10^6\ \text{mm}^3$$

$$S_1=(250\times16\times508)\ \text{mm}^3=2.032\times10^6\ \text{mm}^3$$

先考虑翼缘和腹板都用直焊缝拼接，验算其强度

$$\sigma=\frac{M}{W_x}=\frac{1\ 031.25\times10^6}{5.616\times10^6}\ \text{N/mm}^2=183.6\ \text{N/mm}^2<f_t^w=185\ \text{N/mm}^2$$

$$\tau=\frac{VS_w}{I_wt_w}=\frac{225\times10^3\times3.282\times10^6}{2\ 898\times10^6\times10}\ \text{N/mm}^2=25.5\ \text{N/mm}^2<f_v^w=125\ \text{N/mm}^2$$

在腹板与翼缘连接点 1 处

$$\sigma_1=\frac{My_1}{I_w}=\frac{1\ 031.25\times10^6\times500}{2\ 898\times10^6}\ \text{N/mm}^2=177.9\ \text{N/mm}^2<f_t^w=185\ \text{N/mm}^2$$

$$\tau_1=\frac{VS_1}{I_wt}=\frac{225\times10^3\times2.032\times10^6}{2\ 898\times10^6\times10}\ \text{N/mm}^2=15.8\ \text{N/mm}^2<f_v^w=125\ \text{N/mm}^2$$

$$\sqrt{\sigma_1^2+3\tau_1^2}=\sqrt{177.9^2+3\times15.8^2}\ \text{N/mm}^2=180.0\ \text{N/mm}^2<1.1f_t^w$$
$$=1.1\times185\ \text{N/mm}^2=203.5\ \text{N/mm}^2$$

直焊缝拼接能满足设计要求，故可采用。

为使受力良好，同时也为了避免焊缝集中，在实际设计中，通常将三块板的拼接错开或酌量错开布置，如图 6-13 所示。

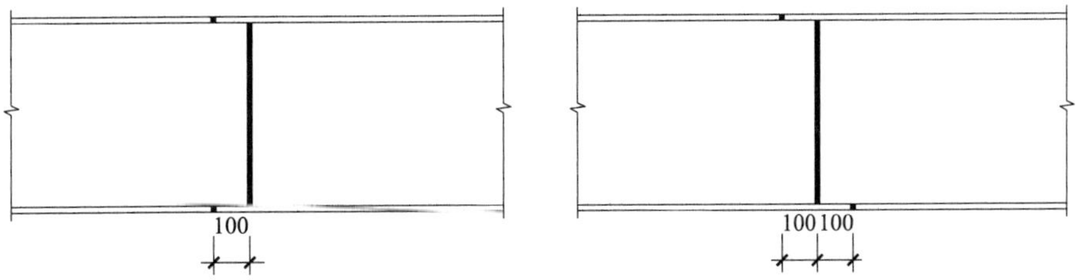

图 6-13　拼接错开位置

6.4 角焊缝连接的构造与计算

6.4.1 角焊缝的形式和构造要求

1) 角焊缝的形式

角焊缝按其与作用力的关系可分为端面角焊缝和侧面角焊缝(图 6-14)。端面角焊缝的焊缝长度方向与作用力方向垂直,侧面角焊缝的焊缝长度方向与作用力方向平行。

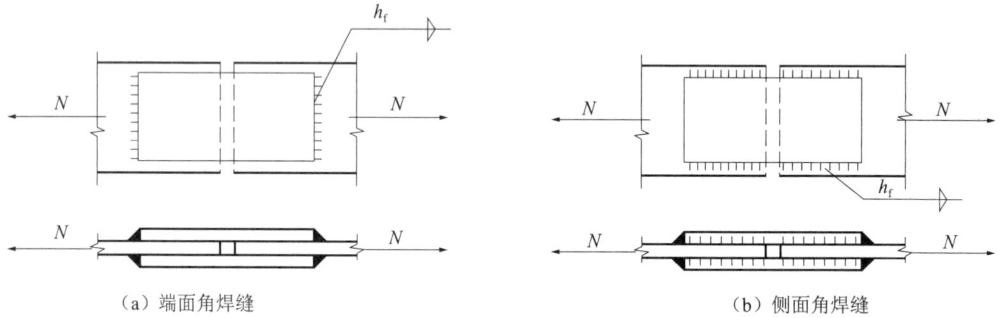

图 6-14 端面角焊缝、侧面角焊缝示意图

角焊缝按其截面形式可分为直角角焊缝和斜角角焊缝。直角角焊缝按截面形式又可分为普通型、平坦型和凹面型三种,通常情况下采用前者,后两者只有在焊缝承受直接动力荷载时采用(图 6-15)。

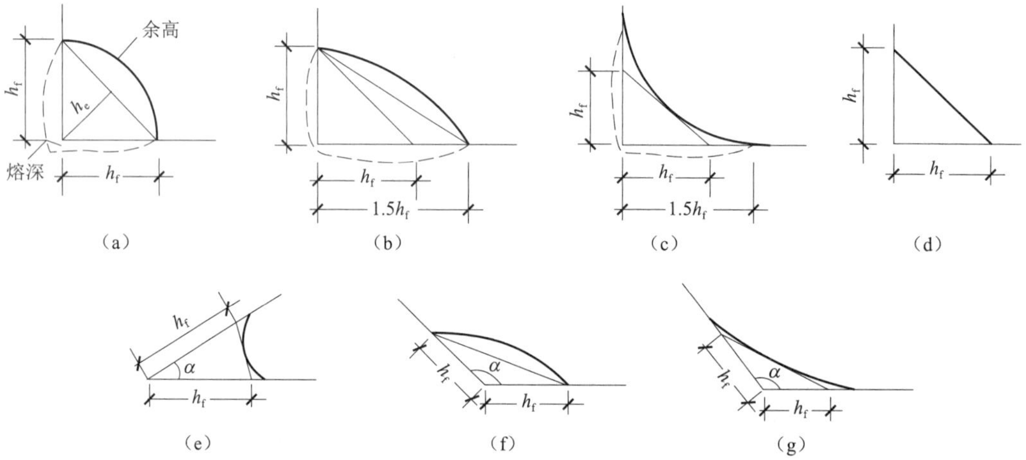

图 6-15 角焊缝截面图

大量实验结果表明:侧面角焊缝主要承受剪应力,塑性较好,弹性模量低,强度也较低;传力线通过侧面角焊缝时产生弯折,应力沿焊缝长度方向的分布不均匀,呈两端大而中间小的状态。焊缝越长,应力分布越不均匀;在进入塑性工作阶段时产生应力重分布,可使应力分布的不均匀现象渐趋缓和。

试验表明:端面角焊缝的静力强度高于侧面角焊缝,Q235 钢和 E43 型焊条焊成的端面角焊缝的平均破坏强度比侧面角焊缝的高 35%以上。低合金钢的试验结果也有类似情况。

2) 角焊缝的构造要求

(1) 最小焊脚尺寸。

角焊缝的焊脚尺寸不能过小,否则焊接时产生的热量较小,如焊件厚度较大,致使施焊时冷却过快,产生淬硬组织,导致母材开裂。《钢结构设计标准》(GB 50017—2017)规定角焊缝的最小焊脚尺寸宜按表 6-1 取值,承受动荷载时角焊缝焊脚尺寸不宜小于 5 mm。

表 6-1　角焊缝最小焊脚尺寸　　单位:mm

母材厚度 t	角焊缝最小焊脚尺寸 h_f
$t \leqslant 6$	3
$6 < t \leqslant 12$	5
$12 < t \leqslant 20$	6
$t > 20$	8

注:① 采用不预热的非低氢焊接方法进行焊接时,t 等于焊接连接部位中较厚件的厚度,宜采用单道焊缝;采用预热的非低氢焊接方法或低氢焊接方法进行焊接时,t 等于焊接连接部位中较薄件的厚度。

② 焊缝焊脚尺寸 h_f 不要求超过焊接连接部位中较薄件厚度的情况除外。

(2) 最大焊脚尺寸。

焊脚过大的焊缝收缩时易产生较大的焊接残余应力和残余变形,使热影响区扩大,容易产生热脆,甚至烧穿较薄焊件。因此,除钢管结构外,角焊缝的焊脚尺寸如图 6-16 所示,应满足

$$h_f \leqslant 1.2t_1 \tag{6-6}$$

式中　t_1——较薄焊件厚度,mm。

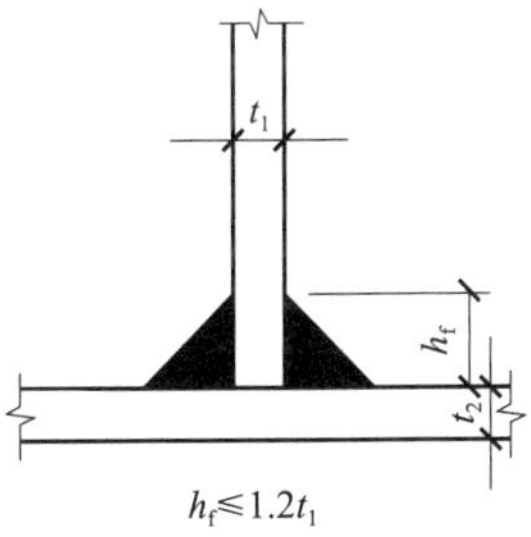

(a) T形连接

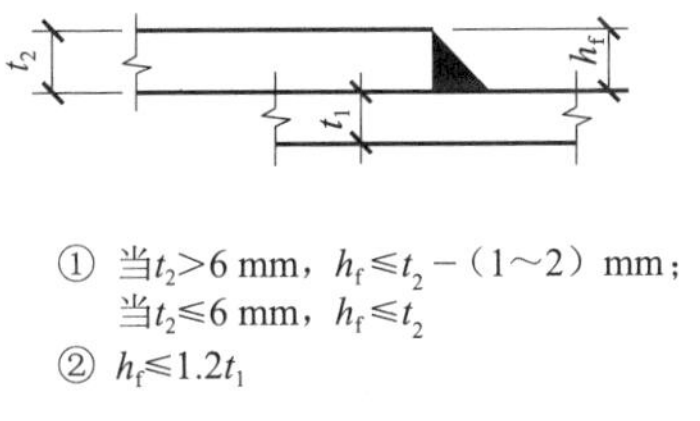

(b) 搭接

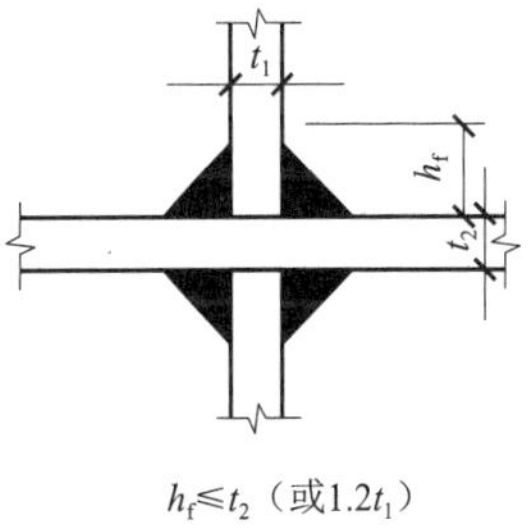

(c) 十字形连接

图 6-16　最大焊脚尺寸

(3) 角焊缝的最小计算长度。

对搭接的侧面角焊缝而言,如果焊缝长度过小,由于力线弯折大,也会造成严重的应力集中。为了使焊缝能够具有一定的承载能力,根据使用经验,角焊缝的计算长度不得小于 $8h_f$ 和 40 mm,焊缝计算长度应为扣除引弧、收弧长度后的焊缝长度。

(4) 角焊缝的搭接焊缝连接中,当焊缝计算长度 l_w 超过 $60h_f$ 时,焊缝的承载力设计值应乘以折减系数 α_f,$\alpha_f=1.5-\dfrac{l_w}{120h_f}$,且 α_f 不小于 0.50。

6.4.2 角焊缝的计算

1) 轴心力作用时的角焊缝计算

在图 6-17 所示的连接中，当轴心力通过连接焊缝中心时，通常认为焊缝应力是均匀分布的。当只有侧面角焊缝时，按式(6-7a)计算；当只有端面角焊缝时，按式(6-7b)计算。

$$\tau_f = \frac{N}{h_e \sum l_{wi}} \leqslant f_f^w \tag{6-7a}$$

$$\sigma_f = \frac{N_y}{h_e \sum l_{wi}} \leqslant \beta_f f_f^w \tag{6-7b}$$

式中 h_e——角焊缝的有效厚度，对于直角角焊缝取 $0.7h_f$；

l_{wi}——焊缝的计算长度，应在焊缝两端各减去 h_f，若加引弧板则不减；

f_f^w——角焊缝的强度设计值，查附表 1-2；

β_f——正面角焊缝强度增大系数，取 1.22。

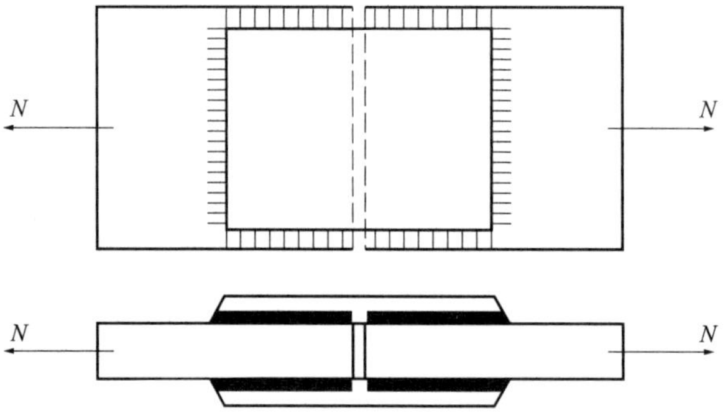

图 6-17 受轴心力的角焊缝连接

当采用三面围焊时，先按式(6-8a) 计算端面角焊缝所承担的内力

$$N_1 = \beta_f f_f^w \sum h_e l_{w1i} \tag{6-8a}$$

再由式(6-8b) 验算侧面角焊缝的强度

$$\tau_f = \frac{N - N_1}{\sum h_e l_{w2i}} \leqslant f_f^w \tag{6-8b}$$

式中 $\sum h_i l_{w1i}$—— 连接一侧端面角焊缝有效面积的总和；

$\sum h_e l_{w2i}$—— 连接一侧侧面角焊缝有效面积的总和。

【例 6-4】 如图 6-18 所示，用拼接板进行平接连接。已知主板截面为 14 mm×400 mm，承受轴心力设计值 N=920 kN(静力荷载)，钢材为 Q235B 钢，采用 E43 型焊条，手工焊，试按：(1) 侧面角焊缝，(2) 三面围焊，设计拼接板长度。

【解】 (1) 拼接板截面选择。

根据拼接板和主板承载能力相等原则，拼接板钢材也采用 Q235B，两块拼接板截面面积之和应不小于主板截面面积。考虑拼接板要侧面施焊，取拼接板宽度为 360 mm(主板与拼

板宽度差要略大于 $2h_f$)。

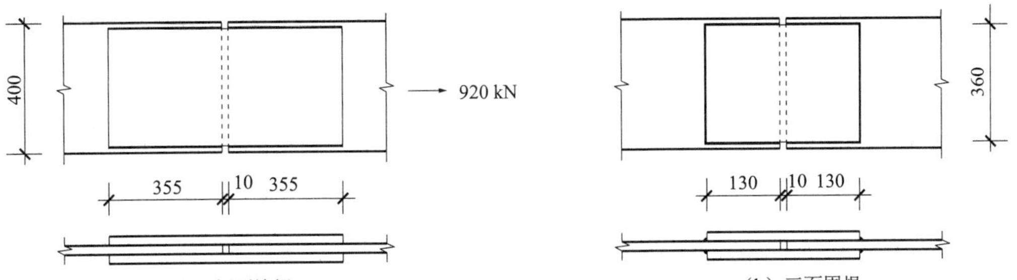

图 6-18　拼接板的平接连接

拼接板所需厚度 $t_1=(400\times14)/(2\times360)\ \text{mm}\approx7.8\ \text{mm}$，取 $t_1=8\ \text{mm}$。故拼接板截面为 360 mm×8 mm。

(2) 焊缝计算。

直角焊缝强度设计值 $f_f^w=160\ \text{N/mm}^2$，根据构造要求取 $h_f=6\ \text{mm}$。

① 采用侧面焊缝时，侧面角焊缝实际长度为

$$l_w=\frac{N}{4h_e f_f^w}+2h_f=\left(\frac{920\times10^3}{4\times0.7\times6\times160}+2\times6\right)\ \text{mm}\approx(342+12)\ \text{mm}=354\ \text{mm}，取\ l_w=355\ \text{mm}。$$

被拼接两板间宜留出缝隙 10 mm，则拼接板长度 $l=2l_w+10=(2\times355+10)\ \text{mm}=720\ \text{mm}$。

② 采用三面围焊时，端部角焊缝承担力为

$$N_1=\beta_f f_f^w\sum h_e l_{w1i}=1.22\times160\times0.7\times6\times360\times2\ \text{N}=590\ 285\ \text{N}\approx590\ \text{kN}$$

侧面角焊缝实际长度为

$$l_w=\frac{N-N_1}{4h_e f_f^w}+h_f=\left[\frac{(920-590)\times10^3}{4\times0.7\times6\times160}+6\right]\ \text{mm}\approx(123+6)\ \text{mm}=129\ \text{mm}，取\ l_w=130\ \text{mm}。$$

拼接板长度为

$$l=2l_w+10=(2\times130+10)\ \text{mm}=270\ \text{mm}$$

比较以上两种方案，可见三面围焊比仅在侧面施焊经济合理。

当角钢用侧缝连接时(图 6-19)，角钢截面形心到肢背和肢尖的距离不相等，靠近形心的肢背焊缝承受的内力较大。设 N_1 和 N_2 分别为角钢肢背与肢尖焊缝承担的内力，由平衡条件可知

$$N_1+N_2=N,\quad N_1e_1=N_2e_2,\quad e_1+e_2=b$$

解上式得肢背和肢尖受力为

$$\begin{cases}N_1=\dfrac{e_2}{b}N=k_1N\\[2ex]N_2=\dfrac{e_1}{b}N=k_2N\end{cases}\tag{6-9}$$

式中　N——角钢承受的轴心力。

k_1,k_2——角钢角焊缝的内力分配系数，按表 6-2 选用。

表 6-2 角钢角焊缝的内力分配系数

角钢种类	连接情况	k_1(角钢肢背)	k_2(角钢肢尖)
等肢角钢		0.70	0.30
不等肢角钢短肢相并	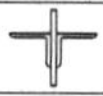	0.75	0.25
不等肢角钢长肢相并		0.65	0.35

在 N_1 和 N_2 作用下,侧缝的直角角焊缝计算公式为

$$\begin{cases} \dfrac{N_1}{\sum 0.7h_{f1i}l_{w1i}} \leqslant f_f^w \\ \dfrac{N_2}{\sum 0.7h_{f2i}l_{w2i}} \leqslant f_f^w \end{cases} \tag{6-10}$$

式中 h_{f1i},h_{f2i}——肢背、肢尖的焊脚尺寸;

l_{w1i},l_{w2i}——肢背、肢尖的焊缝计算长度。

考虑到每条焊缝两端的起灭弧缺陷,实际焊缝长度为计算长度加 $2h_f$。但对于三面围焊,由于在杆件端部转角处必须连续施焊,每条侧面角焊缝只有一端可能起灭弧,故焊缝计算长度为实际长度减去 h_f;对于采用绕角焊的侧面角焊缝,其计算长度等于实际长度(绕角焊缝长度 $2h_f$ 不计入)。

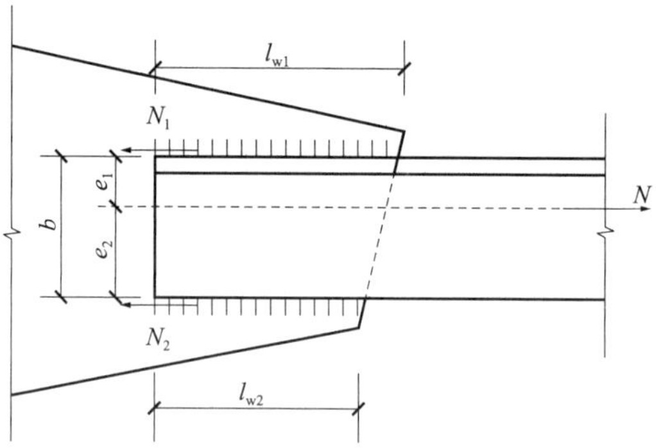

图 6-19 角钢的侧缝连接

角钢用三面围焊(图 6-20)时,既要考虑到焊缝形心线基本上与角钢形心线一致,又要考虑到侧缝与端缝计算的区别。计算时先选定端缝的焊脚尺寸 h_{f3i},再算出它所能承受的内力:

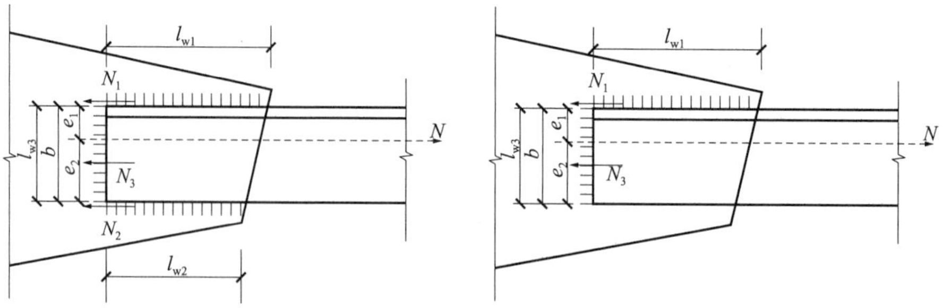

(a) 三面围焊 (b) L形围焊

图 6-20 角钢角焊缝围焊连接

$$N_3=\beta_f f_f^w \sum 0.7h_{f3i}l_{w3i} \tag{6-11}$$

式中 h_{f3i}——端缝的焊脚尺寸；

l_{w3i}——端缝的焊缝计算长度。

通过平衡关系得肢背和肢尖侧焊缝受力为

$$\begin{cases} N_1=k_1N-0.5N_3 \\ N_2=k_2N-0.5N_3 \end{cases} \tag{6-12}$$

在 N_1 和 N_2 作用下，侧焊缝的计算公式与式(6-10)相同。

当采用L形围焊(图6-20b)时，令 $N_2=0$，由式(6-12)得

$$\begin{cases} N_3=2k_2N \\ N_1=k_1N-k_2N=(k_1-k_2)N \end{cases} \tag{6-13}$$

L形围焊脚焊缝的计算公式为

$$\begin{cases} \dfrac{N_1}{\sum 0.7h_{f1i}l_{w1i}} \leqslant f_f^w \\ \dfrac{N_3}{\sum 0.7h_{f3i}l_{w3i}} \leqslant f_f^w \end{cases} \tag{6-14}$$

【例6-5】 角钢截面为2∟140×10，与厚度为16 mm的节点板相连接，钢材为Q235B钢，手工焊，焊条为E43型。杆件承受静力荷载，由恒荷载标准值产生的轴力 $N_G=276.9$ kN，$\gamma_G=1.3$；由活荷载标准值产生的轴力 $N_Q=541.3$ kN，$\gamma_Q=1.5$。试分别设计下列情况时此节点的连接：(1) 采用三面围焊；(2) 采用两面焊缝；(3) 采用L形焊缝。

【解】 (1) 采用三面围焊。

根据构造要求选定焊脚尺寸 $h_f=8$ mm。

轴心力的设计值

$$N=\gamma_G N_G+\gamma_Q N_Q=(1.3\times276.9+1.5\times541.3)\ \text{kN}=1\ 171.92\ \text{kN}$$

杆件截面应力

$$\sigma=\frac{N}{A_n}=\frac{1\ 171.92\times10^3}{5\ 474}\ \text{N/mm}^2=215.4\ \text{N/mm}^2\approx f=215\ \text{N/mm}^2$$

端面角焊缝承受的力

$$N_3=\beta_f f_f^w\sum 0.7h_{f3i}l_{w3i}=1.22\times160\times2\times0.7\times8\times140\times10^{-3}\ \text{kN}=306.1\ \text{kN}$$

侧面角焊缝承受的力 $N_1=k_1N-\dfrac{N_3}{2}=\left(0.7\times1\ 172-\dfrac{306.1}{2}\right)\ \text{kN}=667.4\ \text{kN}$

$$N_2=N-N_1-N_3=(1\ 172-667.4-306.1)\ \text{kN}=198.5\ \text{kN}$$

肢背焊缝的计算长度 $l_{w1}\geqslant\dfrac{N_1}{2h_e f_f^w}=\dfrac{667.4\times10^3}{2\times0.7\times8\times160}\ \text{mm}=372.4\ \text{mm}<60h_f=480\ \text{mm}$

实际焊缝长度 $l_1=l_{w1}+h_f=(372.4+8)\ \text{mm}=380.4\ \text{mm}$，取385 mm。

肢尖焊缝的计算长度 $l_{w2}\geqslant\dfrac{N_2}{2h_e f_f^w}=\dfrac{198.5\times10^3}{2\times0.7\times8\times160}\ \text{mm}=110.8\ \text{mm}>8h_f=64\ \text{mm}$

实际焊缝长度 $l_2=l_{w2}+h_f=(110.8+8)\ \text{mm}=118.8\ \text{mm}$，取120 mm。

角钢端部：焊缝的实际长度与计算长度相等，即 $l_3=l_{w3}=140$ mm。

(2) 采用两侧面焊缝。

两侧面角焊缝的焊角尺寸可以不同，可取 $h_{f1} > h_{f2}$。但焊角尺寸不同将导致施焊时需采用焊心直径不同的焊条，为避免这种情况，一般情况下宜采用相同的 h_f。本题取 $h_f = 8$ mm。

$$N_1 = k_1 N = (0.7 \times 1\ 172)\ \text{kN} = 820.4\ \text{kN}$$

$$N_2 = N - N_1 = (1\ 172 - 820.4)\ \text{kN} = 351.6\ \text{kN}$$

肢背焊缝的计算长度

$$l_{w1} \geqslant \frac{N_1}{2h_e f_f^w} = \frac{820.4 \times 10^3}{2 \times 0.7 \times 8 \times 160}\ \text{mm} = 457.8\ \text{mm} < 60h_f = 480\ \text{mm}$$

实际焊缝长度 $l_1 = l_{w1} + 2h_f = (457.8 + 16)$ mm $= 473.8$ mm，取 475 mm。

肢尖焊缝的计算长度

$$l_{w2} \geqslant \frac{N_2}{2h_e f_f^w} = \frac{351.6 \times 10^3}{2 \times 0.7 \times 8 \times 160}\ \text{mm} = 196.2\ \text{mm} > 8h_f = 64\ \text{mm}$$

实际焊缝长度 $l_2 = l_{w2} + 2h_f = (196.2 + 16)$ mm $= 212.2$ mm，取 215 mm。

(3) 采用 L 形围焊。

$$N_3 = 2k_2 N = 2 \times 0.3 \times 1\ 172\ \text{kN} = 703.2\ \text{kN}$$

$$N_1 = (k_1 - k_2) N = (0.7 - 0.3) \times 1\ 172\ \text{kN} = 468.8\ \text{kN}$$

角钢端部传递 N_3 所需的端面角焊缝尺寸

$$h_{f3} \geqslant \frac{N_3}{2 \times 0.7 l_{w3} \beta_f f_f^w} = \frac{703.2 \times 10^3}{2 \times 0.7 \times (140 - 8) \times 1.22 \times 160}\ \text{mm}$$

$$= 19.5\ \text{mm} > 1.2t_1 = 1.2 \times 10\ \text{mm} = 12\ \text{mm}$$

19.5 mm 远超出了角钢的厚度，因此不能采用 L 形围焊。

2) 弯矩、轴力和剪力共同作用下的角焊计算

角焊缝在弯矩、剪力和轴力共同作用下的内力，根据焊缝所处位置和刚度等因素确定。角焊缝在各种外力作用下的内力计算原则如下：

(1) 求单独外力作用下角焊缝的应力，并判断该应力对焊缝产生端缝应力(垂直于焊缝长度方向)还是侧缝应受力(平行于焊缝长度方向)。

(2) 采用叠加原理将各种外力作用下的焊缝应力进行矢量叠加。叠加时注意取焊缝截面上同一点的应力进行叠加，不能用各种外力作用下产生的最大应力进行叠加。因此，根据单独外力作用下产生的应力分布情况判断最危险点是关键工作。

(3) 如图 6-21 所示，在轴力 N 作用下，焊缝有效截面上产生均匀应力，即

$$\sigma_N = \frac{N}{A_e}$$

式中 σ_N——由轴力 N 在端缝中产生的应力；

A_e——焊缝有效截面面积。

(4) 在剪力 V 作用下，受剪截面上的应力分布是均匀的，即

$$\tau_V = \frac{V}{A_e}$$

式中 τ_V——剪力 V 产生的应力。

(5) 在弯矩 M 作用下，焊缝应力按三角形分布，即

$$\sigma_M=\frac{M}{W_e}$$

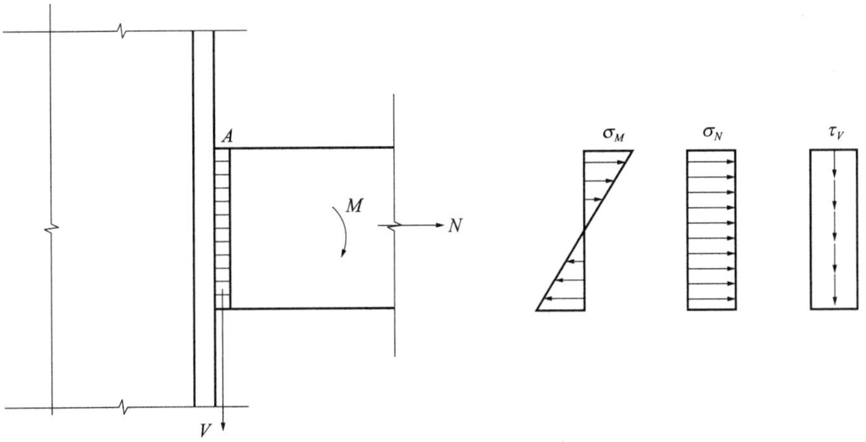

图 6-21　弯矩、轴力和剪力共同作用的角焊缝应力

式中　σ_M——弯矩在焊缝中产生的应力；

W_e——焊缝计算截面对形心的截面模量。

将弯矩和轴力产生的应力在 A 点叠加，有

$$\sigma_f=\sigma_N+\sigma_M$$

剪力 V 在 A 点的应力为

$$\tau_f=\tau_V$$

焊缝的强度验算公式为

$$\sqrt{\left(\frac{\sigma_f}{\beta_f}\right)^2+\tau_f^2}\leqslant f_f^w \tag{6-15}$$

当连接直接承受动力荷载时，取 $\beta_f=1.0$。

【例 6-6】　如图 6-22 所示，板与柱翼缘用直角角焊缝连接，钢材采用 Q235，焊条为 E43 型，手工焊，焊脚尺寸 $h_f=10$ mm，$f_f^w=160$ N/mm²，受静力荷载作用。已知 $F=250$ kN，$P=150$ kN，试验算此焊缝是否安全？

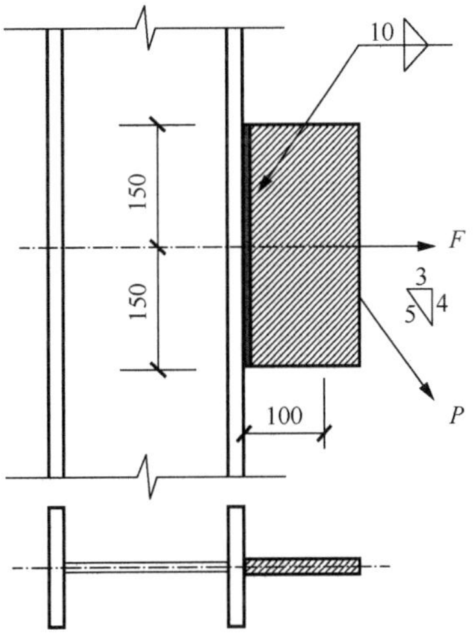

图 6-22　例 6-6 用图

【解】　一条焊缝的计算长度

$$8h_f=80\ \text{mm}\leqslant l_w=(300-20)\ \text{mm}$$
$$=280\ \text{mm}\leqslant 60h_f=600\ \text{mm}$$

符合构造要求，不必折减计算其承载力。

将力 F，P 向焊缝形心简化得

$$V=\frac{4}{5}P=\frac{4}{5}\times150\ \text{kN}=120\ \text{kN}$$

$$N=F+\frac{3}{5}P=\left(250+\frac{3}{5}\times150\right)\ \text{kN}=340\ \text{kN}$$

$$M=\frac{4}{5}Pe=\frac{4}{5}\times150\times10^3\times100\ \text{N}\cdot\text{mm}=12\times10^7\ \text{N}\cdot\text{mm}$$

$$\sigma_f^M=\frac{6M}{h_e\sum l_{wi}^2}=\frac{6\times12\times10\times10^3}{0.7\times10\times2\times280^2}\ \mathrm{N/mm^2}=65.6\ \mathrm{N/mm^2}$$

$$\sigma_f^N=\frac{N}{h_e\sum l_{wi}}=\frac{340\times10^3}{0.7\times10\times2\times280}\ \mathrm{N/mm^2}=86.7\ \mathrm{N/mm^2}$$

$$\tau_f^V=\frac{V}{h_e\sum l_{wi}}=\frac{120\times10^3}{0.7\times10\times2\times280}\ \mathrm{N/mm^2}$$

$$=30.6\ \mathrm{N/mm^2}$$

$$\sqrt{\left(\frac{\sigma_f^M+\sigma_f^N}{\beta_f}\right)^2+\tau_f^{V2}}=\sqrt{\left(\frac{65.6+86.7}{1.22}\right)^2+30.6^2}\ \mathrm{N/mm^2}$$

$$=128.5\ \mathrm{N/mm^2}\leqslant f_f^w=160\ \mathrm{N/mm^2}$$

（满足强度要求）

图 6-23 所示的工字形或 H 形截面梁与钢柱翼缘的角焊缝连接，通常承受弯矩 M 和剪力 V 的共同作用。计算时通常假设腹板焊缝承受全部剪力，弯矩由全部焊缝（或者只由翼缘焊缝）承受。

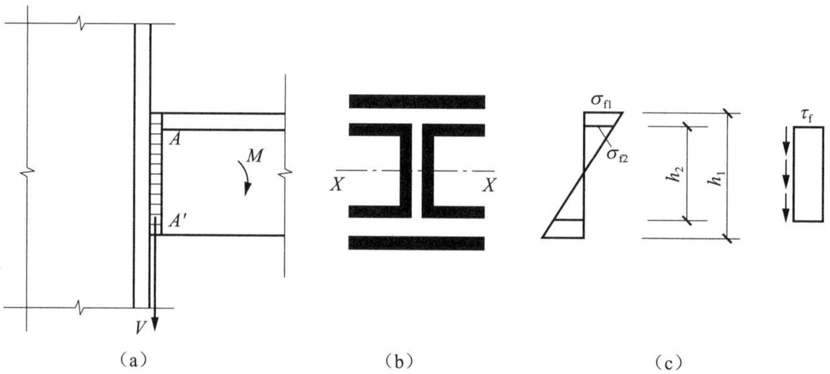

图 6-23　工字形或 H 形截面梁与钢柱翼缘的角焊缝连接

为了焊缝分布较合理，宜在每个翼缘的上、下两侧使用角焊缝，由于翼缘焊缝只承受垂直于焊缝长度方向的弯曲应力，且此弯曲应力沿梁高度呈三角形分布，所以最大应力发生在翼缘焊缝最外纤维处。为了保证此焊缝正常工作，应使翼缘焊缝最外纤维处的应力满足

$$\sigma_{f1}=\frac{M}{I_w}\cdot\frac{h}{2}\leqslant\beta_f f_f^w$$

式中　M——全部焊缝所承受的弯矩；

I_w——全部焊缝有效截面对中性轴的惯性矩。

腹板焊缝承受两种应力的共同作用，即垂直于焊缝长度方向且沿梁高呈三角形分布的弯曲应力和平行于焊缝长度方向且沿焊缝截面均匀分布的剪切应力的作用，设计控制点为翼缘焊缝与腹板焊缝的交点 A。此处的弯曲应力和切应力分别按下式计算

$$\sigma_{f2}=\frac{M}{I_w}\cdot\frac{h_2}{2},\quad \tau_{f2}=\frac{V}{\sum h_{e2i}l_{w2i}}$$

式中　$\sum h_{e2i}l_{w2i}$——腹板焊缝有效面积之和。

腹板焊缝在点 A 处的强度验算式为

$$\sqrt{\left(\frac{\sigma_{f2}}{\beta_f}\right)^2+\tau_{f2}^2}\leqslant f_f^w$$

【例 6-7】 试验算图 6-24 所示牛腿与钢柱连接角焊缝的强度。钢材为 Q235，焊条为 E43 型，手工焊，荷载设计值 $N=365$ kN，偏心距 $e=350$ mm，焊脚尺寸 $h_{f1}=8$ mm，$h_{f2}=6$ mm。图 6-24(b)为有效截面。

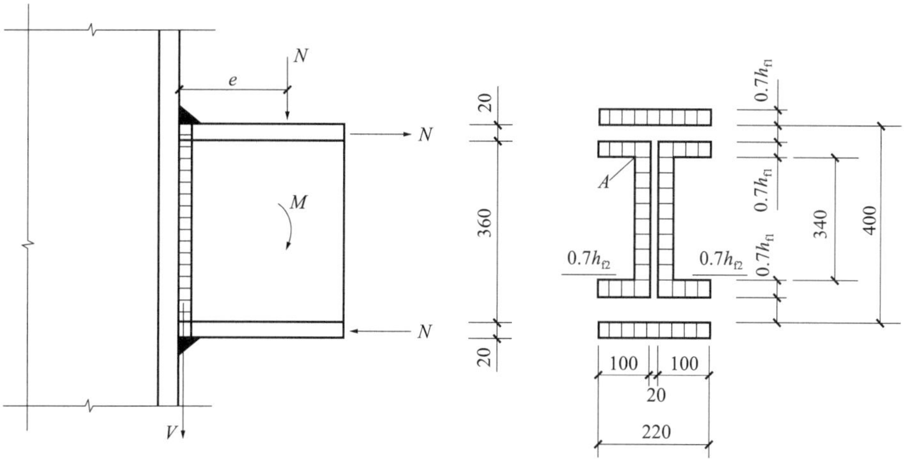

（a）牛腿与钢柱连接角焊缝　　（b）有效截面

图 6-24　例 6-7 用图

【解】 力 N 在角焊缝形心处引起剪力 $V=N=365$ kN。

力 N 在角焊缝形心处引起弯矩 $M=Ne=365\times0.35$ kN·m$=127.8$ kN·m。

(1) 考虑腹板焊缝承受弯矩的计算方法。

$$I_w=\left(2\times\frac{4.2\times340^3}{12}+2\times204\times5.6\times202.8^2+4\times92\times5.6\times172.8^2\right)\ \text{mm}^4$$
$$=1.830\ 2\times10^8\ \text{mm}^4$$

翼缘焊缝的最大应力为

$$\sigma_{f1}=\frac{M}{I_w}\cdot\frac{h}{2}=\frac{127.8\times10^6}{1.830\ 2\times10^8}\times205.6\ \text{N/mm}^2$$
$$=143.6\ \text{N/mm}^2\leqslant\beta_f f_f^w=1.22\times160\ \text{N/mm}^2=195.2\ \text{N/mm}^2$$

（满足要求）

腹板焊缝由弯矩 M 引起的最大应力

$$\sigma_{f2}=143.6\times\frac{170}{205.6}\ \text{N/mm}^2=118.7\ \text{N/mm}^2$$

剪力 V 在腹板焊缝产生的平均剪应力

$$\tau_{f2}=\frac{V}{\sum h_{e2i}l_{w2i}}=\frac{365\times10^3}{2\times0.7\times6\times340}\ \text{N/mm}^2=127.8\ \text{N/mm}^2$$

则腹板焊缝的强度(A 点为设计控制点)为

$$\sqrt{\left(\frac{\sigma_{f2}}{\beta_f}\right)^2+\tau_{f2}^2}=\sqrt{\left(\frac{118.7}{1.22}\right)^2+127.8^2}\ \text{N/mm}^2=160.6\ \text{N/mm}^2$$

$$\approx f_f^w = 160 \text{ N/mm}^2 \quad \text{（满足要求）}$$

(2) 不考虑腹板焊缝承受弯矩的计算方法。

翼缘焊缝所承受的水平力

$$H = \frac{M}{h} = \frac{127.8 \times 10^6}{380} \text{ kN} = 336.3 \text{ kN} \quad \text{（}h\text{ 值近似取为翼缘中线之间距离）}$$

翼缘焊缝的强度

$$\sigma_f = \frac{H}{\sum h_{e1i} l_{w1i}} = \frac{336.3 \times 10^6}{0.7 \times 8 \times (204 + 2 \times 92)} \text{ N/mm}^2 = 154.8 \text{ N/mm}^2$$

$$\leqslant \beta_f f_f^w = 1.22 \times 160 \text{ N/mm}^2 = 195.2 \text{ N/mm}^2 \quad \text{（满足要求）}$$

腹板焊缝的强度

$$\tau_f = \frac{V}{h_{e2} l_{w2}} = \frac{365 \times 10^3}{2 \times 0.7 \times 6 \times 340} \text{ N/mm}^2 = 127.8 \text{ N/mm}^2 \leqslant f_f^w = 160 \text{ N/mm}^2 \quad \text{（满足要求）}$$

3) 扭矩、剪力和轴力共同作用的角焊缝连接计算

图 6-25 所示为采用三面围焊的搭接连接。

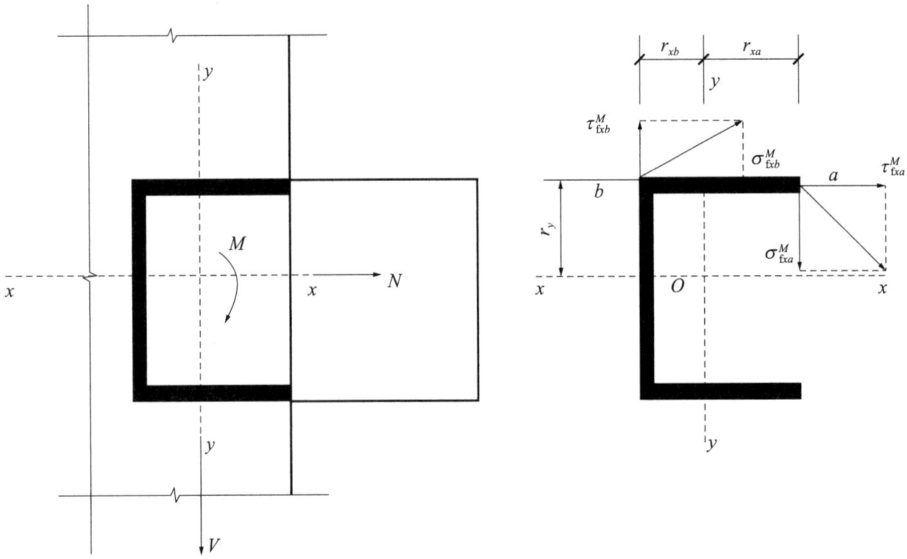

图 6-25　弯矩、轴力和剪力共同作用下牛腿角焊缝应力

在轴力 N 作用下，a 点焊缝是侧缝受力，b 点焊缝是端缝受力，其值为

$$\tau_{fa}^N = \sigma_{fb}^N = \frac{N}{A_f} \quad (\rightarrow)$$

在剪力 V 作用下，三面围焊焊缝均可承受剪力，对 a 点是端缝受力，b 点是侧缝受力，其值为

$$\sigma_{fa}^V = \tau_{fb}^V = \frac{V}{A_f} \quad (\downarrow)$$

在弯矩作用下，a 点的应力为

$$\tau_{fxa}^M = \frac{Mr_y}{I_p} = \frac{Mr_y}{I_x + I_y} \quad (\rightarrow)$$

$$\sigma_{fya}^{M}=\frac{Mr_{xa}}{I_p}=\frac{Mr_{xa}}{I_x+I_y}\quad(\downarrow)$$

b 点的应力为

$$\tau_{fxb}^{M}=\frac{Mr_y}{I_p}=\frac{Mr_y}{I_x+I_y}\quad(\rightarrow)$$

$$\sigma_{fyb}^{M}=\frac{Mr_{xb}}{I_p}=\frac{Mr_{xb}}{I_x+I_y}\quad(\downarrow)$$

在扭矩、剪力和轴力共同作用下，焊缝最危险点为 a,b 两点中的某点。

a 点的计算公式

$$\sqrt{\left(\frac{\sigma_{fya}^{M}+\sigma_{fa}^{V}}{\beta_f}\right)^2+(\tau_{fxa}^{M}+\tau_{fa}^{N})^2}\leqslant f_f^w$$

b 点的计算公式

$$\sqrt{\left(\frac{\sigma_{fyb}^{M}+\sigma_{fb}^{V}}{\beta_f}\right)^2+(\tau_{fb}^{M}-\tau_{fyb}^{N})^2}\leqslant f_f^w$$

【例 6-8】 图 6-26 所示牛腿连接，采用三面围焊直角角焊缝。钢材用 Q235，焊条 E43 型，$h_f=10$ mm。在 a 点作用一水平力 $P_1=50$ kN，竖向力 $P_2=200$ kN，$e_1=20$ cm，$e_2=50$ cm。求焊缝最不利点的折算应力，并判断是否安全。

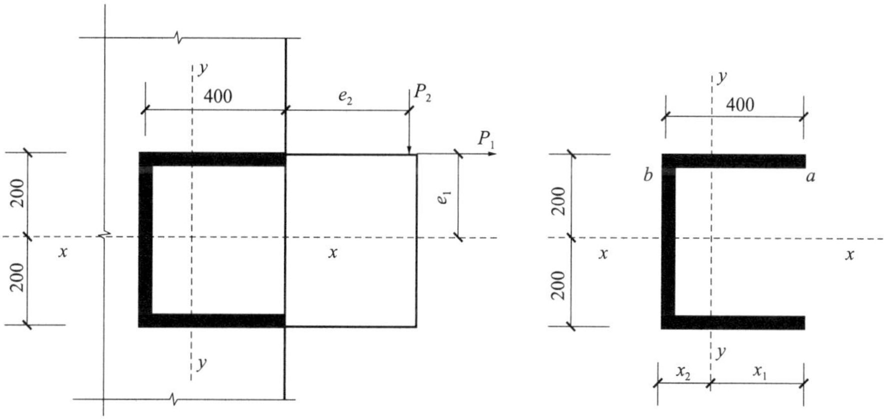

图 6-26 例 6-8 用图

【解】 在计算中，由于焊缝实际长度稍大于搭接长度，故不再扣除水平焊缝的缺陷。

(1) 焊缝形心至竖向焊缝的距离 x_2 为

$$x_2=\frac{0.7\times10\times\left(2\times400\times\frac{400}{2}\right)}{0.7\times10\times(2\times400+400)}\text{ mm}=133\text{ mm}$$

(2) 求焊缝受力。

将 P_1,P_2 移至形心，得焊缝受力为

$$V=P_2=200\text{ kN},\quad N=P_1=50\text{ kN}$$

$$M=P_1e_1+P_2(e_2+x_1)=[50\times0.2+200\times(0.5+0.4-0.133)]\text{ kN}\cdot\text{m}=163.4\text{ kN}\cdot\text{m}$$

(3) 求焊缝的几何特性。

$$A_f = 0.7 \times 10 \times (2 \times 400 + 400)\ \text{mm}^2 = 8\ 400\ \text{mm}^2$$

$$x_1 = (400 - 133)\ \text{mm} = 267\ \text{mm}$$

$$I_x = \left(2 \times 400 \times 200^2 + \frac{1}{12} \times 400^3\right) \times 0.7 \times 10\ \text{mm}^4 = 26\ 133 \times 10^4\ \text{mm}^4$$

$$I_y = \left\{2 \times \left[\frac{1}{12} \times 400^3 + 400 \times \left(267 - \frac{400}{2}\right)^2\right] + 400 \times 133^2\right\} \times 0.7 \times 10\ \text{mm}^4$$

$$= 14\ 933 \times 10^4\ \text{mm}^4$$

$$I_p = I_x + I_y = (26\ 133 \times 10^4 + 14\ 933 \times 10^4)\ \text{mm}^4 = 41\ 066 \times 10^4\ \text{mm}^4$$

(4) 求焊缝应力。

从焊缝应力分布来看,最危险点为 a,b 两点。

a 点的焊缝应力为

$$\tau_{fa}^N = \frac{N}{A_f} = \frac{50 \times 10^3}{8\ 400}\ \text{N/mm}^2 = 6.0\ \text{N/mm}^2 \quad (\rightarrow)$$

$$\sigma_{fa}^V = \frac{V}{A_f} = \frac{200 \times 10^3}{8\ 400}\ \text{N/mm}^2 = 23.8\ \text{N/mm}^2 \quad (\downarrow)$$

$$\tau_{fxa}^M = \frac{Mr_y}{I_p} = \frac{163.4 \times 10^6 \times 200}{41\ 066 \times 10^4}\ \text{N/mm}^2 = 79.6\ \text{N/mm}^2 \quad (\rightarrow)$$

$$G_{fya}^M = \frac{Mr_{xa}}{I_p} = \frac{163.4 \times 10^6 \times 267}{41\ 066 \times 10^4}\ \text{N/mm}^2 = 106.2\ \text{N/mm}^2 \quad (\downarrow)$$

$$\sigma_a = \sqrt{\left(\frac{\sigma_{fya}^M + \sigma_{fa}^V}{\beta_f}\right)^2 + (\tau_{fxa}^M + \tau_{fa}^N)^2} = \sqrt{\left(\frac{106.2 + 23.8}{1.22}\right)^2 + (79.6 + 6)^2}\ \text{N/mm}^2$$

$$= 136.7\ \text{N/mm}^2 < f_f^w = 160\ \text{N/mm}^2 \quad (\text{安全})$$

b 点的焊缝应力为

$$\sigma_{fb}^N = \frac{50 \times 10^3}{8\ 400}\ \text{N/mm}^2 = 6.0\ \text{N/mm}^2 \quad (\rightarrow)$$

$$\tau_{fb}^V = \frac{200 \times 10^3}{8\ 400}\ \text{N/mm}^2 = 23.8\ \text{N/mm}^2 \quad (\downarrow)$$

$$\sigma_{fxb}^M = \frac{163.4 \times 10^6 \times 200}{41\ 066 \times 10^4}\ \text{N/mm}^2 = 79.6\ \text{N/mm}^2 \quad (\rightarrow)$$

$$\tau_{fyb}^M = \frac{163.4 \times 10^6 \times 133}{41\ 066 \times 10^4}\ \text{N/mm}^2 = 52.9\ \text{N/mm}^2 \quad (\uparrow)$$

$$\sigma_b = \sqrt{\left(\frac{6 + 79.6}{1.22}\right)^2 + (23.8 - 53.3)^2}\ \text{N/mm}^2 = 76.1\ \text{N/mm}^2 < f_f^w = 160\ \text{N/mm}^2$$

(安全)

6.4.3 不焊透对接焊缝的计算

在钢结构设计中,当遇到板件较厚、板件间连接受力较小,且要求焊接结构的外观齐、平美观时,可采用不焊透的对接焊缝(图 6-27)。

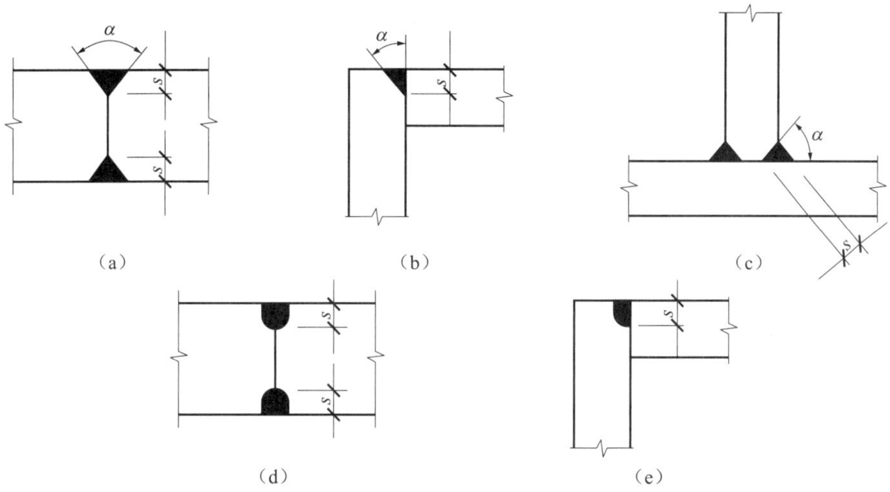

图 6-27 部分熔透的对接焊缝和其与角接焊缝的组合焊缝截面

不焊透的对接焊缝的工作情况与角焊缝有些类似,故规定按角焊缝进行计算。计算时应注意两点。

(1) 取 $\beta_f=1.0$。

(2) 有效厚度应取为:

① 对 V 形坡口,当 $\alpha \geqslant 60°$时,$h_e=s$;当 $\alpha<60°$时,$h_e=0.75s$。其中,s 为坡口根部至焊缝表面(不考虑全高)的最短距离(图 6-27)。

② 对 U,J 形坡口,$h_e=s$。

③ h_e 不得小于 $1.5\sqrt{t}$,其中 t 为坡口所在焊件的较大厚度(单位为 mm)。

6.5 普通螺栓的构造与计算

6.5.1 螺栓的排列和构造要求

普通螺栓根据制造方法及精度不同可分为 A,B,C 三级。其中 A 级和 B 级螺栓为精制螺栓,精度高,价格也高;钢结构中常用的普通螺栓一般为 C 级,用 Q235 钢制成,俗称 4.6 级普通螺栓。与 C 级普通螺栓配套的螺栓孔一般为Ⅱ类孔,孔径比螺杆直径大 1.0～1.5 mm,以便于制作安装。但由于杆与孔之间有空隙,传递剪力时,连接变形大,所以不宜用于重要的连接,一般用于承受拉力的连接。A 级和 B 级螺栓一般要求用Ⅰ类孔,孔径比螺杆直径大 0.2～0.5 mm。普通螺栓的常用公称直径有 12,16,18,20,24 mm。

螺栓的排列应简单统一、整齐紧凑,通常分为并列和错列两种形式(图 6-28、图 6-29)。并列排列比较简单整齐,所用连接板尺寸小,但由于螺栓孔的规则分布,对构件截面的削弱较大;错列排列可以减小螺栓孔对截面的削弱,但孔的排列不如并列排列紧凑,连接板尺寸较大。

(1) 受力要求。

为避免钢板端部被剪断,螺栓的端距不应小于 $2d_0$,其中 d_0 为螺栓孔径。对于受拉构件，各排螺栓的栓距和线距不应过小，否则螺栓周围应力集中相互影响较大，且对钢板的截面削弱过多，从而降低其承载能力。对于受压构件，沿作用力方向的栓距不宜过大，否则板件间容易发生凸曲现象。

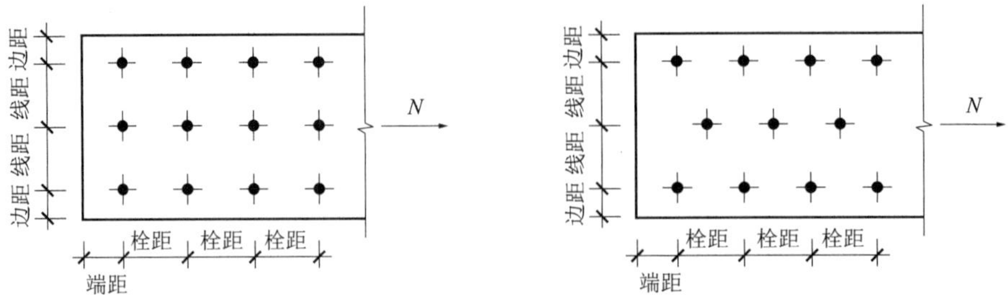

（a）并列排列　　（b）错列排列

图 6-28　钢板上的螺栓排列

（2）构造要求。

若栓距及线距过大，则构件接触面不够紧密，潮气易于侵入缝隙面发生锈蚀。

（3）施工要求。

要保证有一定的空间，便于转动螺栓扳手。

根据上述要求，钢板上排列的螺栓间距、边距和端距容许值见表 6-3。

表 6-3　螺栓的间距、边距和端距容许值

<table>
<tr><th>名　称</th><th colspan="3">位置和方向</th><th>最大容许间距
（取两者的较小值）</th><th>最小容许间距</th></tr>
<tr><td rowspan="5">中心间距</td><td colspan="3">外排（垂直内力方向或顺内力方向）</td><td>$8d_0$ 或 $12t$</td><td rowspan="5">$3d_0$</td></tr>
<tr><td rowspan="3">中间排</td><td colspan="2">垂直内力方向</td><td>$16d_0$ 或 $24t$</td></tr>
<tr><td rowspan="2">顺内力方向</td><td>构件受压力</td><td>$12d_0$ 或 $18t$</td></tr>
<tr><td>构件受拉力</td><td>$16d_0$ 或 $24t$</td></tr>
<tr><td colspan="3">沿对角线方向</td><td>—</td></tr>
<tr><td rowspan="4">中心至构件
边缘距离</td><td colspan="3">顺内力方向</td><td rowspan="4">$4d_0$ 或 $8t$</td><td>$2d_0$</td></tr>
<tr><td rowspan="3">垂直
内力方向</td><td colspan="2">剪切边或手工切割边</td><td rowspan="2">$1.5d_0$</td></tr>
<tr><td rowspan="2">轧制边、自动气割
或锯割边</td><td>高强度螺栓</td></tr>
<tr><td>其他螺栓（或铆钉）</td><td>$1.2d_0$</td></tr>
</table>

注：① d_0 为螺栓或铆钉的孔径，对槽孔为短向尺寸；t 为外层较薄板件厚度。

② 钢板边缘与刚性构件（如角钢、槽钢等）相连的螺栓最大间距可按中间排数值采用。

③ 计算螺栓孔引起的截面削弱时可取 $d+4$ mm 和 d_0 的较大值。

角钢、槽钢、普通工字钢上螺栓的排列应满足图 6-29、图 6-30 和表 6-4～表 6-6 的要求。H 型钢腹板上的 c 值可参照普通工字钢，翼缘上 e 值或 e_1，e_2 值可根据外伸宽度参照角钢取值。在钢结构施工图上，螺栓及栓孔的图例见表 6-7。

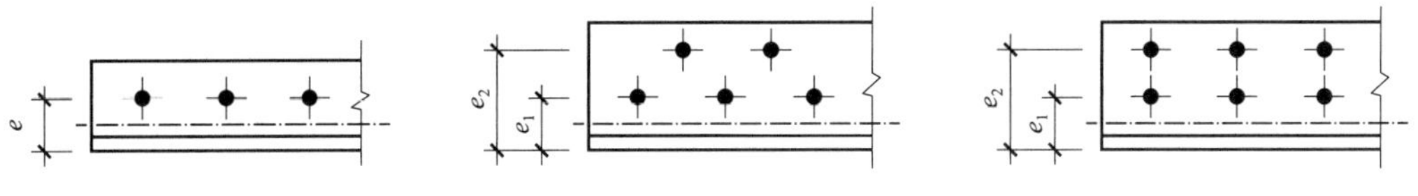

（a）单行排列　　（b）双行错列　　（c）双行并列

图 6-29　角钢上的螺栓排列

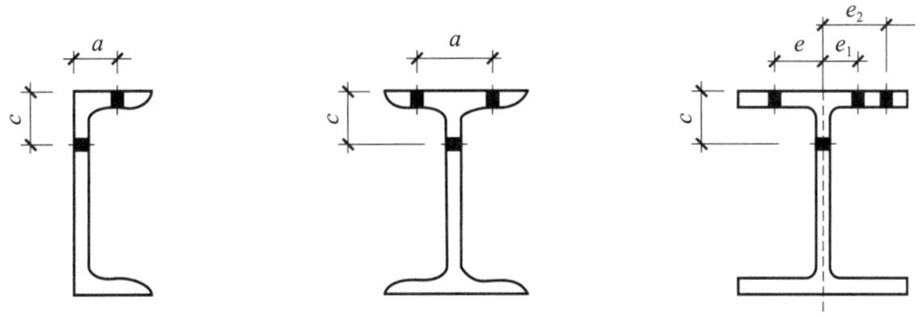

（a）槽钢　　（b）普通工字钢　　（c）H型钢

图 6-30　型钢上的螺栓排列

表 6-4　角钢上螺栓或铆钉线距　　单位:mm

单排排列	角钢肢宽	40	45	50	56	63	70	75	80	90	100	110	125
	线距 e	25	25	30	30	35	40	40	45	50	55	60	70
	最大孔径	11.5	13.5	13.5	15.5	17.5	20	22	22	24	24	26	26
双排错列	角钢肢宽	125	140	160	180	200	双排并列	角钢肢宽			160	180	200
	e_1	55	60	70	70	80		e_1			60	40	80
	e_2	90	100	120	140	160		e_2			130	140	160
	最大孔径	24	24	26	26	26		最大孔径			24	24	26

表 6-5　工字钢和槽钢腹板上的螺栓线距

工字钢型号	12	14	16	18	20	22	25	28	32	36	40	45	50	56	63
线距 c_{min}/mm	40	45	45	45	50	50	55	60	60	65	700	75	75	75	75
槽钢型号	12	14	16	18	20	22	25	28	32	36	40	—	—	—	—
线距 c_{min}/mm	40	45	50	50	55	55	55	60	65	70	75	—	—	—	—

表 6-6　工字钢和槽钢翼缘上的螺栓线距

工字钢型号	12	14	16	18	20	22	25	28	32	36	40	45	50	56	63
线距 c_{min}/mm	40	40	50	55	60	65	65	70	75	80	80	85	90	95	95
槽钢型号	12	14	16	18	20	22	25	28	32	36	40	—	—	—	—
线距 c_{min}/mm	30	35	35	40	40	45	45	45	50	56	60	—	—	—	—

表 6-7 螺栓、柱孔图例 单位:mm

序 号	名 称	图 例	说 明
1	永久螺栓	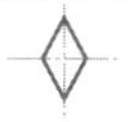	① 细"-┼-"表示定位线; ② 必须标注孔、螺栓直径
2	安装螺栓	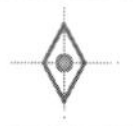	
3	高强度螺栓		
4	螺栓圆孔	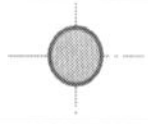	① 细"-┼-"表示定位线; ② 必须标注孔、螺栓直径
5	椭圆形螺栓孔		

6.5.2 普通螺栓连接的工作性能

螺栓连接由于具有安装省时省力、所需安装设备简单、对施工工人的技能要求不及对焊工的要求高等优点,目前在钢结构连接中的应用仅次于焊缝连接。螺栓连接按受力情况又可分为三种:抗剪螺栓连接、抗拉螺栓连接和同时承受剪力和拉力的螺栓连接。

1) 普通螺栓的抗剪连接

(1) 螺栓受剪时的工作性能。

抗剪螺栓连接在受力以后,很快超过其摩擦力极限,钢板件发生相对滑动,螺栓杆和螺栓孔壁发生接触,使螺栓杆受剪,同时螺栓杆和孔壁间互相接触挤压。剪力主要靠螺栓杆受剪以及与钢板件之间的挤压来传递。

螺栓连接受剪时的破坏可能出现五种形式:螺栓杆剪切破坏(图 6-31a);钢板孔壁挤压破坏(图 6-31b);构件本身由于截面开孔削弱过多而破坏(图 6-31c);由于钢板端部螺孔端距太小而被剪坏(图 6-31d);由于钢板太厚、螺杆直径太小,发生螺杆弯曲破坏(图 6-31e)。

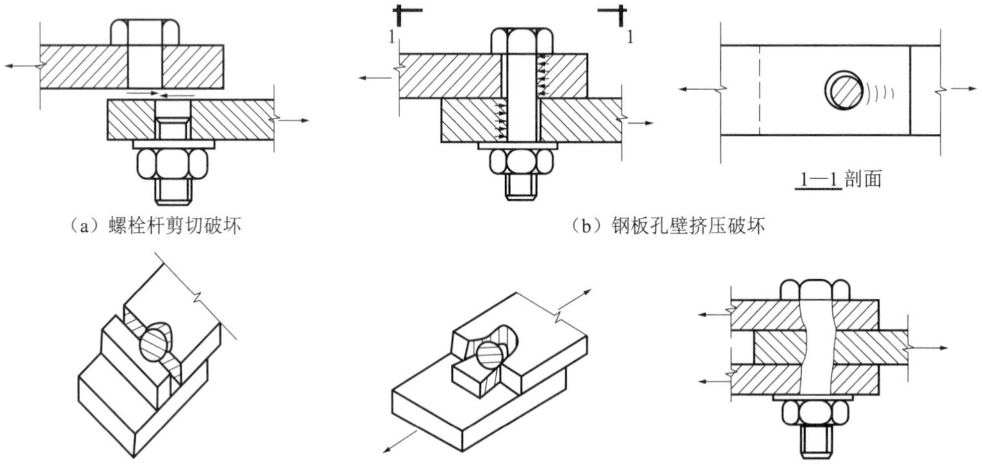

(a) 螺栓杆剪切破坏 (b) 钢板孔壁挤压破坏

(c) 截面开孔削弱过多而破坏 (d) 螺孔端距太小而被剪坏 (e) 螺杆弯曲破坏

图 6-31 普通螺栓连接的破坏形式

后两种破坏用限制螺距和螺栓杆杆长 $l \leqslant 5d$（d 为螺栓杆直径）等构造措施来防止，前三种需要在设计计算中验算保证。

（2）单个普通螺栓的抗剪承载力。

普通螺栓连接的抗剪承载力应考虑螺栓杆受剪和孔壁承压两种情况。

每个普通螺栓的抗剪承载力为

$$N_v^b = n_v \frac{\pi d^2}{4} f_v^b \tag{6-16}$$

每个普通螺栓的承压承载力为

$$N_c^b = d f_c^b \sum t_i \tag{6-17}$$

式中　n_v——受剪面数（图 6-32）；

d——螺杆直径；

$\sum t_i$——同一方向承压构件较小总厚度（图 6-32）；

f_v^b，f_c^b——螺栓抗剪、抗压强度设计值。

对于抗剪螺栓的设计值应取受剪和承压承载力设计值中的较小者，即

$$N_{min}^b = \min\{N_v^b, N_c^b\} \tag{6-18}$$

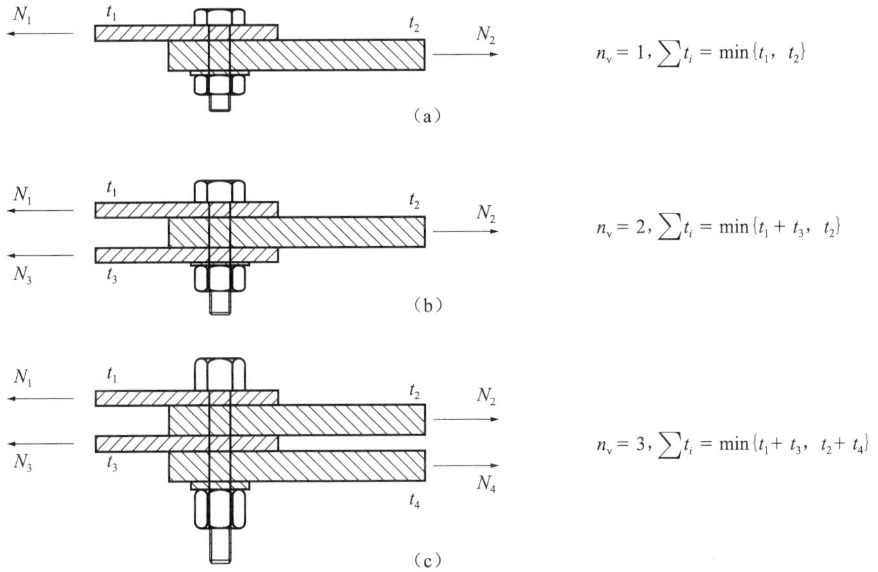

图 6-32　剪切面数和承压厚度

2）普通螺栓的抗拉连接

螺栓连接在拉力作用下，构件的接触面有脱开趋势。此时螺栓受到沿杆轴方向的拉力作用，故拉力螺栓连接的破坏形式为栓杆被拉断（图 6-33）。

单个螺栓的抗拉承载力 N_t^b 为

$$N_t^b = \frac{\pi d_e^2}{4} f_t^b \tag{6-19}$$

式中　d_e——螺纹处有效直径；

f_t^b——螺栓抗拉强度设计值。

采用螺栓的T形连接必须借助辅助零件(角钢)才能实现(图6-34)。通常角钢刚度不大,受拉后垂直于拉力作用方向的角钢肢会发生较大的变形(图6-34a),起杠杆作用,在该肢外侧端部产生撬力Q。因此,螺栓实际所受拉力$P_f = N + Q$。确定力Q比较复杂,故在计算中一般不计力Q,而用降低螺栓强度设计值的方法解决,取$f_t^b = 0.80f$。如果在构造上采取一些措施来加强角钢刚度,则可使其不致产生撬力或产生撬力甚小,例如在角钢两肢间设置加劲肋(图6-34b)就是增大刚度的有效方法。

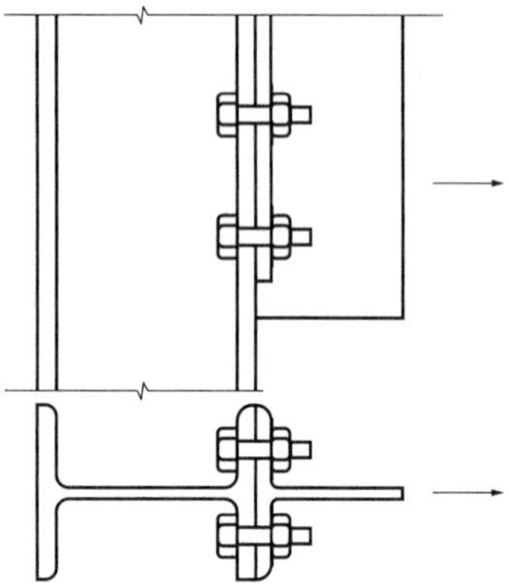

图6-33　螺栓抗拉连接

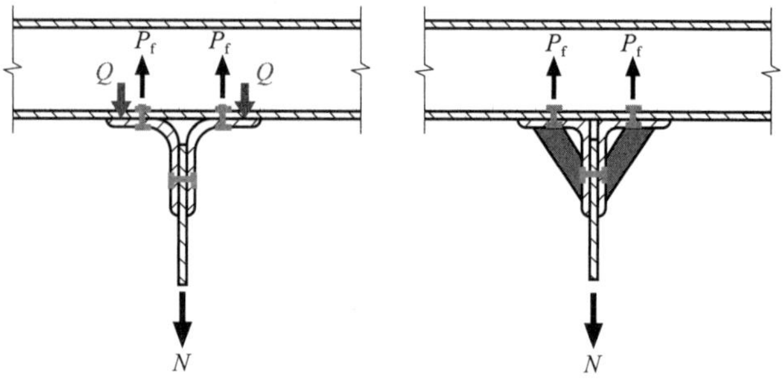

(a) 角钢辅助　(b) 有加劲肋的角钢辅助

图6-34　螺栓的T形连接

6.5.3　普通螺栓群的工作性能及计算

1) 螺栓群在轴心力作用下的抗剪计算

当外力通过螺栓群形心时,可假定轴心力由每个螺栓平均分担,则所需螺栓数目n为

$$n = \frac{N}{\beta N_{\min}^b} \tag{6-20}$$

式中　$N_{\min}^b$——单个螺栓抗剪承载力设计值;

β——螺栓群的承载力设计值折减系数,该系数与螺栓在构件节点处或拼接接头一端沿受力方向的连接长度l和其孔径d_0之比有关,由式(6-21)确定。

$$\beta = 1.1 - \frac{l_1}{150d_0} \tag{6-21}$$

式中　d_0——孔径。

当$l_1 < 15d_0$时,取$\beta = 1.0$;当$l_1 > 60d_0$时,取$\beta = 0.7$。

螺栓在构件上排列完成后,根据《钢结构设计标准》(GB 50017—2017)的规定还需验算构件的截面强度。

毛截面验算

$$\sigma = \frac{N}{A} \leqslant f$$

净截面验算

$$\sigma = \frac{N}{A_n} \leqslant 0.7f_u$$

式中　A——构件毛截面面积；

f, f_u——构件钢材的强度设计值、抗拉强度；

A_n——构件净截面面积。

根据螺栓排列形式取Ⅰ-Ⅰ或Ⅱ-Ⅱ截面计算 A_n（图 6-35）。当螺栓并列布置时，有

$$A_n = A - n_1 d_0 t \tag{6-22}$$

式中　n_1——第一排螺栓的数目。

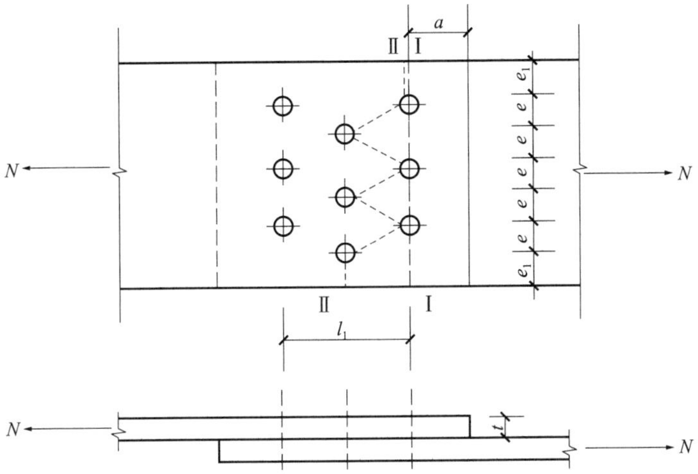

图 6-35　轴向力作用下的螺栓群受剪净截面验算

当螺栓错列布置时，构件有可能沿Ⅰ-Ⅰ或Ⅱ-Ⅱ截面破坏，Ⅱ-Ⅱ的净截面面积可近似地取为

$$A_n = \left[2e_1 + (n_2 - 1)\sqrt{a^2 + e^2} - n_2 d_0\right] t \tag{6-23}$$

式中　n_2——前两排螺栓的总数目。

取Ⅰ-Ⅰ和Ⅱ-Ⅱ截面的较小值验算构件的净截面强度。

【例 6-9】　设计两角钢拼接的普通粗制 4.6 级螺栓连接，角钢截面为∟75×5，轴心受拉设计值 $N=120$ kN，拼接角钢采用与构件相同的截面，钢材为 Q235AF，螺栓直径 $d=20$ mm，孔径 $d_0=21.5$ mm，如图 6-36 所示。

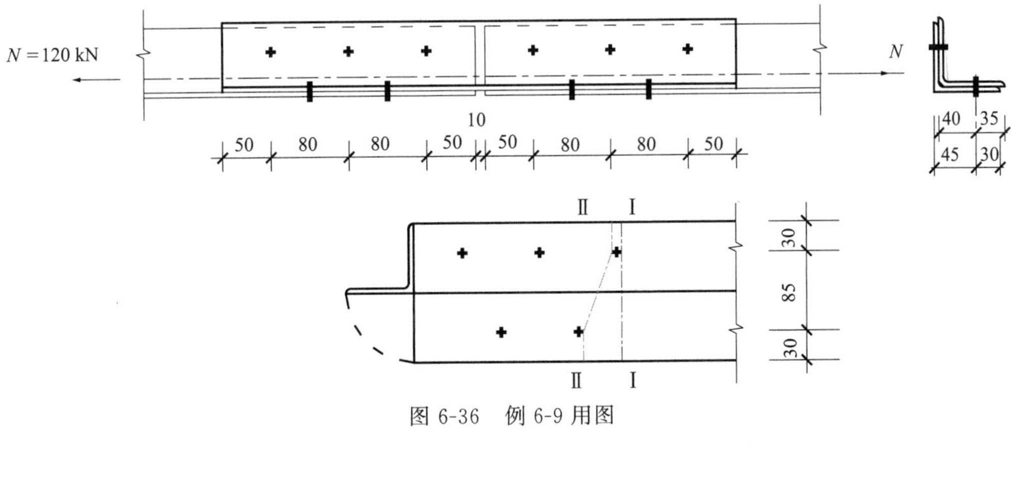

图 6-36　例 6-9 用图

【解】 (1)螺栓连接计算。

单个螺栓的抗剪承载力设计值为

$$N_v^b = n_v \cdot \frac{\pi d^2}{4} \cdot f_v^b = 1 \times \frac{\pi \times 20^2}{4} \times 140\ \text{N} = 43\ 982\ \text{N} \approx 44.0\ \text{kN}$$

单个螺栓的承压承载力设计值为

$$N_c^b = dtf_c^b = 20 \times 5 \times 305\ \text{N} = 30\ 500\ \text{N} = 30.5\ \text{kN}$$

$$N_{min}^b = \min\{N_v^b, N_c^b\} = 30.5\ \text{kN}$$

构件一侧所需螺栓数目

$$n = \frac{N}{N_{min}^b} = \frac{120 \times 10^3}{30.5 \times 10^3} = 3.93$$

每侧采用5只螺栓,为了排列紧凑,在角钢两肢上交错排列,如图6-36所示。

(2) 构件强度验算。

毛截面验算:

将角钢展开,角钢的毛截面面积

$$A = 736.7\ \text{mm}^2$$

$$\sigma = \frac{N}{A} = \frac{120 \times 10^3}{736.7}\ \text{N/mm}^2 = 162.9\ \text{N/mm}^2 < f = 215\ \text{N/mm}^2 \quad (\text{满足要求})$$

净截面断裂验算:

Ⅰ-Ⅰ截面的净面积

$$A_n^{\text{I}} = A - n_1 d_0 t = (736.7 - 1 \times 21.5 \times 5)\ \text{mm}^2 = 629.2\ \text{mm}^2$$

Ⅱ-Ⅱ截面的净面积

$$\begin{aligned} A_n^{\text{II}} &= [2e_1 + (n_2 - 1)\sqrt{a^2 + e^2} - n_2 d_0]t \\ &= [2 \times 30 + (2-1)\sqrt{40^2 + 85^2} - 2 \times 21.5] \times 5\ \text{mm}^2 \\ &= 554.7\ \text{mm}^2 \end{aligned}$$

取其中较小者进行验算,即 $A_n = \min\{A_n^{\text{I}}, A_n^{\text{II}}\} = 554.7\ \text{mm}^2$

$$\begin{aligned} \sigma = \frac{N}{A_n} = \frac{120 \times 10^3}{554.7}\ \text{N/mm}^2 = 216.3\ \text{N/mm}^2 < 0.7 f_u \\ = 0.7 \times 370\ \text{N/mm}^2 = 259\ \text{N/mm}^2 \quad (\text{满足要求}) \end{aligned}$$

2) 普通螺栓群在扭矩作用下的抗剪计算

承受扭矩的螺栓连接,一般是先布置好螺栓群,再计算受力最大螺栓所承受的剪力,并与一个抗剪螺栓的承载力设计值进行比较。设计时,受力最大的螺栓所承受的剪力应不大于螺栓的抗剪承载力设计值。

计算时假定被连接构件是刚性的,而螺栓是弹性的;各螺栓绕螺栓群形心 O 旋转,其受力大小与其至螺栓群形心的距离成正比,力的方向与其和螺栓群形心的连线相垂直。

按图6-37所示连接,螺栓群承受扭矩 T,使每个螺栓受剪。设各螺栓至其形心的距离分别是 $r_1, r_2, r_3, \cdots, r_n$,所承受的剪力分别是 $N_1^T, N_2^T, N_3^T, \cdots, N_n^T$。

由力的平衡条件,外扭矩 T 等于各螺栓受到的剪力对螺栓群形心的力矩的总和:

$$T = N_1^T r_1 + N_2^T r_2 + N_3^T r_3 + \cdots + N_n^T r_n \tag{6-24a}$$

螺栓受力大小与其距 O 点的距离成正比,于是有

$$\frac{N_1^T}{r_1}=\frac{N_2^T}{r_2}=\frac{N_3^T}{r_3}=\cdots=\frac{N_n^T}{r_n} \tag{6-24b}$$

由式(6-24a)和式(6-24b)可得

$$N_1^T=\frac{Tr_1}{\sum r_i^2}=\frac{Tr_1}{\sum x_i^2+\sum y_i^2} \tag{6-25}$$

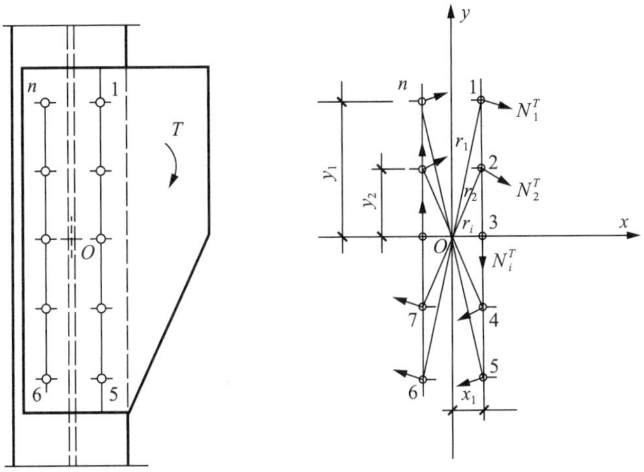

图 6-37　螺栓群在扭矩作用下的抗剪计算

3) 普通螺栓群在扭矩、剪力、轴力共同作用下的抗剪计算

对于图 6-38 所示的螺栓群，承受扭矩 T、剪力 V、轴心力 N 的共同作用，设计时通常先布置好螺栓群，再进行验算。计算步骤如下：

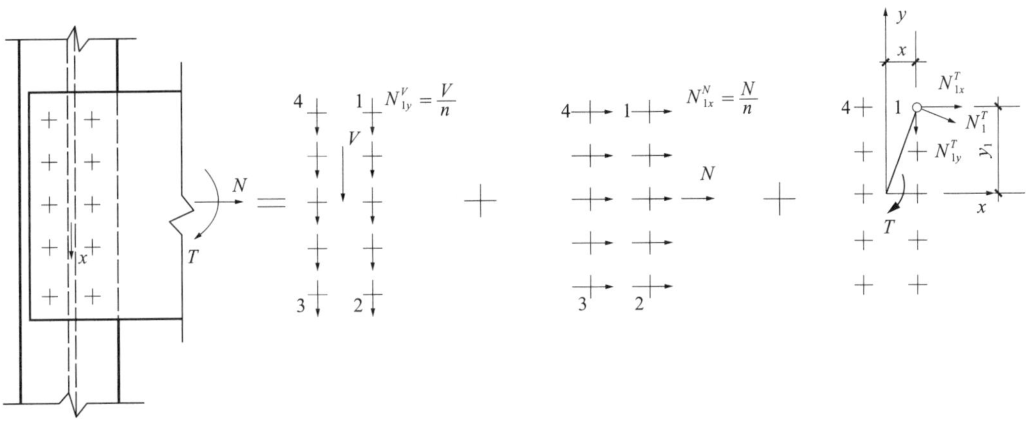

图 6-38　螺栓群在扭矩、剪力、轴力共同作用下的计算

(1) 将连接所受外力向螺栓群形心平移，得到扭矩、剪力、轴力；

(2) 判断危险的螺栓；

(3) 计算危险螺栓在各力单独作用下的剪力；

(4) 将危险螺栓的各剪力分量合成，验算危险螺栓。

在扭矩 T 作用下，螺栓 1,2,3,4 受力最大，为 N_1^T，其在 x，y 两个方向的分力为

$$N_{1x}^T = N_1^T \frac{y_1}{r_1} = \frac{Ty_1}{\sum x_i^2 + \sum y_i^2}$$

$$N_{1y}^T = N_1^T \frac{x_1}{r_1} = \frac{Tx_1}{\sum x_i^2 + \sum y_i^2}$$

在剪力和轴心力作用下，螺栓受力均匀，每个螺栓受力为

$$N_{1y}^V = \frac{V}{n},\quad N_{1x}^N = \frac{N}{n}$$

受剪力最大螺栓 1 所承受的合力 N_1 应不超过螺栓的抗剪承载力设计值，即

$$N_1 = \sqrt{(N_{1x}^T + N_{1x}^N)^2 + (N_{1y}^T + N_{1y}^V)^2} \leqslant N_{\min}^b \tag{6-26}$$

【例 6-10】 如图 6-39 所示，采用普通螺栓连接，钢材为 Q235，$F=60$ kN，采用 M20 普通螺栓 C 级，孔径 $d_0=21.5$ mm，试验算此连接的强度。

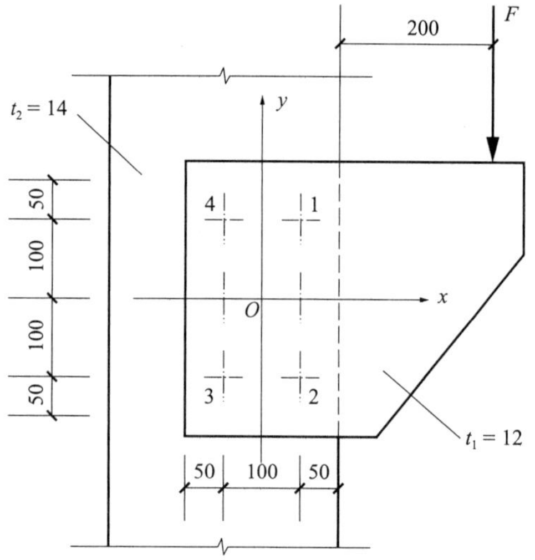

图 6-39 例 6-10 用图

【解】 将偏心力 F 向螺栓群形心简化得

$$T = eF = 300 \times 60\ \text{kN} \cdot \text{mm} = 1.8 \times 10^4\ \text{kN} \cdot \text{mm}$$

$$V = F = 60\ \text{kN}$$

查附表 1-3 得 $f_v^b = 140\ \text{N/mm}^2$，$f_c^b = 305\ \text{N/mm}^2$。

单个螺栓的抗剪承载力设计值

$$N_v^b = n_v \frac{\pi d^2}{4} f_v^b = 1 \times \frac{\pi \times 20^2}{4} \times 140 \times 10^{-3}\ \text{kN} = 43.98\ \text{kN}$$

单个螺栓的承压承载力设计值

$$N_c^b = d f_c^b \sum t_i = 20 \times 305 \times 10^{-3} \times 12\ \text{kN} = 73.2\ \text{kN}$$

在 T 和 V 作用下，螺栓 1 所受剪力最大，为

$$N_{1x}^T = \frac{T \cdot y_1}{\sum x_i^2 + \sum y_i^2} = \frac{18\,000 \times 100}{6 \times 50^2 + 4 \times 100^2}\ \text{kN} \approx 32.73\ \text{kN}$$

$$N_{1y}^{T}=\frac{T\cdot x_1}{\sum x_i^2+\sum y_i^2}=\frac{18\ 000\times 50}{6\times 50^2+4\times 100^2}\ \text{kN}\approx 16.36\ \text{kN}$$

$$N_{1y}^{V}=V/n=60/6\ \text{kN}=10\ \text{kN}$$

$$N_1=\sqrt{(N_{1x}^{T})^2+(N_{1y}^{T}+N_{1y}^{V})^2}=\sqrt{32.73^2+(16.36+10)^2}\ \text{kN}\approx 42.03\ \text{kN}$$

$$N_1<N_{\min}^{b}=\min\{N_c^b,N_v^b\}=\min\{73.2,43.98\}=43.98\ \text{kN}$$

故此连接强度满足要求。

4) 普通螺栓群在轴力作用下的抗拉计算

当设计拉力通过螺栓群形心时，所需要的螺栓数目为

$$n=\frac{N}{N_t^b}\tag{6-27}$$

5) 普通螺栓群在弯矩作用下的抗拉计算

普通螺栓群在图 6-40 所示弯矩 M 的作用下，上部螺栓受拉。与螺栓群拉力相平衡的压力产生于牛腿和柱的接触面上，精确确定中和轴位置的计算比较复杂。通常近似地假定在最下边一排螺栓轴线上，并且因力臂很小忽略压力所提供的力矩。因此，由平衡关系可得

$$M=m(N_1^M y_1+N_2^M y_2+\cdots+N_n^M y_n)$$

由于螺栓受力大小与其距中和轴的距离成正比，所以可得螺栓最大内力为

$$N_1^M=\frac{My_1}{m\sum y_i^2}\leqslant N_t^b\tag{6-28}$$

式中　m——螺栓排列的纵列数。

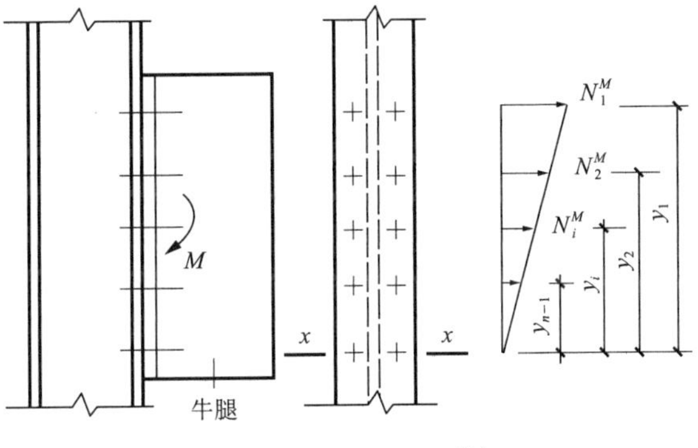

图 6-40　螺栓群在弯矩作用下的抗拉计算

6) 普通螺栓群在弯矩 M 和轴力 N 共同作用下的计算

这种连接又分为两种情形：

(1) 板件下端有抗剪块，此时竖向剪力 V 通过板件直接传递给抗剪块，螺栓群不受竖向剪力，只受弯矩 M 和轴力 N 共同作用，所有螺栓只能受拉(图 6-41)。

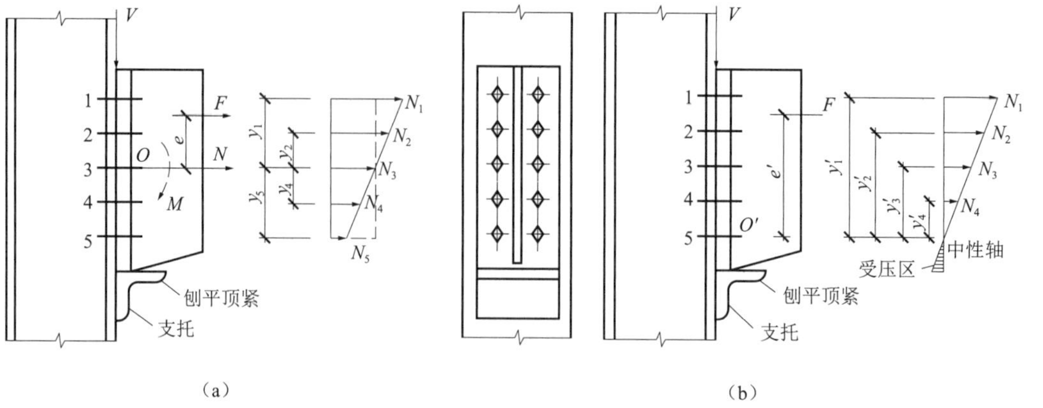

图 6-41　普通螺栓群在弯矩 M 和轴力 N 共同作用下的受力分析

(2) 当板件下端没有抗剪块时，剪力 V 通过螺栓群传递，如果通过形心，则在各个螺栓之间平均分配。

如图 6-41 所示，轴力 N 作用在螺栓群形心，可以认为各螺栓平均受拉，拉力为

$$N_i^N = N/n$$

在弯矩 M 作用下，被连接件有顺弯矩 M 作用方向旋转的趋势。根据弯矩的大小，应区别两种情况。

(1) 当弯矩 M 较小时，被连接件绕螺栓群的形心线上的 O 点转动(图 6-41a)，螺栓所受拉力的大小与其距旋转中心 O 点的距离成正比。

根据平衡条件(仅考虑弯矩 M)得

$$M = m\sum_{i=1}^{n} N_i^M y_i \tag{a}$$

式中　m——螺栓的列数。

根据几何关系得

$$\frac{N_i^M}{y_i} = 常数 \tag{b}$$

由式(a)及式(b)得

$$N_1^M = \frac{My_1}{m\sum_{i=1}^{n} y_i^2} \tag{6-29}$$

式中　y_i——各螺栓到螺栓群形心 O 点的距离，其中 y_1 为 y_i 中的最大值。

连接中最小拉力和最大拉力的计算式为

$$\begin{cases} N_{\min} = \dfrac{N}{n} - \dfrac{My_1}{\sum y_i^2} \\ N_{\max} = \dfrac{N}{n} + \dfrac{My_1}{\sum y_i^2} \end{cases} \tag{6-30}$$

当计算得到的 $N_{\min} \geqslant 0$ 时，说明所有螺栓均受拉，被连接构件绕螺栓群形心 O 转动。计算得到的 $N_{\max}$ 必须满足强度条件

$$N_{\max} \leqslant N_{\mathrm{t}}^{\mathrm{b}}$$

(2) 当弯矩 M 较大，由式(6-30)求出的 $N_{\min}<0$ 时，说明连接下部受压，这时偏安全地认为被连接构件绕底排螺栓 O' 转动(图 6-41b)，应对底排螺栓取矩，顶排螺栓受力为

$$N_{\max}=\frac{(M+Ney_1')}{\sum y_i'^2} \leqslant N_{\mathrm{t}}^{\mathrm{b}} \tag{6-31}$$

式中　e——轴力到转动中心 O'(底排螺栓孔心)的距离，mm；

y_i'——各螺栓到转动中心 O'(底排螺栓孔心)的距离，mm；

y_1'——y_i' 中的最大值，mm。

应注意：被连接构件绕底排螺栓还是顶排螺栓转动，应视弯矩作用方向而定。

7) 普通螺栓群同时承受剪力和拉力的计算

如图 6-41 和图 6-42 所示，假如连接没有支托，螺栓群将承受剪力和拉力，假设剪力通过螺栓群形心，则在剪力作用下，螺栓受力为

$$N_{\mathrm{v}}=\frac{V}{n}$$

根据《钢结构设计标准》(GB 50017—2017)，螺栓在剪力和拉力的共同作用下需要满足

$$\sqrt{\left(\frac{N_{\mathrm{v}}}{N_{\mathrm{v}}^{\mathrm{b}}}\right)^2+\left(\frac{N_{\mathrm{t}}}{N_{\mathrm{t}}^{\mathrm{b}}}\right)^2} \leqslant 1 \tag{6-32}$$

满足了式(6-32)，也只能说明螺栓不会因受拉和受剪破坏。当钢板比较薄时，还有可能发生孔壁承压破坏，故还要满足

$$N_{\mathrm{v}} \leqslant N_{\mathrm{c}}^{\mathrm{b}} \tag{6-33}$$

式中　$N_{\mathrm{v}}, N_{\mathrm{t}}$——一个螺栓承受的剪力和拉力；

$N_V^{\mathrm{b}}, N_{\mathrm{c}}^{\mathrm{b}}, N_{\mathrm{t}}^{\mathrm{b}}$——一个螺栓的抗剪、承压和抗拉承载力设计值。

【例 6-11】 如图 6-42 所示，梁用普通螺栓与柱翼缘相连接，承受外力设计值 $F=200$ kN，$e=150$ mm，梁端竖板下有承托。钢材采用 Q235，螺栓为 M20 的 C 级螺栓，孔径 $d_0=21.5$ mm，螺栓布置如图 6-42 所示，试按考虑支托传递全部剪力和支托不传递剪力两种情况分别验算此连接的强度。

【解】 (1) 将外力 F 向螺栓群形心简化，得

$$V=F=200\ \mathrm{kN},\quad M=eF=150\times200\ \mathrm{kN\cdot mm}=3\times10^4\ \mathrm{kN\cdot mm}$$

剪力 V 全部由承托传递，螺栓群只承受弯矩 M，假设螺栓群绕最下一排螺栓旋转。

一个螺栓抗拉承载力设计值为

$$N_{\mathrm{t}}^{\mathrm{b}}=\frac{\pi d_{\mathrm{e}}^2}{4}f_{\mathrm{t}}^{\mathrm{b}}=A_{\mathrm{e}}f_{\mathrm{t}}^{\mathrm{b}}=2.45\times10^2\times170\ \mathrm{N}=41\ 650\ \mathrm{N}\approx41.65\ \mathrm{kN}$$

作用于一个螺栓的最大拉力为

$$N_1^M=\frac{My_1}{m\sum y_i^2}=\frac{30\ 000\times400}{2\times(100^2+200^2+300^2+400^2)}\ \mathrm{kN}=20\ \mathrm{kN}<N_{\mathrm{t}}^{\mathrm{b}}$$

采用侧面角焊缝，焊脚尺寸 $h_{\mathrm{f}}=8$ mm。

承托与柱翼缘的连接焊缝计算如下

$$\tau_f = \frac{\alpha V}{h_e \sum l_{wi}} = \frac{1.35 \times 200\ 000}{0.7 \times 8 \times 2 \times 170}\ \text{N/mm}^2$$

$$= 141.8\ \text{N/mm}^2 < f_f^w = 160\ \text{N/mm}^2$$

连接满足强度要求。

(2) 承托不承受剪力，螺栓群同时承受剪力 V 和弯矩 M 作用。螺栓群为拉力和剪力联合作用。

一个螺栓的抗剪承载力设计值为

$$N_v^b = n_v \frac{\pi d^2}{4} f_v^b = 1 \times \frac{\pi \times 20^2}{4} \times 140\ \text{N}$$

$$= 43\ 982\ \text{N} = 43.98\ \text{kN}$$

$$N_c^b = d f_c^b \sum t_i = 20 \times 305 \times 10\ \text{N} = 61\ 000\ \text{N} = 61\ \text{kN}$$

$$N_t^b = 41.65\ \text{kN}$$

一个螺栓的最大拉力 $N_1^M = 20\ \text{kN}$

一个螺栓的最大剪力

$$N_v = \frac{V}{n} = \frac{200}{10} = 20\ \text{kN} < N_v^b = 43.98\ \text{kN}$$

螺栓在拉力和剪力联合作用下，有

$$\sqrt{\left(\frac{N_v}{N_v^b}\right)^2 + \left(\frac{N_1^M}{N_t^b}\right)^2} = \sqrt{\left(\frac{20}{43.98}\right)^2 + \left(\frac{20}{41.65}\right)^2} = 0.66 < 1$$

此时，连接也能满足强度要求，或者说承托可以取消。

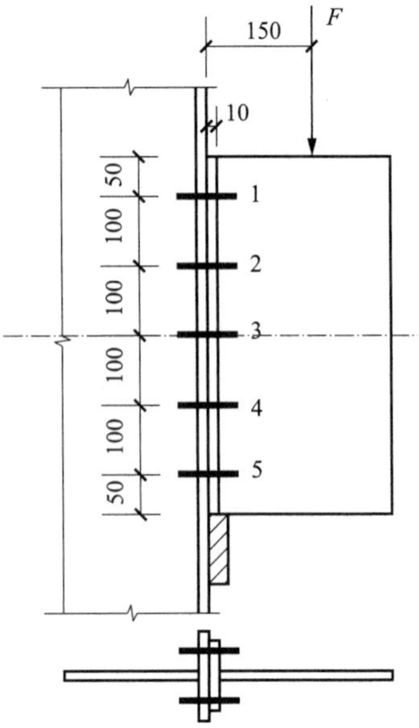

图 6-42 例 6-11 用图

【例 6-12】 设有一牛腿如图 6-43 所示，用粗制 4.6 级螺栓连接于钢柱上，牛腿下有一支托板以承受剪力，螺栓采用 M20，钢材为 Q235BF，螺栓间距为 70 mm，竖向荷载 V 距离柱翼缘表面 200 mm，设计值为 100 kN，轴向力 N 的设计值为 120 kN，焊条采用 E43 型，手工焊。试验算螺栓强度和支托焊缝。如果改用 5.6 级精制螺栓，则可否不用支托？

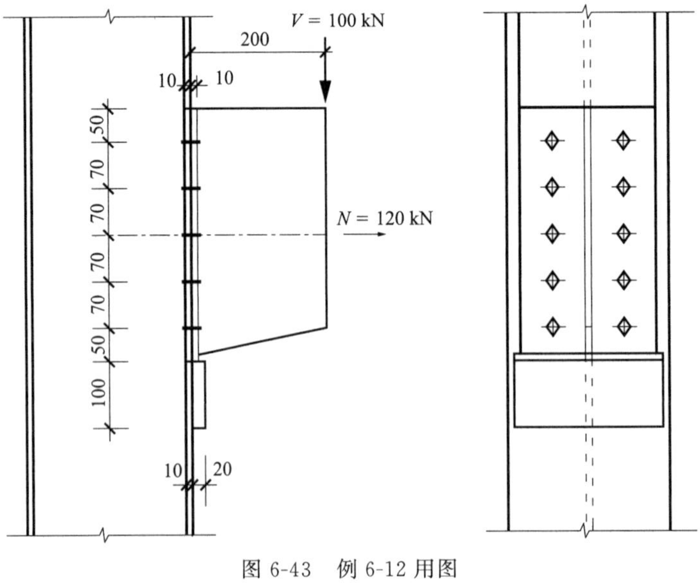

图 6-43 例 6-12 用图

【解】 粗制螺栓只能受拉，承受 $N=120$ kN 和 $V=100$ kN 引起的弯矩。假定剪力 V 完全由支托承担。

(1) 单个抗拉螺栓承载力设计值为

$$N_t^b=\frac{\pi d_e^2}{4}f_t^b=\frac{\pi\times 17.654\,5^2}{4}\times 170\text{ N}=41\,615\text{ N}$$

先假定牛腿绕螺栓群形心转动，则最外排的螺栓拉力为

$$N_{\min}=\frac{N}{n}-\frac{My_1}{\sum y_i^2}=\left(\frac{120\times 10^3}{10}-\frac{100\times 10^3\times 200\times 140}{4\times(70^2+140^2)}\right)\text{ N}=(12\,000-28\,571)\text{ N}$$

$$=-16\,571\text{ N}<0$$

计算结果表明，连接下部受压，这时构件(牛腿)绕底排螺栓转动，顶排螺栓的受力为

$$N_{\max}=\frac{(M+Ne)y_1'}{\sum y_i'^2}=\frac{(100\times 10^3\times 200+120\times 10^3\times 140)\times 280}{2\times(70^2+140^2+210^2+280^2)}\text{ N}$$

$$=35\,048\text{ N}<N_t^b=41\,615\text{ N}\qquad(安全)$$

(2) 支托承受剪力设计值 $V=100$ kN。

直角焊缝厚度，$1.5\sqrt{t_2}\leqslant h_f\leqslant 1.2t_1$，即 $6.7\text{ mm}\leqslant h_f\leqslant 12\text{ mm}$，取 $h_f=8$ mm，则

$$\tau=\frac{N}{0.7h_fl_w}=\frac{100\times 10^3}{0.7\times 8\times 2\times(100-2\times 8)}\text{ N/mm}^2\approx 106.3\text{ N/mm}^2<f_f^w$$

$$=160\text{ N/mm}^2\quad(安全)$$

(3) 如果改用 5.6 级精制螺栓。

抗拉强度设计值　　　　$f_t^b=210\text{ N/mm}^2$

单个螺栓的抗拉承载力

$$N_t^b=\frac{\pi d_e^2}{4}f_t^b=\frac{\pi\times 17.654\,5^2}{4}\times 210\text{ N/mm}^2\approx 51\,407\text{ N/mm}^2$$

抗剪螺栓承载力

$$N_v^b=n_v\frac{\pi d^2}{4}f_v^b=1\times\frac{\pi\times 20^2}{4}\times 190\text{ N}\approx 59\,690\text{ N}$$

$$N_c^b=df_c^b\sum t_i=20\times 405\times 10\text{ N}=81\,000\text{ N}$$

每个螺栓的剪力为

$$N_v=\frac{V}{n}=\frac{100\times 10^3}{10}\text{ N}=10\,000\text{ N}<N_{\min}^b=\min\{N_v^b,N_c^b\}=\min\{59\,690\text{ N},81\,000\text{ N}\}=59\,690\text{ N}$$

螺栓的最大拉力与上述情形相同，即

$$N_{\max}=35\,050\text{ N}$$

$$\sqrt{\left(\frac{N_v}{N_v^b}\right)^2+\left(\frac{N_{\max}}{N_t^b}\right)^2}=\sqrt{\left(\frac{10\,000}{59\,690}\right)^2+\left(\frac{35\,050}{51\,407}\right)^2}\approx\sqrt{0.028\,1+0.464\,9}$$

$$\approx 0.702<1\qquad(安全)$$

计算结果表明，如果改用 5.6 级精制螺栓，可以取消支托。

6.6 高强度螺栓连接的构造与计算

6.6.1 高强度螺栓连接的工作性能

高强度螺栓(图 6-44)按照性能等级分，有 10.9 级和 8.8 级等。级别划分中小数点前的数字是螺栓热处理后的最低抗拉强度，小数点后的数字是屈强比(f_y/f_u)，如 8.8 级高强度螺栓所用钢材的最低抗拉强度是 830 N/mm^2，屈服强度是 0.8×830 N/mm^2＝644 N/mm^2。高强度螺栓连接孔应采用钻成孔，孔型尺寸可按表 6-8 采用。高强度螺栓承压型连接采用标准孔，摩擦型连接可采用标准孔、大圆孔和槽孔。

图 6-44　高强度螺栓连接幅

表 6-8　高强度螺栓连接的孔型尺寸匹配

单位：mm

螺栓公称直径			M12	M16	M20	M22	M24	M27	M30
孔　径	标准孔	直　径	13.5	17.5	22	24	26	30	33
	大圆孔	直　径	16	20	24	28	30	35	38
	槽　孔	短　向	13.5	17.5	22	24	26	30	33
		长　向	22	30	37	40	45	50	55

高强度螺栓连接按受剪特征划分为摩擦型高强度螺栓连接、承压型高强度螺栓连接，以及承受拉力的高强度螺栓连接。

如图 6-45 和图 6-46 所示，摩擦型高强度螺栓连接依靠被连接构件间的摩擦阻力传递剪力，以剪力等于最大静摩擦力为承载能力的极限状态。高强度螺栓承压型连接的传力特征是：当剪力超过摩擦力后，构件间发生相互滑移，螺栓杆身与孔壁接触，栓杆受剪同时孔壁承压，板件之间摩擦面在滑移过程中遭到破坏，摩擦阻力随滑移的继续而逐渐减弱，可以偏于安全地认为剪力全由螺栓杆身承担。高强度螺栓承压型连接以栓杆剪坏、孔壁压坏或钢板破坏为承载能力的极限状态，可能的破坏形式和普通螺栓相同。

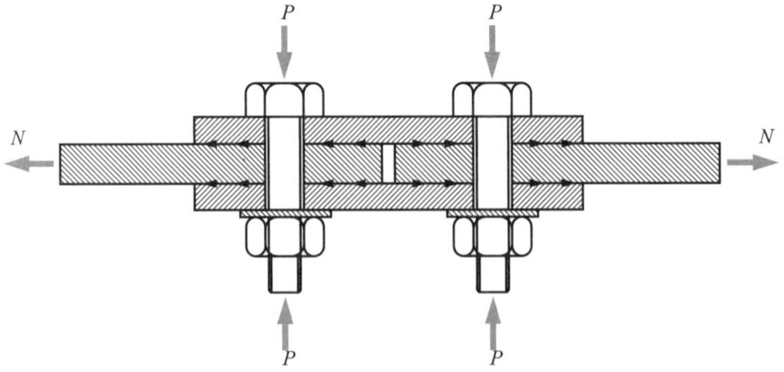

(a) 摩擦阶段

图 6-45　高强度螺栓抗剪连接的工作性能

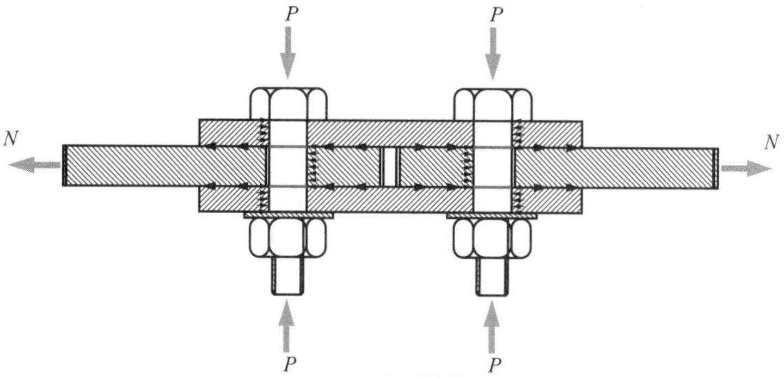

（b）承压阶段

续图 6-45　高强度螺栓抗剪连接的工作性能

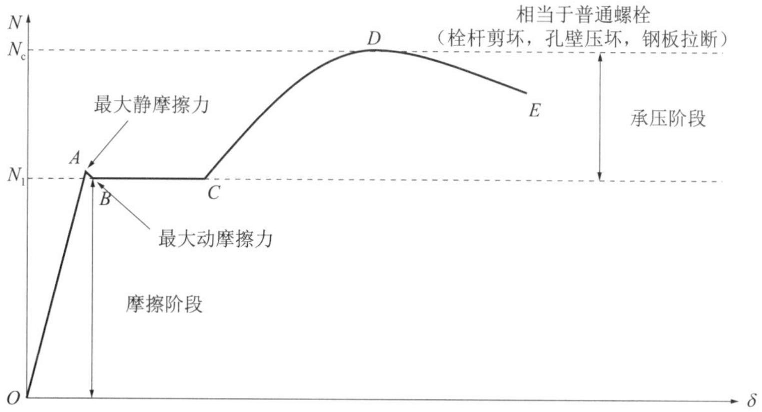

图 6-46　高强度螺栓连接的受剪机理

承受拉力的高强度螺栓连接(图 6-47)，由于预拉力作用，板件间在承受荷载前已经有较大的挤压力，预拉力首先要抵消外部的拉力而使原来板件之间的挤压力减小，直至构件完全被拉开后，高强度螺栓的受拉情况就和普通螺栓受拉相同。不过这种连接的变形要小很多。当拉力小于挤压力时，构件未被拉开，可以减少锈蚀危害，改善连接的疲劳性能。

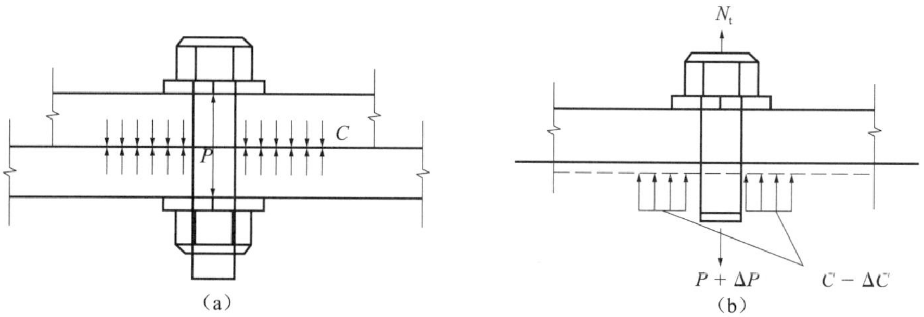

图 6-47　高强度螺栓受拉

6.6.2 高强度螺栓的承载力设计值

1) 摩擦型高强度螺栓连接抗剪承载力设计值

摩擦型连接的承载力取决于构件接触面的摩擦力，摩擦力的大小与螺栓所受预拉力和摩擦面的抗滑移系数以及连接的传力摩擦面数有关。单个摩擦型高强度螺栓连接的抗剪承载力设计值 N_v^b 为

$$N_v^b = 0.9kn_f\mu P \tag{6-34}$$

式中 0.9——抗力分项系数 γ_R 的倒数，取 $\gamma_R = 1/0.9 = 1.111$；

k——孔型系数，标准孔取 1.0，大圆孔取 0.85，内力与槽孔长向垂直时取 0.7，内力与槽孔长向平行时取 0.6；

n_f——传力摩擦面数目，单剪切时，$n_f = 1$，双剪切时，$n_f = 2$；

μ——摩擦面的抗滑移系数，按表 6-9 选用；

P——每个高强度螺栓的预拉力，按表 6-10 选用。

表 6-9 摩擦面的抗滑移系数 μ

连接处构件接触面的处理方法	构件的钢号		
	Q235	Q355 或 Q390	Q420 或 Q460
喷硬质石英砂或铸钢棱角砂	0.45	0.45	0.45
抛丸(喷砂)	0.40	0.40	0.40
钢丝刷清除浮锈或未经处理的干净轧制面	0.30	0.35	—

注：① 钢丝刷除锈方向应与受力方向垂直。

② 当连接构件采用不同钢材品牌时，μ 按相应较低强度者取值。

③ 采用其他方法处理时，其处理工艺及抗滑移系数值均需经试验确定。

表 6-10 单个高强度螺栓的预拉力 P 单位：kN

螺栓的性能等级	螺栓公称直径/mm					
	M16	M20	M22	M24	M27	M30
8.8 级	80	125	150	175	230	280
10.9 级	100	155	190	225	290	355

2) 承压型高强度螺栓连接抗剪承载力设计值

承压型高强度螺栓连接的传力特征是剪力超过摩擦力后，构件之间发生相对滑移，螺杆杆身与孔壁接触，使螺杆受剪和孔壁受压，破坏形式与普通螺栓相同。

承压型高强度螺栓连接的抗剪承载力设计值与普通螺栓计算相同，也分为螺栓杆抗剪和孔壁承压两部分，承载力设计值仍按式(6-16)和式(6-17)计算，只是 f_v^b，f_c^b 要用高强度螺栓的强度设计值。另外，当计算的剪切面位于螺纹处时，其受剪承载力设计值应按螺纹处的有效面积进行计算。

3) 高强度螺栓抗拉承载力设计值

高强度螺栓受到外拉力作用时，首先要抵消钢板件之间的挤压力。在克服挤压力之前，

螺杆的预拉力基本不变。如图 6-47(a)所示,设高强度螺栓在外力作用之前,螺杆受预拉力 P,钢板接触面上产生挤压力 C,且挤压力 C 与预拉力 P 相平衡。试验表明:当外拉力过大时,螺栓将发生松弛现象,这对连接件抗剪性能是不利的。

因此,对于摩擦型连接,《钢结构设计标准》(GB 50017—2017)规定,单个高强度螺栓的抗拉承载力设计值为

$$N_t^b = 0.80P \tag{6-35}$$

对于承压型连接,每个高强度螺栓的受拉承载力设计值的计算方法与普通螺栓相同。

6.6.3 高强度螺栓群的抗剪计算

1) 轴心力作用时

(1) 螺栓数。

高强度螺栓连接所需螺栓数仍按式(6-20)计算,其中,对摩擦型连接,N_{min}^b 为按式(6-43)算得的 N_v^b;对于承压型连接,计算 N_{min}^b 时使用高强度螺栓的 f_v^b,f_c^b。

(2) 构件净截面强度的计算。

对于承压型连接,构件净截面强度验算与普通螺栓相同。对于摩擦型连接,要考虑摩擦阻力作用,有一部分剪力由孔前接触面传递(图 6-48)。孔前传力占螺栓传力的 50%。这样,钢板之间的接触面处净截面传力 N' 为

$$N' = N\left(1 - \frac{0.5n_1}{n}\right) \tag{6-36}$$

式中 n_1——所计算截面上的螺栓数;

n——连接一侧的螺栓总数。

按式(6-37)验算净截面强度

$$\sigma = \frac{N'}{A_n} = \frac{N}{A_n}\left(1 - \frac{0.5n_1}{n}\right) \leqslant 0.7f_u \tag{6-37}$$

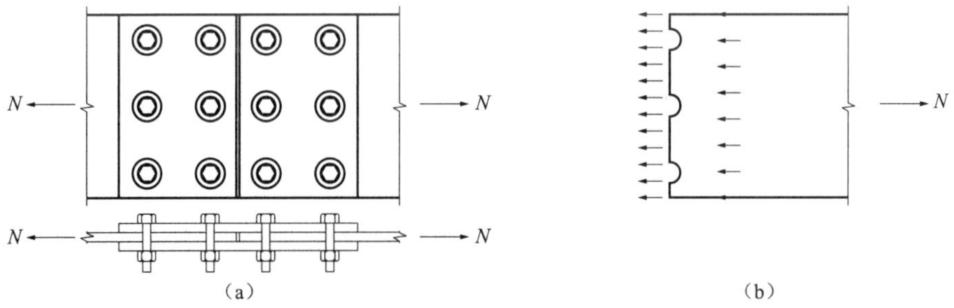

图 6-48 孔前传力

按式(3-1)验算毛截面强度 σ 为

$$\sigma = \frac{N}{A} \leqslant f$$

【例 6-13】 如图 6-49 所示,设计用高强度螺栓的双拼接板连接,承受轴心拉力设计值 $N = 1\ 250$ kN,钢板截面为 340 mm×20 mm,钢材为 Q355 钢,采用 8.8 级 M22 高强度螺栓,连接处构件接触面做抛丸处理,$d_0 = 23.5$ mm。

【解】 (1) 采用摩擦型高强度螺栓连接时,单个螺栓的抗剪承载力设计值为

$$N_v^b = 0.9kn_f\mu P = 0.9\times1\times2\times0.4\times150\ \text{kN} = 108\ \text{kN}$$

所需螺栓数为

$$n = N/N_v^b = 1\ 250/108 = 11.57$$

取 $n=12$ 个,螺栓排列如图 6-49(a)所示。

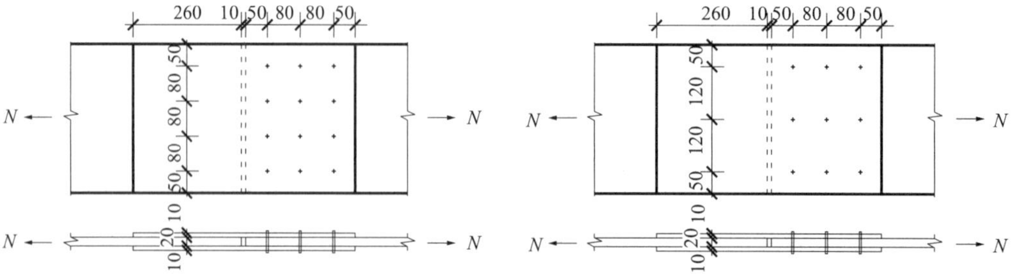

图 6-49　高强度螺栓双拼接板连接

构件净截面强度验算:钢板端部最外排螺孔截面最危险。

$$N' = N\left(1-\frac{0.5n_1}{n}\right) = 1\ 250\times\left(1-\frac{0.5\times4}{12}\right)\ \text{kN} = 1\ 042\ \text{kN}$$

$$A_n = t(b-n_1d_0) = 20\times(340-4\times23.5)\ \text{mm}^2 = 4\ 920\ \text{mm}^2$$

$$\sigma = \frac{N'}{A_n} = \frac{1\ 042\times10^3}{4\ 920}\ \text{N/mm}^2 = 212\ \text{N/mm}^2 < 0.7f_u = 0.7\times470\ \text{N/mm}^2 = 329\ \text{N/mm}^2 \quad \text{(安全)}$$

构件毛截面强度验算

$$\sigma = \frac{N}{A} = \frac{1\ 250\times10^3}{340\times20}\ \text{N/mm}^2 = 184\ \text{N/mm}^2 < f = 295\ \text{N/mm}^2 \text{(安全)}$$

(2) 采用承压型高强度螺栓连接时,单个螺栓的抗剪承载力设计值为

$$N_v^b = n_v\cdot\frac{\pi d^2}{4}\cdot f_v^b = 2\times\frac{\pi\times22^2}{4}\times250\ \text{N} = 1.901\times10^5\ \text{N} = 190.1\ \text{kN}$$

$$N_c^b = d\sum t_i f_c^b = 22\times20\times590\ \text{N} = 259\ 600\ \text{N} = 259.6\ \text{kN}$$

$$N_{\min}^b = \min\{N_v^b, N_c^b\} = 190.1\ \text{kN}$$

所需螺栓数为

$$n = N/N_{\min}^b = 1\ 250/190.1 = 6.58$$

取 $n=9$,螺栓排列如图 6-49(b)所示。

构件截面强度验算:钢板端部最外排螺孔截面最危险。

$$A_n = t(b-n_1d_0) = 20\times(340-3\times21.5)\ \text{mm}^2 = 5\ 510\ \text{mm}^2$$

$$\sigma = N/A_n = 1\ 250\times10^3/5\ 510\ \text{N/mm}^2 = 226.9\ \text{N/mm}^2 < 0.7f_u = 329\ \text{N/mm}^2 \quad \text{(安全)}$$

2) 扭矩作用时以及扭矩、剪力、轴心力共同作用时

扭矩作用时以及扭矩、剪力、轴心力共同作用时的高强度螺栓的抗剪计算,其计算方法与普通螺栓相同,只是用高强度螺栓的承载力设计值进行计算。

6.6.4　高强度螺栓抗拉连接计算

如图 6-50 所示，在外拉力 N（设计值）的作用下，高强度螺栓受拉连接所需螺栓数为

$$n \geqslant \frac{N}{N_t^b}$$

如图 6-51 所示，在弯矩 M 的作用下，由于高强度螺栓的预拉力很大，被连接构件的接触面一直保持紧密结合，中性轴位置在截面高度中心，可以认为在螺栓群形心轴线上。这种情况以板不被拉开为条件，因此最上端的螺栓预拉力应满足下列公式

$$N_1 = \frac{My_1}{\sum y_i^2} \leqslant N_t^b$$

式中　y_1——螺栓群形心轴到螺栓的最大距离；

$\sum y_i^2$——形心轴上、下两个螺栓到形心轴距离的平方和。

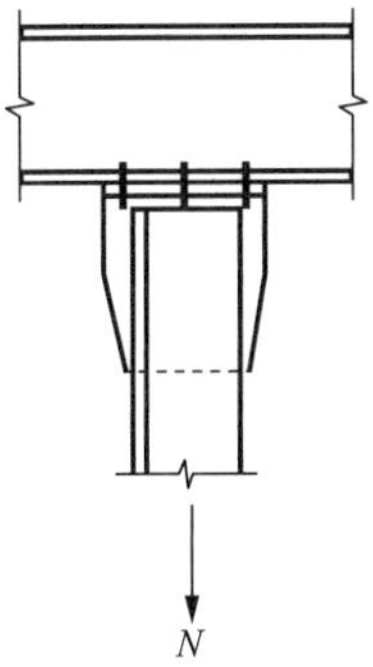

图 6-50　高强度螺栓受拉

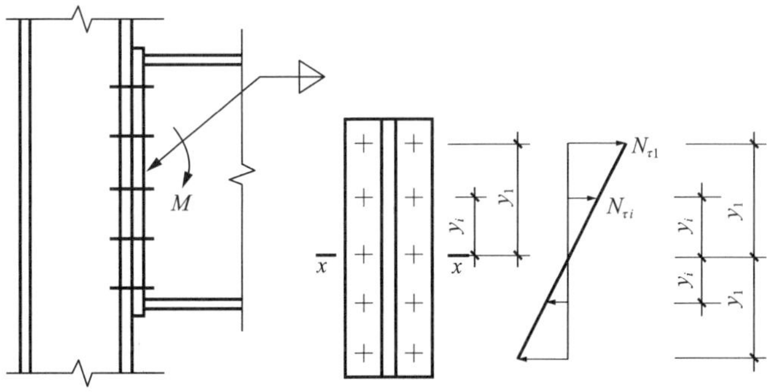

图 6-51　高强度螺栓受弯连接

【例 6-14】　高强度螺栓计算。荷载与螺栓布置与例 6-11 相同，螺栓中距为 70 mm，用 8.8 级 M20 高强度螺栓，采用大圆孔，构件接触面进行抛丸（喷砂）处理。试核算螺栓是否安全。

【解】（1）按照摩擦型连接计算。

8.8 级 M20 高强度螺栓，预拉力 $P=125$ kN，抗滑移系数 $\mu=0.4$，$k=0.85$。

单个螺栓的抗拉承载力设计值

$$N_t^b = 0.8P = 0.8 \times 125\ \text{kN} = 100\ \text{kN}$$

顶排螺栓的拉力

$$N_{max} = \frac{(M+Ne)y_1'}{\sum y_i'^2}\ \text{kN} = 35.05\ \text{kN}$$

第二排螺栓

$$N_2 = 35.05 \times \frac{210}{280}\ \text{kN} = 26.29\ \text{kN}$$

第三排螺栓

$$N_3 = 35.05 \times \frac{140}{280}\ \text{kN} = 17.53\ \text{kN}$$

第四排螺栓

$$N_4 = 35.05 \times \frac{70}{280}\ \text{kN} = 8.76\ \text{kN}$$

顶排螺栓拉力最大，因此最危险。顶排单个螺栓受剪承载力设计值为

$$\begin{aligned} N_v^b &= 0.9kn_f\mu(P - 1.25N_t) \\ &= 0.9 \times 0.85 \times 1 \times 0.40 \times (125 - 1.25 \times 35.05)\ \text{kN} = 24.84\ \text{kN} \end{aligned}$$

单个螺栓平均所受剪力为

$$N_v = \frac{V}{n} = \frac{100}{10}\ \text{kN} = 10\ \text{kN}$$

$$\frac{N_v}{N_v^b} + \frac{N_t}{N_t^b} = \frac{10}{24.84} + \frac{35.05}{100} = 0.4026 + 0.3505 = 0.7531 < 1.0 \quad (安全)$$

(2) 按照承压型连接计算。

由前一步计算可知，螺栓群绕形心转动，各排螺栓受力不变，则

$$N_t^b = \frac{\pi d_e^2}{4} f_t^b = \frac{\pi \times 17.65^2}{4} \times 400\ \text{N} = 97\,868\ \text{N} = 97.868\ \text{kN}$$

$$N_v^b = \frac{\pi d_e^2}{4} f_v^b = \frac{\pi \times 17.65^2}{4} \times 250\ \text{N} = 61\,167\ \text{N} = 61.167\ \text{kN}$$

$$N_c^b = d f_c^b \sum t_i = 20 \times 470 \times 10\ \text{N} = 94\,000\ \text{N} = 94.0\ \text{kN}$$

则

$$\begin{aligned} \sqrt{\left(\frac{N_v}{N_v^b}\right)^2 + \left(\frac{N_t}{N_t^b}\right)^2} &= \sqrt{\left(\frac{20}{61.167}\right)^2 + \left(\frac{20}{97.868}\right)^2} \\ &\approx \sqrt{0.1069 + 0.0418} \approx 0.3856 < 1 \end{aligned}$$

且

$$N_v = 20\ \text{kN} < N_c^b/1.2 = 94/1.2 = 78.3\ \text{kN} \quad (安全)$$

6.6.5 同时承受剪力和拉力的高强度螺栓连接计算

对于图 6-38 所示的连接，当采用高强度螺栓时，若支托仅作安装之用，则螺栓群同时承受剪力和拉力。

(1) 对摩擦型高强度螺栓连接，随着外力的增大，板件间的挤压力逐渐变小，每个螺栓的抗滑移承载力也随之减小。由试验可知，抗滑移系数也随板件间挤压力的减小而降低。考虑这些因素的影响，对同时承受剪力和拉力的摩擦型高强度螺栓连接，每个螺栓的承载力按下式计算，抗滑移系数仍采用原值。

$$\frac{N_v}{N_v^b} + \frac{N_t}{N_t^b} \leqslant 1 \tag{6-38}$$

式中 N_v，N_t——单个高强度螺栓所承受的剪力和拉力；

N_v^b，N_t^b——单个高强度螺栓受剪、受拉承载力设计值。

此时，有

$$\begin{cases} N_v^b = 0.9kn_f\mu(P - 1.25N_t) \\ N_t^b = 0.80P \end{cases} \tag{6-39}$$

(2) 同时承受剪力和拉力的承压型高强度螺栓连接的计算方法与普通螺栓相同。当承压型高强度螺栓连接受有杆轴拉力时，板件的挤压力随外拉力的增加而减小，因而其承压强度设计值也随之降低。为了计算简单，《钢结构设计标准》(GB 50017—2017)规定，只要有外拉力存在，就应将承压强度除以 1.2 的系数予以降低。因为所有高强度螺栓的外拉力一般均不大于 $0.80P$，故可认为整个板件始终处于紧密接触状态。

对于同时受剪力和拉力的承压型高强度螺栓连接，按下式计算：

$$\sqrt{\left(\frac{N_{v}}{N_{v}^{b}}\right)^{2}+\left(\frac{N_{t}}{N_{t}^{b}}\right)^{2}}\leqslant 1$$

$$N_{v}\leqslant N_{c}^{b}/1.2 \tag{6-40}$$

式中　N_{c}^{b}——只受剪力时孔壁承压承载力设计值；

f_{c}^{b}——承压型高强度螺栓承压强度设计值。

【例 6-15】 已知被连接构件钢材为 Q235B 钢，采用 8.8 级 M20 的高强度螺栓，接触面处理方法为抛丸。试验算图 6-52 所示摩擦型高强度螺栓连接的强度是否满足设计要求。

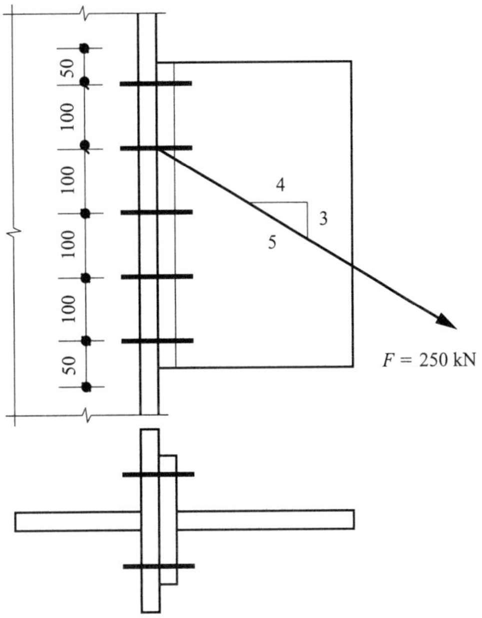

图 6-52　摩擦型高强度螺栓连接

【解】 8.8 级 M20 高强度螺栓，螺栓预拉力 $P=125$ kN，抗滑移系数 $\mu=0.4$。

作用于螺栓群形心处的内力为

$$N=\frac{4}{5}F=\frac{4}{5}\times 250\ \text{kN}=200\ \text{kN}$$

$$V=\frac{3}{5}F=\frac{3}{5}\times 250\ \text{kN}=150\ \text{kN}$$

$$M=Ne=200\times 100\ \text{kN}\cdot\text{mm}=20\ 000\ \text{kN}\cdot\text{mm}$$

每个高强度螺栓的承载力设计值为

$$N_{t}^{b}=0.8P=0.8\times 125\ \text{kN}=100\ \text{kN}$$

$$N_{v}^{b}=0.9kn_{f}\mu P=0.9\times 1\times 1\times 0.4\times 125\ \text{kN}=45\ \text{kN}$$

最上排单个螺栓所承受的内力为

$$N_{t}=\frac{N}{n}+\frac{My}{m\sum y_{i}^{2}}=\left[\frac{200}{10}+\frac{20\ 000\times 200}{2\times 2\times(100^{2}+200^{2})}\right]\ \text{kN}=30\ \text{kN}$$

$$N_{v}=\frac{V}{n}=\frac{150}{10}\ \text{kN}=15\ \text{kN}$$

同时承受拉力和剪力的高强度螺栓承载力验算

$$\frac{N_{v}}{N_{v}^{b}}+\frac{N_{t}}{N_{t}^{b}}=\frac{15}{45}+\frac{30}{100}=0.63<1\quad(安全)$$

习　题

一、判断题

1. 钢结构连接中所用的普通螺栓一般为 A 级螺栓。 (　　)
2. 承压型高强度螺栓连接特别适合用于承受动荷载的结构。 (　　)
3. 在平焊、横焊、立焊、仰焊中，平焊的质量最易保证。 (　　)
4. 焊缝连接按构造可以分为平接和角接。 (　　)
5. 与力的作用线平行的角焊缝称为端面角焊缝。 (　　)
6. 一、二级检验的对接焊缝与母材等强。 (　　)
7. 矩形截面的对接焊缝在弯矩作用下，正应力的分布呈抛物线形。 (　　)
8. 侧面角焊缝的静力强度高于端面角焊缝。 (　　)
9. 矩形截面的对接焊缝在弯矩作用下，正应力的分布呈抛物线形。 (　　)
10. 侧面角焊缝的静力强度高于端面角焊缝。 (　　)
11. 角焊缝的有效厚度就是角焊缝的焊脚尺寸值。 (　　)
12. 在计算角焊缝的强度时，角焊缝的实际长度就是其计算长度。 (　　)
13. 螺栓排列时的最小中心间距的容许距离是孔径尺寸的 5 倍。 (　　)
14. 10.9 级高强度螺栓所用材质的屈服强度是 900 MPa。 (　　)
15. 高强螺栓连接孔应采用钻成孔。 (　　)

二、计算题

1. 某简支梁荷载设计值如图 6-53 所示，在距支座 2.4 m 处有翼缘和腹板的拼接连接，试验算其拼接的对接焊缝。已知钢材为 Q235，采用 E43 系列焊条，手工焊，焊缝质量检验等级为三级，施焊时采用引弧板。

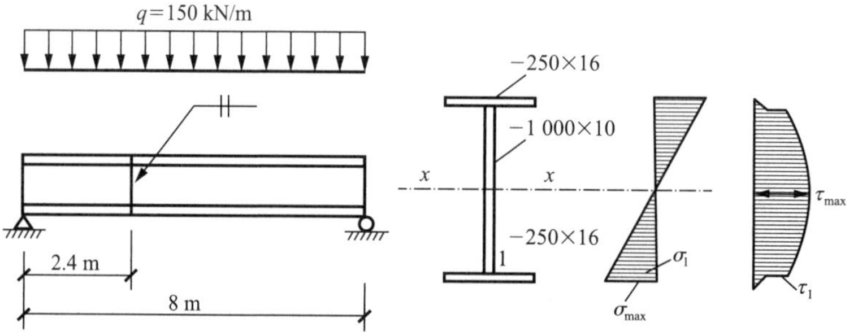

图 6-53　计算题 1 用图

2. 牛腿与钢柱连接，牛腿尺寸及作用力的设计值(静力荷载)如图 6-54 所示。钢材为 Q235，采用 E43 系列焊条，手工焊，试验算角焊缝。

3. 如图 6-55 所示，某钢梁用 4.6 级普通螺栓与柱翼缘连接，剪力设计值为 230 kN，弯矩设计值为 40 kN · m，梁端无支托，钢材为 Q235，螺栓直径 20 mm，试验算螺栓是否安全。

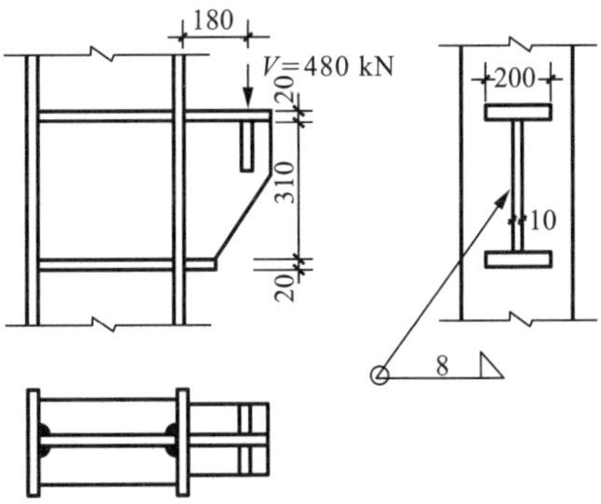

图 6-54　计算题 2 用图

4. 如图 6-55 所示的连接，若采用摩擦型高强度螺栓连接，高强度螺栓为 10.9 级，螺栓直径 20 mm，标准孔，接触面处理方法为抛丸，试验算高强螺栓是否安全。若将该连接设计成承压型连接，试验算高强度螺栓是否安全。

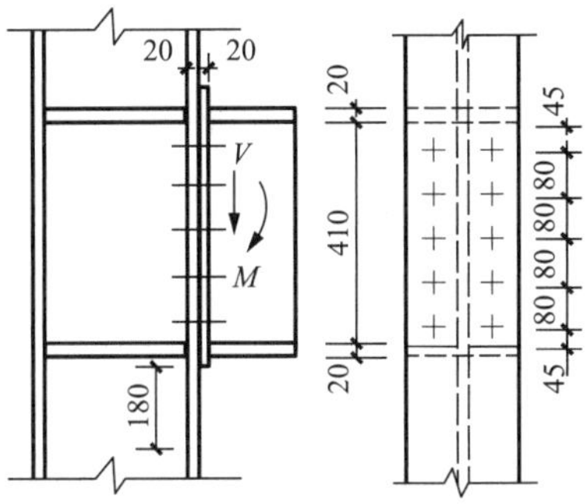

图 6-55　计算题 3,4 用图

三、上机实践题

用计算机软件(例如探索者结构软件或者旗云工具箱)核算本章中的例题和习题中的计算题，并打印计算书。

第 7 章

单层房屋钢结构

本章关键词 房屋钢结构的特点，钢屋盖结构的形式、组成及布置，梯形钢屋架的构造和主要尺寸，荷载组合，内力计算，杆件截面设计，节点设计，施工图绘制

学 习 目 标 (1) 了解单层钢结构房屋的类型和用途；

(2) 理解单层钢结构房屋的组成；

(3) 掌握有檩和无檩体系屋盖的组成；

(4) 掌握钢屋架杆件尺寸的确定和设计方法；

(5) 掌握钢屋架荷载分析方法、组合工况；

(6) 掌握钢屋架节点的设计；

(7) 掌握钢屋架施工图的绘制。

新形态资源

7-1 本章 PPT

7-2 实例资料库

知识结构框图

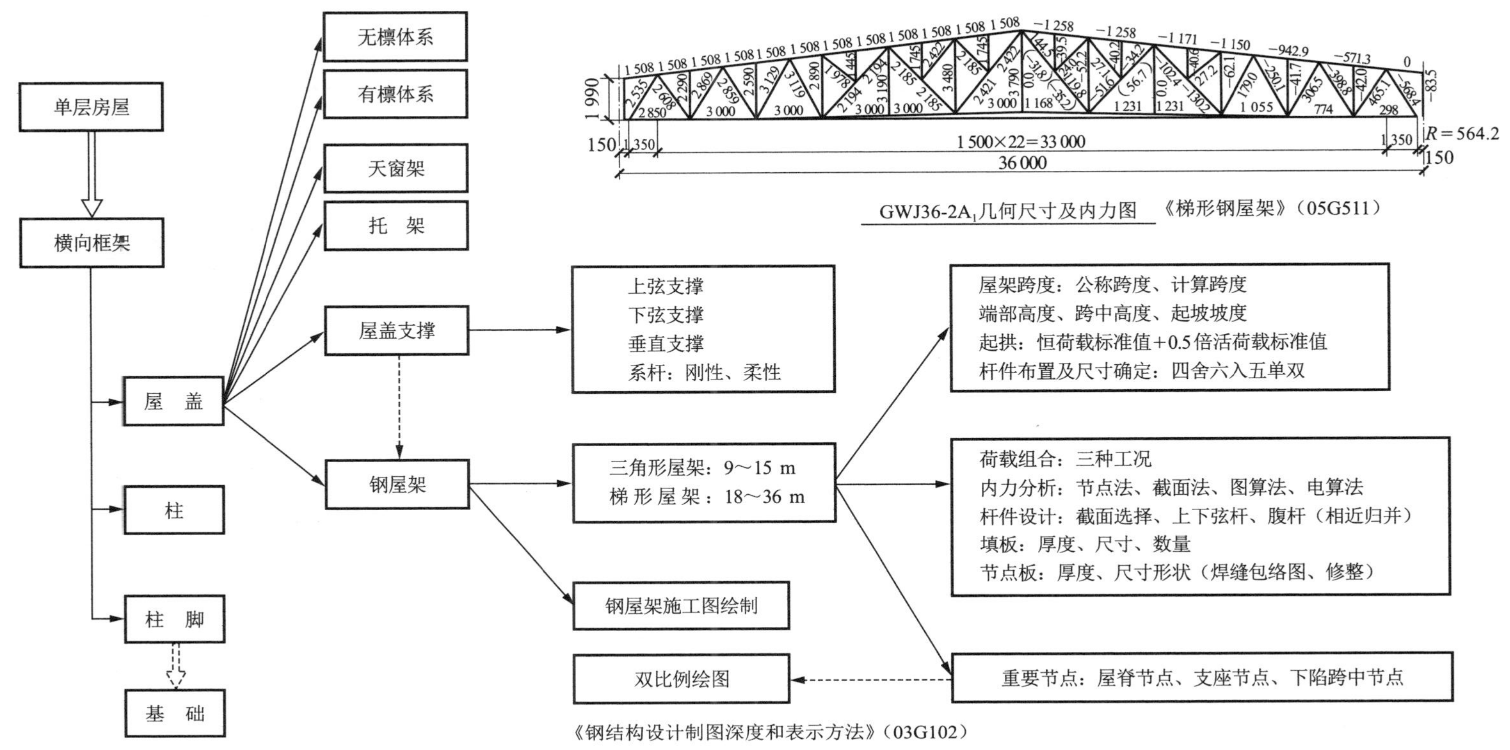
单层房屋
横向框架
屋 盖
柱
柱 脚
基 础
无檩体系
有檩体系
天窗架
托 架
屋盖支撑
钢屋架
上弦支撑
下弦支撑
垂直支撑
系杆：刚性、柔性
三角形屋架：9～15 m
梯形屋架：18～36 m
钢屋架施工图绘制
双比例绘图
1 500×22=33 000
36 000
R=564.2
GWJ36-2A1几何尺寸及内力图 《梯形钢屋架》（05G511）
屋架跨度：公称跨度、计算跨度
端部高度、跨中高度、起坡坡度
起拱：恒荷载标准值+0.5倍活荷载标准值
杆件布置及尺寸确定：四舍六入五单双
荷载组合：三种工况
内力分析：节点法、截面法、图算法、电算法
杆件设计：截面选择、上下弦杆、腹杆（相近归并）
填板：厚度、尺寸、数量
节点板：厚度、尺寸形状（焊缝包络图、修整）
重要节点：屋脊节点、支座节点、下陷跨中节点
《钢结构设计制图深度和表示方法》（03G102）

目前，国内单层大空间要求的房屋，如农贸市场、超级市场、批发市场、会议厅、展厅、游乐厅、工业厂房和物流周转仓库等，通常都采用钢结构。单层房屋钢结构一般是由屋盖结构、柱、吊车梁、制动梁(或制动桁架)，各种支撑以及墙架等构件组成的空间结构体系。这种体系能够保证必要的横向刚度，同时净空也能满足使用上的要求。

7.1 单层房屋钢结构形式及其结构布置

7.1.1 结构体系

单层房屋钢结构(图 7-1)具有跨度大、高度大、吊车起重量大的特点。屋架可以采用钢屋架—大型屋面板结构体系、钢屋架—檩条—轻型屋面板结构体系或横梁—檩条—轻型屋面板结构体系。

1) 横向框架

由柱和它所支承的屋架或屋盖横梁组成，是单层房屋钢结构的主要承重体系。它承受结构的自重、风荷载、雪荷载和吊车的竖向与横向荷载，并把这些荷载传递到基础。

2) 屋盖结构

屋盖结构是承担屋面荷载的结构体系，包括横向框架的横梁、托架、中间屋架、天窗架和檩条等。

3) 支撑体系

支撑体系包括屋盖部分的支撑和柱间支撑等。它与柱、吊车梁等组成单层房屋钢结构的纵向框架一起承担纵向水平荷载，同时又把主要承重体系由单个的平面结构连成空间的整体结构，从而保证单层房屋钢结构所必需的刚度和稳定。

4) 吊车梁和制动梁(或制动桁架)

它主要承受吊车竖向及水平荷载，并将这些荷载传到横向框架和纵向框架上。

5) 墙架

墙架承受墙体的自重和风荷载。

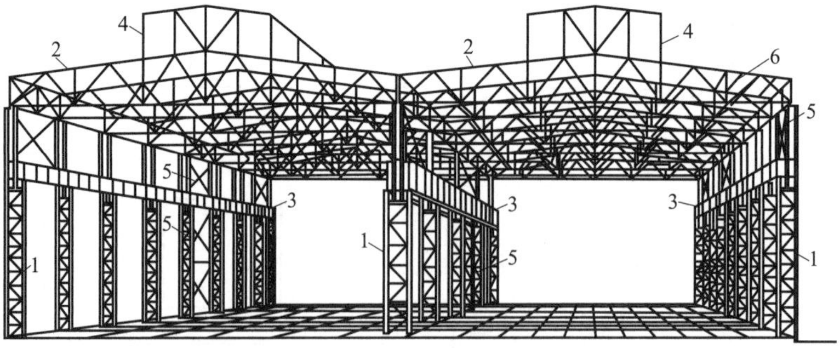

1—柱；2—屋架；3—吊车梁；4—天窗架；5—柱间支撑；6—屋架支撑。

图 7-1 单层房屋钢结构构造简图

此外，还有一些次要构件，如梯子、走道、门窗等。在某些单层房屋钢结构中，由于工艺操作上的要求，还设有工作平台。

7.1.2 主要尺寸

框架的主要尺寸如图 7-2 所示。框架的跨度 L_0 一般取为上部柱中心线间的横向距离，可由下式定出

$$L_0 = L_K + 2S \tag{7-1}$$

$$S = B + D + b_1/2 \tag{7-2}$$

式中 L_K——桥式吊车的跨度；

S——吊车梁轴线至上段柱轴线的距离(图 7-2)，对于中型厂房一般取 0.75 m 或 1.00 m，对于重型厂房则取 1.25 m 甚至 2.00 m；

B——吊车桥架悬伸长度，可由行车样本查得；

D——吊车外缘和柱内边缘之间的必要空隙；

b_1——上段柱宽度。

当吊车起重量不大于 500 kN 时，D 不宜小于 80 mm；当吊车起重量大于或等于 750 kN 时，D 不宜小于 100 mm；当吊车和柱之间需要设置安全走道时，D 不得小于 400 mm。

框架高度 H 为由柱脚底面到横梁下弦底部的距离

$$H = h_1 + h_2 + h_3 \tag{7-3}$$

$$h_3 = A + 100\ \text{mm} + (150 \sim 200)\ \text{mm} \tag{7-4}$$

式中 h_1——地面至柱脚底面的距离，对于中型车间为 0.80～1.00 m，对于重型车间为 1.00～1.20 m；

h_2——地面至吊车轨顶的高度，由工艺要求决定；

h_3——吊车轨顶至屋架下弦底面的距离；

A——吊车轨道顶面至起重小车顶面之间的距离。

式(7-4)中，100 mm 是为制造、安装误差留出的空隙，150～200 mm 是考虑屋架的挠度和下弦水平支撑角钢的下伸等所留出的空隙。

吊车梁的高度可按(1/12～1/5)L_0 选用，吊车轨道高度可根据吊车起重量决定。框架横梁一般采用梯形或三角形屋架，其形式和尺寸参见 7.3 节。

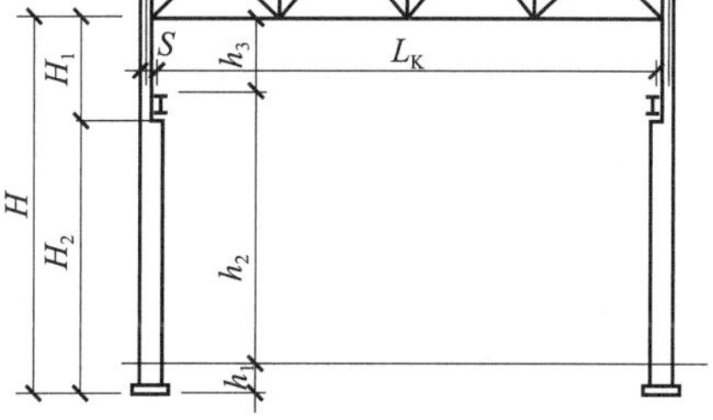

(a) 横向框架主要尺寸

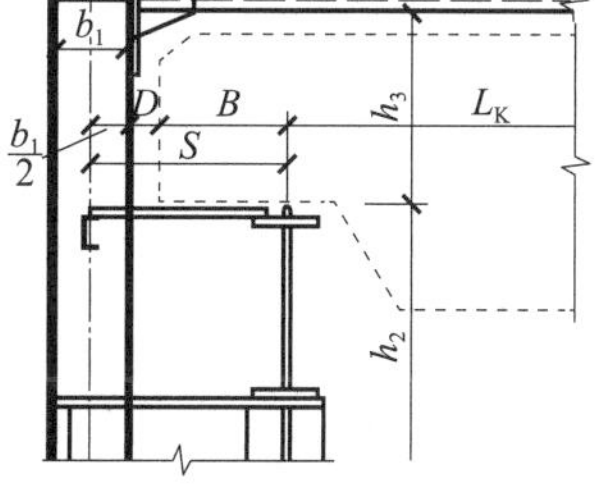

(b) 柱与吊车梁轴线间的净空

图 7-2 框架的主要尺寸

7.1.3 柱网布置

柱网布置就是确定承重柱所在纵向和横向定位轴线所形成的网格。单层房屋钢结构的跨度即柱横向定位轴线之间的尺寸。柱距是柱子在纵向定位轴线之间的尺寸。柱网布置时,应注意以下几个方面的问题:

(1) 生产工艺要求。

不同性质的厂房具有不同的生产工艺流程。各种工艺流程所需主要设备、产品尺寸和生产空间都是决定跨度和柱距的主要因素。柱的位置(包括柱下基础位置)应与地上(地下)设备、机械及起重运输设备等相协调,还应考虑未来生产发展和生产工艺的可能变动。

(2) 结构的要求。

为了保证房屋的正常使用,应尽量将柱布置在同一横向轴线上,以便与屋架或横梁组成横向框架,提供尽可能大的横向刚度。

(3) 经济合理原则。

柱距大小对结构的用钢量影响较大,经济柱距可通过具体方案比较确定。例如,柱子较高、跨度较大而吊车起重量较小的车间,采用大柱距可能是经济合理的。为了降低制作和安装成本,应尽量实现结构构件的统一化和标准化。当单层房屋钢结构跨度小于或等于 18 m 时,应以 3 m 为模数;当跨度大于 18 m 时,则以 6 m 为模数;工业厂房的柱距,一般采用 6 m 较为经济;当工艺有特殊要求时,可局部抽柱;对某些有扩大柱距要求的单层房屋钢结构,也可采用 9 m 及 12 m 柱距。

7.1.4 温度伸缩缝

当厂房平面尺寸较大时,为避免产生过大的温度变形和温度应力,应在厂房钢结构的横向和纵向设置温度伸缩缝,将房屋结构分成伸缩时互不影响的温度区段。当温度区段长度不超过表 7-1 所列的数值时,可不计算温度应力。

表 7-1 温度区段长度

单位:mm

结构情况	纵向温度区段长度(垂直屋架或构架跨度方向)	横向温度区段长度(屋架或构架跨度方向)	
		柱顶为刚接	柱顶为铰接
采暖房屋和非采暖地区的房屋	220	120	150
热车间和采暖地区的非采暖房屋	180	100	125
露天结构	120	—	—

温度伸缩缝最普遍的做法是设置双柱,在缝两旁布置两个无任何纵向构件联系的横向框架,使温度伸缩缝的中线和定位轴线重合;在设备布置条件不允许时,可采用插入距的方式,将缝两旁的柱放在同一基础上。轴线间距 $c=600$ mm。

7.2　单层房屋钢结构设计

将单层房屋钢结构简化为平面刚架分析是目前建筑结构内力计算的主要方法。墙架结构、吊车梁系统等自重均作为集中力作用于刚架上，必要时可将刚架自重按静力等效原则转化为集中力作用在刚架上。

7.2.1　计算简图

单层房屋钢结构一般由横向框架承重。横向框架通常由柱和桁架（横梁）组成。横梁与柱的连接可以铰接，也可以刚接；相应的框架分别称为铰接框架（又称排架）或刚接框架。对刚度要求较高的厂房，如设有双层吊车、装备硬钩吊车等的重型厂房，宜采用刚接框架；对多跨厂房，特别是在吊车起重量不很大和采用轻型围护结构时，宜采用铰接框架。

各个横向框架之间由屋面板或檩条、托架、屋盖支撑等纵向构件相互连接在一起，实际上是一个空间工作结构体系。为了简化分析和计算，通常把它们简化为单个的平面框架（图 7-3）。框架计算单元的划分应根据柱网的布置确定（图 7-4）。

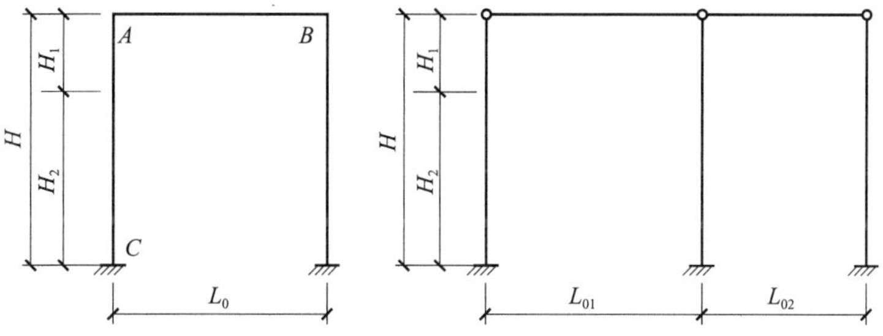

（a）柱顶刚接　　（b）柱顶铰接

图 7-3　横向框架的计算简图

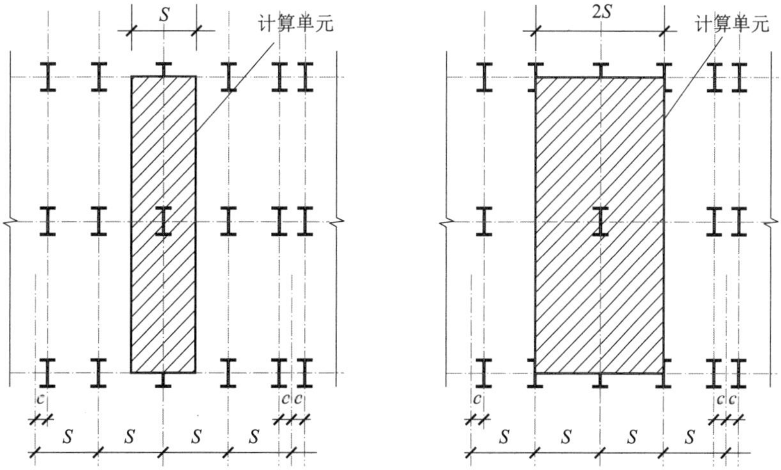

（a）各列柱距相等　　（b）中列柱有抽柱

图 7-4　柱网布置和温度伸缩缝

对由格构式横梁和阶形柱(下部柱为格构柱)所组成的横向框架,为考虑桁架式横梁和格构柱的腹杆或缀条变形的影响,可将惯性矩乘以折减系数0.9,简化成实腹式横梁和实腹式柱;对高度有变化的桁架式横梁,则按平均高度计算。对柱顶刚接的横向框架,当满足式(7-5)的条件时,可近似认为横梁在水平荷载作用下刚度为无穷大,否则横梁按有限刚度考虑。

$$\frac{K_{AB}}{K_{AC}} \geqslant 4 \tag{7-5}$$

式中 K_{AB}——横梁远端固定,使图7-3中近端A点转动单位角时A点所需施加的力矩值;

K_{AC}——柱基础处固定,使A点转动单位角时在A点所需施加的力矩值。

框架的计算跨度L_0(或L_{01},L_{02})取为两上柱轴线之间的距离(图7-3)。

横向框架计算高度H的取值方法:柱顶刚接时,可取为柱脚底面至框架下弦轴线的距离(横梁假定为无限刚性)(图7-5a),或柱脚底面至横梁端部形心的距离(横梁为有限刚性)(图7-5b);柱顶铰接时,应取为柱脚底面至横梁主要支承节点间的距离(图7-5c,d)。对于阶形柱,应以肩梁上表面作为分界线将H划分为上段柱高度H_1和下段柱高度H_2。

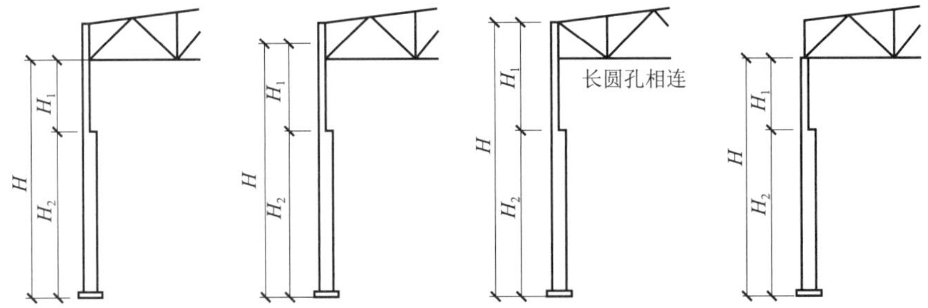

(a)柱顶刚接,横梁视为无限刚性　(b)柱顶刚接,横梁视为有限刚性　(c)柱顶铰接,横梁为上承式　(d)柱顶铰接,横梁为下承式

图7-5 横向框架的高度取值方法

7.2.2 横向框架的荷载

作用在横向框架上的荷载可分为永久荷载和可变荷载两种。永久荷载有屋盖系统、柱、吊车梁系统、墙架、墙板及设备管道等的自重,这些荷载可参考有关资料、表格、公式进行计算;可变荷载有风荷载、雪荷载、积灰荷载、屋面均布活荷载、吊车荷载、地震作用等,这些荷载可由荷载规范和吊车规格查得。

吊车垂直轮压及横向水平力一般根据同一跨间、两台满载吊车并排运行的最不利情况考虑,多跨单层房屋钢结构一般只考虑两台吊车作用。

7.2.3 内力分析和内力组合

框架内力分析可按结构力学的方法进行,也可利用现成的图表或计算机软件分析。为便于对各构件和连接进行最不利的组合,对各种荷载作用应分别进行框架内力分析。

框架构件的截面内力必须将框架在各种荷载作用下所产生的内力进行最不利组合,需要列出上下段柱的上下端截面中的弯矩M、轴向力N和剪力V,还应包括柱脚锚固螺栓的计算内力。每个截面必须组合出$+M_{max}$和相应的N,V；$-M_{max}$和相应的N,V；N_{max}和相应的M,V。对柱脚锚栓，应组合出可能出现的最大拉力，即$+M_{max}$和相应的N,V；$-M_{max}$和相应的N,V。

柱与桁架刚接时，最不利组合分为四组：第一组是使桁架下弦杆产生最大压力（图 7-6a）；第二组是使桁架上弦杆产生最大压力，同时使下弦杆产生最大拉力（图 7-6b）；第三、第四组是使腹杆产生最大拉力或最大压力（图 7-6c，d）。组合时要综合施工过程的实际情况，只考虑屋面恒荷载所产生的支座端弯矩和水平力的不利作用。

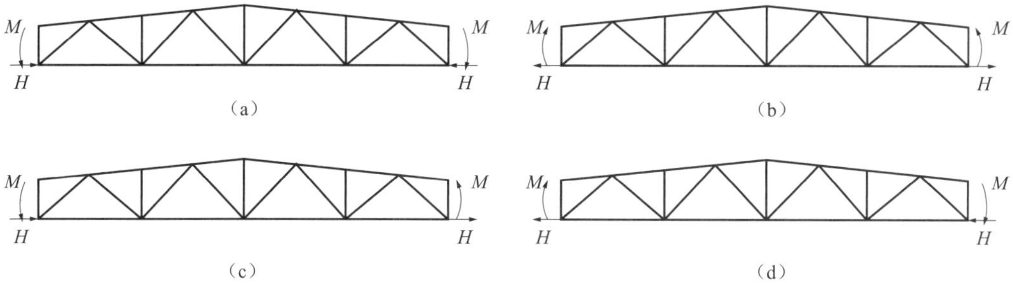

图 7-6　框架横梁端弯矩最不利组合

内力组合一般采用简化规则由可变荷载效应控制的组合：当只有一个可变荷载参与组合时，组合值系数取 1.0，即永久荷载＋可变荷载；当有两个或两个以上可变荷载参与组合时，组合值系数取 0.9，即永久荷载＋0.9（可变荷载 1＋可变荷载 2）。地震区参照《建筑抗震设计规范》（GB 50011—2010）进行偶然组合。

7.2.4　框架柱的类型及其截面选择

框架柱按结构形式可分为等截面柱、阶形柱和分离式柱三大类。

（1）等截面柱通常采用实腹式（图 7-7a）。等截面柱将吊车梁支于牛腿上，构造简单。

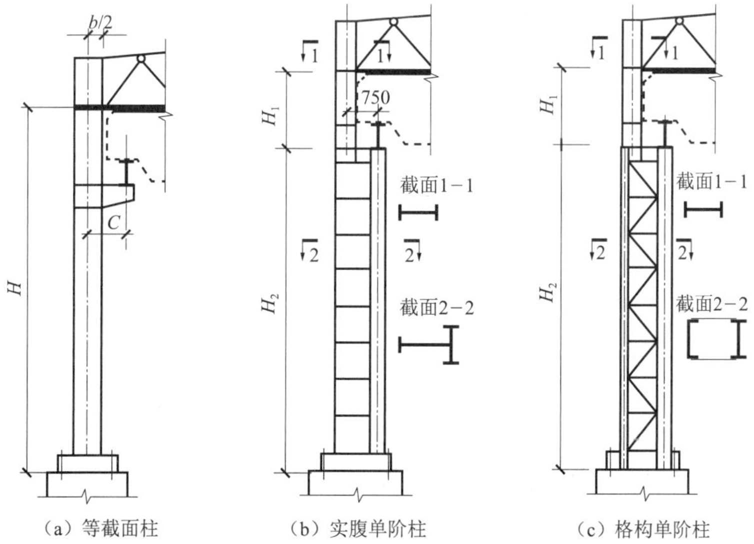

图 7-7　厂房柱的形式

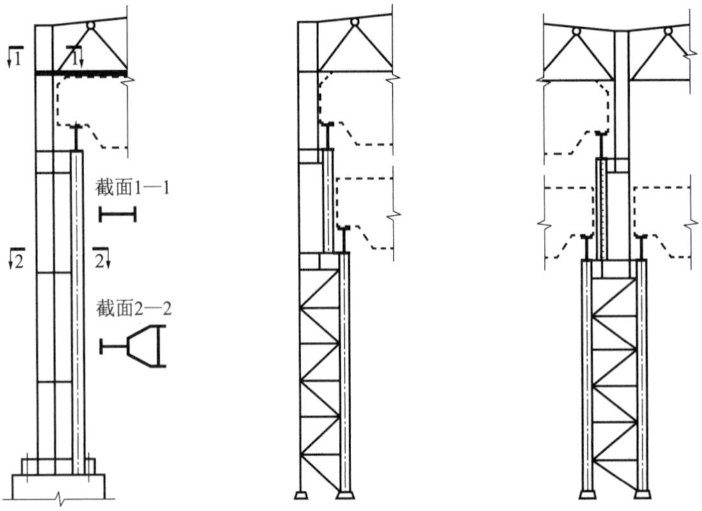

（d）分离式柱　　（e）双阶边柱　　（f）双阶中柱

续图 7-7　厂房柱的形式

(2) 阶形柱分为实腹式(图 7-7b)和格构式(图 7-7c,d,e,f)两种。

(3) 分离式柱(图 7-7d)由支承屋盖结构的屋盖肢和支承吊车梁或吊车桁架的吊车肢组成,两柱肢之间用水平板相连接。吊车肢在框架平面内的稳定性依靠连在屋盖肢上的水平连系板来解决。屋盖肢承受屋面荷载、风荷载及吊车水平荷载,按压弯构件设计。双肢格构式柱是重型厂房阶形下段柱的常见形式,图 7-8 是其截面的常见类型。

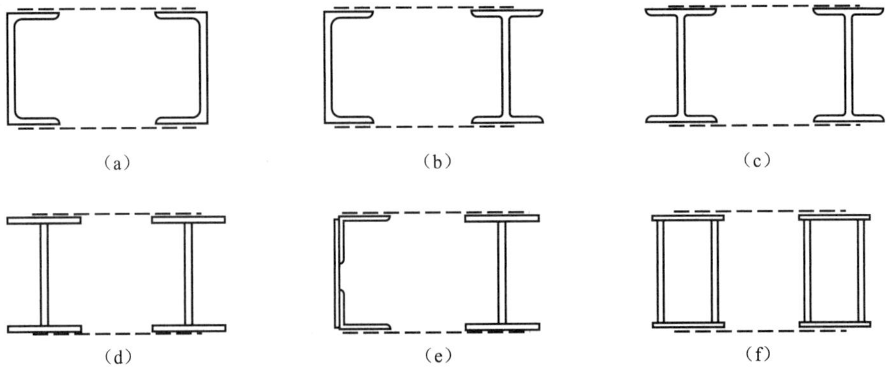

图 7-8　双肢格构式柱截面的常见类型

7.2.5　框架柱设计特点

柱在框架平面内的计算长度应通过对整个框架的稳定分析确定。柱在框架平面内的计算长度应根据柱的形式及两端支承情况而定。等截面柱的计算长度系数按《钢结构设计标准》(GB 50017—2017)附表 E.0.2～E.0.6 的单层有侧移框架柱确定。对于阶形柱,其计算长度分段确定,即各段的计算长度应等于各段的几何长度乘以相应的计算长度系数 μ_1 和 μ_2,但各段的计算长度系数 μ_1 和 μ_2 之间有一定的联系。在图 7-9(a)中,上段柱和下段柱的计算长度分别是 $H_{1x}=\mu_1 H_1$,$H_{2x}=\mu_2 H_2$。

《钢结构设计标准》(GB 50017—2017)规定,单层房屋钢结构框架下端刚性固定单阶柱,下段柱的计算长度系数 μ_2 取决于上段和下段柱线刚度比值 $K_1=I_1H_2/(I_2H_1)$，临界力参数 $\eta_1=H_1/H_2\cdot\sqrt{N_1I_2/(N_2I_1)}$。

这里，H_1，I_1，N_1 和 H_2，I_2，N_2 分别是上段柱和下段柱的高度、惯性矩及最大轴向压力，如图 7-9 所示，且 $N_2=N_1+\Delta N$。

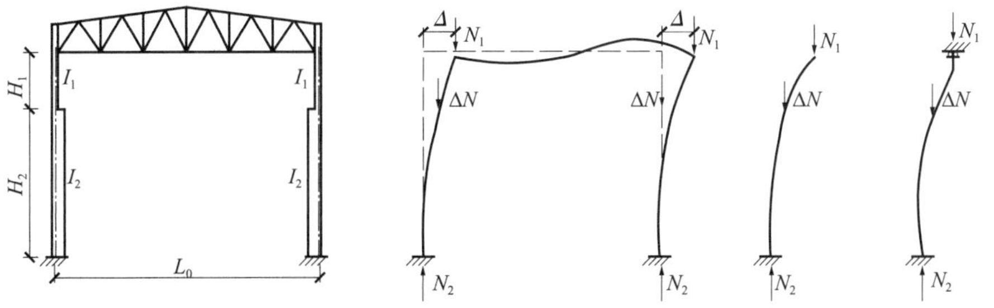

(a)　(b)　(c)　(d)

图 7-9　单阶柱框架的失稳

当柱上端与横梁铰接时，将柱视为上端自由的独立柱；当柱上端与横梁刚接时，将柱视为上端可侧移但不能转动的独立柱。上段柱的计算长度系数按下式计算

$$\mu_1=\frac{\mu_2}{\eta_1} \tag{7-6}$$

7.2.6　柱的截面验算和构造设计

单阶柱的上柱一般为实腹工字形截面，取最不利的内力组合。阶形柱下段柱一般为格构式压弯构件，需要验算其在框架平面内的整体稳定以及屋盖肢与吊车肢的单肢稳定。计算单肢稳定时，应注意分别选取对所验算的单肢产生最大压力的内力组合。

考虑到格构式柱的缀材体系传递两肢间内力的情况不十分明确，为了确保安全，需按吊车肢单独承受最大吊车垂直轮压 D_{max} 进行补充验算。此时，吊车肢承受最大压力 N_D 为

$$N_D=D_{max}+\frac{(N-D_{max})y_2}{a}+\frac{(M-M_D)}{a} \tag{7-7}$$

式中　D_{max}——吊车竖向荷载及吊车梁自重等所产生的最大计算压力；

M——使吊车肢受压的下段柱计算弯矩，包括 D_{max} 的作用；

N——与 M 相应的内力组合的下段柱轴向力；

M_D——仅 D_{max} 作用时，对下段柱产生的计算弯矩，与 M 和 N 在同一截面；

y_2——下段柱截面中性轴至屋盖肢中心线的距离；

a——下段柱屋盖肢和吊车肢重心线间的距离。

当吊车梁为突缘支座时，其支反力沿吊车肢轴线传递，吊车肢按承受轴心压力 N_1 计算单肢的稳定性。当吊车梁为平板式支座时，尚应考虑由于相邻两吊车梁支座反力差 (R_1-R_2) 所产生的框架平面外的弯矩 M_y 为

$$M_y=(R_1-R_2)e \tag{7-8}$$

M_y 全部由吊车肢承受，其沿柱高度方向弯矩的分布可近似地假定在吊车梁支承处为铰接，在柱底部为刚性固定的情况，如图 7-10 所示。吊车肢按实腹式压弯杆件验算在弯矩 M_y

作用平面内(即框架平面外)的稳定性。

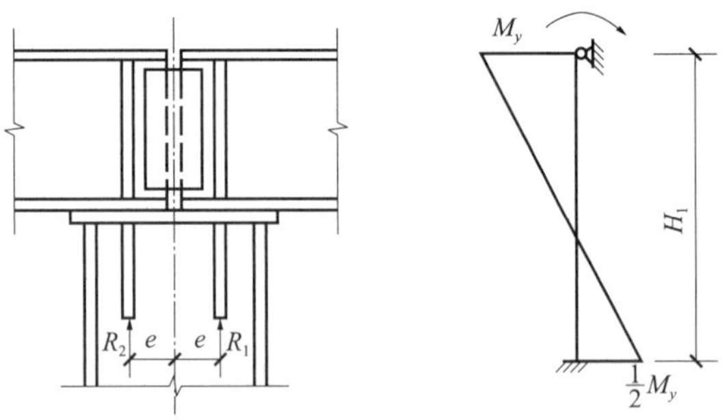

图 7-10 吊车肢的弯矩计算图

阶形柱变截面处是上、下柱相连并支撑吊车梁的关键部位;柱脚与基础刚接,同时传递竖向力、水平力和弯矩。

7.3 钢屋盖结构的形式、组成及布置

钢屋盖结构通常由屋面、檩条、屋架、托架和天窗架等构件组成。根据屋面材料和屋面结构布置情况的不同,钢屋盖结构可分为无檩屋盖结构体系和有檩屋盖结构体系。

7.3.1 无檩屋盖结构体系

如图 7-11(a)所示,屋面板通常采用钢筋混凝土大型屋面板、钢筋加气混凝土板等。屋架的间距应与屋面板的长度配合一致,通常为 6 m;采用梯形屋架作为主要承重构件。

无檩屋盖结构体系屋面构件的种类和数量少,构造简单,安装方便,施工速度快,且屋盖刚度大,整体性能好;但屋面自重大,常要增大屋架杆件和下部结构的截面,对抗震不利。

7.3.2 有檩屋盖结构体系

如图 7-11(b)所示,常用于轻型屋面材料的情况。如压型钢板、压型钢板夹芯板、压型铝合金板、石棉瓦、瓦楞铁皮等。屋架间距通常为 6 m。

有檩屋盖结构体系可供选用的屋面材料种类较多,屋架间距和屋面布置较灵活,自重轻,用料省,运输和安装较轻便;但构件的种类和数量多,构造较复杂。在选用屋盖结构体系时,应全面考虑房屋的使用要求、受力特点、材料供应情况以及施工和运输条件等,以确定最佳方案。

7.3.3 天窗架形式

屋盖上设置天窗,主要是为了满足采光和通风等要求。最常见的是沿房屋纵向在屋架上设置天窗架(图 7-12),其檩条和屋面板由屋架上弦平面移到天窗架上弦平面,在天窗架侧柱部分设置采光窗。天窗架支承于屋架之上,将荷载传递到屋架。

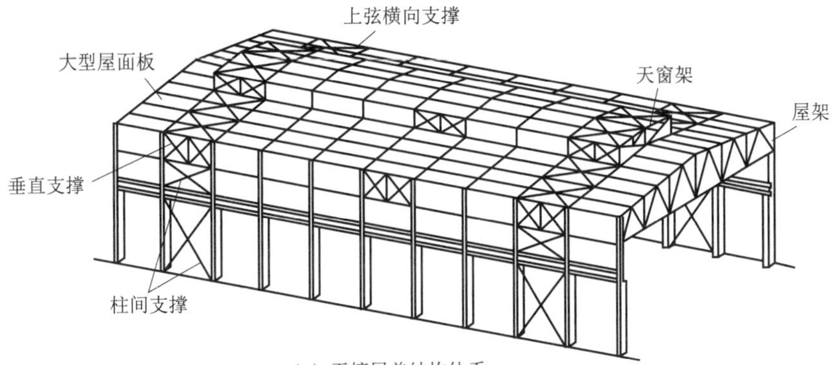

（a）无檩屋盖结构体系

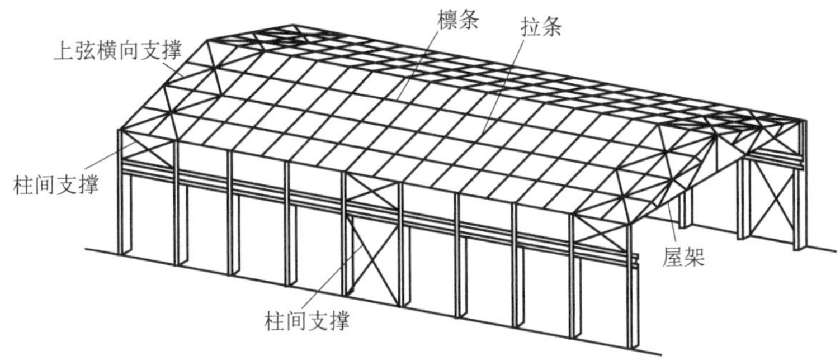

（b）有檩屋盖结构体系

图 7-11　单层房屋钢结构的组成示例

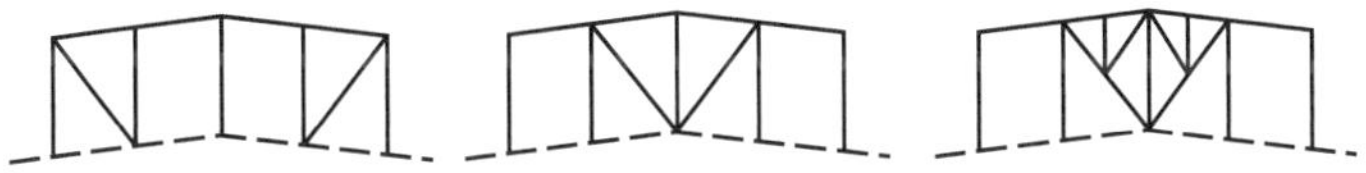

（a）多竖杆式

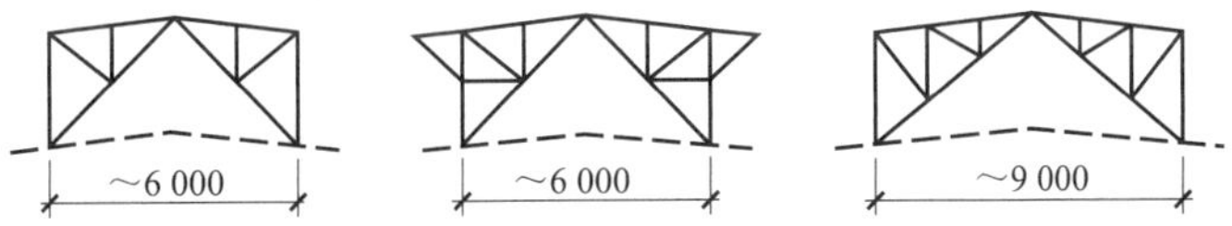

（b）三铰拱式

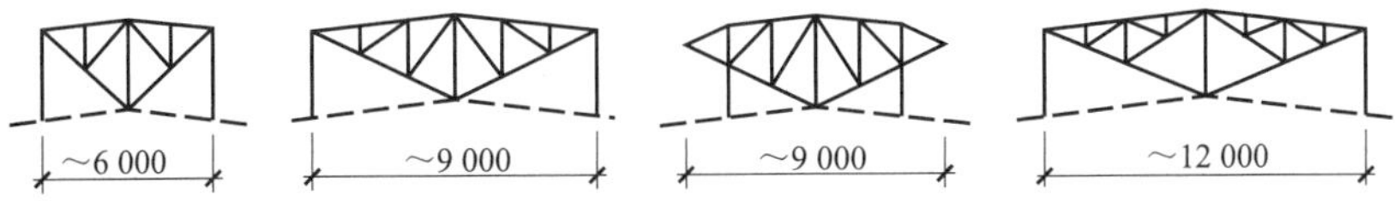

（c）三支点式

图 7-12　天窗架形式

7.3.4　托架形式

工业厂房的某些部位常因放置设备或交通运输要求而需局部少放一根或几根柱，此时该处屋架（俗称为中间屋架）就需支承在专门设置的托架上（图 7-13）。托架两端支承于相邻的柱上，跨中承受中间屋架的反力。钢托架一般做成平行弦桁架，跨度一般不大，但所受荷载较重。

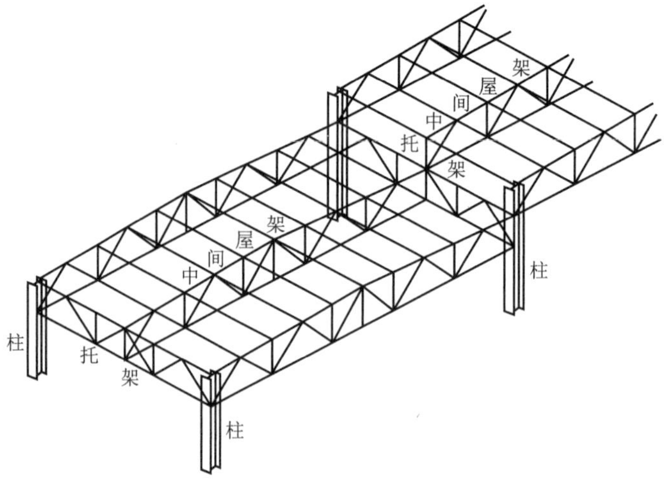

图 7-13　托架支承中间屋架

7.3.5　屋盖支撑构造

当钢屋盖以平面桁架作为主要承重构件时，各平面桁架（屋架）要用各种支撑及纵向杆件（系杆）连成一个空间几何不变的整体，才能承受荷载。这些支撑及系杆统称为屋盖支撑。它由上弦横向水平支撑、下弦横向水平支撑、下弦纵向水平支撑、垂直支撑及系杆组成（图 7-14）。

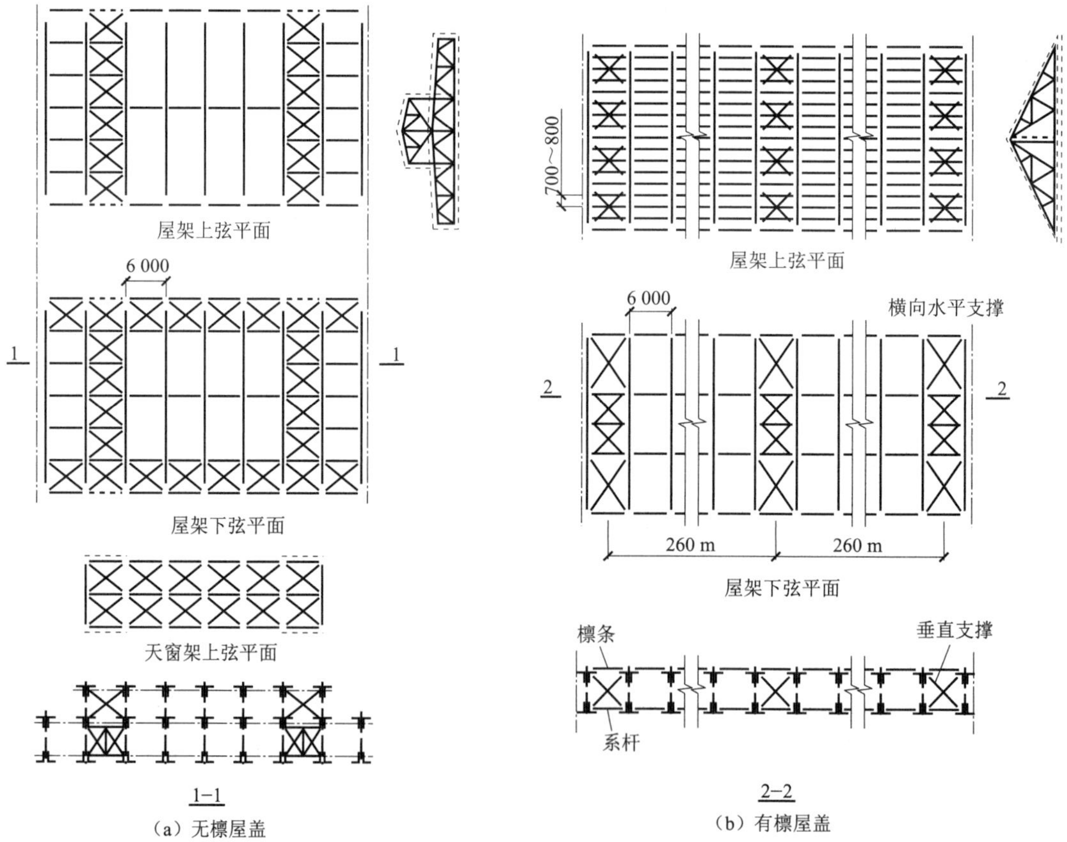

图 7-14　屋盖支撑布置图

(1) 上弦横向水平支撑一般布置在屋盖两端(或每个温度区段的两端)的两榀相邻屋架之间,位于屋架上弦平面沿屋架全跨布置,形成一平行弦桁架。下弦横向水平支撑布置在与上弦横向水平支撑同一开间,也形成一个平行弦桁架,位于屋架下弦平面。横向水平支撑的间距不宜大于 60 m,当温度区段长度较长时,应在中部增设上下弦横向水平支撑。

(2) 下弦纵向水平支撑位于屋架下弦两端节间处,处于屋架下弦平面,沿房屋全长布置,组成一个具有交叉斜杆及竖杆的平行弦桁架。下弦纵向水平支撑与下弦横向水平支撑共同构成一个封闭的支撑框架,以保证屋盖结构有足够的水平刚度。

(3) 垂直支撑位于上、下弦横向水平支撑同一开间内,形成一个跨长为屋架间距的平行弦桁架。垂直支撑中央腹杆的形式由支撑桁架的高跨比决定,一般常采用 W 形或双节间交叉斜杆等形式。腹杆截面可采用单角钢或双角钢 T 形截面。

(4) 系杆设置在未设横向支撑的开间,相邻平面屋架由系杆连接。系杆通常在屋架两端,有垂直支撑位置的上、下弦节点以及屋脊和天窗侧柱位置,沿房屋纵向通长布置。系杆为屋架上、下弦杆提供侧向支承,必要时还需根据弦杆长细比按一定距离增设中间系杆。对于有檩屋盖,檩条可兼作系杆。

系杆中只能承受拉力的称为柔性系杆,常采用单角钢或张紧的圆钢拉条,如果在计算中出现柔性系杆受压的情况,则认为它退出工作,受力为 0(图 7-15);能承受压力(通常也必须能承受拉力)的系杆称为刚性系杆,常用双角钢 T 形或十字形截面。

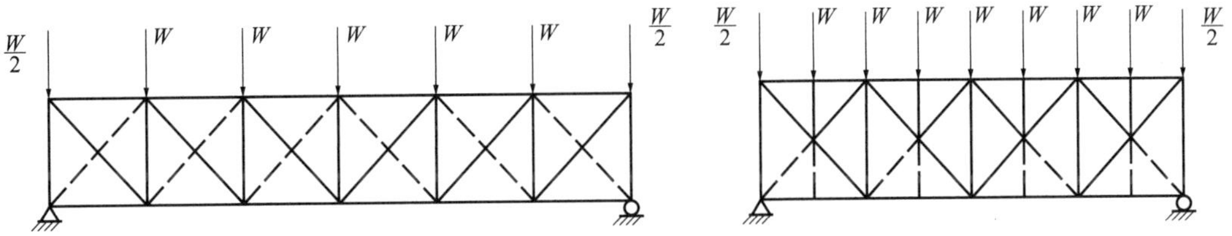

图 7-15　支撑桁架杆件的内力计算简图

一般在屋架下弦端部及上弦屋脊处需设置刚性系杆,其他地方可设柔性系杆。当房屋两端为山墙时,上、下弦横向水平支撑及垂直支撑可设在两端第二开间,这时第一开间的所有系杆均设为刚性系杆。

屋盖支撑的构造应力要求简单、安装方便,与屋架的连接节点构造如图 7-16 所示。

上弦横向水平支撑的角钢肢尖应向下,且连接处适当离开屋架节点(图 7-16a),以免影响大型屋面板或檩条安放。交叉斜杆在相交处应有一根杆件切断,另加节点板用焊缝或螺栓连接(图 7-16a)。交叉斜杆处如与檩条相连(图 7-16b),则两根斜杆均应切断,用节点板相连。下弦横向和纵向水平支撑的角钢肢尖允许向上(图 7-16c),其中交叉斜杆可以肢背靠肢背交叉放置,中间填以填板,杆件无须切断。

垂直支撑可只与屋架竖杆相连(图 7-16d),也可通过竖向小钢板与屋架弦杆及屋架竖杆同时相连(图 7-16e)。

支撑与屋架的连接通常用 M20C 级螺栓,支撑与天窗架的连接可用 M16C 级螺栓。在有重级工作制吊车或其他较大振动设备的厂房,屋架下弦支撑及系杆宜用高强度螺栓连接,或用 C 级螺栓再加焊缝将节点板固定。

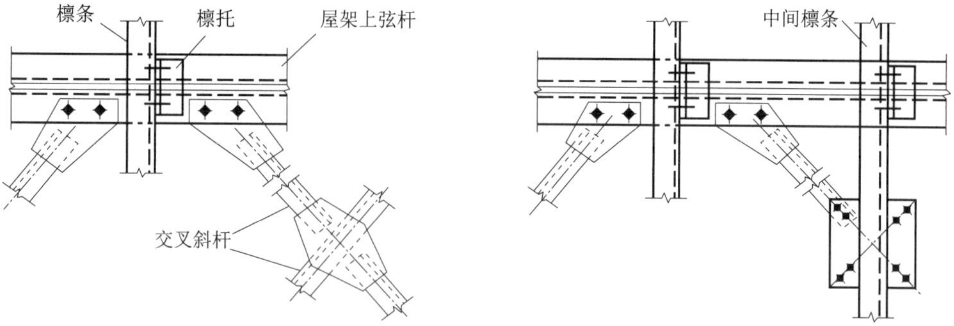

（a）上弦横向支撑与屋架的连接节点1 （b）上弦横向支撑与屋架的连接节点2

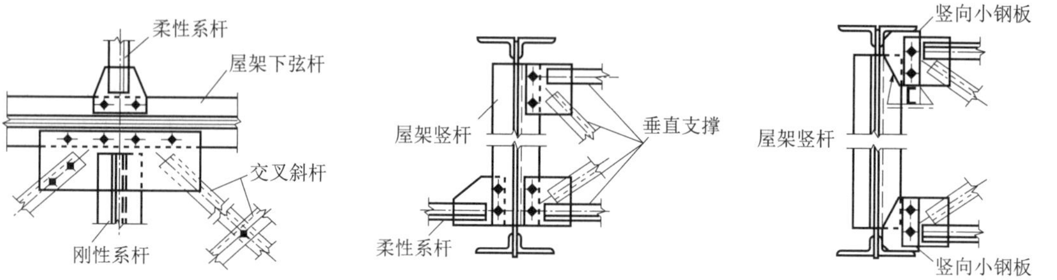

（c）下弦横向支撑和系杆与屋架的连接节点 （d）垂直支撑与屋架的连接节点1 （e）垂直支撑与屋架的连接节点2

图 7-16 支撑与屋架连接构造

屋盖支撑虽不是主要承重构件，但它对保证主要承重构件——屋架正常工作起着重要作用：

（1）保证屋盖形成空间几何不变的结构体系，增大其空间刚度。

（2）承受屋盖各种纵向、横向水平荷载（如风载、吊车制动力、地震力等），并将其传至屋架支座。

（3）为上、下弦杆提供侧向支撑点，减小弦杆在屋架平面外的计算长度，提高其侧向刚度和稳定性。

（4）保证屋盖结构安装时的便利和稳定。

7.4 屋面系统的支撑布置

7.4.1 支撑布置的必要性

屋架是屋盖结构中最主要的承重构件，虽有檩条或屋面板互相联系，但仍然是一个不稳定的空间体系。合理设置支撑可以将屋盖变成几何不变体系；支撑还能保证屋盖的刚度和空间整体性，减少屋盖在水平力作用下的变形；支撑为屋架提供侧向支撑点，减少屋架杆件的计算长度，使受压弦杆保证侧向稳定，使受拉弦杆具有足够的刚度；支撑能够传递水平荷载，保证屋架在施工安装时的稳定与方便。

7.4.2　支撑布置的原则

（1）在设置纵向支撑的平面内必须同时设置横向支撑，并将两者布置为封闭型。

（2）所有横向、纵向和竖向支撑均应与屋架、托架、天窗架等的杆件或檩条组成几何不变的桁架形式。

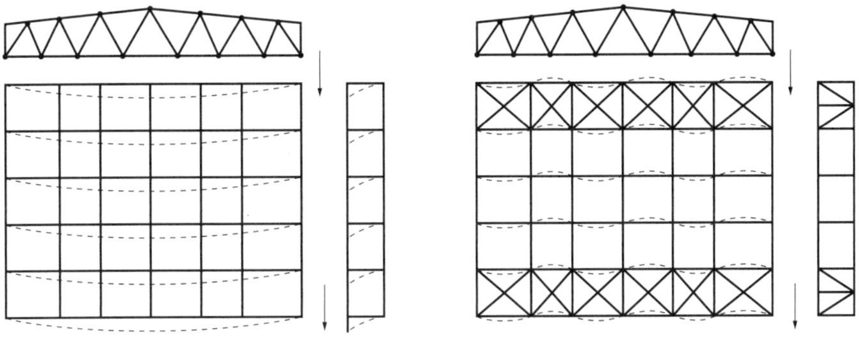

（a）无支撑时屋盖变形　　（b）有支撑时屋盖变形

图 7-17　屋盖支撑作用示意

（3）房屋中每一温度区段或分期建设的区段，应分别设置能独立构成空间稳定结构的支撑系统。

（4）传递风力、吊车水平力和水平地震作用的支撑，应能使外力由作用点尽快地传递到结构支座。

（5）柱距越大或吊车工作量越繁重，支撑的刚度应越大。

（6）在地震区应适当增加支撑，并加强支撑节点的连接强度。

7.4.3　支撑的布置

1）上弦横向水平支撑

在有檩屋盖体系或仅采用大型屋面板的无檩屋盖体系中，均应设置屋架上弦横向水平支撑，一般应设置在房屋两端或横向温度伸缩缝间区段两端的第一个柱间。在非地震区，当采用山墙承重或抗震设防烈度 6，7 度并有天窗时，为使屋架支撑与天窗架支撑位于同一开间内，也可将支撑布置在第二个柱间，但第一柱间必须用刚性系杆与端屋架上弦牢固连接，如图 7-18 所示。两个上弦横向支撑间的距离不宜大于 60 m，当房屋较长（大于 60 m）时，尚应在中部柱间增设横向水平支撑。

2）下弦横向水平支撑

下弦横向水平支撑一般和上弦横向水平支撑布置在同一开间，它们与相邻的两个屋架组成一个空间桁架体系。

3）下弦纵向水平支撑

下弦纵向水平支撑的主要作用是与横向水平支撑一起形成封闭体系，提高房屋的整体刚度。当厂房内设有较大吨位的重级、中级工作制桥式吊车、壁行式吊车或锻锤等振动较大的设备，以及厂房较高、跨度较大、空间刚度要求较高时，均应在屋架下弦端节间内设置纵向水平支撑，如图 7-19 所示。

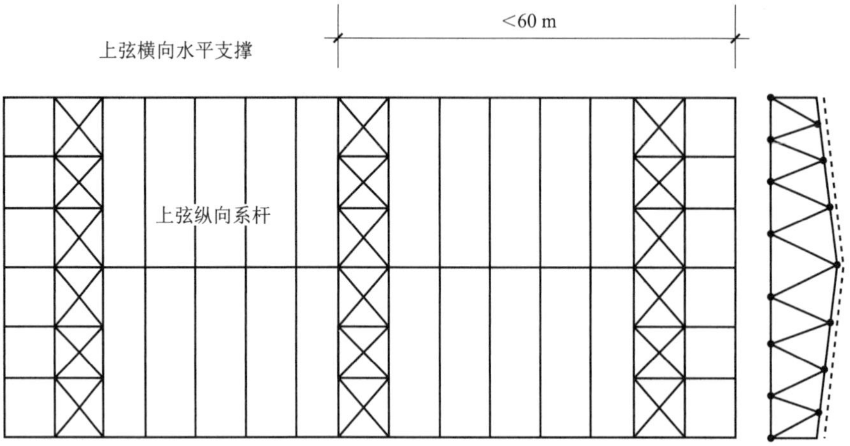

图 7-18　上弦横向水平支撑及上弦纵向系杆平面布置

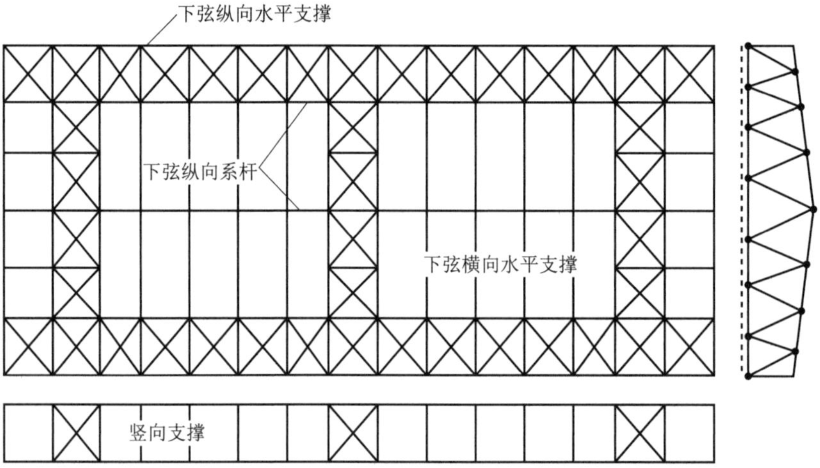

图 7-19　下弦横向水平支撑、纵向水平支撑平面布置及竖向支撑剖面架

单跨厂房一般沿两纵向柱列设置纵向水平支撑，多跨厂房则根据具体情况沿全部或部分纵向柱列设置纵向水平支撑，有托架的房屋为了保证托架的侧向稳定，在有托架处也应设置纵向水平支撑。

4) 竖向支撑

竖向支撑主要是使相邻屋架和上下弦横向水平支撑所组成的四面体形成空间几何不变体系，以保证屋架在使用和安装时的整体稳定。在设有横向支撑的开间内，均应设置竖向支撑。对于梯形屋架，当跨度≤30 m 时，一般只需在屋架两端及跨中竖杆平面内布置三道竖向支撑；当跨度>30 m 时，应在两端和跨度的 1/3 处或天窗架侧处各布置一道竖向支撑。对于三角形屋架，当跨度≤18 m 时，一般只需在跨中布置一道竖向支撑；当跨度>18 m 时，视具体情况设置两道竖向支撑。

5) 系杆

为了保证未设横向水平支撑的屋架侧向稳定以及传递水平荷载，应在横向水平支撑或竖向支撑的节点处沿房屋纵向通长地设置系杆。系杆分为刚性系杆和柔性系杆。只能承受拉力的系杆为柔性系杆，一般采用单角钢；能承受压力的系杆为刚性系杆，一般由两个角钢组成十字形截面。

7.5　钢屋架的形式及主要尺寸

钢屋架是屋盖结构的主要承重构件。钢屋架按结构形式不同可分为三角形屋架、梯形屋架、两铰拱屋架、三铰拱屋架和梭形屋架，如图 7-20 所示；按所采用钢材不同可分为普通钢屋架、轻型钢屋架（杆件为圆钢和小角钢）和薄壁型钢屋架。

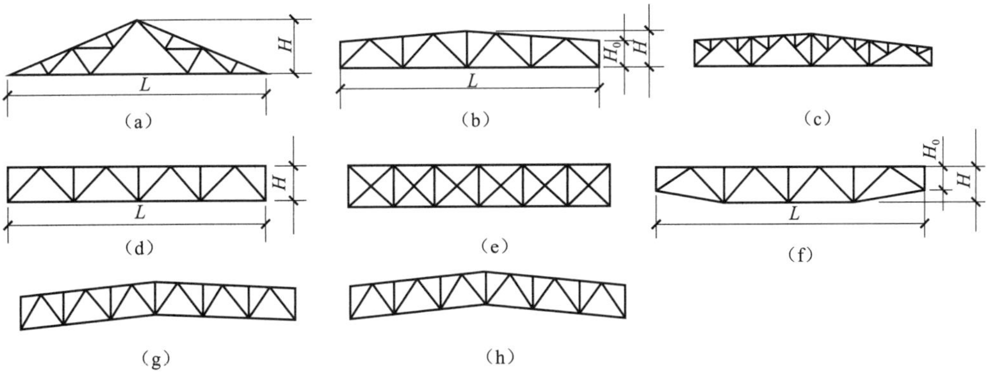

图 7-20　屋架常用形式

普通钢屋架由普通角钢和节点板焊接而成，受力性能好，构造简单，施工方便，广泛应用于工业和民用建筑的屋盖结构中。采用大型钢筋混凝土屋面板等重型屋面时，屋面板直接放在屋架或天窗架上；采用压型钢板或压型钢板夹芯板等轻型屋面时，通常先在钢屋架或天窗架上敷设檩条，再在檩条上铺设压型屋面板。普通钢屋架所用的等边角钢不小于∟45×4，不等边角钢不小于∟56×36×4。钢材一般采用 Q235B 或 Q355；当计算温度≤−30 ℃时，屋架宜采用 Q235BZ，荷载较大的大跨度屋架可采用 Q355 或 Q390。

7.5.1　普通梯形钢屋架

屋架和腹杆的形式应经过综合考虑分析确定。屋架形式主要取决于房屋的使用要求、屋面材料及屋面坡度、与柱的连接方式（铰接或刚接）、屋盖整体刚度等。同时，屋架外形还需要考虑在制造简单的条件下尽量与弯矩图形相接近，使弦杆的内力差别较小。屋面坡度 i 根据所采用的屋面材料可取为

卷材防水屋面，$i=1/12\sim1/8$；

长尺寸压型钢板和夹芯板屋面，$i=1/20\sim1/8$；

波形石棉瓦屋面，$i=1/4\sim1/2.5$；

瓦楞铁、短尺压型钢板和夹芯板屋面，$i=1/6\sim1/3$。

普通梯形钢屋架常用于屋面坡度较为平缓的大型屋面板或长尺寸压型钢板的屋面，跨度为 15～36 m，柱距为 6～12 m，跨中经济高度为 $(1/10\sim1/8)L$。梯形屋架的外形比较接近弯矩图，弦杆内力沿跨度分布比较均匀，用料经济，与柱刚接或铰接，刚接可以使建筑物横

向刚度提高。与柱刚接的梯形屋架，端部高度一般为(1/16～1/12)L，通常取 1.6～2.4 m；与柱铰接的梯形屋架，端部高度为 1.5～2.0 m，此时跨中高度可根据端部高度和上弦坡度确定。多跨房屋中，各跨屋架的端部高度应尽可能相同。

当采用大型屋面板时，上弦杆的节间长度宜等于板宽，以使荷载作用在节点上；当采用压型钢板屋面时，也应使檩条尽量布置在节点上，以避免上弦杆受弯。梯形屋架的斜腹杆一般采用"人"字形，倾角宜为 30°～60°。支座斜腹杆与弦杆组成的支承节点在下弦时为下承式，在上弦时为上承式。

7.5.2 普通梯形钢屋架主要尺寸的确定

普通梯形钢屋架的主要尺寸包括屋架跨度、跨中高度和端部高度。

1) 屋架跨度

屋架跨度取决于柱网的布置。柱网纵向轴线间距就是屋架的标志跨度(公称跨度)，一般以 3 m 为模数。屋架计算跨度是两端支座反力的距离。对封闭结构，计算跨度 l＝标志跨度 $L-2\times(150\sim300)$ mm；对非封闭结构，常取计算跨度＝标志跨度(图 7-21)。

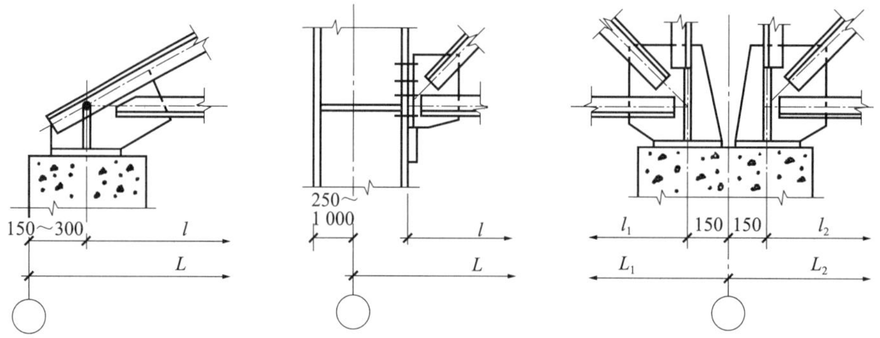

图 7-21 屋架的跨度

2) 跨中高度

跨中高度 h(图 7-22)由经济要求、刚度要求、运输界限和屋面坡度等因素确定。根据屋架的允许挠度可决定最小高度，而最大高度取决于运输界限。屋架的经济高度根据上、下弦杆和腹杆的总重量最小的条件确定。三角形屋架的跨中高度主要取决于屋面坡度：当 $i=1/3\sim1/2$ 时，$h=(1/6\sim1/4)L$。梯形和平行弦屋架的跨中高度主要取决于经济要求，一般取 $h=(1/10\sim1/6)L$。

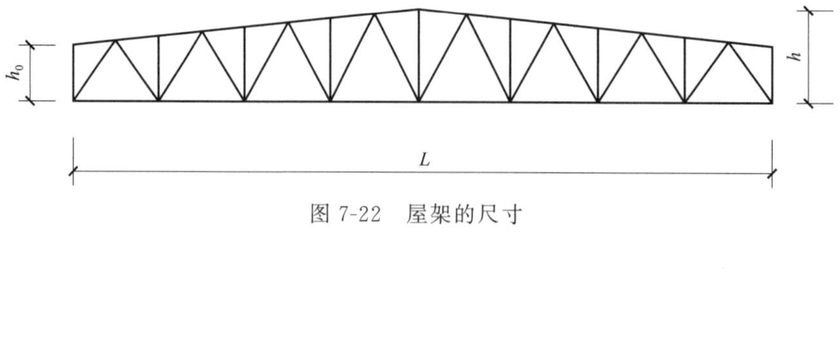

图 7-22 屋架的尺寸

3) 端部高度

端部高度 h_0(图 7-22)与跨中高度和屋面坡度相关。一般陡坡梯形屋架取 $h_0=0.5\sim1.0$ m,缓坡梯形屋架取 $h_0=1.8\sim2.1$ m。多跨厂房梯形屋架的端部高度应力求统一。

7.5.3 屋架的起拱要求

跨度 $l\geqslant24$ m 的梯形屋架,当下弦无曲折时宜起拱。起拱高度 $f=l/500$。起拱方法一般是使下弦成直线弯折而将整个屋架抬高,即上、下弦同时起拱。

7.6 荷载组合及内力计算

7.6.1 作用在屋架上的荷载

作用在屋架上的荷载有永久荷载和可变荷载。

1) 永久荷载

永久荷载包括屋面构造层的重量、屋架和支撑的重量及天窗等结构的自重。屋架和支撑的重量及天窗重量(按屋面水平投影面积计算,kN/m^2)可参考表 7-2,或根据经验公式自重 $q=0.12+0.011l$ kN/m^2 估计(l 为屋架的计算跨度,单位:m)。

表 7-2　屋面荷载的标准值

名　称	跨度/m	屋面荷载的标准值/($kN\cdot m^{-2}$)			
		$q_k<1.5$	$1.5\leqslant q_k<3.0$	$3.0\leqslant q_k<4.0$	$4.0\leqslant q_k\leqslant5.0$
屋　架 (包括支撑)	12 18 24 30 36	0.08～0.13 0.10～0.17 0.14～0.22 0.18～0.28 0.20～0.32	0.14～0.17 0.18～0.22 0.24～0.28 0.29～0.34 0.33～0.38	0.18～0.21 0.23～0.27 0.29～0.33 0.35～0.40 0.39～0.45	0.22～0.25 0.28～0.32 0.34～0.38 0.41～0.46 0.46～0.52
天窗架 (包括支撑)	6 12	0.07～0.10 0.10～0.14	0.09～0.12 0.13～0.16	0.11～0.14 0.15～0.18	0.13～0.16 0.17～0.20
檩　条	—	0.05～0.10	0.07～0.12	0.10～0.15	—
托　架	—	0.05～0.09	0.09～0.13	0.13～0.16	0.16～0.20

2) 可变荷载

可变荷载包括屋面活荷载、雪荷载、积灰荷载、风荷载和悬挂吊车荷载等。雪荷载、积灰荷载、风荷载等按《建筑结构荷载规范》(GB 50009—2012)的规定采用,积灰荷载与雪荷载或屋面均布荷载(雪荷载和屋面均布荷载通常不能同时出现,取其较大者)同时考虑。

按水平投影面积计算的屋面均布活荷载标准值为:① 不上人的屋面,对于压型钢板、压型铝合金板、石棉瓦、瓦楞铁等轻屋面以及平瓦屋面取 0.50 kN/m^2，对于钢筋混凝土屋面取 0.70 kN/m^2；② 上人的屋面按使用要求确定，但不小于 1.50 kN/m^2。

7.6.2 荷载组合

为了求出各个杆件的最不利内力，必须对作用在屋架上的荷载根据施工过程和使用过程可能出现的分布情况进行组合。一般为以下三种情况：

(1) 全跨永久荷载＋全跨可变荷载；

(2) 全跨永久荷载＋半跨可变荷载；

(3) 全跨屋架和支撑自重＋半跨屋面板重＋半跨施工荷载。

7.6.3 内力计算

内力计算可以采用数解法、图解法(图 7-23)或电算法，即先求出全跨或半跨单位荷载作用下的杆件内力系数，然后乘以实际的节点荷载便可得到内力。屋架在上述荷载组合(1)下，屋架的弦杆、竖杆和靠近两端的斜腹杆，内力均达到最大；在荷载组合(2)或(3)下，靠近跨中的斜腹杆的内力可能达到最大或发生变号。

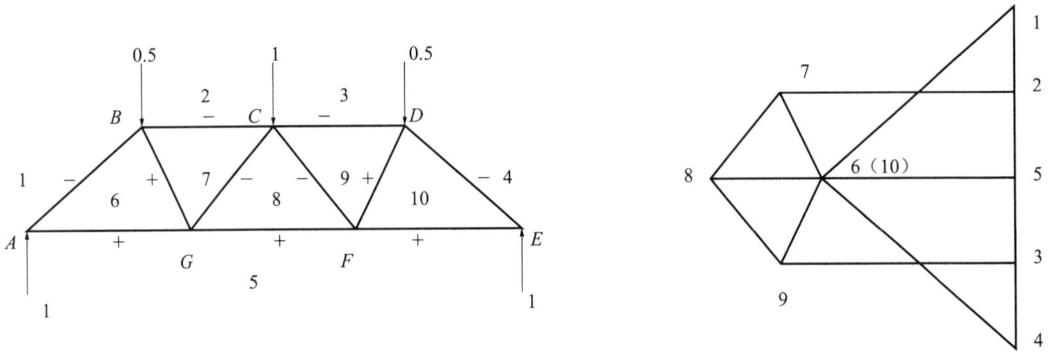

图 7-23　图解法

通常内力计算采用理论力学的方法或电算法进行。下面简要介绍图解法的计算过程(不考虑起拱)。

应用图解法求得单位荷载作用于全跨及半跨各节点的各杆内力，即内力系数，然后求出荷载作用于全跨及半跨各节点时的杆件内力，并求出荷载组合下的杆件内力，取其中不利内力(正、负最大值)作为设计屋架的依据。

图解法求杆件内力系数的方法及步骤如下：

(1) 按一定比例尺画出屋架几何尺寸的单线图(不考虑起拱)；

(2) 计算节点力及支座反力，并标在相应节点及支座处；

(3) 根据杆件及节点力、支座反力将整个屋架所在平面分区并编号；

(4) 取一定的力比例尺绘制力多边形；

(5) 根据力多边形及屋架几何图判断杆件的拉、压力。

7.7　屋架杆件的计算长度

在理想的铰接屋架中，杆件在屋架平面内的计算长度应是节点中心之间的距离。实际上，各杆件通过节点板焊接在一起，而并非真正的铰接。节点具有一定的刚度，杆件两端均属弹性嵌固；节点的转动还会受到汇交于节点拉杆的约束。因此，各杆的计算长度要视节点的嵌固程度来确定。

7.7.1　平面内计算长度

弦杆、支座斜杆和支座竖杆的计算长度 l_{0x} 取节点间距离 l，即 $l_{0x}=l$；其他腹杆的计算长度取 $l_{0x}=0.8l$。

7.7.2　平面外计算长度

弦杆在屋架平面外的计算长度 l_{0y} 等于侧向支承点间的距离 l_1，即 $l_{0y}=l_1$。

当屋架弦杆侧向支承点间的距离 l_1 为节间长度的两倍，且两节间的轴心压力不相等，一个节间作用着较大的轴压力 N_1，另一个节间作用着较小的轴压力或轴拉力 N_2 时，计算长度应按下式计算（但不应小于 $0.5l_1$）。计算时压力取正号，拉力取负号。

$$l_{0y}=l_1\left(0.75+0.25\frac{N_2}{N_1}\right) \tag{7-9}$$

7.7.3　斜平面计算长度

单面连接的单角钢杆件或双角钢组成的十字形截面杆件的腹杆计算长度 $l_0=0.9l$。

表 7-3 为屋架杆件的计算长度，其中腹杆是指单系腹杆。若是交叉腹杆，无论是拉杆还是压杆，在屋架平面内的计算长度均取节点中心到交叉点之间的距离，即 $l_{0x}=0.5l$。在屋架平面外的计算长度按下列规定采用：

① 对于压杆，当相交的另一杆受拉，且两杆在交叉点处均不中断时，$l_{0x}=0.5l$；当相交的另一杆受拉，两杆中有一杆在交叉点处中断并以节点板搭接时，$l_{0x}=0.7l$；其他情况，$l_{0x}=l$。

② 对于拉杆，$l_{0x}=l$，l 指节点中心间的距离（交叉点不作为节点考虑）。

表 7-3　屋架杆件的计算长度

项　次	弯曲方向	弦　杆	腹　杆	
			支座斜杆和支座竖杆	其他腹杆
1	在屋架平面内	l	l	$0.8l$
2	在屋架平面外	l_1	l	l
3	斜平面	—	l	$0.9l$

注：① l—构件的几何长度（节点中心间的距离）；l_1—屋架弦杆侧向支承点之间的距离。

② 斜平面指与屋架平面斜交的平面，适用于构件截面两主轴均不在屋架平面内的单角钢腹杆和双角钢十字形截面腹杆。

③ 无节点板的腹杆计算长度在任意平面内均取其几何长度(钢管结构除外)。

7.8 杆件截面设计

7.8.1 截面形式

选择屋架杆件截面形式时，应考虑构造简单、施工方便，且取材容易、易于连接，尽可能增大屋架的侧向刚度。对轴心受力杆件宜使各杆件在两个主轴方向的长细比接近，即 $\lambda_x \approx \lambda_y$。

普通钢屋架的杆件通常采用两个角钢组成的 T 形截面或十字形截面(图 7-24)。

(1) 屋架上弦宜采用由两个不等肢角钢短肢相并的 T 形截面(图 7-24a)。如果上弦杆有节间荷载作用，则宜采用两个等肢角钢组成的 T 形截面或两个不等肢角钢长肢相并的 T 形截面。

(2) 屋架的端斜杆应采用两个不等肢角钢长肢相并的 T 形截面(图 7-24b)或两个等肢角钢组成的 T 形截面(图 7-24c)。

(3) 其他腹杆应采用两个等肢角钢组成的 T 形截面(图 7-24c)。连接竖向支撑的竖腹杆宜采用两个等肢角钢组成的十字形截面(图 7-24d)。对于受力很小的腹杆，也可用单角钢截面(图 7-24e,f)。角钢最小不能小于∟45×4 或∟56×36×4 。

(4) 屋架下弦(受拉)杆常采用两个不等肢角钢短肢相并的 T 形截面。

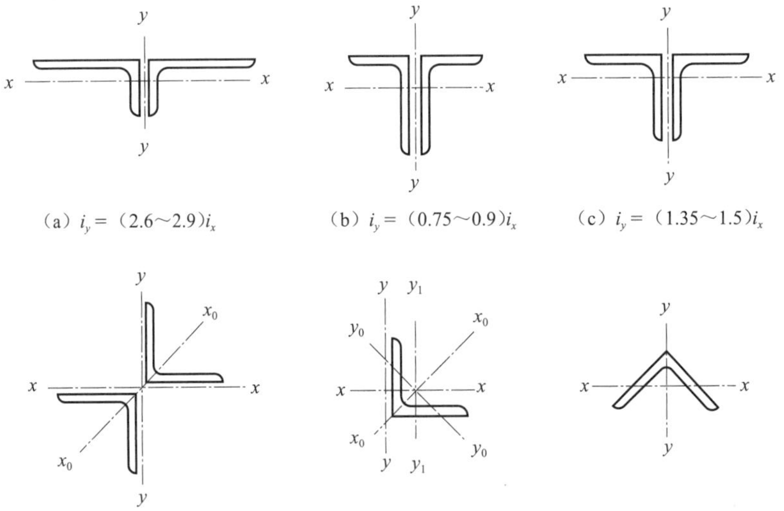

(a) $i_y=(2.6\sim2.9)i_x$　(b) $i_y=(0.75\sim0.9)i_x$　(c) $i_y=(1.35\sim1.5)i_x$

(d)　(e)　(f)

图 7-24　屋架杆件的角钢截面

7.8.2 填　板

为了使双角钢组成的截面能够整体工作，应在角钢相并肢之间每隔一定间距焊上一块填板。填板宽度由构造要求决定，一般取 60～100 mm。对于 T 形截面，填板长度 c 应伸出角钢肢边各 10～20 mm;对于十字形截面,填板长度应缩进角钢肢边 10～20 mm。填板间距 l_d 在受压杆件中不大于 $40i$,在受拉杆件中不大于 $80i$。对于 T 形截面,i 为一个角钢平行于填板的形心轴的回转半径;对于十字形截面,i 取一个角钢的最小回转半径。受压杆件两个侧向支承点之间填板数不得少于两个。

7.8.3 屋架杆件截面选择

1) 选择截面的原则

(1) 应选用肢宽而壁薄的角钢,但厚度不小于 5 mm。

(2) 为了便于订货和制造,相近的角钢应尽量统一。同一屋架所选用的角钢型号一般不超过 5～7 种。

(3) 屋架弦杆一般采用等截面,但当跨度大于 30 m 时,弦杆可根据内力变化改变截面,通常厚度不变而缩小肢宽,以利于拼接节点的构造处理。

(4) 普通钢屋架的角钢不得小于∟45×4 或∟56×36×4(对焊接结构)。直接与支撑或系杆相连的角钢的最小肢宽应根据连接螺栓的直径而定,当螺栓直径 $d=16,18,20$ mm 时,角钢最小肢宽分别为 63,70,75 mm。

2) 轴心拉杆

按强度确定杆件所需要的截面面积 A_n 为

$$A_n \geqslant N/f \tag{7-10}$$

式中　N——杆件的计算轴心力;

f——钢材的抗拉设计强度,当计算单角钢单面连接的强度时,f 应乘以折减系数 0.85。

根据 A_n 从角钢规格表中选出合适的角钢。

3) 轴心压杆

按稳定条件计算所需要的毛截面面积 A 为

$$A \geqslant N/(\varphi f) \tag{7-11}$$

式中　φ——轴心受压杆件的稳定系数。

由于 A,φ 都是未知数,所以不能直接计算所需要的截面面积。通常采用试算法选择截面,先假定长细比 λ(一般弦杆取 80～100,腹杆取 100～120),查出相应的 φ 并代入上式,计算截面 A 同时算出回转半径 i_y 和 i_x,从型钢规格表中选择角钢,再进行验算。这样反复两次,即可得到合适的角钢。

4) 压弯杆件

当上弦有节间荷载时,应根据轴心压力和局部弯矩按压弯杆件进行计算。

初选截面后按下列公式验算:

(1) 在弯矩计算平面内的稳定计算

$$\frac{N}{\varphi_x A f}+\frac{\beta_{mx} M_x}{\gamma_x W_{1x}\left(1-0.8\dfrac{N}{N'_{Ex}}\right) f} \leqslant 1.0 \tag{7-12a}$$

$$N'_{Ex}=\frac{\pi^2 EA}{1.1\lambda_x^2} \tag{7-12b}$$

$$\left|\frac{N}{Af}-\frac{\beta_{mx}M_x}{\gamma_x W_{2x}\left(1-1.25\dfrac{N}{N'_{Ex}}\right)f}\right|\leqslant 1.0 \tag{7-13}$$

（2）在弯矩计算平面外的稳定计算

$$\frac{N}{\varphi_y Af}+\eta\frac{\beta_{tx}M_x}{\varphi_b W_{1x}f}\leqslant 1.0 \tag{7-14}$$

（3）强度计算

$$\frac{N}{A_n}\pm\frac{M_x}{\gamma_x W_{nx}}\leqslant f \tag{7-15}$$

5）刚度要求

刚度要求即最大长细比限制。《钢结构设计标准》(GB 50017—2017)对钢屋架的压杆和拉杆的长细比规定了不同的限值。

对于压杆，$[\lambda]=150$；对于承受静荷载或设有轻、中级工作制吊车厂房的间接承受动荷载的拉杆，$[\lambda]=350$；对于设有重级工作制吊车厂房的间接承受动荷载的拉杆及直接承受动荷载的拉杆，$[\lambda]=250$。

7.9 节点设计

7.9.1 节点设计的一般原则

（1）屋架通过各节点板把汇交于各节点的杆件连接在一起。各杆件内力通过节点板上的角焊缝互相平衡。节点板内的应力分布比较复杂，其厚度通常不做计算，一般可根据腹杆（梯形屋架）或弦杆（三角形屋架）的最大内力按表 7-4 选用。

表 7-4 节点板厚度选用表

节点板钢号		梯形屋架腹杆（或三角形屋架弦杆）的最大内力/kN						
节点板钢号	Q235	梯形屋架腹杆（或三角形屋架弦杆）的最大内力/kN	≤160	161～300	301～500	501～700	701～950	951～1 200
	Q355		≤240	241～360	361～570	571～780	781～1 050	1 051～1 300
中间节点板厚度/mm			6	8	10	12	14	16
支座节点板厚度/mm			8	10	12	14	16	18

（2）为避免杆件偏心受力，各杆件的轴心线应与屋架的轴线重合；考虑制造上的方便，通常把角钢肢背到屋架轴线的距离调整为 5 mm 的整数倍。上弦为了便于搁置屋面构件，应使肢背齐平，并取两角钢轴心线之间的中线作为弦杆轴线；如果轴线变动不超过较大弦杆截面高度的 5%，则可不考虑其影响。

（3）为避免焊缝过于密集而导致节点板材质变脆，节点板上各板件端缘之间须留 15～20 mm 的空隙。节点板一般伸出弦杆角钢肢背 10～15 mm（图 7-25），以便施焊；在屋架上弦，为了支承屋面构件，可将节点板缩进弦杆背 5～10 mm，并用塞焊缝连接（图 7-26）。

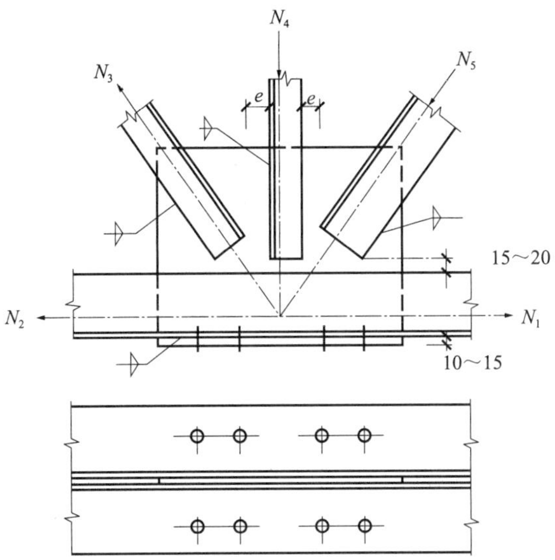

图 7-25　下弦节点

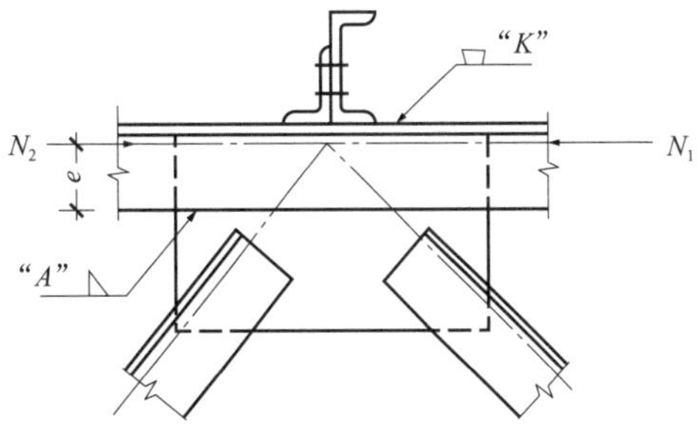

图 7-26　上弦节点

(4) 角钢端部的切断面宜垂直于杆件轴线(图 7-27a)。当角钢较宽时,为了减少节点板尺寸,也可采用图 7-27(b),(c)的形式斜切,但绝不能采用图 7-27(d)的形式斜切,因为机械切割无法完成,端部焊缝分布不合理,并且在施工安装时将危及工人的人身安全。

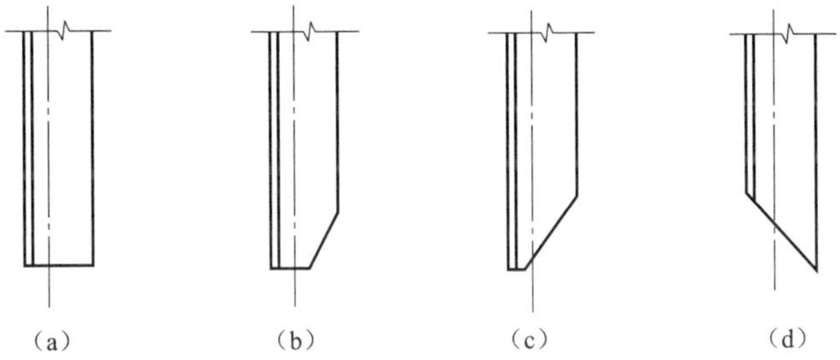

图 7-27　角钢端部切割

(5) 节点板形状应力求简单规则,至少有两边平行,如矩形、平行四边形和直角梯形等,以便切割钢板时能充分利用材料和减少切割次数。节点板必须是凸多边形的。确定节点板外形时还应注意使其受力情况良好;节点板边线对杆件边线间的扩散角宜为 1∶4～1∶3,强度发挥充足(通常 $\sigma \geqslant 0.85f$)的杆件边线间的扩散角宜≥1∶2(图 7-28),还应考虑使连接焊缝中心受力。

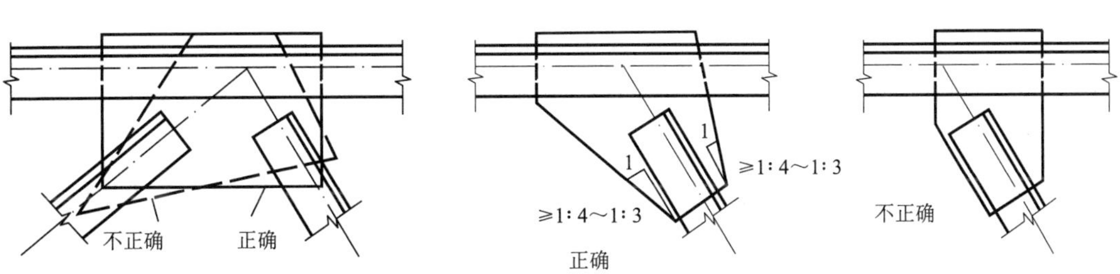

图 7-28　节点板的形状

7.9.2 节点的计算和构造

节点设计时，先根据腹杆截面和内力确定连接焊缝的焊脚尺寸和长度，然后根据焊缝长度和施工允许误差确定节点板的形状和尺寸。

1) 下弦一般节点

如图 7-25 所示，这类节点的设计步骤是：先根据腹杆的内力计算腹杆与节点板连接焊缝的尺寸，即 h_f 和 l_w；然后根据 l_w 的大小按比例绘出节点板的形状和大小；最后验算下弦杆与节点板的连接焊缝。腹杆与节点板的连接焊缝计算为

肢背

$$\frac{k_1 N}{2 \times 0.7 l_{w1} h_{f1}} \leqslant f_f^w \tag{7-16}$$

肢尖

$$\frac{k_2 N}{2 \times 0.7 l_{w2} h_{f2}} \leqslant f_f^w \tag{7-17}$$

式中　k_1, k_2——角钢肢背和肢尖焊缝内力分配系数。

由于弦杆在节点板处是连续的，弦杆与节点板的连接焊缝仅将下弦相邻节间的内力差 $\Delta N(=N_1-N_2, N_1, N_2$ 分别为相邻节间杆件的内力）传递给节点板，其焊脚尺寸为

肢背

$$h_{f1} \geqslant \frac{k_1 \Delta N}{2 \times 0.7 l_{w1} f_f^w} \tag{7-18}$$

肢尖

$$h_{f2} \geqslant \frac{k_2 \Delta N}{2 \times 0.7 l_{w2} f_f^w} \tag{7-19}$$

通常弦杆与节点板连接焊缝所需要的焊脚尺寸很小，由构造确定。

2) 上弦一般节点

如图 7-26 所示，腹杆与节点板的连接焊缝计算同上弦节点。屋架上弦节点受屋面传来的集中荷载 P 的作用，所以在计算上弦与节点板的连接焊缝时，应考虑节点荷载 P 与上弦杆相邻的内力差 ΔN 的作用。

上弦节点因需要搁置屋面板或檩条，常将节点板缩进角钢肢背而采用塞焊缝（图 7-26）。塞焊缝近似地按两条焊脚尺寸 $h_f=\delta/2$（δ 为节点板厚度）的角焊缝来计算，节点板缩进角钢肢背的距离不少于 $\delta/2+2$ mm，但不大于 δ。计算时，假定集中荷载与上弦杆垂直，略去上弦杆坡度的影响，这样在 ΔN 的作用下，角钢肢背与节点板角焊缝所受剪应力 $\tau_{//}$ 为

$$\tau_{//} = k_1 \Delta N / (2 \times 0.7 h_f l_w) \tag{7-20}$$

这里，k_1 是角钢肢背的内力分配系数。

在 P 的作用下，上弦杆与节点板连接的四条焊缝平均受力。若焊脚的尺寸相同，则应力 σ_f 为

$$\sigma_f = P / (4 \times 0.7 h_f l_w) \tag{7-21}$$

肢背焊缝受力最大，其合应力应按下式进行验算

$$\sqrt{\left(\frac{\sigma_f}{1.22}\right)^2+\tau_{//}^2}\leqslant f_f^w \tag{7-22}$$

考虑到角钢肢背与节点板的塞焊缝质量不易保证，常假设塞焊只承受 P 的作用。由于 P 一般不大，所以焊缝可按构造满焊计算，不必考虑 P。角钢肢尖与节点板的连接焊缝承受 ΔN 及其产生的偏心力矩 $M=\Delta N\cdot e$（e 为角钢肢尖至弦杆轴线的距离）。肢尖焊缝强度按式(7-23)进行计算

$$\sqrt{\left(\frac{\sigma_M}{1.22}\right)^2+\tau_{//}^2}\leqslant f_f^w \tag{7-23}$$

式中，$\tau_{//}=\dfrac{\Delta N}{2\times0.7h_fl_w}$，$\sigma_M=\dfrac{6M}{2\times0.7h_fl_w^2}$。

3）弦杆拼接节点

弦杆拼接分为工厂拼接和工地拼接两种。因角钢长度不够而接长的工厂拼接接头常设于内力较小的节间内；工地拼接是由于运输条件的限制，将屋架分成两个或两个以上的运输单元而设的工地安装接头，工地拼接通常设在节点处（图7-29、图7-30）。

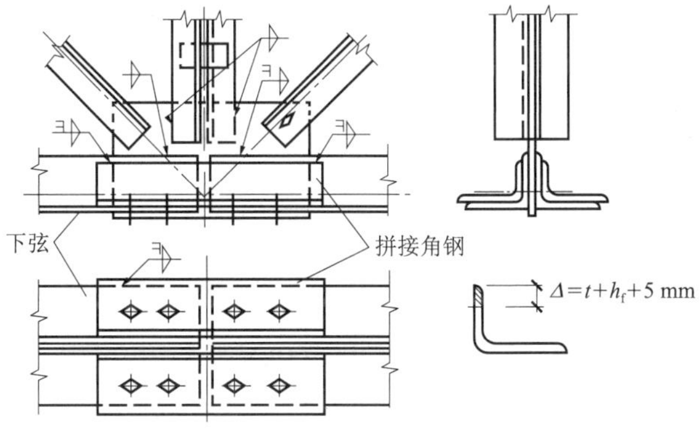

图7-29 工地拼接（不切角）

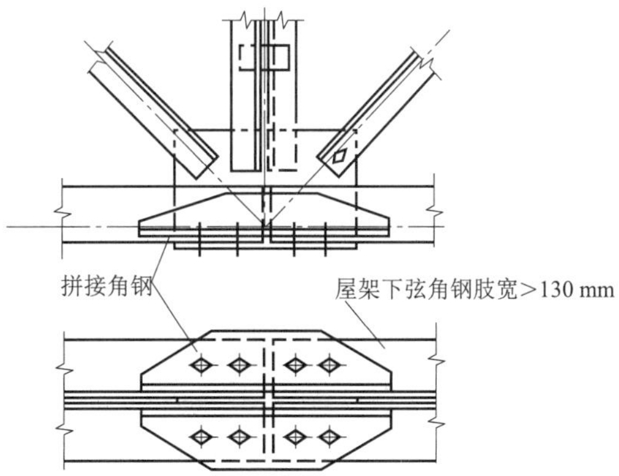

图7-30 工地拼接（切角）

双角钢弦杆采用拼接角钢拼接。拼接角钢宜采用与弦杆相同的规格热弯成形，为了使拼接角钢能贴紧被连接的弦杆和便于施焊，常将拼接角钢的棱角削去并将竖肢切去 $\Delta=t+$

h_f+5 mm，这里 t 是拼接角钢的厚度，h_f 是角焊缝的焊脚尺寸。当角钢肢宽在 130 mm 以上时，应将拼接角钢肢斜切。为了便于工地拼装，拼接节点要设立安装螺栓。

拼接角钢与弦杆的连接焊缝通常按被连接弦杆的最大内力计算，并平均分配给两个拼接角钢肢的四条焊缝。

每条焊缝的计算长度 l_w（单位：mm）为

$$l_w=\frac{N}{4\times 0.7h_f f_f^w} \tag{7-24}$$

拼接角钢的长度 $L=2(l_w+2h_f)+b$，这里 b 是两弦杆端间的空隙，一般取 b 为 10～20 mm，当屋脊拼接节点如屋面坡度较大时，可取 $b=50$ mm。

下弦杆与节点板的连接焊缝，按下弦较大内力的 15% 和两侧下弦的内力差两者中的较大者进行计算。这样，下弦杆肢背与节点板的连接焊缝长度计算如下

$$l_w=\frac{k_1(0.15N_{max}\text{ 或 }\Delta N)}{2\times 0.7h_f f_f^w}+2h_f \tag{7-25}$$

对于上弦屋脊处弦杆与节点板的连接（图 7-31），焊缝承受接头两侧弦杆的竖向分力与节点荷载 P 的合力，两侧连接焊缝共 8 条，每条焊缝长度按式（7-26）进行计算

$$l_w=\frac{2N\sin\alpha-P}{8\times 0.7h_f f_f^w}+2h_f \tag{7-26}$$

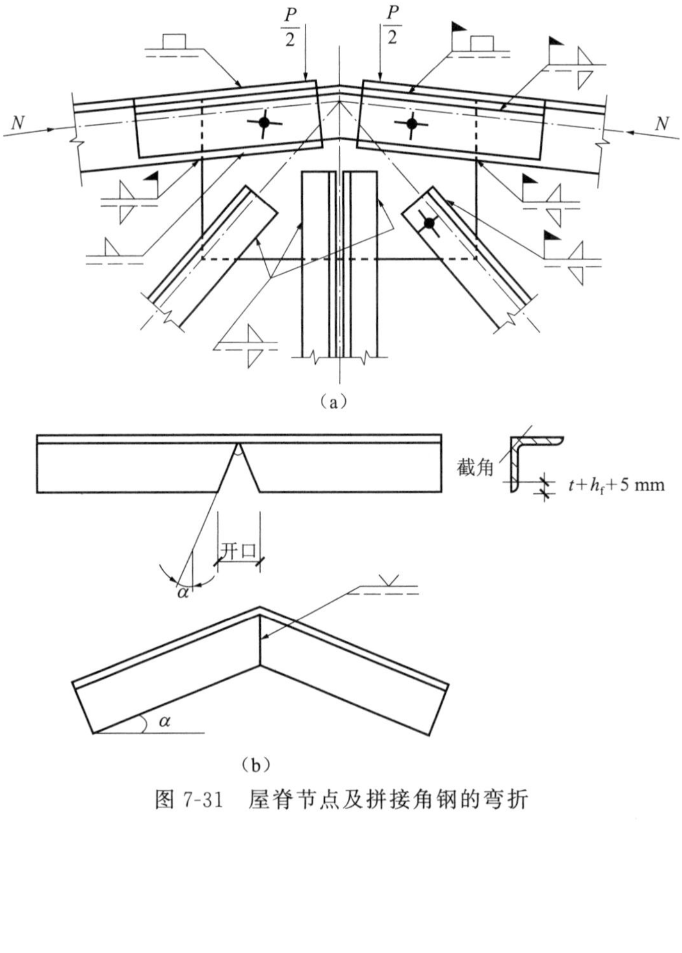

图 7-31 屋脊节点及拼接角钢的弯折

4）支座节点

如图 7-32 所示，简支屋架的支座节点由节点板、加劲肋、支座底板和锚栓等部分组成。它的设计和轴心受压柱脚相似。加劲肋的作用是加强底板的刚度，提高节点板的侧向刚度。加劲肋高度与节点板相同，厚度等于或略小于节点板的厚度，且厚度的中线应与各杆件合力线重合。

为便于节点焊缝施焊，下弦角钢底面和支座底板之间的距离一般不小于下弦角钢水平肢的宽度，也不应小于 130 mm。角钢边缘与加劲板中线距离不宜小于 50 mm。锚栓预埋于柱中，直径一般取 18～24 mm；为便于屋架安装就位和调至位置，底板上的锚栓孔直径应为锚栓直径的 2～2.5 倍，通常采用 40～60 mm。屋架安装完毕后，锚栓上套上垫圈，并与底板焊牢以固定屋架，垫圈的孔径比锚栓的直径大 1～2 mm。

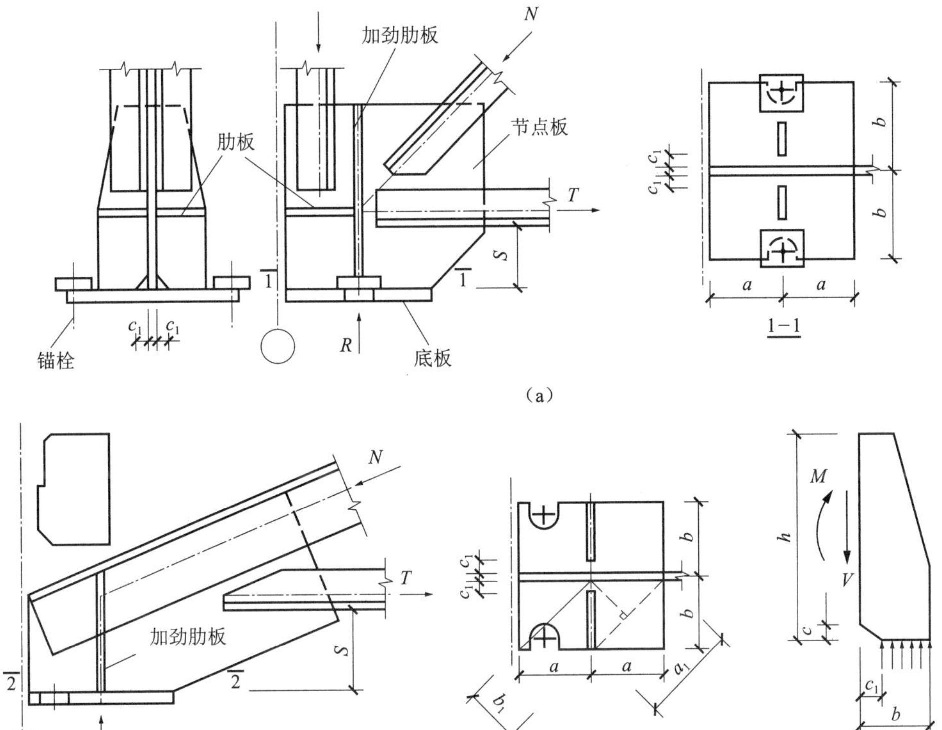

图 7-32　简支屋架的支座节点

（1）支座底板需要的净面积按下式计算

$$A \geqslant \frac{R}{\beta_1 f_c} + A_0 \tag{7-27}$$

式中　R——屋架的支座反力；

f_c——混凝土的抗压强度设计值；

β_1——混凝土局部承压时的提高系数，见《混凝土结构设计规范》(GB 50010—2010)；

A_0——锚栓孔的面积。

通常按计算得出的底板面积较小，底板的平面尺寸主要根据构造要求确定，且短边 b 不宜小于 200 mm。

(2) 底板的厚度按均布荷载下板的抗弯强度计算

$$t \geqslant \sqrt{\frac{6M}{r_x f}}$$

$$M = \beta q a_1^2$$

式中 M——两邻边支承板单位板宽的最大弯矩；

q——底板单位面积的压力；

a_1——两相邻支承边的对角线长度；

β——弯矩系数，按 b_1/a_1 查表 7-5 取值，其中 b_1 为支承边的交点至对角线的垂直距离。

为了使柱顶压力分布较为均匀，底板厚度不宜太薄，一般不小于 16 mm。

表 7-5 三边支承及两邻边支承的矩形板的弯矩系数 β

b_1/a_1	0.3	0.4	0.5	0.6	0.7	0.8	0.9	1.0
β	0.027	0.044	0.058	0.075	0.087	0.097	0.105	0.112

(3) 加劲肋焊缝的计算。

加劲肋与节点板间的连接焊缝可近似地按传递支座反力的 1/4 计算，并考虑焊缝偏心受力。每块加劲肋的两条焊缝承受的内力为 $V=R/4$ 及 $M=Ve$，其中 $e=b/4$。

加劲肋与节点板间的连接焊缝按下式计算

$$\sqrt{\left(\frac{V}{2\times 0.7h_f l_w}\right)^2 + \left(\frac{6M}{2\times 0.7\beta_f h_f l_w^2}\right)^2} \leqslant f_f^w \tag{7-28}$$

屋架支座节点板和垂直加劲肋与支座底板连接的水平焊缝按均匀传递支座反力计算，焊缝强度按下式计算

$$\sigma_f = \frac{R}{0.7h_f \sum l_{wi}} \leqslant \beta_f f_f^w \tag{7-29}$$

实际的焊缝计算长度为 $\sum l_{wi} = 2a + 2(b - \delta - 2c) - 60$ mm。这里 δ 为节点板厚度，c 为加劲肋切角宽度。此外，还应按悬臂板验算加劲肋的强度。

7.10 屋架施工详图

构件的施工详图是结构设计的最后成果之一。施工详图中应包括预定钢材、制造和安装等工序所需的一切尺寸和资料。各种构件的施工详图与结构安装图等共同组成整个钢结构的施工图。钢屋架的施工详图中应包括下列内容：

(1) 屋架杆件的轴线长度及起拱、杆件的内力设计值。

通常在图纸左上角以单线绘制一屋架简图，左半图标出起拱后的杆件节点间的几何长度(单位 mm)，右半图标出杆件的内力设计值。当屋架跨度较大时，在自重及外荷载作用下将产生较大的挠度，影响结构使用和建筑物外观。因此，跨度≥24 m 的梯形屋架或跨度≥15 m 的三角形屋架，在制作时需要预起拱。起拱值约为 1/500 跨度，起拱值应在屋架简图上标出，在屋

架详图上不必表示，如图 7-33 所示。

(2) 屋架的正面图(主视图)、上下弦杆的俯视图、左右端视图和必要的剖面图及特殊零件图。

这些图是屋架施工详图的主体。屋架对称时可只画一半屋架，但需表明其与另一半屋架的拼接方式。为了不使图纸太大而又表明节点各个细部，主视图通常采用两种比例尺绘制：杆件轴线一般采用 1∶30～1∶20 的比例尺，杆件截面和节点尺寸采用 1∶15～1∶10 的比例尺。

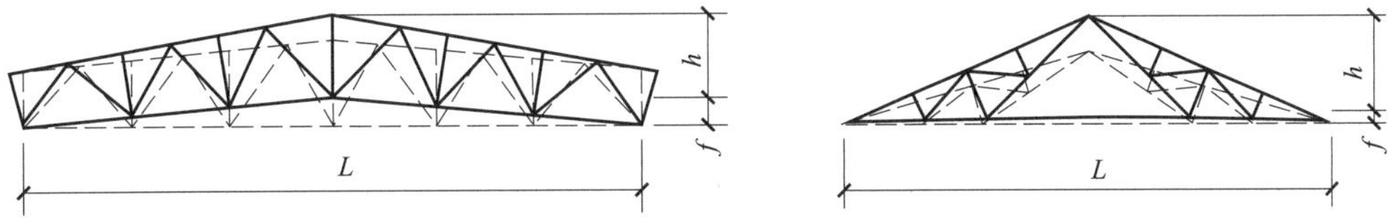

图 7-33　钢屋架起拱

(3) 尺寸标注。

要全部注明各杆件和板件的定位尺寸和孔洞位置等。需要详细表示的定位尺寸主要指杆件轴线至角钢肢背的距离(以 5 mm 为模数)，节点中心至杆件近端的距离，节点中心至节点板上、下和左、右边缘的距离，板件和角钢的切角、切肢、削棱，栓孔直径和焊缝尺寸等。拼接节点的焊缝要分清工厂焊缝和工地焊缝。有支撑连接的屋架和无支撑连接的屋架可采用一张施工图表，但在图上应标明哪种编号的屋架有连接支撑的螺栓孔。

(4) 编制材料表。

对所有零件应按零件的主次、上下、左右一定顺序逐一进行详细编号。完全相同的零件用同一编号；当两个零件的形状、尺寸相同只是栓孔位置成镜面对称时，可用同一编号，但应在材料表上注明正和反。材料表中需列出制造图中所示屋架的各个零件的规格、数量(正、反)和重量。材料表中应标明杆件的规格和板件的厚度，这样可大大简化图面标注。

(5) 必要的文字说明。

它包括所用钢材的牌号及保证项目、螺栓规格及孔径、焊条的型号、焊接方法和质量要求、图纸上未注明的焊缝和栓孔尺寸、构件的油漆、运输和加工要求，以及图中未能表达清楚的一些内容。

注：屋架从制造厂运到工地，应考虑运输容许尺寸并将其划分为若干个运送单元。跨度大于 21 m 的梯形屋架或人字形屋架，通常分为两个或三个运送单元；跨度或高度超过运输允许尺寸的芬克式三角形屋架，可分为三个或四个(有中央竖杆时)运送单元。

7.11　钢屋架设计示例

某工业厂房车间为 30 m 跨度钢屋架，平面尺寸为 30 m×102 m，车间内配有中级工作制吊车；设计计算温度为－20 ℃，不考虑地震设防；采用 1.5 m×6 m 预应力混凝土大型屋面板，6 cm 厚泡沫混凝土保温层，卷材屋面，坡度为 1/10，雪荷载为 0.45 kN/m^2，积灰荷载为 0.55 kN/m^2。混凝土柱截面为 400 mm×400 mm，标号为 C30。试设计该钢屋架，并绘制施工图。

7.11.1 屋架形式、尺寸、材料选择及支撑布置

由于采用大型屋面板和油毡防水屋面，故选用平坡梯形钢屋架，未考虑起拱的上弦坡度为 $i=1/10$。屋架跨度 $L=30$ m，每跨支座中线缩进 0.15 m，则计算跨度 $L_0=L-2\times0.15$ m$=29.70$ m，端部高度 h_0 取 1.99 m，跨中高度 h 取 3.49 m；起拱按 $f=L_0/500$ 考虑，取 60 mm。

由于采用 1.5 m×6 m 大型屋面板，因此屋架间距为 6 m，上弦节间尺寸为 1.5 m，选用屋架的杆件布置和几何尺寸如图 7-34 所示。

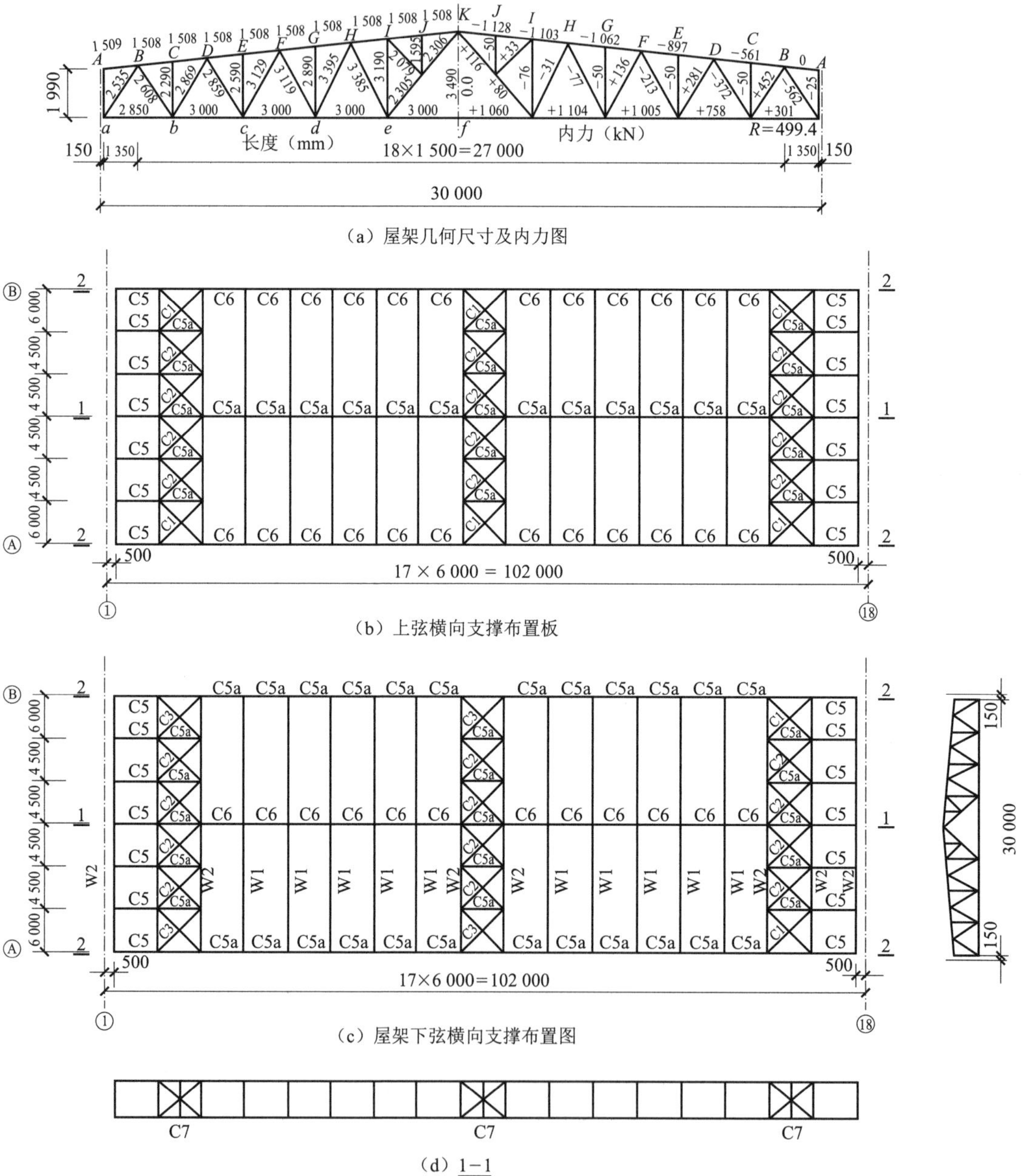

图 7-34　屋架几何尺寸、内力及支撑布置图

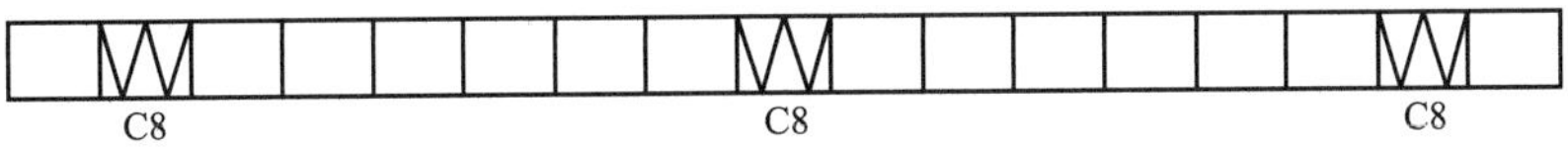

(e) 2−2

续图 7-34　屋架几何尺寸、内力及支撑布置图

根据屋架荷载和地区计算温度情况，钢材选用 Q235-B，要求保证抗拉强度 f_u、伸长率 δ、屈服强度 f_y 和冷弯试验四项机械性能和 S，P，C 三项化学成分的含量合格，焊条采用 E43 型、手工焊。连接材料选用 M20 C 级螺栓和 Q235B 钢 M24 锚栓。

根据车间长度、屋架跨度和荷载情况，设置上、下弦横向水平支撑、垂直支撑和系杆（图 7-34）。因连接孔和连接零件有区别附录 3 中给了 W_1，W_2 和 W_3 三种编号。

7.11.2　荷载和杆件内力计算

1) 屋架荷载

(1) 永久荷载。

二毡三油上铺小石子	0.35 kN/m^2
找平层（2 cm 厚）	0.40 kN/m^2
泡沫混凝土保温层（6 cm 厚）	0.38 kN/m^2
大型屋面板（包括灌缝）	1.40 kN/m^2
悬挂管道	0.10 kN/m^2
屋架和支撑自重（0.12＋0.011L）＝0.12＋0.011×30	0.45 kN/m^2
永久荷载合计	3.08 kN/m^2

(2) 活荷载。

积灰荷载	0.55 kN/m^2
雪活载[或施工活荷载（取大值）]	0.45 kN/m^2

2) 荷载组合和内力计算

荷载组合通常有三种情况：组合一，全跨永久荷载和全跨活荷载；组合二，全跨永久荷载和半跨活荷载；组合三，全跨屋架和支撑自重、半跨屋面板重和半跨施工活荷载。设计时一般考虑全跨荷载，跨中部分斜杆可能由于荷载组合的不同，杆件受力性质会不同，如组合一为拉力的杆件可能在组合二或组合三情况下为压杆。这类杆件可按压杆控制其长细比，不必考虑半跨荷载作用情况，只计算全跨满荷载时的杆件内力。在此情况下，节点荷载设计值如下：

(1) 考虑永久荷载（荷载分项系数 1.3）、屋面活荷载或雪荷载（荷载分项系数 1.5）、积灰荷载（荷载分项系数 1.5，组合系数 0.9），则节点荷载 F_d 值为

$$F_d=(1.3\times3.08+1.5\times0.45+1.5\times0.9\times0.55)\times1.5\times6\ \text{kN}=48.8\ \text{kN}$$

(2) 考虑永久荷载（荷载分项系数 1.35），屋面活荷载或雪荷载（荷载分项系数 1.5，组合系数 0.9），积灰荷载（荷载分项系数 1.5，组合系数 0.95），则节点荷载 F_d 值为

$$F_d=(1.35\times3.08+1.5\times0.9\times0.45+1.5\times0.95\times0.55)\times1.5\times6\ \text{kN}=49.94\ \text{kN}$$

取两者较大值，即节点荷载值为 49.94 kN，整个屋架上弦节点数为 20 个，则支座反力为 $R_d=20F_d/2=10F_d=499.4$ kN。

已知节点荷载，便可求出全跨（或半跨）荷载作用下屋架杆件的内力。

7.11.3 杆件截面选择

从屋架几何尺寸、内力及支撑布置图发现腹杆最大内力 $N_{max}=-562$ kN。查表，采用节点板厚度 $t=12$ mm，支座节点板加厚为 14 mm。以支座斜杆为例，截面选择过程如下：

杆件受力−562 kN，计算长度 $l_{0x}=l_{0y}=2\ 535$ mm，选用不等肢角钢长肢相连，初选角钢∟140×90×80。

$A=44.6\ cm^2$，$i_x=4.47$ cm，$i_y=3.73$ cm，则 $\lambda_x=l_{0x}/i_x=253.5/4.47=56.7$，$\varphi_x=0.875$。

$\lambda_y=l_{0y}/i_y=253.5/3.73=68.0$，$\varphi_y=0.763$。

应力 $\sigma=N/(\varphi_{min}A)=562\times10^3/(44.6\times10^2\times0.763)\ N/mm^2=165\ N/mm^2<f$。

设计选择最小角钢一般杆件为 2∟50×5，连有垂直支撑处的端竖杆和中央竖杆为 2∟63×5，安装螺栓的中央斜杆为 2∟63×5。

7.11.4 焊缝计算

以支座斜杆为例，杆件受力 $N=-562$ kN，焊缝强度设计值 $f_f^w=160\ N/mm^2$。

角钢肢背焊缝：$h_{f1}l_{w1}=k_1N/(2\times0.7f_f^w)=0.65\times562\times10^3/(2\times0.7\times160)\ mm^2=1\ 631\ mm^2$，采用焊缝高度 $h_f=10$ mm，焊缝长度为 180 mm。

角钢肢尖焊缝：$h_{f2}l_{w2}=k_2N/(2\times0.7f_f^w)=0.35\times562\times10^3/(2\times0.7\times160)\ mm^2=878.1\ mm^2$，采用焊缝高 $h_f=8$ mm，焊缝长度为 120 mm。

腹杆的焊缝求出后，即可确定节点板尺寸。一般情况下，由于节点板尺寸较大，下弦杆的焊缝采用构造焊缝（5 mm 或 6 mm），上弦杆的焊缝可直接从节点图量出，然后据此计算焊缝高度。

7.11.5 节点设计

节点设计的任务是根据焊缝长度和杆件间的间隙画出 1/5～1/2 的节点图，以确定杆端切断点位置和节点板尺寸，并据此绘制屋架施工图。下弦、上弦中央拼接节点和支座节点需做补充计算。

1) 下弦拼接节点

下弦中央拼接节点如图 7-35 所示。

下弦杆选用 2∟180×110×10，拼接角钢选用相同规格。角钢 $t=10$ mm，拼接角钢焊缝位于角钢肢尖，$h_f=t-2=8$ mm，焊缝按等强度设计

$$[N]=Af=5\ 680\times215\ N=1\ 221.2\times10^3\ N$$

$l_w=[N]/(4\times0.7\times h_f\times f_f^w)=1\ 221.2\times10^3/(4\times0.7\times8\times160)\ mm=341\ mm$，采用拼接角钢 480 mm。

拼接角钢水平肢宽 180 mm，故采用斜切。为焊接需要将原竖肢切肢，切肢宽度 $\Delta=t+h_f+5=(10+8+5)\ mm=23\ mm$，实际使用 24 mm，切肢后剩余高度 $h-\Delta=(110-24)\ mm=86\ mm$，端部采用直切。因高度已较小，故竖肢上不再用安装螺栓。

2) 上弦中央拼接节点

如图 7-36 所示，上弦杆截面为∟180×110×12，端部直切；拼接角钢采用相同规格，热弯成型。角钢 $t=12$ mm，角焊缝 $h_f=10$ mm。

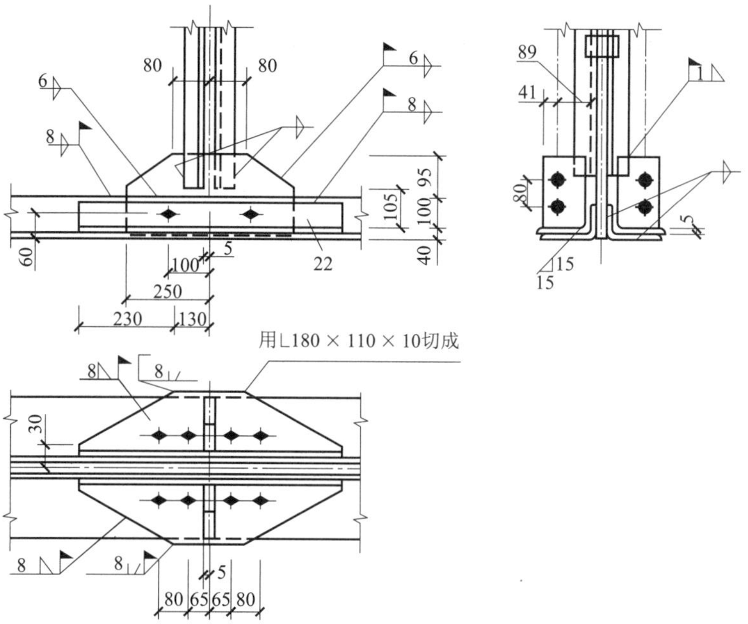

图 7-35　下弦中央拼接节点

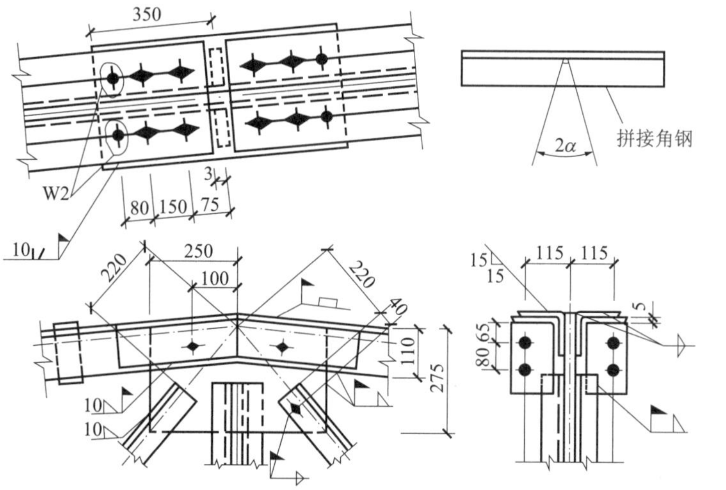

图 7-36　上弦中央拼接节点

按轴心受压计算强度为

$$[N]=\varphi A f=0.787\times 6\ 740\times 215\ \text{N}=1.140\ 4\times 10^{6}\ \text{N}$$

$$l_w=[N]/(4\times 0.7\times h_f\times f_f^w)=1.140\ 4\times 10^{6}/(4\times 0.7\times 10\times 160)\ \text{mm}=255\ \text{mm}$$

采用拼接角钢半长 300 mm。

拼接角钢水平肢宽 180 mm，考虑开设横向水平支撑连接螺栓孔的需要，采用直切，切肢

宽度为

$$\Delta = t + h_f + 5 = (12 + 10 + 5)\ \text{mm} = 27\ \text{mm}$$

实际使用 30 mm，切肢后剩余高度 $h - \Delta = (110 - 30)\ \text{mm} = 80\ \text{mm}$。

3) 支座节点

如图 7-37 所示，屋架支座中线缩进轴线（柱外边线）150 mm，支座底板尺寸为 $2a \times 2b =$ 280 mm×280 mm，支座反力 $R = 499.4 \times 10^3$ N，底板压应力为

$$P = R/(2a \times 2b) = 499.4 \times 10^3/(280 \times 280)\ \text{N/mm}^2 = 6.4\ \text{N/mm}^2 < f_c = 10\ \text{N/mm}^2$$

支座底板厚度按两邻边支承区格确定

$$a_1 = \sqrt{a^2 + b^2} = \sqrt{140^2 + 140^2}\ \text{mm} = 198\ \text{mm}$$

$$b_1 = a_1/2 = 99\ \text{mm}$$

由 $b_1/a_1 = 0.5$，查表 7-5 得 $\beta = 0.058$。

$$M = \beta q a_1^2 = 0.058 \times 6.4 \times 198^2\ \text{N}\cdot\text{mm}^2 = 14.55 \times 10^3\ \text{N}\cdot\text{mm}^2$$

$$t = \sqrt{6M/(\gamma_x f)} = \sqrt{6 \times 14.55 \times 10^3/(1.2 \times 215)}\ \text{mm} = 18.4\ \text{mm}$$

所用底板厚度为 20 mm。

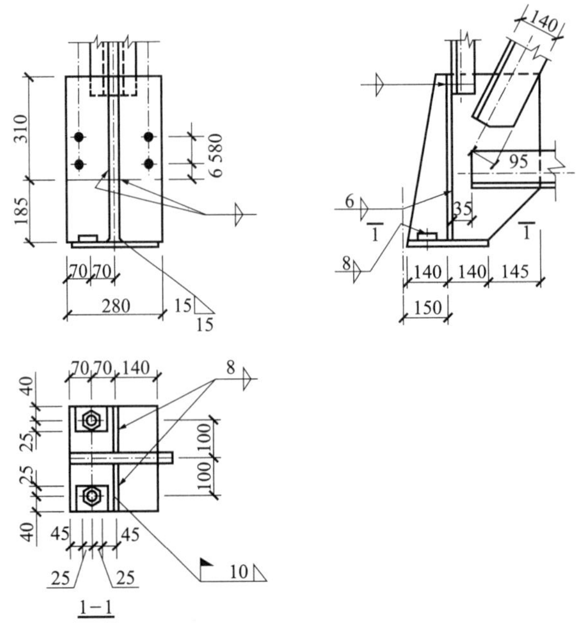

图 7-37 支座节点

7.11.6 绘制施工图

根据计算结果绘制施工图（钢屋架施工图示例），自行补齐图中缺省材料表、图例和说明等。

第 8 章

钢结构的加工与制作

本章关键词 钢结构零部件加工，组装，预拼装，焊接，涂装，成品检验，管理包装

学习目标 (1) 理解设计图与施工详图的区别与联系；
(2) 了解钢结构制作前的准备工作；
(3) 了解钢结构零部件的加工工艺；
(4) 了解构件的组装和预拼装方法；
(5) 了解钢结构的焊接方法与设备；
(6) 掌握焊接工艺的分析与要求；
(7) 了解钢结构的涂装、成品检验、管理和包装要求。

新形态资源

8-1 本章 PPT

8-2 实例资料库

知识结构框图

- 钢结构的加工与制作
  - 设计图与施工详图
    - 设计图与施工详图的区别
    - 施工详图的设计
      - 《钢结构工程施工规范》(GB 50755—2012)
      - 《钢结构工程施工质量验收标准》(GB 50205—2020)
      - 《钢结构设计制图深度和表示方法》(03G102)
  - 制作前的准备
    - 设计图纸的审查，材料的采购和代用，材料复验及工艺试验，其他工艺准备，生产场地布置
  - 零部件的加工
    - 放样和号料，下料切割，矫正和成形，材料边缘加工，制孔，组装，焊接，表面处理，涂装
  - 构件的组装和预拼装
    - 组装与预拼装的概念；
    - 组装的一般规定；组装条件；组装方法：T，H，□，柱，架，组装工程质量验收
    - 预拼装的方法：实体预拼装、计算机辅助模拟预拼装；预拼装的质量验收
  - 钢结构焊接连接
    - 焊接方法与设备
    - 焊接工艺分析与要求
  - 钢结构涂装
    - 防腐涂料，涂装前钢材表面处理，涂装施工，涂料性能检验与施工检验，防火涂装工程，涂装施工安全管理
  - 钢构件成品检验、管理和包装
    - 钢构件成品检验
    - 钢构件成品管理：重心和吊点标识、构件标记、成品堆放、包装
    - 钢构件发运：车辆、吊装、支点、伸出尺寸限制、绑扎方法

8.1 钢结构设计图与施工详图

8.1.1 设计图与施工详图的区别

我国钢结构施工图按设计图与施工详图两个阶段出图，始于 20 世纪 50 年代，一直沿用至今。多年实践证明，采用两阶段出图的做法分工合理，有利于保证工程质量且方便施工；钢结构构件的制作、加工必须以施工详图为依据，设计图是施工详图编制的主要依据。

1）设计图的特征

设计图是根据施工工艺、建筑要求及初步设计等，经施工设计方案与计算等工作来编制的设计图。设计图的目的是为编制详图提供依据，由设计单位编制。图纸内容一般包括设计总说明与布置图、构件图、节点图、钢材订货表等。设计图的图纸表示简明，数量少。

2）施工详图的特征

施工详图是对设计图进行的深化，是直接指导钢结构构件的生产、施工和安装用图，一般由制造厂或施工单位编制。图纸内容包括构件安装布置图、构件详图、零件图等；图纸表示详细，数量多。

8.1.2 施工详图的设计

因施工详图编制比较烦琐，费工费时且需要一定的设计周期，施工单位、建设单位等应了解钢结构工程特有的分工设计特点，并在编制施工计划中予以考虑。

1）施工详图设计内容

施工详图设计内容主要包括详图的构造设计与连接计算。设计图在深度上一般只绘出构件布置、构件截面与内力及主要节点构造。施工详图设计中还需补充部分构造设计与连接计算，一般包括以下内容：

（1）构造设计。

它包括桁架、支撑等节点板的设计与放样，桁架或大跨度实腹梁的起拱构造与设计，梁支座加腋或纵、横加劲肋构造设计，构件运输单元横隔设计，组合截面构件缀板、填板布置、构造，板件、构件变截面构造设计，螺栓群或焊缝群的布置与构造，拼接、焊接坡口及切槽构造，张紧可调圆钢支撑构造，隅撑、椭圆孔、板铰、滚轴支座、橡胶支座、抗剪键、托座、连接板、刨边及人孔、手孔等细部构造，施工施拧最小空间构造，现场组装的定位，夹具耳板设计等。

（2）连接计算。

它包括一般连接节点的焊缝长度与螺栓数量的计算，小型拼接计算，材料或构件焊接变形调整余量及加工余量的计算，起拱高度、高强度螺栓连接长度、材料数量及几何尺寸与相贯线等的计算。

2）施工详图绘制内容

施工详图图纸绘制一般应分别绘制各系统（如屋盖结构、刚架结构、吊车梁、工作平台等)的布置图(含必要的节点详图)、施工设计总说明、构件详图(一般含材料表)。施工详图主要包括以下内容:图纸目录,根据设计图总说明编制的详图设计总说明,安装节点图,按设计图及布置图中的构件编制的构件详图,安装现场用的总布置图,等等。

8.2 钢结构制作前的准备

8.2.1 设计图纸的审查

钢结构的制作、加工必须以施工详图为依据,施工详图必须根据设计图来绘制。施工详图完成后,必须进行必要的审查。图纸审查的目的:首先是检查图纸设计的深度能否满足施工要求,如构件之间有无矛盾、尺寸是否全面等;其次是对结构的工艺性进行审查,如工艺上是否合理、是否满足设计要求等。

图纸审查主要包括以下内容:设计文件是否齐全,构件的几何尺寸是否标注齐全;相关构件的尺寸是否正确,构件之间的连接形式是否合理,节点是否清楚,加工符号、焊缝符号是否齐全,标注方法是否符合规定,标题栏内构件的数量是否符合工程的总数量,本单位能否满足图纸上的技术要求,等等。

在图纸审查过程中发现的各类问题应及时报送原设计单位处理,需修改设计的必须有书面的设计修改、变更文件。

8.2.2 材料的采购和代用

1) 材料采购

为避免因采购材料而耽误施工,材料采购一般应与详图设计同时进行。根据图纸材料表计算出各种材质材料的规格、型号及净用量等,再加上一定数量的损耗,提出材料需用量计划。工程预算时一般可按净用量所需数值再增加10%~15%进行提料。

钢材订货合同应对材料牌号、规格尺寸、性能指标、检验要求、尺寸偏差等有明确的约定。定尺钢材应留有复验取样的余量,钢材的交货状态宜按设计文件对钢材的性能要求与供方商定。

2) 材料代用

如需进行材料代用,必须经原设计部门同意。材料代用一般按以下原则进行:

(1) 当钢号满足设计要求,而生产厂商提供的材质保证书中缺少设计提出的部分性能要求时,应做补充试验,合格后方可使用。每炉钢材、每种型号规格一般不宜少于三个试件。

(2) 当钢材性能满足设计要求,而钢号的质量优于设计提出的要求时,应注意节约,避免以优代劣。

(3) 当钢材性能满足设计要求,而钢号的质量低于设计提出的要求时,一般不允许代用,如果代用则必须经设计单位同意。

(4) 当钢材的钢号和技术性能都与设计要求不符时,首先应检查钢材,然后按设计重新计算,改变结构截面焊缝尺寸和节点构造。

(5) 对于成批混合的钢材,如果用于主要承重结构,则必须逐根进行化学成分和机械性能试验。

(6) 当钢材的化学成分允许偏差在规定的范围内时可以使用。

(7) 当采用进口钢材时,应验证其化学成分和机械性能是否满足相应钢号的标准。

(8) 当钢材规格与设计要求不符时,不能随意以大代小,须经计算后才能代用。

(9) 当钢材规格、品种供应不全时,可根据钢材选用原则灵活调整。钢结构对材质的要求一般是:受拉构件高于受压构件,焊接高于螺栓或铆接连接的结构,厚钢板高于薄钢板结构,低温结构高于高温结构,承受动力荷载结构高于承受静力荷载的结构。

(10) 当钢材机械性能所需保证项目仅有一项不合格时:若冷弯合格,则抗拉强度的上限值可以不限;若伸长率比规定的数值低 1%,则允许使用,但不宜用于塑性变形构件;若冲击值一组有三个试样,则允许其中一个单值低于规定值,但不得低于规定值的 70%。

8.2.3 材料复验及工艺试验

钢结构工程采用的钢材及焊接材料等应符合设计文件的要求,并应具有钢厂和焊材厂出具的产品质量证明书或检验报告,其化学成分、力学性能以及其他质量指标应符合国家现行标准的要求。

为确保钢结构工程的材料质量,必须对所采购的材料按要求进行复验;为保证施工的顺利进行,必须对所采用的加工方法等进行工艺试验。

1) 有关试验

(1) 钢材复验。

对于属于下列情况之一的钢材,下料加工前应进行抽样复验:

① 国外进口钢材;

② 钢材混批;

③ 板厚≥40 mm,且设计有 z 向要求的厚板;

④ 建筑结构安全等级为一级,大跨度钢结构中主要受力构件所采用的钢材;

⑤ 设计有复验要求的钢材;

⑥ 对质量有疑义的钢材。

化学成分、力学性能及设计要求的其他指标应符合国家现行有关标准的规定,进口钢材的各指标应符合供货国相应标准的规定。

当设计文件无特殊要求时,钢结构工程中常用牌号钢材的抽样复验宜按以下规定执行:

① 牌号为 Q235,Q345 且板厚小于 40 mm 的钢材,应按同一生产厂家、同一牌号、同一质量等级的钢材组成检验批,每批质量不应大于 150 t;同一生产厂家、同一牌号、供货质量超过 600 t 且全部复验合格的钢材,每批质量可扩大至 400 t。

② 牌号为 Q235,Q345 且板厚大于或等于 40 mm 的钢材,应按同一生产厂家、同一牌号、同一质量等级的钢材组成检验批,每批质量不应大于 60 t;同一生产厂家、同一牌号、供货质量超过 600 t 且全部复验合格的钢材,每批的组批质量可扩大至 400 t。

③ 牌号为 Q390 的钢材,应按同一生产厂家、同一质量等级的钢材组成检验批,每批质量不应大于 60 t;同一生产厂家的钢材供货质量超过 600 t 且全部复验合格时,每批的组批质量可扩大至 300 t。

④ 牌号为 Q235GJ,Q345GJ,Q390GJ 的钢材,应按同一生产厂家、同一牌号、同一质量等级的钢材组成检验批,每批质量不应大于 60 t;同一生产厂家、同一牌号的钢材供货质量超过 600 t 且全部复验合格时,每批的组批质量可扩大至 300 t。

⑤ 牌号为 Q420,Q460,Q420GJ,Q460GJ 的钢材,每个检验批应由同一牌号、同一质量等级、同一炉号、同一厚度、同一交货状态的钢材组成,每批质量不应大于 60 t。

⑥ 有厚度方向要求的钢板,宜附加逐张超声波无损探伤复验。

(2) 连接材料复验。

① 焊接材料。

焊接材料的品种、规格、性能应符合国家现行标准要求,焊材应与设计选用的钢材相匹配,且应符合现行国家标准《钢结构焊接规范》(GB 50661—2011)的有关规定。

用于重要焊缝的焊材,或对质量合格证明文件有疑义的焊材,应进行抽样复验,复验时焊丝宜按五个批取一组试验,焊条宜按三个批取一组试验。

② 紧固件。

钢结构连接用的普通螺栓、高强度螺栓等紧固件,应符合相应国家标准要求。

高强度螺栓副应分别有扭矩系数和紧固轴力(预拉力)的出厂合格检验报告,并随箱携带。当高强度螺栓副保管时间超过 6 个月时,应按相关要求重新进行扭矩系数或紧固轴力试验,合格后方能使用。

高强度螺栓副应分别进行扭矩系数和紧固轴力(预拉力)复验,试验螺栓应从施工现场待装的螺栓批中随机抽取,每批应抽取 8 套连接副进行复验。

建筑结构安全等级为一级、跨度 40 m 及以上的螺栓球节点钢网架结构,其连接高强度螺栓应进行表面硬度试验。

普通螺栓作为永久性连接螺栓,设计文件有要求或对螺栓质量有疑义时,应进行螺栓最小拉力荷载复验,复验时每一规格螺栓应抽查 8 个。

(3) 工艺试验。

工艺试验一般可分为三类:

① 焊接试验。

钢材可焊性试验、焊接工艺性试验、焊接工艺评定试验等均属于焊接试验范畴。其中焊接工艺评定试验是钢结构工程制作时最常遇到的试验。焊接工艺评定试验是焊接工艺的验证,是衡量制造单位是否具备合格生产能力的一个重要的基础技术资料,未经焊接工艺评定的焊接方法、技术参数不能用于工程施工。焊接工艺评定试验对提高劳动生产率、降低制造成本、提高品质、搞好焊工技能培训也是必不可少的。

② 摩擦面的抗滑移系数试验。

当钢结构构件的连接采用摩擦型高强度螺栓连接时,应对连接面进行处理,使其连接面的抗滑移系数能达到设计规定的数值。连接面的技术处理方法有喷砂或喷丸、酸洗、砂轮打磨、综合处理等。

③ 工艺性试验。

对构造复杂的构件,必要时应在正式投产前进行工艺性试验。工艺性试验可以是单工序,也可以是几个工序或全部工序;可以是个别零件,也可以是整个构件,甚至是一个安装单元或全部安装构件。

2) 编制工艺规程

钢结构工程施工前,制作单位应按施工图纸等技术文件要求编制出完整、正确的施工制作工艺,以用于指导、控制施工过程。

(1) 编制施工工艺规程的依据包括:

① 工程设计图纸及施工详图;

② 图纸设计总说明和相关技术文件;

③ 图纸和合同中规定的国家标准、技术规范等要求;

④ 制作单位实际制造能力等。

(2) 制定工艺规程的原则。

基本原则是在一定的生产技术条件下,能以最快的速度、最少的劳动量和最低的费用,可靠地加工出符合设计要求的产品,应体现出技术上的先进性、经济上的合理性和良好的劳动条件及安全性。

(3) 工艺规程的主要内容。

① 根据产品执行的标准编制成品技术要求。

② 为保证成品达到设计要求而制定相关措施。主要设计要求包括关键零件的精度要求、检查方法和检查工具;主要构件的工艺流程、工序质量标准、工艺措施;采用的加工设备和工艺装备。

工艺规程是钢结构制造过程中主要的和根本性的指导文件,也是生产制作中最可靠的质量保证措施。工艺规程必须经过审批,一经确定就必须严格执行,不得随意更改。

8.2.4　其他工艺准备

除了上述准备工作外,还有划分工号、编制工艺流程卡和零件流水卡、拼接配料与材料、确定焊缝收缩量和加工余量、准备工艺装备、准备设备和工具等工作。

1) 划分工号

根据产品特点、任务量大小以及施工顺序、速度等,将整个工程划分成若干个生产工号(生产单元),以便分批投料、配套加工、配套出成品。

生产工号(生产单元)的划分有以下几点要求:

(1) 在条件允许的情况下,同一张图纸上的构件宜安排在同一生产工号中加工;

(2) 相同的构件或加工方法相同的构件宜放在同一生产工号中加工;

(3) 对于较大的工程,在划分生产工号时,要考虑施工顺序,先安装的构件优先安排加工;

(4) 同一生产工号中的构件数量不要过多。

2) 编制工艺流程卡

从施工详图中摘出各零件,编制出工艺流程卡(或工艺过程表)。加工工艺过程由若干个工序组成,工序内容根据零件加工性质确定,工艺流程卡就是反映这个过程的文件。工艺流程卡的内容包括零件名称、件号、材料编号、规格、工序顺序号、工序名称和内容、所用设备和工艺装备名称及编号、工时定额等。关键零件还需标注加工尺寸和公差,重要工序还需画出零件工序图等。

3) 零件流水卡

根据工程设计图纸和技术文件提出的成品要求,确定各工序的精度要求和质量要求;结合制作单位的设备和实际加工能力,确定各个零件下料、加工的流水程序,即编制出零件流水卡。零件流水卡是编制工艺卡和配料的依据。

4) 拼接配料与材料

根据来料尺寸和用料要求,统筹安排,合理配料。对于尺寸过长或过大而无法运输,需在现场拼接的材料,需确定材料拼接位置。材料拼接应遵循以下原则:

(1) 拼接位置应避开安装孔和形状复杂部位;

(2) 双角钢断面的构件,两角钢应在同一处拼接;

(3) 一般接头属于等强度连接,应尽量布置在受力较小的部位;

(4) 焊接 H 型钢的翼、腹板拼接缝应尽量避免在同一断面处,上、下翼缘板拼接位置应与腹板错开 200 mm 以上。

5) 确定焊接收缩量和加工余量

焊接收缩量受焊缝大小、气候条件、施焊工艺和结构断面等因素影响,其值变化范围较大。由于铣刨加工时常常成叠进行操作,尤其是长度较大时,材料不易对齐,在编制加工工艺时要对加工边预留较多的加工余量,一般以 3～5 mm 为宜。

6) 工艺装备

钢结构制作过程中的工艺装备一般分为两类:原材料加工过程中所需的工艺装备和拼装焊接所需的工艺装备。前者主要保证单个零件符合图纸的尺寸要求,如定位元件、模具等;后者主要保证构件的整体几何尺寸和减少变形量,如夹紧器、拼装胎等。工艺装备的生产周期一般较长,精度要求较高,应根据工艺要求提前准备,先行安排加工。

7) 设备和工具

根据产品加工需要确定加工设备和操作工具,有时还需要调拨或添置必要的设备和工具,这些都必须提前做好准备。

8.2.5 生产场地布置

生产场地应根据产品的品种、特点和批量,工艺流程,产品的进度要求,每班的工作量,生产面积,现有生产设备和起重运输能力等布置。

生产场地布置有以下一些基本原则:

(1) 根据工艺顺序安排生产场地,以减少零件转运量,避免逆工序安排生产场地(即倒流水),如图 8-1 所示。

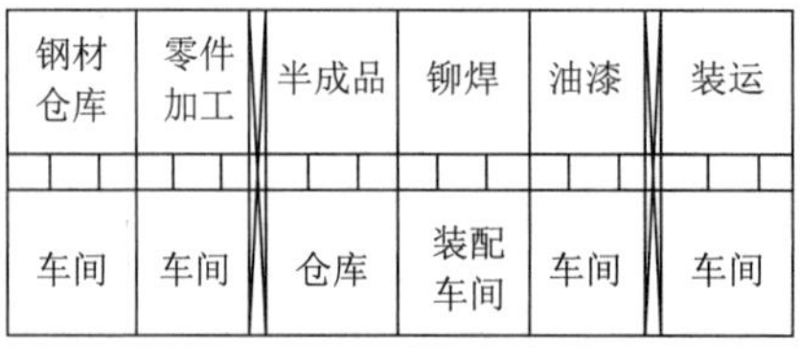

图 8-1 钢结构制造厂车间平面图

(2) 根据生产需要合理安排操作面积及间距,以保证操作安全并要保证材料和零件的堆放场地。

(3) 保证成品能顺利转运。

(4) 合理布置供电、供气、照明线路。

8.3　钢结构零部件的加工

钢结构制作的工序较多,对加工顺序要周密安排,避免或减少倒流,以减少往返运输和周转时间。图 8-2 为钢结构作业生产基本流程,表 8-1 为钢结构制作方法和所需设备说明。

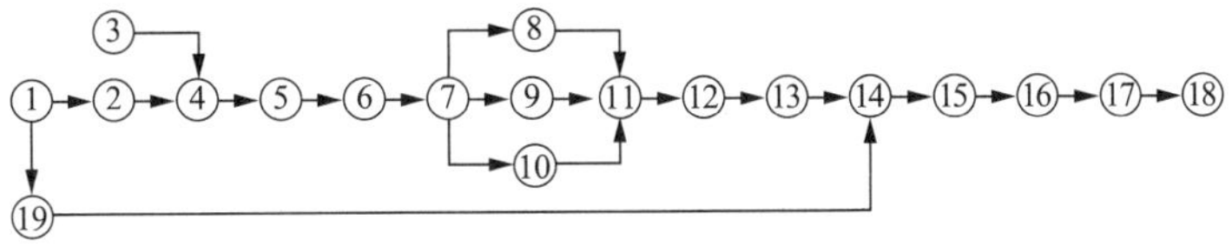

图 8-2　钢结构作业生产基本流程

表 8-1　钢结构制作方法及所需设备

工序号	工序名称	具体制作方法	所需设备
1	材料验收	化学成分检验、性能检验等	化验设备、拉力机等
2	材料堆放	—	吊　车
3	材料校正	调直、校平	校直机
4	放　样	以足尺比例画出样板	尺、量规等
5	号　料	按放样在原材料上画出实样	样　板
6	切　割	冲、剪、锯、气割、等离子切割	冲床、剪板机、锯床、各种切割机等
7	矫　正	—	矫正机
8	成　形	模压、热弯	压力机等
9	加　工	铣、刨、铲	铣床、刨床、碳弧气刨
10	制　孔	冲、钻	冲床、钻床
11	组　装	—	起重设备
12	焊　接	自动焊、气体保护焊、手工焊	各种电焊机
13	后处理	—	千斤顶、校正机械、热处理设备
14	预拼装	—	起重设备
15	除　锈	喷砂、抛丸、钢丝刷除锈	喷抛设备、钢丝刷
16	涂　装	喷　漆	喷涂设备
17	存　储	—	起重设备
18	出　厂	—	—
19	辅材准备	—	—

8.3.1 放样和号料

放样是钢结构制作工艺中的第一道工序，只有放样尺寸准确，减少以后各道加工工序的累积误差，才能保证整个工程的质量。近 30 年以来，放样已从手工 1∶1 实尺放样发展到现在的电脑放样。

1）放样的工作内容

人工放样的工作内容包括核对图纸的安装尺寸和孔距，以 1∶1 的大样放出节点，核对各部分的尺寸，制作样板和样杆。

人工放样时以 1∶1 的比例在放样台上利用几何作图方法画出大样。放样经检查无误后，用铁皮或塑料板制作样板，用木杆、铁皮或扁铁制作样杆。样板、样杆上应注明工号、图号、零件号、数量及加工边、坡口部位、弯折线和弯折方向、孔径和滚圆半径等，然后用样杆、样板进行号料，如图 8-3 所示。样杆、样板应妥善保存，直至工程结束。

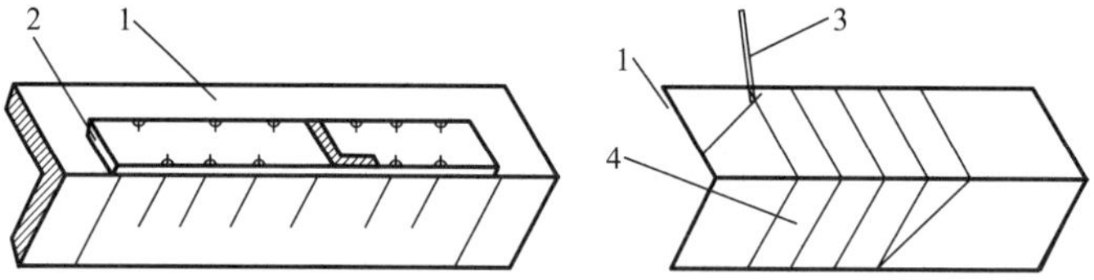

（a）样杆号孔　　（b）样板号料

1—角钢；2—样杆；3—划针；4—样板。

图 8-3　样板号料

电脑放样，又称计算机辅助放样，在大、中型建筑钢结构企业中的应用日渐广泛。实施方法之一：工程技术人员直接在计算机上利用 CAD 绘制二维或三维大样图，完成钢结构的放样工作，提供控制尺寸直接输入数控机床，完成下料工序。实施方法之二：利用空间三维软件在计算机上建立钢结构总体的实体模型，再从模型中自动提取各个构件单体的成型数据，利用软件的输出接口和数控机床的输入接口进行网络连接，完成数据传输，数控机床直接下料。

2）号料的工作内容

号料是指根据草图或者样板，在钢板、型钢上划出轮廓线、中心线、断线及加工符号。号料的工作内容包括检查核对材料，在材料上画出切割、铣、刨、弯曲、钻孔等加工位置，打样冲孔，标出零件编号等。

当钢材有较大弯曲等问题时，应先矫正，再根据配料表和样板进行套裁，尽可能节约材料。当工艺或设计有规定时，应按规定的方向进行取料，且号料应有利于切割和保证零件质量。

3）放样号料用具

放样号料用具及设备有划针、样冲、手锤、粉线、弯尺、直尺、钢卷尺、大钢卷尺、剪子、小型剪板机、折弯机。

用作计量长度的各量具必须经有资质的计量单位计量，且附有偏差卡片，使用时按偏差卡片的记录数值核对其误差数。

钢结构制作、安装、验收及土建施工用的量具，必须用同一标准进行鉴定，且其应有相同的精度等级。

4) 放样号料应注意的问题

(1) 放样时，需要机加工的零件必须考虑加工余量。焊接构件要按工艺要求留出焊接收缩量，高层钢结构的框架柱尚应预留弹性压缩量。

(2) 号料时要根据切割方法留出适当的切割余量。

(3) 如果图纸要求桁架起拱，则放样时上、下弦应同时起拱，起拱后垂直杆的方向仍然垂直于水平线，而不与下弦杆垂直。

(4) 样板的允许偏差见表 8-2，号料的允许偏差见表 8-3。

表 8-2　样板(样杆)的允许偏差

项　目	允许偏差
平行线距离和分段尺寸	±0.5 mm
样板长度、宽度	±0.5 mm
样板对角线差	1.0 mm
样杆长度	±1.0 mm
样板的角度	±20′

表 8-3　号料的允许偏差

项　目	允许偏差
零件外形尺寸	±1.0 mm
孔　距	±0.5 mm

8.3.2　下料切割

钢材下料的切割方法有气割、机械切割、等离子切割等。具体采用何种方法应根据要求和实际条件经济合理地选用。切割后钢材不得有分层，断面上不得有裂纹，应清除切口处的毛刺、熔渣和飞溅物。气割和机械剪切的允许偏差应符合表 8-4 和表 8-5 的规定。

表 8-4　气割的允许偏差

项　目	允许偏差
零件宽度、长度	±3.0 mm
切割面平面度	$0.05t$，且不大于 2.0 mm
割纹深度	0.3 mm
局部缺口深度	1.0 mm

注：t—切割面厚度。

表 8-5　机械剪切的允许偏差

项　目	允许偏差
零件宽度、长度	±3.0 mm
边缘缺棱	1.0 mm
型钢端部垂直度	2.0 mm

1）气割

气割是以氧气与燃料燃烧时产生的高温来熔化钢材，并借助喷射压力将熔渣吹去，造成割缝，以达到切割金属的目的，但熔点高于火焰温度或难以氧化的材料和氧化物熔点高于火焰温度都不宜采用气割。氧与各种燃料燃烧时的火焰温度为 2 000～3 200 ℃。

气割能切割各种厚度的钢材，设备灵活，费用经济，切割精度也高，是目前广泛使用的切割方法。气割按切割设备可分为手工气割、半自动气割、仿形气割、多头气割、数控气割和光电跟踪气割。

手工气割大多采用氧-乙炔燃烧，主要的设备是割炬。手工气割由于比较灵活，在钢构件加工中大量应用，但是加工精度较差。

一般流水化的钢构件加工企业均配有直条多头气割机，如图 8-4 所示。用多头气割机进行板条的下料效率较高。

数控气割机可以省去放样划线等工序而直接切割，在零件下料时配合套料软件进行操作是比较方便的，是自动化切割的发展方向。

2）机械切割

机械切割使用的设备有带锯机床、剪板机、型钢冲剪机和无齿锯等。机械切割的零件厚度一般不大于 12 mm，剪切面应平整，无飞边、毛刺等。

带锯机床是利用高速运动的带状锯条切削金属来实现金属的分离，一般用来切割型钢，切割效率高，断面的质量好。

剪板机是利用剪刀的冲裁力来剪切分离金属，主要用来剪切钢板。要注意的是，切口附近的金属由于发生了塑性变形，硬度会提高，材料有变脆的倾向，因此对于重要结构和焊缝的接口位置需要用铣、刨等方式进行边缘处理。

钢结构加工厂常用的龙门式剪板机、型钢冲剪机主要用来剪切中小型的型钢，是利用剪刀的冲裁力来剪切分离金属的。

无齿锯就是砂轮切割机，如图 8-5 所示，是利用砂轮与金属之间摩擦产生的高温来分离金属，优点是速度快、效率高，设备小型且易于搬运，缺点是切口不光洁、噪声大。

3）等离子切割

等离子切割是利用高温的等离子弧融化金属而进行切割，适用于不锈钢、铝、铜及其合金等，也可代替氧炔焰切割一般的碳钢和低合金钢，在一些尖端技术上应用广泛。它具有切割温度高、冲刷力大、割边质量好、变形小、可以切割任何高熔点金属等特点。如图 8-6 所示的龙门式数控等离子切割机，它在加工零件板时的效率要比火焰切割机的高。在工程施工中常常用图 8-7 所示的小型等离子切割机来切割压型钢板，在工地现场使用非常方便。

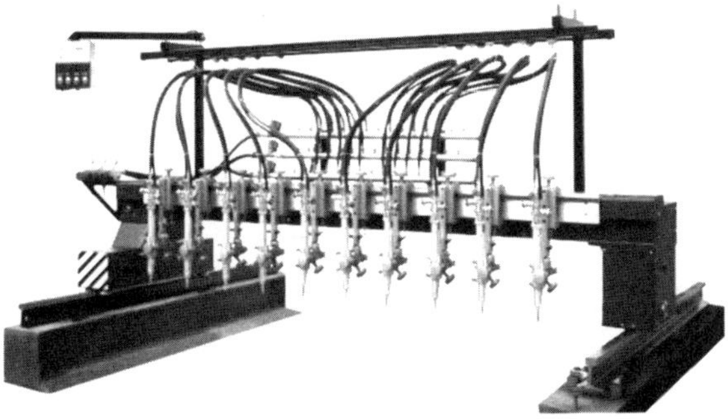

图 8-4　直条多头气割机

图 8-5　无齿锯

图 8-6　龙门式数控等离子切割机

图 8-7　小型等离子切割机

8.3.3　矫正和成形

1）矫正

在钢结构制作过程中，原材料变形、切割变形、焊接变形、运输变形等经常影响结构的制作及安装。矫正就是通过一定的方法形成新的变形去抵消已经发生的变形。材料的矫正分为机械矫正、加热矫正、加热与机械联合矫正等。

型钢的机械矫正一般在矫正机上进行，使用时应根据矫正机的技术性能和实际情况进行选择。手工矫正一般用在小规格的型钢上，依靠锤击力进行矫正。加热矫正是在构件局部用火焰加热，利用金属热胀冷缩的物理性能，在冷却时产生很大的冷缩应力来矫正变形。

碳素结构钢在环境温度低于－16 ℃、低合金结构钢在环境温度低于－12 ℃时，不应进行冷矫正或弯曲。碳素结构钢和低合金结构钢在加热矫正时，加热温度为 700～800 ℃，最高温度不得超过 900 ℃，最低温度不得低于 600 ℃。

矫正后的钢材表面不得有明显的凹痕或损伤，划痕深度不大于 0.5 mm，且不应超过钢材厚度允许负偏差的 1/2。

型钢在矫正前必须确定弯曲点的位置，这是矫正工作不可缺少的步骤。目测法是现在常用的找弯方法，确定型钢的弯曲点时应注意由型钢自重产生的弯曲会影响准确性，对于较长的型钢要放在水平面上，用拉线法测量。型钢矫正后的允许偏差见表 8-6。

2）弯曲成形

型钢冷弯曲的工艺方法有滚弯机滚弯、压力机压弯，还有顶弯、拉弯等。按型材的截面形状、材质规格及弯曲半径制作相应的胎模，并经试验符合要求后方准加工。

钢结构零、部件在冷矫正和冷弯曲时，根据验收规范要求，最小弯曲率半径和最大弯曲矢高应符合表 8-7 的规定。

表 8-6　型钢矫正后的允许偏差

项次	偏差名称	示意图	允许偏差
1	钢板、扁钢的局部平面度	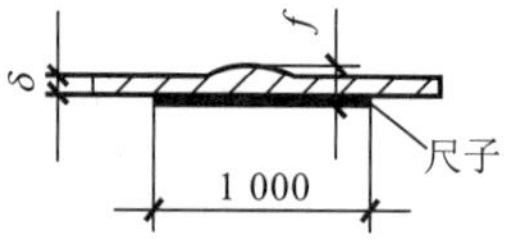	在 1 m 范围内 $\delta>14$ mm，$f\leqslant1.0$ mm；$\delta\leqslant14$ mm，$f\leqslant1.5$ mm
2	型钢弯曲矢高		长度的 1/1 000 且不大于 5 mm
3	角钢肢的垂直度 Δ	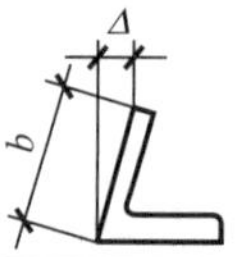	$\Delta\leqslant b/100$ 但双肢栓接角钢的角度不得大于 90°
4	槽钢翼缘对腹板的垂直度	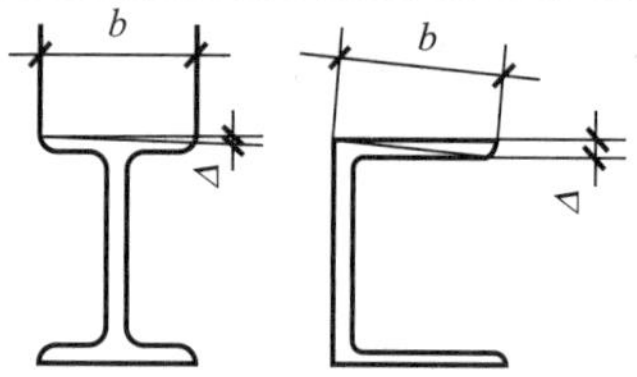	$\Delta\leqslant b/80$
5	工字钢、H 型钢翼缘对腹板的垂直度		$\Delta\leqslant b/100$，且不大于 2.0 mm

表 8-7　最小弯曲率半径和最大弯曲矢高

项次	钢材类别	示意图	对应轴线	矫正 r	矫正 f	弯曲 r	弯曲 f
1	钢板、扁钢	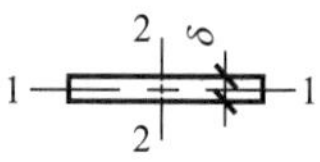	1—1	50δ	$L^2/(400\delta)$	25δ	$L^2/(200\delta)$
			2—2（扁钢）	$100b$	$L^2/(800b)$	$50b$	$L^2/(400b)$
2	角　钢	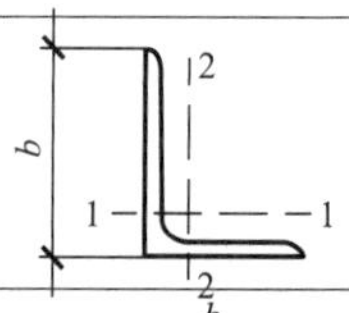	1—1	$90b$	$L^2/(720b)$	$45b$	$L^2/(360b)$
3	槽　钢	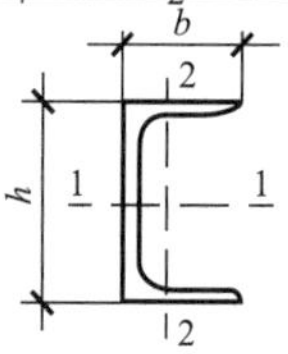	1—1	$50b$	$L^2/(400b)$	$25b$	$L^2/(200b)$
			2—2	$90b$	$L^2/(720b)$	$45b$	$L^2/(360b)$
4	工字钢	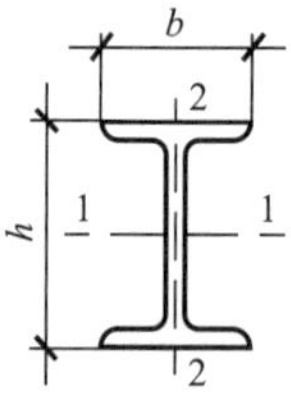	1—1	$50h$	$L^2/(400h)$	$25h$	$L^2/(200h)$
			2—2	$50b$	$L^2/(400b)$	$25b$	$L^2/(200b)$

注：① r—曲率半径，f—弯曲矢高，L—弯曲弦长。

② 超过以上数值时，必须先加热再行加工。

③ 当温度低于 −20 ℃（合金钢低于 −15 ℃）时，不得对钢材进行锤击、剪切和冲孔。

8.3.4　材料边缘加工

因切割产生硬化等缺陷的材料边缘，钢柱脚和梁承压支撑面以及其他图纸要求的加工面，焊接坡口边缘，尺寸要求严格的加劲肋、隔板、腹板和有孔眼的节点板，一般需要进行边缘加工，对边缘有特殊要求时宜采用精密切割。

1) 边缘加工方法

常用的边缘加工方法有铲边、刨边、铣边、气割等。

对加工表面质量要求不高并且工作量不大时采用铲边，分为手工铲边和机械铲边。手工铲边工具有手锤和手铲，机械铲边工具主要是风动铲锤。

刨边是使用刨边机，由刨刀来切削板材的边缘。

铣边的设备为铣床，是利用高速旋转的盘形铣刀对构件进行铣削加工，比刨边机的效率高、能耗少、质量优。

气割有碳弧气刨、半自动与自动气割等方法。碳弧气刨是把碳棒作为电极，在与被刨削的金属间产生电弧，电弧具有 6 000 ℃左右高温，足以把金属加工到融化状态，然后用压缩空气的气流把融化的金属吹掉，达到刨削金属的目的。碳弧气刨在刨削过程中会产生烟雾，为保证工人健康，施工现场须具备良好的通风条件。

2) 边缘加工允许偏差

边缘加工允许偏差见表 8-8～表 8-10。

表 8-8　边缘加工的允许偏差

项　目	允许偏差
零件宽度、长度	±1.0 mm
加工边直线度	l/3 000，且不大于 2.0 mm
相邻两边夹角	±6°
加工面垂直度	0.025t，且不大于 0.5 mm
加工面表面粗糙度	$Ra \leqslant 50$ μm

注：t—构件厚度，l—构件长度。

表 8-9　焊缝坡口的允许偏差

项　目	允许偏差
坡口角度	±5°
钝　边	±1.0 mm

表 8-10　零部件铣削加工后的允许偏差

项　目	允许偏差
两端铣平时零件长度、宽度	±1.0 mm
铣平面的平面度	0.3 mm
铣平面的垂直度	l/1 500

8.3.5 制 孔

钢结构中大量采用高强度螺栓连接，使孔的加工在制造中占有很大比重，在精度上的要求也越来越高。

1) 制孔的方法

制孔可采用钻孔、冲孔、铣孔、铰孔、镗孔和锪孔等方法，常用的有钻孔和冲孔两种方法。钻孔是采用钻床切削加工成孔，包括人工钻孔和机床钻孔。前者多用于直径较小、壁厚较薄的孔；后者施钻方便快捷，精度高。钻孔前先选钻头，再根据钻孔的位置和尺寸情况选择相应的钻孔设备。冲孔是利用冲切设备的冲裁力产生孔，其孔壁质量差，目前已较少采用。镗孔是将已有孔扩大到需要的直径。锪孔是将已钻好的孔的上表面加工成一定形状的孔，铰孔是将已经粗加工的孔进行精加工以提高孔的光洁程度和精度。

2) 孔的质量要求

(1) 精制螺栓孔。

精制螺栓孔(A,B级螺栓孔-Ⅰ类孔)的直径应与螺栓公称直径相等，孔应具有H12的精度，孔壁表面粗糙度 $Ra \leqslant 12.5\ \mu m$。它的孔径允许偏差应符合表8-11的规定。

表8-11 精制螺栓孔径允许偏差 单位:mm

螺栓公称直径、螺孔直径	螺栓公称直径允许偏差	螺栓孔直径允许偏差
10～18	0.00 −0.18	+0.18 0.00
18～30	0.00 −0.21	+0.21 0.00
30～50	0.00 −0.25	+0.25 0.00

(2) 普通螺栓孔。

普通螺栓孔(C级螺栓孔-Ⅱ类孔)包括高强度螺栓(大六角头螺栓、扭剪型螺栓等)、普通螺钉孔、半圆头铆钉的孔，其孔径应比螺栓杆、钉杆的公称直径大1.0～3.0 mm，孔壁表面粗糙度 $Ra \leqslant 25\ \mu m$。它的孔径允许偏差应符合表8-12的规定。

表8-12 普通螺栓孔孔径允许偏差 单位:mm

项 目	允许偏差
直 径	+1.0 0.0
圆 度	2.0
垂直度	0.03t，且不大于2.0 mm

注：t—板厚。

(3) 孔距。

螺栓孔孔距的允许偏差应符合表 8-13 的规定，如超过偏差应采用与母材材质相匹配的焊条补焊后再重新制孔。

表 8-13　螺栓孔孔距的允许偏差

单位：mm

螺栓孔孔距范围	≤500	501～1 200	1 201～3 000	>3 000
同一组内任意两孔间距离	±1.0	±1.5	—	—
相邻两组的端孔间距离	±1.5	±2.0	±2.5	±3.0

注：① 在节点中连接板与一根杆件相连的所有连接孔为一组。
② 对接接头在拼接板一侧的螺栓孔为一组。
③ 在两相邻节点或接头间的连接孔为一组，但不包括①和②所指的螺栓孔。
④ 受弯构件翼缘上的连接螺栓孔，每米长度内的孔为一组。

8.3.6 组　装

组装是按照施工图纸的要求，将零件组合成部件，或者由零件组合成构件，或者由零件和部件组合成构件的过程。这部分将在 8.4 节详细介绍。

8.3.7 焊　接

组装完成后，需要根据图纸的要求把零件板焊接起来形成部件或构件。这部分内容将在 8.5 节详细介绍。

8.3.8 表面处理

表面处理必须在涂装工序前进行，目的是去除材料表面的油、铁锈等，主要有喷抛丸、喷砂等方法。表面处理工序直接关系到涂装工程质量的好坏。

喷砂是选用干燥的石英砂，在喷嘴距离钢材表面 10～15 mm 处喷射。喷砂处理后的钢材表面呈灰白色，目前应用不多。现在常用的是喷丸，磨料是钢丸，处理过的摩擦面的抗滑移系数值较高。酸洗是先用浓度 18%的硫酸洗，再用清水冲洗。此法会腐蚀摩擦面。砂轮打磨是用电动砂轮打磨，其方向与构件受力方向垂直，但不得在表面磨出明显的凹坑。

高强度螺栓摩擦面处理是为了保证抗滑移系数值满足设计要求。摩擦面处理在连接节点处的钢材表面进行加工，一般有喷砂、喷丸、酸洗、砂轮打磨等方法，可根据实际条件进行选择。

处理好的摩擦面严禁有飞边、毛刺、焊疤和污损等，不得涂油漆，在运输过程中防止摩擦面受损，出厂前应按批检验抗滑移系数。

8.3.9 涂　装

构件完成并除锈后，需要根据图纸要求进行涂装，这部分内容将在 8.6 节详细介绍。

8.4 钢构件的组装及预拼装

8.4.1 组装与预拼装的概念

钢结构的组装是按照施工图的要求,将已加工完成的零件或半成品部件装配成独立的成品。根据组装程度,可以分为部件组装和构件组装。

部件组装是指由两个或两个以上零件按要求装配成半成品的部件,是装配的最小组合单元;构件组装是指把零件或半成品按要求装配成独立的成品构件。

预拼装也叫总装,是把一个较大构件的各个部分或者一个整体结构的各个组成部分在工厂制作场地上或者工地现场按各部分的空间位置总装起来,其目的是客观反映各构件装配节点,保证安装质量。

8.4.2 组装的一般规定

组装的一般规定如下:

(1) 构件组装前,应熟悉施工图纸、组装工艺及有关技术文件的要求。检查组装用的零部件的材质、规格、外观、尺寸、数量等,均应符合设计要求。

(2) 组装焊接处的连接接触面及沿边缘 30～50 mm 范围内的铁锈、毛刺、污垢等必须清除干净。

(3) 板材、型材的拼接应在组装前进行,构件的组装应在部件组装、焊接、矫正并检验合格后进行。

(4) 构件组装应根据设计要求、构件形式、连接方式、焊接方法和顺序等确定合理的组装顺序。

(5) 构件的隐蔽部位应在焊接和涂装检验合格后封闭。完全封闭的构件内表面可不涂装。

(6) 布置组装胎具时,其定位必须考虑预放出焊接收缩量及加工余量。

(7) 为减少大件组装焊接的变形,一般应先采取小件组焊,经矫正后,再组装大部件。

(8) 组装好的构件应立即用油漆在明显部位编号,写明图号、构件号、件数等,以方便查找。

(9) 构件组装的尺寸偏差应符合设计文件和《钢结构工程施工质量验收标准》(GB 50205—2020)的规定。

8.4.3 组装条件

在进行部件或构件组装时,不论采取何种方法,都必须具备支承、定位和夹紧三个基本条件,俗称组装三要素。

(1) 支承是解决工件放置位置的问题。实质上,支承就是组装工作的基准面。用何种基准面作为支承,需根据工件的形状、大小和技术要求,以及作业条件等因素确定。图 8-8

所示为 H 形梁的组装平台，是以平台作为支承的。

(2) 定位是指确定零件在空间的位置或零件间的相对位置。只有在所有零件都送到确定位置时，部件或构件才能满足设计尺寸。如图 8-8 所示，H 形梁的两翼缘板的相对位置由腹板与挡板来定位，而腹板的高低位置由垫块来定位。

(3) 夹紧是定位的保障。它以借助外力将定位后的零件固定为目的。这种外力即夹紧力。夹紧力通常由刚性夹具来实现，也可以利用气化力或液化力进行。图 6-1 中翼缘板与腹板之间的夹紧力是由调节螺杆产生的。

上述三个基本条件是相辅相成、缺一不可的。如果没有夹紧，定位就不能实现，而如果没有定位，夹紧也就无的放矢，没有支承就更不存在定位和夹紧。组装技术总是围绕这三个条件来进行的。

现在，常用的钢结构截面形式具有专用的组装机械，大大提高了生产效率和组装质量。如图 8-9 所示的 H 型钢组立机，可用于 T 型、H 型等截面或变截面钢构件的组装定位，由主机、输入滚道、输出滚道、液压系统及电气控制系统组成，可连续完成零件的送进、定位夹紧、点焊定位、出料，大大提高了生产效率。

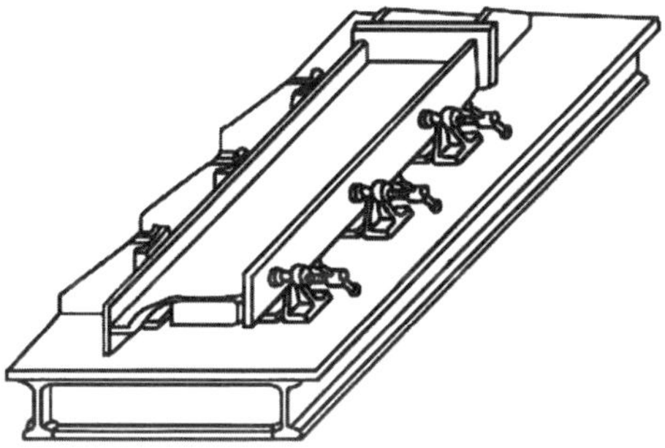

图 8-8　H 形梁的组装平台

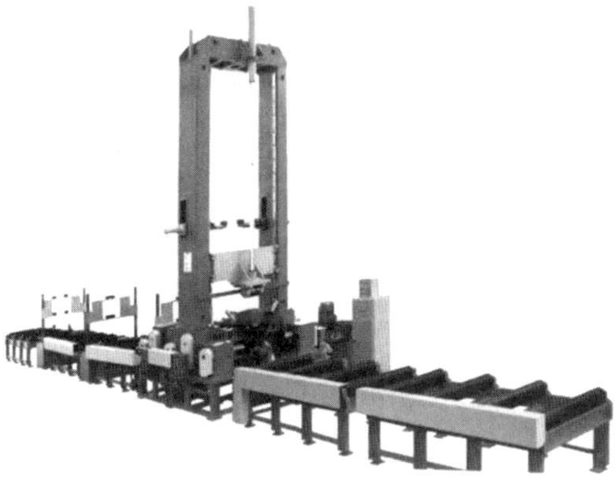

图 8-9　H 型钢组立机

8.4.4　组装方法

1) 钢构件的组装特点

(1) 钢构件由于精度低、互换性差，所以组装时多数需选配或调整。

(2) 钢构件的连接大多采用焊接等不可拆连接，返修困难，易导致零部件的报废，因此对组装程序有严格的要求。

(3) 装配过程中常伴有大量焊接工作，必须掌握焊接的应力和变形的规律并在装配时采取适当措施，以防止或减少焊后变形和矫正工作。

(4) 钢构件一般体积庞大、刚性较差、易变形，装配时要考虑加固措施。

(5) 某些特别庞大的构件需分组出厂至工地总装，甚至还要求先在厂内试装，必要时将不可拆连接改为临时的可拆连接。

(6) 钢构件装配用的工具、夹具等制作周期短、见效快、通用性强、可变性大，有利于组织生产。

2）确定组装步骤

任何装配工作都是按事先拟订的工艺规程进行的。工艺规程不同，组装方法也不同。拟订组装工艺规程，首先必须确定组装步骤。

钢结构产品是一个独立和完整的总体，它由一系列的零件和部件构成。零件是组成产品的最小单元。由若干个零件组合成的一个独立、比较完整的单元，称为部件或构件。确定组装步骤，实际上是分析产品是否采用部件组装和如何进行部件组装。简单的钢结构产品可以一次组装成功。大型复杂的结构通常是将总体分成若干个部件，将各部件组装或焊接后再进行总装。这样可以减少总装时间，并使很多的立焊、仰焊变为平焊，扩大了自动焊、半自动焊的应用，减少了高空作业，提高了生产效率，保证了组装的质量。同时，也有利于实现装配工作机械化。

部件划分时需要考虑下列几点：

（1）尽量使所划分的部件有一个比较规则的、完整的轮廓形状。

（2）部件之间的连接处不宜太复杂，以便总装时进行操作和尺寸校准。

（3）部件装配之后，能有效地保证总装质量，使总体结构合乎设计要求。

3）选择装配基准

装配基准的选择直接关系到组装的全部工艺过程。正确地选择组装基准能使夹具的结构简单，工件定位比较容易，夹紧牢靠，操作方便。

对各种结构都要做具体分析，选择的基准不同其组装方法也不一样。以构件的底面为基准采用的是正装，以顶面为基准可进行反装，以侧面为基准则需做倒装。即使是同一构件，由于组装基准不同，组装方法的变化也很大。

4）组装方法

部件或构件的组装方法较多，主要有：

（1）地样法。

地样法用 1∶1 的比例在装配平台上放出实样，然后根据零件在实样上的位置进行组装。该法适用于桁架、构架等小批量结构的组装。

（2）仿形复制组装法。

该法先用地样法组装成单面的结构，进行定位点焊后翻身，以此作为复制胎模，再装配另一面的结构。该法适用于横断面互为对称的桁架结构。

（3）胎模组装法。

该法把构件的零件用胎模定位在其装配位置上进行组装，要注意各种加工余量。该法适用于构件批量大、精度高的产品。

（4）立装。

该法根据构件的特点及其零件的稳定位置，选择自上而下或自下而上的方法组装。该方法适用于放置平稳、高度不大的结构或大直径圆筒。

（5）卧装。

该法将构件放在卧的位置进行组装，适用于断面不大但长度较长的细长构件。

钢结构组装时，必须根据构件特性和技术要求、制作厂的加工能力、机械设备等选择安全可靠、满足要求的、效益高的方法。

5）定位焊

组装时需要进行定位焊。定位焊须满足以下要求：

（1）定位焊的起头和结尾处应圆滑，否则易造成未焊透现象。

（2）焊接件要求预热（定位焊时也应进行预热），其温度应与正式焊接温度相同。

（3）定位焊的电流比正常焊接的电流大 10%～15%。

（4）在焊缝交叉处和焊缝方向急剧变化处不要进行定位焊，确需进行定位焊时，宜避开该处 50 mm 左右。

（5）定位焊焊缝高度不超过设计规定的焊缝高度的 2/3，是越小越好。

（6）含碳量大于 0.25%或厚度大于 16 mm 的焊件，在低温环境下定位焊后应尽快进行打底焊，否则应采取后热缓冷措施。

（7）定位焊应考虑焊接应力引起的变形，因此定位焊点的选定应合理，不能影响焊接的质量，并保证在焊接过程中焊缝不致开裂。

8.4.5　组装实例

1）T 型钢组装

T 型钢由两块钢板焊接而成，如图 8-10 所示。T 型钢的立板通常称为腹板，与平台面接触的底板称为面板或翼缘板。

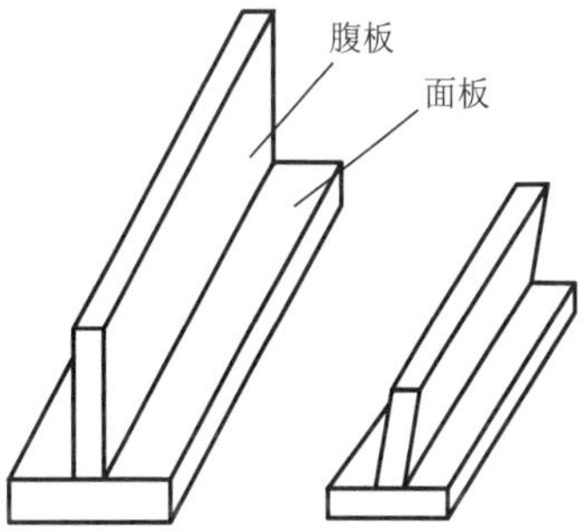

（a）垂直梁　　（b）倾斜梁

图 8-10　T 形梁拼接

T 型钢根据工程实际需要，腹板和翼缘板有的相互垂直，有的倾斜成一定的角度。在组装时，先定出面板中心线，再按腹板厚度画线定位，该位置就是腹板和面板结构接触的连接点（基准线）。如果是垂直的 T 型钢，则可用直角尺找正，并在腹板两侧按 200～300 mm 距离交错点焊；如果属于倾斜一定角度的 T 型钢，则可用同样角度样板进行定位，按设计规定进行点焊。

T 型钢两侧点焊完成后，为了防止焊接变形，可在腹板两侧临时用增强板将腹板和面板点焊固定，以增加刚性、减小变形；在焊接时，采用对称分段退步焊接方法焊接角焊缝，这是防止焊接变形的一种有效措施。

2）H 型钢组装

H 型钢是由两块翼缘板和一块腹板组装而成的。当单件或小批量生产时，可采用像 T 型钢那样的划线法，也可采用挡铁定位组装法。组装步骤见表 8-14。

挡铁定位组装法组装 H 型钢比单纯用划线法在质量和效率上都高，但是其主要缺点是挡铁要事先焊到翼缘板上，组装完成后还要逐个拆除，并且在翼缘板上留下疤痕，此外，腹板和翼缘板的垂直度用角尺校验不够精确，效率也不够高。

在 H 型钢的组装数量较多，或者尺寸规格多变的情况下，最好用胎具组装。

3）箱形单元组装

箱形单元有钢板组成的，也有型钢与钢板混合组成的，但大多数箱形单元是采用钢板组装的。箱形梁由上下面板、中间隔板及左右侧板组成。

表 8-14　挡铁定位组装法组装 H 型钢

顺序	简　图	组装说明	顺序	简　图	组装说明
1	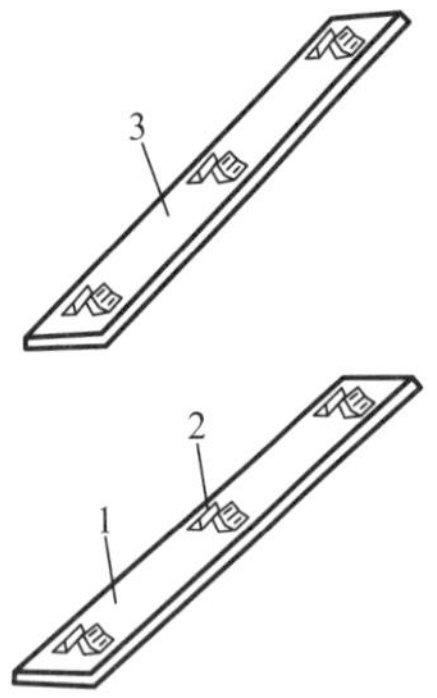	在已经校平的翼缘板 1，3 上划出腹板线，然后按线焊接上挡块 2	2	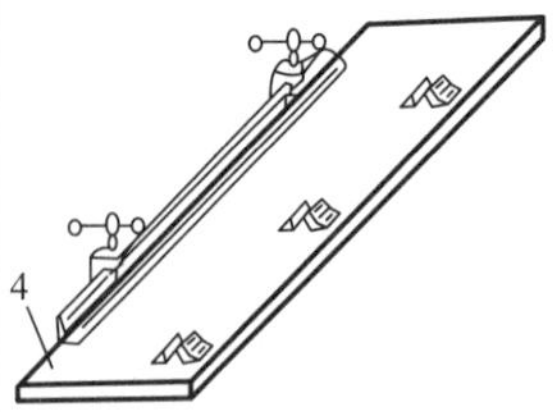	把已经校平的腹板 4 用两个角钢对齐并用压紧螺栓夹紧
3	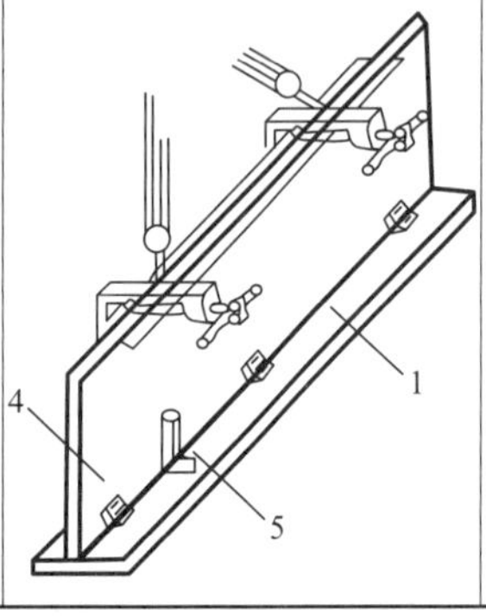	将腹板 4 吊到翼缘板 1 上，利用直尺 5 检查腹板与翼缘板是否垂直，校正后焊接固定组成 T 型钢	4	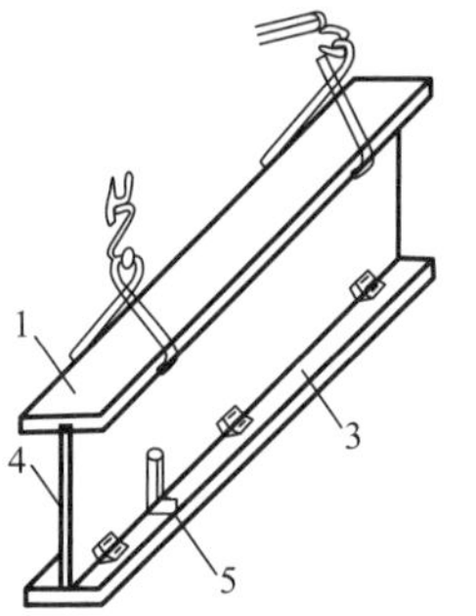	将 T 型钢翻身吊到翼缘板 3 上，用角尺校验垂直度，然后焊接

箱形单元的组装过程是首先在底面板划线定位，如图 8-11(a)所示。然后按位置组装中间定向隔板，如图 8-11(b)所示。为防止移动和倾斜，应将两端和中间隔板与面板用型钢条临时固定，再以各隔板的上平面和两侧面为基准，同时组装箱形梁左右立板，如图 8-11(c)所示。两侧立板的长度要以底面板的长度为准靠齐并点焊。如两侧板与隔板侧面接触间隙过大可用活动型卡具夹紧，再进行点焊。最后，组装梁的上面板，如果上面板与隔板上平面接触间隙大、误差多，则可用手砂轮将隔板上端找平，并用卡具压紧进行点焊和焊接，如图 8-11(d)所示。

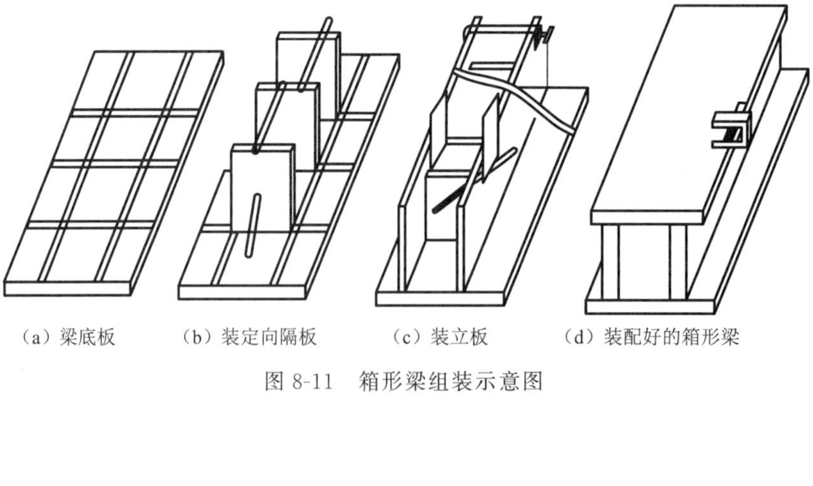

(a) 梁底板　(b) 装定向隔板　(c) 装立板　(d) 装配好的箱形梁

图 8-11　箱形梁组装示意图

4) 钢柱组装

若在工厂把钢柱的各部分都组合成整体,则应属于组装的范畴;若把钢柱分成几部分组装好再把这几部分在工厂装配起来检查组装的质量或者运输到现场再装配起来,则应属于预拼装的范畴。

钢柱组装的方法主要有两种:

(1) 卧装。

图 8-12(a)是钢柱卧装的俯视图,组装的步骤为:先在柱的适当位置用枕木搭设 3~4 个支点,各支点高度应拉通线,使柱轴线中心线成一水平线,且先吊下节柱找平,再吊上节柱,使两端头对准,然后找中心线,并把安装螺栓或夹具上紧;最后进行接头焊接,采取对称施焊。焊完一面再翻身焊另一面。

(2) 立装。

图 8-12(b)是钢柱立装的侧视图,组装的步骤为:在下节柱适当位置设 2~3 个支点,上节柱设 1~2 个支点,各支点用水平仪测平、垫平。组装时先吊下节,使牛腿向下,并找平中心,再吊上节,使两节的节头端相对准;然后找正中心线,并将安装螺栓拧紧;最后进行接头焊接。

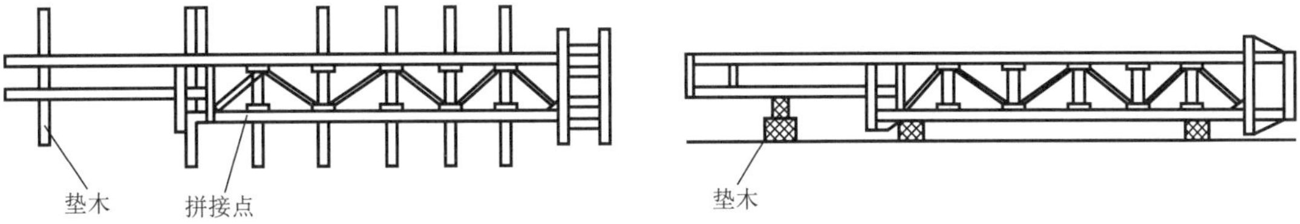

(a) 卧装示意图　　(b) 立装示意图

图 8-12　钢柱组装示意图

5) 屋架组装

屋架组装是把弦杆与节点板组合起来,更接近组装的范畴。若先把屋架分成几部分,分部分组装好,然后把这几部分在工厂装配起来检验组装的质量或者分部分运输到现场再把这几部分装配起来,则更接近预拼装的范畴。

(1) 组装准备。

钢屋架多数用底样采用仿形复制组装法进行组装,其过程如下:

按设计尺寸,并按长、高尺寸以其 1/1 000 预留焊接的收缩量,在组装平台上放出组装底样,如图 8-13 和图 8-14 所示。因为屋架在设计图纸的上、下弦处不标注起拱量,所以才放底样,按跨度比例画出起拱。

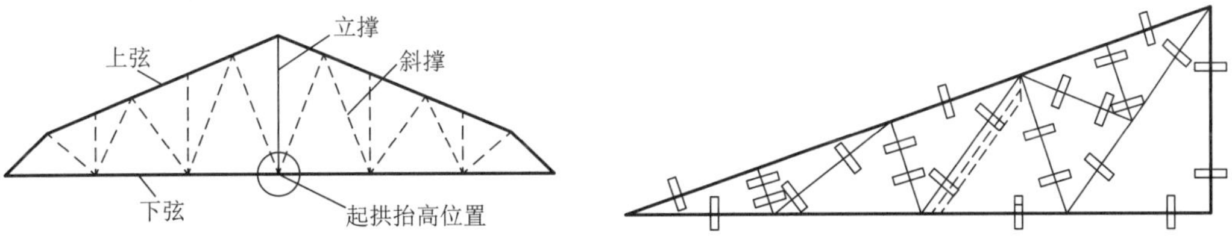

(a) 组装底样　　(b) 屋架组装

图 8-13　屋架组装示意图

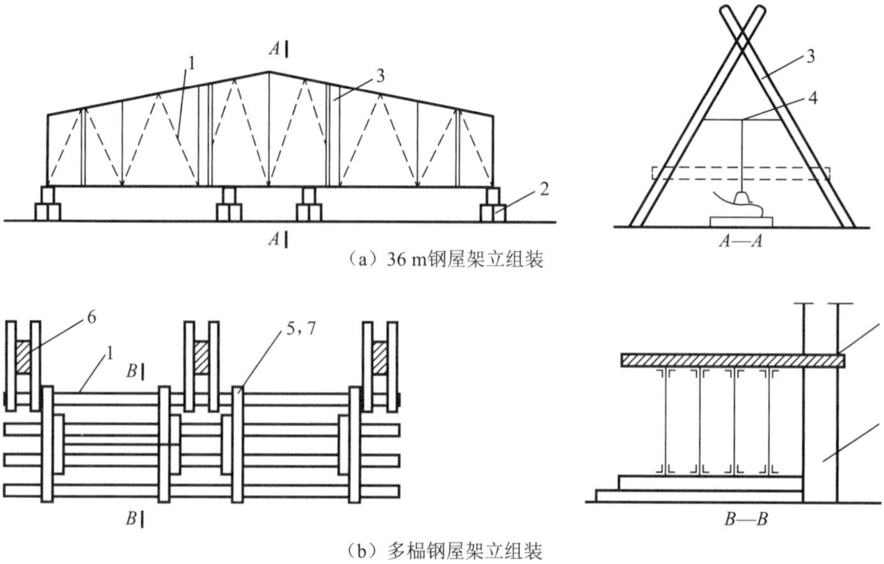

1—36 m屋架块体;2—枕木或墩;3—人字架;4—固定用横档;5—8号铁丝固定上弦;6—柱子;7—木方。

图 8-14 屋架的立组装

在底样上按图画好角钢面宽度、立面厚度,作为组装时的依据。如果在组装时角钢的位置和方向能记牢,则其立面的厚度可省略不画,只画出角钢面的宽度即可。

组装时,应给下一步运输和安装工序创造有利条件。除按设计规定的技术说明外,还应结合屋架的跨度(长度),做整体或按节点分段进行组装。

屋架组装一定要注意平台的水平度,如果平台不平,则可在组装前用仪器或拉粉线调整垫平,否则组装成的屋架会在上、下弦及中间位置产生侧向弯曲。

(2) 组装作业。

放好底样后,将底样上各位置上的连接板用电焊点牢,并用挡铁定位,作为第一次单片屋架组装基准的底模,接着就可将大小连接板按位置放在底模上。屋架的上、下弦及所有的立、斜撑限位板放到连接板上面,进行找正对齐,用卡具夹紧点焊。待全部点焊牢固,可用吊车做180°翻身,这样就可用该扇单片屋架作为基准组合组装,如图8-15所示。

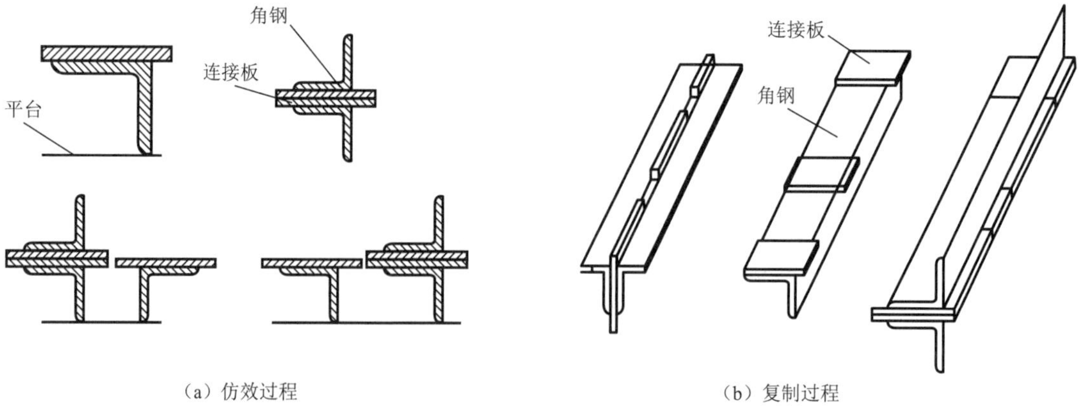

图 8-15 屋架仿效组装示意图

仿效复制组装法具有效率高、质量好、便于组织流水作业等优点。因此，对于截面对称的钢结构，如梁、柱和框架等都可应用。

8.4.6 组装工程质量验收

钢结构工程组装验收除要满足设计文件要求以外，还应满足《钢结构工程施工质量验收标准》GB 50205—2020 的要求。

(1) 主控项目。

主控项目应符合表 8-15 的规定。

表 8-15 主控项目内容及要求

项目	项次	项目内容	本规范章节	验收要求	检验方法	检查数量
组装	1	吊车梁和吊车桁架	8.3.1	不应下挠	构件直立，在两端支承后，用水准仪和钢尺检查	全数检查
端部铣平及安装焊缝坡口	1	端部铣平精度	8.4.1	端部铣平的允许偏差应符合相关的规定	用钢尺、角尺、塞尺等检查	按铣平面数量抽查 10%，且不应小于 3 个
钢构件外形尺寸	1	外形尺寸	8.5.1	钢构件外形尺寸主控项目的允许偏差应符合相关的规定	用钢尺检查	全数检查

(2) 一般项目。

钢构件组装工程质量验收的一般项目应符合表 8-16 的规定。

表 8-16 一般项目内容及要求

项目	项次	项目内容	本规范章节	验收要求	检验方法	检查数量
焊接H型钢	1	接缝	8.2.1	翼缘板拼接缝和腹板拼接缝的间距不应小于 200 mm。翼缘板拼接长度不应小于 2 倍板宽；腹板拼接宽度不应小于 300 mm，长度不应小于 600 mm	观察和钢尺检查	全数检查
	2	精度要求	8.2.2	应符合相关的规定	用钢尺、角尺、塞尺等检查	按钢构件数抽查 10%，且不应小于 3 件
组装	1	精度要求	8.3.2	允许偏差应符合相关的规定	用钢尺检查	按构件数抽查 10%，且不应小于 3 件
	2	顶紧接触面	8.3.3	应有 75%以上的面积紧贴	用 0.3 mm 塞尺检查，其塞入面积不大于 25%，边缘间隙不大于 0.8 mm	按构件数抽查 10%，且不应小于 10 件

续表

项目	项次	项目内容	本规范章节	验收要求	检验方法	检查数量
组装	3	轴线交点错位	8.3.4	允许偏差不大于 3.0 mm	钢尺检查	按构件数抽查 10%，且不少于 3 个；每个抽查构件按节点数抽查 10%，且不少于 3 个节点
端部铣平及安装焊缝坡口	1	坡口精度	8.4.2	允许偏差应符合表 8-4 的规定	用焊缝量规检查	按坡口数量抽查 10%，且不少于 3 条
	2	防锈保护	8.4.3	外露铣平面应防锈保护	观察检查	全数检查
钢构件外形尺寸	1	外形尺寸	8.5.2	钢构件外形尺寸一般项目的允许偏差应符合相关规定		按构件数抽查 10%，且不少于 3 件

8.4.7 预拼装的方法

1）实体预拼装

大型的钢结构构件由于运输、起吊等条件的限制，不能整体出厂而必须分成单元。为保证施工现场安装的顺利进行，应根据构件或结构的复杂程度、设计要求或合同协议规定，在构件出厂前进行预拼装，以检验构件制作的质量，保证安装的精度，并可以及时发现不合格构件在厂内及时处理，调整制作及组装方案避免出现不合格构件，也避免把构件拉到现场无法安装又要返回制造厂的恶果。另外，在工地现场把本属于一个构件的各个部分组合成一个属于预拼装范畴的构件，例如门式刚架的刚架梁通常分成多段加工运输到现场再拼装起来。此外，有时为了检验整体钢结构能否达到安装的精度，在工厂或者现场把整体结构的各个部分组合起来以检验整体结构的精度是否达到安装要求，以避免构件吊升到安装位置无法固定或者结构的多部分无法合拢，这通常叫作总装。以上所说的预拼装是以加工好的真实钢构件进行拼装，称为实体预拼装的。对于实体预拼装，有如下要求：

（1）预拼装场地应平整、坚实，预拼装所用的临时支承架、支承凳或平台应经测量准确定位，并应符合工艺文件要求。重型构件预拼装所用的临时支承结构应进行结构安全验算。

（2）预拼装单元可根据场地条件、起重设备等选择合适的几何形态进行预拼装。

（3）构件应在自由状态下进行预拼装。

（4）构件预拼装应按设计图的控制尺寸定位，对有预起拱、焊接收缩等的预拼装构件，应按预起拱值或收缩量的大小对尺寸定位进行调整。

（5）采用螺栓连接的节点连接件，必要时可在预拼装定位后进行钻孔。

（6）当多层叠板采用高强度螺栓或普通螺栓连接时，宜先使用不少于螺栓孔总数 10% 的冲钉定位，再采用临时螺栓紧固。临时螺栓在一组孔内不得少于螺栓孔数量的 20%，且不应少于两个；预拼装时应使板层密贴。螺栓孔应采用试孔器进行检查，并应符合下列规定：

① 当采用比孔公称直径小 1.0 mm 的试孔器检查时，每组孔的通过率不应小于 85%；

② 当采用比螺栓公称直径大 0.3 mm 的试孔器检查时，通过率应为 100%。

(7) 预拼装检查合格后，宜在构件上标注中心线、控制基准线等标记，必要时可设置定位器。

实体预拼装的方法与组装的方法一样，主要有：

(1) 平装法。

平装法操作方便，不需稳定加固措施，不需搭设脚手架；焊缝焊接大多数为平焊缝，焊接操作简易，不需技术很高的焊接工人，焊缝质量易于保证；校正及起拱方便、准确。

平装法适于拼装跨度较小、构件相对刚度较大的钢结构，如长 18 m 以内的钢柱、跨度 6 m 以内的大窗架及跨度 21 m 以内的钢屋架的拼装。

(2) 立装法。

立装法可一次拼装多个部分，块体占地面积小，不用铺设或搭设专用拼装操作平台或枕木墩，节省材料和工时；省去翻身工序，质量易于保证，不用增设专供块体翻身、倒运、就位、堆放的起重设备，缩短工期；块体拼装连接件或节点的拼接焊缝可两边对称施焊，可防止预制构件连接件或钢构件因节点焊接变形而使整个块体产生侧弯。

立装法需搭设一定数量的稳定支架；块体校正、起拱较难；钢构件的连接节点及预制构件的连接件的焊接立缝较多，增加了焊接操作的难度。

立装法适用于跨度较大、侧向刚度较差的钢结构，如 18 m 以上的钢柱、跨度 9 m 及 12 m 的窗架、24 m 以上的钢屋架以及屋架上的天窗架。

(3) 利用模具拼装法。

模具是指符合工件几何形状或轮廓的模型(内模或外模)。用模具来拼装组焊钢结构，具有产品质量最好、生产效率高等优点。对成批的板材结构、型钢结构，应当考虑采用模具拼装。

2) 计算机辅助模拟预拼装

构件除可采用实体预拼装外，还可采用计算机辅助模拟预拼装方法，模拟构件或单元的外形尺寸应与实物几何尺寸相同。

计算机辅助模拟预拼装方法具有速度快、精度高、节能环保、经济实用的优点。钢结构构件计算机模拟拼装方法，对制造已完成的构件进行三维测量，用测量数据在计算机中构造构件模型，并进行模拟拼装，检查拼装干涉和分析拼装精度，得到构件连接件加工所需要的信息。计算机模拟预拼装有两种方法：一是按照构件的预拼装图纸要求，在计算机中按照图纸要求的理论位置将构造的构件模型进行预拼装，然后逐个检查构件间的连接关系是否满足产品技术要求，反馈回检查结果和后续作业需要的信息；二是保证构件在自重作用下不发生超过工艺允许变形的支承条件下，以保证构件间的连接为原则，将构造的构件模型在计算机中进行模拟预拼装，检查构件的拼装位置与理论位置的偏差是否在允许范围内，并反馈回检查结果作为预拼装调整及后续作业的调整信息。当采用计算机辅助模拟预拼装方法时，要求预拼装的所有单个构件均有一定的质量保证；模拟拼装构件或单元外形尺寸均应严格测量，测量时可采用全站仪、计算机和相关软件配合进行。

当采用计算机辅助模拟预拼装的偏差超过现行《钢结构工程施工质量验收标准》(GB 50205—2020)的有关规定时，应进行实体预拼装。

8.4.8 预拼装实例

某机场航站楼中央大厅主体钢结构为立体钢管拱形桁架，如图 8-16 所示。总长 60.50 m，跨距 36.00 m，最大安装标高 28.25 m。钢管材料弦杆 ϕ244.5×6.3，腹杆 ϕ139.7×5，ϕ114.3×5。

立体钢管拱属超长轻型构件，根据运输及安装要求，采取钢结构制造厂内下料、切好对接相贯口，弯好弧度，编号打包，成捆运输，现场拼装。

(1) 拼装工艺流程：桁架整体胎架制作→桁架整体拼装定位校正、检验→对接焊缝焊接→焊缝无损检验→焊后校正→涂装→检验合格。

(2) 在塔式起重机回转半径之内建立总装平台，总装平台用 300×1 800×9 000 路基板组成，下浇混凝土墩子，以保证平台水平。

(3) 在拼装平台上立胎架，胎架尺寸须经监理验收合格，方可拼装桁架。

(4) 拼装时要考虑焊后变形，需对节点通过胎具加固约束。

(5) 钢管采取内加衬管坡口对接，坡口对接间隙采用预紧器调整其尺寸。

(6) 梯形钢管拱的上下弦杆定位，根据节点标高，用水管连通原理定其标高，个别位置弯管标高不符合设计要求，则重新用火烤，直到冷却残余变形达到设计要求，上下弦杆中心位置用线坠与拼装平台样板线重合为止，然后安好斜腹杆，校正、检查后交监理验收。

(7) 对接坡口焊接，按焊接工艺评定有关参数，由持有相应合格证的焊工施焊。

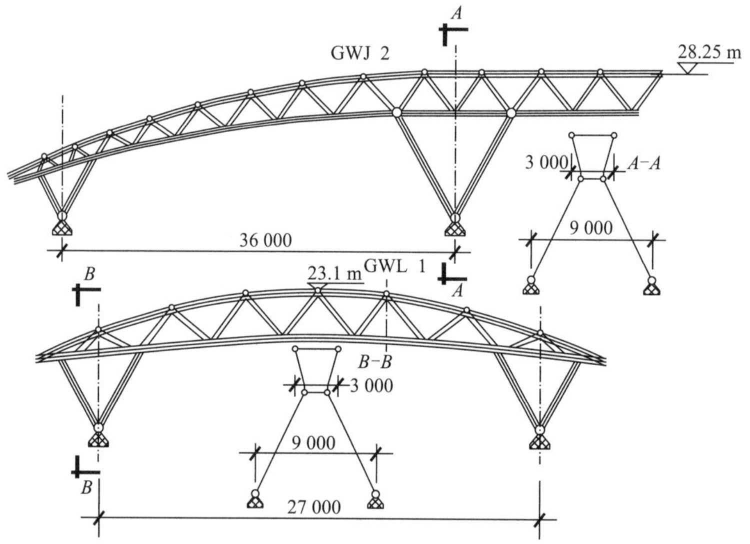

图 8-16　钢管屋架立面图

8.4.9 钢构件预拼装的质量验收

(1) 高强度螺栓和普通螺栓连接的多层板叠，应采用试孔器进行检查，并应符合下列规定：

① 当采用比孔公称直径小 1.0 mm 的试孔器检查时，每组孔的通过率不应小于 85%；

② 当采用比螺栓公称直径大 0.3 mm 的试孔器检查时，通过率应为 100%。

(2) 预拼装的允许偏差应符合表 8-17 的要求。

表 8-17　钢构件预拼装的允许偏差　　单位：mm

构件类型	项目		允许偏差	检验方法
多节柱	预拼装单元总长		±5.0	用钢尺检查
	预拼装单元弯曲矢高		l/1 500，且不大于±10	用拉线和钢尺检查
	接口错边		2.0	用焊缝量规检查
	预拼装单元柱身扭曲		h/200，且不大于 5.0	用拉线、吊线和钢尺检查
	顶紧面至任一牛腿距离		±2.0	用钢尺检查
梁、桁架	跨度最外两端安装孔或两端支承面最外侧距离		+5.0 −10.0	用钢尺检查
	接口截面错位		2.0	用焊缝量规检查
	拱度	设计要求起拱	±l/5 000	用拉线和钢尺检查
		设计未要求起拱	±l/20 000	用拉线和钢尺检查
	节点处杆件轴线错位		4.0	画线后用钢尺检查
管构件	预拼装单元总长		±5.0	用钢尺检查
	预拼装单元弯曲矢高		l/1 500，且不大于±10	用拉线和钢尺检查
	对口错边		t/10，且不大于 3.0	用焊缝量规检查
	坡口间隙		+2.0 −1.0	用焊缝量规检查
构件平面总体预拼装	各楼层柱距		±4.0	用钢尺检查
	相邻楼层梁与梁之间的距离		±3.0	
	各层间框架两对角线之差		H/2 000，且不大于 5.0	
	任意两对角线之差		$\sum H_i$/2 000，且不大于 8.0	

8.5　钢结构焊接

8.5.1　焊接方法与设备

金属焊接是指通过适当的手段，使两个分离的金属物体(同种或者异种金属)产生原子(分子)间结合而成为一体的连接方法。基本的焊接方法有：熔化焊接、固相焊接和钎焊。建筑钢结构制造和安装焊接方法多采用熔化焊接(简称熔焊)。熔化焊接是以各种高温集中热源加热待连接金属，使之局部熔化、冷却后形成牢固连接的过程。

用于加热和熔化金属的高温能源有电弧、焊渣、气体火焰、等离子体、电子束、激光等。熔焊按加热能源的不同可分为电弧焊、电渣焊、气焊、等离子焊、电子束焊、激光焊等。其中电弧焊又可分为熔化电极与不熔化电极电弧焊、气体保护焊与自保护电弧焊、栓焊。熔焊方法因焊接过程的自动进行程度不同还可分为手工焊、半自动焊和自动焊。

限于成本、应用条件等原因，钢结构领域中广泛使用的是电弧焊。在电弧焊中又以手工电弧焊、埋弧焊、CO_2 气体保护焊和自保护电弧焊为主。在某些特殊应用场合，必须使用电渣焊和栓焊。

1）手工电弧焊

（1）焊接原理。

手工电弧焊是用手工操纵焊条进行焊接。焊接时，在焊条末端和工件之间的电弧产生高温使焊条药皮与焊芯及工件熔化，熔化的焊芯端部迅速形成细小的金属熔滴，通过电弧柱过渡到局部熔化的工件表面，融合在一起形成熔池。药皮熔化过程中产生的气体和熔渣，使熔池和电弧与周围空气隔离，并且和熔化的焊芯、母材发生一系列冶金反应，保证所形成焊缝的性能，随着手工连续移动焊条，熔池液态金属逐步冷却结晶，形成焊缝。图 8-17 所示即手工电弧焊原理图。

（2）焊接电源。

因焊接电流可以是交流电也可以是直流电，故焊接电源可分为交流电源和直流电源两种，以及交、直流两用电源的特殊形式。

交流弧焊机实质上是一种通过可调高漏抗以得到下降外特性和所要求空载电压的降压变压器。它的种类主要可有动铁式（BX1 系列）、动圈式（BX3 系列）和抽头式（BX6 系列）。前两种交流弧焊机为目前一般钢结构制作、安装领域中应用最为广泛的电焊机。抽头式弧焊变压器只适用于小功率焊机，但价格低廉，在小型企业制作、安装轻型结构和家庭装修、维修领域得到广泛的应用。

直流弧焊机分为直流发电机和弧焊整流器两种。传统的弧焊发电机使用较少，常用于药皮焊条手工电弧焊的整流电源主要有硅整流式（ZXG 系列）、可控硅整流式（ZX-5 系列）和逆变整流式（ZX-7 系列）。可控硅式整流器的外特性可控，动态特性好，网路补偿方便，功率因素高，属于节能产品，因而得到广泛的发展和应用。

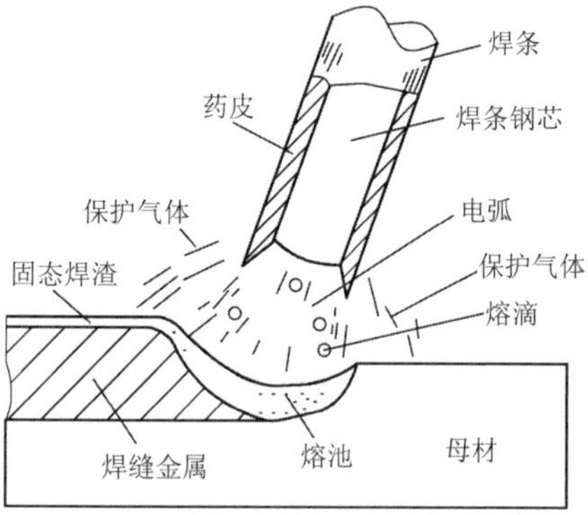

图 8-17 手工电弧焊原理图

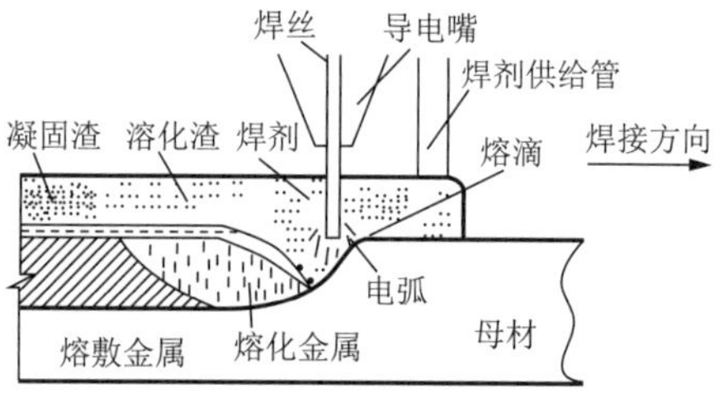

图 8-18 埋弧焊原理图

（3）焊接工艺参数。

焊接工艺参数是指焊接时为保证焊接质量而选定的各物理量（如焊接电流、电弧电压、焊接速度等）的总称。手工电弧焊的工艺参数主要为焊条直径、焊接电流、电弧电压、焊接速度和预热温度等。

① 焊条直径。焊条直径可根据焊件厚度、焊接位置、接头形式、焊接层数等进行选择。厚度较大的焊件，搭接和 T 形接头的焊缝选用直径较大的焊条；小坡口焊件，采用较细直径的焊条。通常平焊选用较粗的焊条，立焊、仰焊、横焊选用较细的焊条。

② 焊接电流。焊接电流是电弧焊的主要工艺参数，其选择直接影响焊接质量和劳动生产率。焊接电流大则焊缝熔深大，焊条熔化快，焊接效率高，易得到凸起的表面堆高；反之，则熔深浅，电流太小，不易起弧，焊接时电弧不稳定、易熄弧，易产生未焊透、未熔合等缺陷。另外，焊接电流太大时，则飞溅很大，易产生咬边、焊瘤、烧穿等缺陷。

③ 电源极性。采用交流电源时，焊条与工件的极性随电源频率而变换，电弧稳定性较差，碱性低氢型焊条药皮中需要增加低电离电势的物质作为稳弧剂才能稳定施焊。采用直流电源时，工件接正极称为正极性(或正接)，工件接负极称为反极性(或反接)，一般药皮焊条直流反接可以获得稳定的焊接电弧，焊接时飞溅较小。

④ 电弧电压。电弧电压主要是由电弧长度决定的。电弧长则电压高，反之则低。电弧过长会出现电弧燃烧不稳定、飞溅大、熔深浅及咬边、气孔等缺陷；电弧短则易粘条。一般情况下电弧长度等于焊条直径的 50%～100%为好，相应的电弧电压为 16～25 V。碱性焊条的电弧长度不超过焊条直径，为焊条直径的一半较好；酸性焊条电弧长度应等于焊条直径。

⑤ 焊接速度。焊接速度即单位时间内完成的焊缝长度。焊接速度过慢使焊缝变宽，余高增加，母材易过热变脆，效率降低；焊接速度过快则造成熔池长、焊缝变窄、严重凹凸不平，容易产生咬边及焊缝波形变尖。焊接速度应与选择的电流相配合。

⑥ 运条方式和焊接层次。运条方式有直线形式及横向摆动式，横向摆动式还分为螺旋形、月牙形、锯齿形和八字形等，均由焊工控制焊道的宽度。各种焊缝应根据板厚和焊道厚度、宽度来安排焊接层次以完成整个焊缝。多层焊时由于后焊道对先焊道(层)有回火作用，可改善接头的组织和力学性能，故要求焊缝晶粒细密、冲击韧性较高时，宜指定采用多道、多层焊接。

⑦ 预热温度。预热是焊接开始前对被焊工件的全部或局部进行适当加热的工艺措施，预热可减少焊后冷却速度，避免产生淬硬组织，减少焊接应力及变形，是防止产生焊接裂纹的有效措施。

2) 埋弧焊

(1) 焊接原理。

埋弧焊是利用电弧热作为熔化金属热源的机械化焊接方法。焊丝外表面没有药皮，熔渣是由覆盖在焊接坡口区的焊剂形成的。当焊丝与母材之间施加电压并互相接触引燃电弧后，电弧热将焊丝端部与电弧区周围的焊剂及母材熔化，形成金属熔滴、熔池及熔渣。

金属熔池受到浮于表面的熔渣和焊剂蒸气的保护而不与空气接触，有效地保护了电弧和熔池。随着焊丝向前方移动，熔池冷却凝固后形成焊缝，熔渣冷却后形成渣壳，如图 8-18 所示。熔渣与熔化金属发生冶金反应，影响并改善焊缝金属的化学成分和力学性能。

(2) 埋弧焊的特点。

① 生产效率高。埋弧焊所用焊接电流大，加上焊剂和熔渣的保护，电弧的熔透能力和焊丝的熔敷速度都大大提高。单丝埋弧焊不开坡口，一次熔深最大可达 20 mm。埋弧焊已成为大型构件制作中应用最广的高效焊接方法。

② 焊接质量好。埋弧焊的热输入大、冷却速度慢、熔池存在时间长，使冶金反应充分，

各种有害气体能及时从熔池中逸出，避免气孔产生，也减小了冷裂纹的敏感性。因焊接工艺参数通过自动调节保持稳定，所以对焊工操作技术水平要求不高，焊缝成形好，成分稳定，力学性能好。

③ 劳动条件好。埋弧焊弧光不外露，无弧光辐射。

④ 埋弧焊采用颗粒状焊剂进行保护，一般适用于平焊和角焊位置，其他位置的焊接则要采用特殊装置来保证焊剂对焊缝区的覆盖和防止熔池金属的漏淌。

⑤ 坡口加工精度稍高，或需要加导向装置使焊丝与坡口对准，以避免焊偏。

⑥ 使用电流大，不适宜厚度小于 1 mm 的薄件。

（3）埋弧焊设备。

① 埋弧焊设备组成。自动埋弧焊设备由交流或直流焊接电源、焊接小车、控制盒和电缆等附件组成。

a. 焊接电源。交流电源由接触器、降压变压器、电抗器及其他附件组成，适用于一般碳钢使用中性熔炼焊剂时的焊接，其成本较低且维护较简易；还可应用于大型构件焊接时需要防止磁偏吹的场合，或与另一直流电源配合做双丝焊接。由于自动埋弧焊通常用粗焊丝大电流焊接厚板，焊接电源额定电流一般需达 1 000 A 才能满足不同情况下高效焊接的要求。直流电源一般使用可控硅整流器，外特性有平特性及降特性两种，平特性用于细丝焊薄板、降特性用于粗丝焊接厚板。直流电源广泛应用于重要结构中高强钢构件使用碱性焊剂时的焊接。

b. 焊接小车。焊接小车由送丝机构和行走机构（含电机）、焊头的各方向调整机构和手轮、支架、底座及焊剂斗（或设有焊剂回收及输送装置）、焊丝盘等附件组成。

c. 控制盒。控制盒由焊机及送丝调速控制板、程序操作控制板、电流及电压显示仪表或数码显示器、各种调节旋钮、按钮开关、导线插座等组成。

半自动埋弧焊设备不设置焊接小车，但增设软管连接手持焊枪，焊枪上带有导丝嘴、按钮开关及小型焊剂斗，其他与自动焊装置类同。半自动埋弧焊机的功率因受手持焊枪重量及可操作性的限制，一般配用额定电流 630 A 的电源，适用于中、薄板构件的焊接。

② 自动埋弧焊焊机的种类。焊机按其特定用途可分为角焊机和对焊与角焊通用焊机；按其使用功能可分为单丝或双丝焊机、单头或双头焊机；按其机头行走方式可分为独立小车式、门架式或悬臂式焊机。

a. 自动埋弧焊角焊机的特点是不设轨道，利用焊机底架上的两个靠轮直接贴在 T 形工件的翼缘上，使焊机在腹板上行走，实现焊头对焊缝的自动对准，传统上应用于 H 型钢船形位置焊接，并已广泛应用于钢结构中 H 形构件的焊接。

b. 自动埋弧焊对焊与角焊通用型焊机。MZ-1000 型自动埋弧焊焊机以传统的焊接小车带有机头调整装置、控制盒、丝盘、送丝装置，配以 ZX5-1000 或 1250 弧焊整流器，是生产中使用最为广泛的焊机，用于对接焊、角接焊、搭接焊，使用方便、可靠。

c. 自动埋弧焊双头双丝焊机。自动埋弧焊双头双丝焊机的特点是使用带双机头（各有两套送丝机构、导电嘴、焊剂斗和控制盒）的焊机，电源则采用一台交流电源和一台直流电源。用作双丝焊时，两丝前后串联排列焊同一条焊缝；用作双头焊时，机头旋转 90°后两丝并列各焊一条焊缝。串联双丝焊接在钢结构大型断面构件焊接中得到广泛应用。

d. 自动埋弧焊门架式焊机。其特点为：焊机门架为自行式，轨道铺设于地面。整机以两组直流电动机驱动，并带有回程定位装置，可于起焊位置自动停车。门架上装有两台自动埋弧焊机并配备两套焊剂回收和导弧装置，适用于双边双极、双边单极或单边单极埋弧焊接，通常用于钢结构大型断面构件纵向组合焊缝的高效焊接。

e. 自动埋弧焊轻型圆管内焊机。其特点为：机头设计紧凑，小车可行走于直径 400 mm 的圆管内进行纵缝焊接。控制盒可与机头分离以便于筒体内焊接。

f. 悬臂式自动焊机。其特点为：焊接机头悬挂于横臂前端，可随横臂上下升降、前后伸缩，随立柱做 360°回转；行走及回转采用交流变频驱动，无级调速，数字显示，参数可预置。

(4) 埋弧焊焊接工艺参数。

影响埋弧焊焊缝成形和质量的因素有：焊接电流、焊接电压、焊接速度、焊丝直径、焊丝倾斜角度、焊丝数目和排列方式、焊剂粒度和焊剂堆放高度。前面五个因素的影响趋势与其他电弧焊接方法相似，仅影响程度不同，最后三个因素的影响是埋弧焊所特有的。

① 焊剂堆放高度。焊剂堆放高度一般为 25～50 mm。高度太小时对电弧的包围保护不完全，影响焊接质量；堆放高度太大时，透气性不好，易使焊缝产生气孔和表面成形不良。因此必须根据使用电流的大小选择适当的焊剂堆放高度。电流及弧压大时，弧柱长度及范围大，应适当增大焊剂堆放高度和宽度。

② 焊剂粒度。焊剂粒度的大小也根据电流值选择，电流大时应选用细粒度焊剂，否则焊缝外形不良；电流小时，应选用粗粒度焊剂，否则透气性不好，焊缝表面易出现麻坑。一般粒度为 8～40 目，细粒度时为 14～80 目。

③ 焊剂回收次数。焊剂回收反复使用时要清除飞溅颗粒、渣壳、杂物等，反复使用次数过多时应与新焊剂混合使用，否则会影响焊缝质量。

④ 焊丝直径。由于细焊丝比粗焊丝的电阻热大，所以熔化系数大，在同样焊接电流时，细焊丝比粗焊丝可提高焊接速度及生产率。同时，由于利用了焊丝的电阻热，所以可以节约电能。

⑤ 焊丝数目。双焊丝并列焊接时，可以增加熔宽并提高生产率。双焊丝串联焊接分双焊丝共熔池和不共熔池两种形式。前者可提高生产率、调节焊缝成形系数，后者除了可提高生产率以外，前丝电弧形成的温度场还能对后丝的焊缝起预热作用，后丝电弧则对前丝焊缝起后热作用，降低了熔池冷却速度，可改善焊缝的组织性能，降低冷裂纹倾向。

在实际生产中根据各工艺参数对焊缝成形和质量的影响，结合施工生产各方面的实际情况，如接头形式、板厚、坡口形式、焊接设备条件等，通过焊接工艺评定试验仔细选择焊丝直径、电流、电压、焊接速度、焊接层数等参数值，对于获得优良的焊缝质量是很重要的。

3) CO_2 气体保护焊及自保护焊

(1) 焊接原理。

CO_2 气体保护焊是熔化极气体保护焊的一种，也是熔化极电弧焊的一种，其电弧产生及焊接过程原理与手工电弧焊、埋弧焊相似，其区别在于没有手工焊条药皮及埋弧焊剂所产生的大量熔渣；所使用的熔化电极为实芯焊丝或药芯焊丝；由保护气罩导入的 CO_2 气体或与其他惰性气体混合的混合气体围绕导丝嘴及焊丝端头隔离空气，对电弧区及熔池起保护作用。其熔池的脱氧反应和必要合金元素的渗入，大部分只能由焊丝的合金成分完成。而药芯焊丝管内包含的少量焊剂成分仅起辅助的冶金反应作用和保护作用。图 8-19 为 CO_2 气体保护焊的原理示意图。

（2）分类。

用于钢结构焊接的 CO_2 气体保护焊分类如下：

① 按焊丝分类，有实芯焊丝 CO_2 气体保护焊及药芯焊丝 CO_2 气体保护焊。

② 按熔滴过渡形式分类，有短路过渡、滴状过渡和射滴过渡。

③ 按保护气体性质分类，有纯 CO_2 气体保护焊及 CO_2＋Ar 混合气体保护焊（统称为 MAG）。

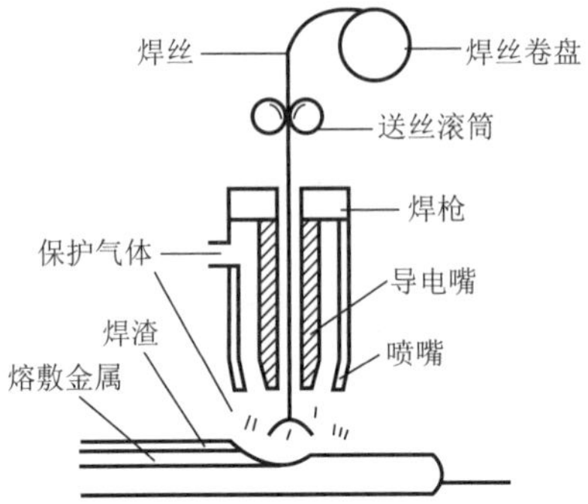

图 8-19　CO_2 气体保护焊原理示意图

（3）特点。

① 因可用机械连续送丝方式不仅适合构件长焊缝的自动焊，还因不用焊剂而使设备较简单，操作较简便，也适用于半自动焊接短焊缝。

② 因使用细焊丝、大电流密度以及有 CO_2 保护气体的冷却、压缩作用，而使电弧能量集中，焊缝熔深比手工电弧焊大，焊接效率高，一般是手工电弧焊的 3～4 倍。

③ 因焊道窄，母材加热较集中，热影响区较小，相应的变形及残余应力较小。

④ 因明弧作业，工件坡口形状可见，易于电弧对准待焊部位。

⑤ 用实芯焊丝时基本无熔渣，用药芯焊丝时熔渣很薄，易于清除。与手工电弧焊和埋弧焊比较，减少了焊工大量辅助工作时间和体力消耗。

⑥ 使用气体纯度及含水量符合相应规程要求时，它是低氢焊接方法。对焊接延迟裂纹产生的敏感性较小。

（4）焊接设备。

CO_2 气体保护焊设备由焊接电源、送丝机两大部分和气瓶、流量计及预热器、焊枪、电缆等附件组成，如图 8-20 所示。

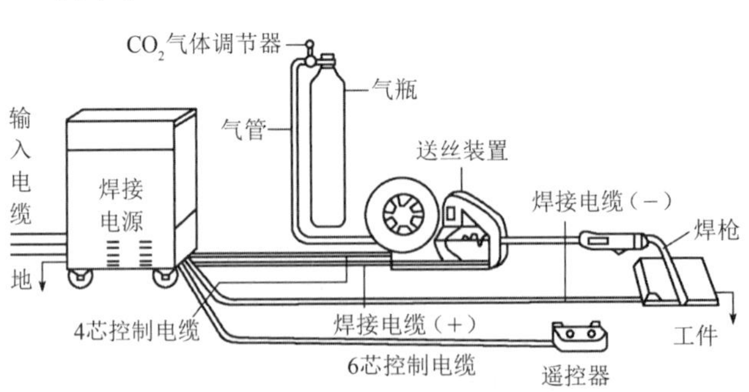

图 8-20　CO_2 气体保护焊设备组成

焊接电源由变压器、可控硅(晶闸管)或晶体管整流主电路,元件触发控制线路,过流过压保护电路,起弧时缓慢送丝以减小电流、电压的控制电路,停弧时焊丝回烧、填弧坑、去球等附加控制电路组成,以保证起弧可靠、稳定,焊接电流、电压可调,防止弧坑裂纹产生,再引弧方便简单,整个电弧过程稳定,焊接质量优越的要求。

送丝机由枪体、导电嘴、导丝嘴、导气嘴、保护罩及开关等组成。焊枪电缆一般为电缆与送丝、送气软管同轴式,使焊枪轻巧、便于操作。

保护气供气系统由气瓶、气流流量调节器和气管组成。

(5) 焊接工艺参数。

CO_2 气体保护焊工艺参数除了有与一般电弧焊相同的电流、电压、焊接速度、焊丝直径及倾斜角度等参数以外,还有 CO_2 气体保护焊所特有的保护气体成分配比及流量、焊丝伸出长度(即导电嘴与工件之间距离)、保护气罩与工件之间距离等,对焊缝成形和质量有重大影响。

① 焊接电流和电压的影响。与其他电弧焊接方法相同的是,当电流大时,焊缝熔深大,余高大;当电压高时,熔宽大,熔深浅。反之,则得到相反的焊缝成形。同时,焊接电流大,则焊丝熔敷速度大,生产效率高。采用恒压电源(平特性)等速送丝系统时,一般规律为送丝速度大,则焊接电流大,熔敷速度随之增大。但对 CO_2 气体保护焊来说,电流、电压对熔滴过渡形式有更为特殊的影响,进而影响焊接电弧的稳定性及焊缝成形,因而有必要对熔滴过渡形式进行更深一步的说明。

在电弧焊中焊丝作为外加电场的一极(用直流电源,焊丝接正极时称为直流反接;接负极时称为直流正接),在电弧激发后被产生的电弧热熔化而形成熔滴向母材熔池中过渡,其过渡形式有多种,因焊接方法、工艺参数变化而异。对于 CO_2 气体保护焊而言,主要存在三种熔滴过渡形式:短路过渡、滴状过渡和射滴过渡。以下简述这三种过渡形式的特点与工艺参数(主要是电流、电压)的关系及其应用范围。

a. 短路过渡。短路过渡是在细焊丝、低电压和小电流情况下发生的。焊丝熔化后由于斑点压力对熔滴有排斥作用,使熔滴悬挂于焊丝端头并集聚长大,甚至与母材的熔池相连并过渡到熔池中,这就是短路过渡形式。

短路过渡的主要特征是短路时间和短路频率。影响短路过渡稳定性的因素主要是电压,电压为 18～21 V 时,短路时间长,过程较稳定。

焊接电流和焊丝直径即焊丝的电流密度对短路过渡过程的影响也很大。在最佳电流范围内短路频率较高,短路过渡过程稳定,飞溅较小。电流达到允许电流范围的上限时,短路频率低,过程不稳定,飞溅大,必须采取增加电路电感的方法以降低短路电流的增长速度,避免产生熔滴的瞬时爆炸和飞溅。另外一个措施是采用 CO_2+Ar 混合气体(各约 50%),因富氩气体下斑点压力较小,所以电弧对熔滴的排斥力较小,过程比较稳定和平静。细焊丝工作范围较宽,焊接过程易于控制;粗焊丝则工作范围很窄,过程难以控制。因此,只有焊丝直径在 1.2 mm 以下时,才能采用短路过渡形式。短路过渡形式一般适用于薄钢板的焊接。

b. 滴状过渡。滴状过渡是在电弧稍长、电压较高时产生的。此时,熔滴受到较大的斑点压力,熔滴在 CO_2 气体中一般不能沿焊丝轴向过渡到熔池中,而是偏离焊线轴向,甚至于上翘。由于产生较大的飞溅,所以滴状过渡形式在生产中很难采用。只有在富氩混合气焊接时，熔滴才能形成轴向过渡和得到稳定的电弧过程。但因富氩气体的成本是纯 CO_2 气体的几倍，故在建筑钢结构的生产和施工安装中应用较少。

c. 射滴过渡。CO_2 气体保护焊的射滴过渡是一种自由过渡的形式，但其中也伴有瞬时短路。它是在 1.6～3.0 mm 的焊丝、大电流条件下产生的，是一种稳定的电弧过程。

焊丝直径 1.2～3.0 mm 时，如电流较大，电弧电压较高，能产生如前所述的滴状过渡。如电弧电压降低，电弧的强烈吹力将会排出部分熔池金属，而使电弧部分潜入熔池的凹坑中，随着电流增大则焊丝端头几乎全都潜入熔池，同时熔滴尺寸减小，过渡频率增加，飞溅明显降低，形成典型的射滴过渡。但电流增大有一定限度，电流过大时，电弧力过大，会强烈扰动熔池，破坏正常焊接过程。

由于射滴过渡时电源动特性要求不高，而且电流大，熔敷速度高，适合于中厚板的焊接，不易出现未熔合缺陷；但由于熔深大，熔宽也大，所以射滴过渡用于空间位置焊接时，焊缝成形不易控制。

② CO_2＋Ar 混合气配比的影响。不论短路过渡还是滴状过渡的情况，在 CO_2 气体中加入 Ar，飞溅率都能减少。短路过渡时 CO_2 含量为 50％～70％有良好效果；在大电流滴状过渡时，Ar 含量为 75％～80％时，可以达到喷射过渡，电弧稳定，飞溅很少。

对于焊缝成形来说，20％CO_2＋80％Ar 混合气体条件下，焊缝表面最光滑，但同时使熔透率减小，熔宽变窄。

③ 保护气流量的影响。气体流量大时保护较充分，但流量太大时对电弧的冷却和压缩很剧烈，电弧力太大时会扰乱熔池，影响焊缝成形。

④ 导电嘴与焊丝端头距离的影响。导电嘴与焊丝伸出端的距离也称为焊丝伸出长度。该长度大则由于焊丝电阻而使焊丝伸出段产生的热量大，有利于提高焊丝的熔敷率，但伸出长度过大会发生焊丝伸出段红热软化而使电弧过程不稳定，应避免。通常，1.2 mm 焊丝伸出长度保持为 15～20 mm，按焊接电流大小选择焊丝伸出长度。

⑤ 焊炬与工件的距离。焊炬与工件距离太大时，保护气流到达工件表面处的温度低，空气易侵入，保护效果不好，焊缝易出气孔。距离太小则保护罩易被飞溅堵塞，使保护气流不顺畅，需经常清理保护罩。严重时出现大量气孔，焊缝金属氧化，甚至导电嘴与保护罩之间产生短路而烧损，必须频繁更换。合适的距离根据使用电流大小而定。

⑥ 电源极性的影响。采用反接时(焊丝接正极，母材接负极)，电弧的电磁收缩力较强，熔滴过渡的轴向性强且熔滴较细，因而电弧稳定；反之，则电弧不稳。

⑦ 焊接速度的影响。CO_2 气体保护焊，焊接速度的影响与其他电弧焊方法相同。焊接速度太慢则熔池金属在电弧下堆积，反而减小熔深，热影响区太宽，对于热输入敏感的母材易造成熔合线及热影响区脆化。焊接速度太快，则熔池冷却速度太快，不仅易出现焊缝成形不良(波纹粗)、气孔等缺陷，而且对淬硬敏感性强的母材易出现延迟裂纹。因此，焊接速度应根据焊接电流、电压的选择来合理匹配。

⑧ CO_2 气体纯度的影响。气体的纯度对焊接质量有一定影响，杂质中的水分和碳氢化合物会使熔敷金属中扩散氢含量增高，对厚板多层焊易产生冷裂纹或延迟裂纹。

总之，CO_2 气体保护焊影响焊接电弧稳定性和焊缝成形、质量的参数较多，在实际施焊时必须加以注意，仔细选配。

4) 电渣焊

电渣焊是利用电流通过熔渣所产生的电阻热作为热源，将填充金属和母材熔化，凝固后形成金属原子间牢固连接。它是一种用于立焊位置的焊接方法。

电渣焊种类有熔嘴电渣焊、非熔嘴电渣焊、丝极电渣焊和板极电渣焊。在建筑钢结构中应用较多的是管状熔嘴和非熔嘴电渣焊，它们是箱形梁、柱隔板与面板全焊接连接的必要手段。而丝极和板极电渣焊则在重型机械行业中应用较多。以下主要介绍前两种电渣焊。

(1) 熔嘴电渣焊。

① 熔嘴电渣焊过程特点。

熔嘴电渣焊是电渣焊的一种形式，将母材坡口两面均用马形卡装设水冷固定式或滑动式铜成形块（根据构件条件也可用永久性钢垫块），钢焊丝穿过外涂药皮的导电钢管组合成熔嘴作为熔化电极，熔嘴从顶端伸入母材的坡口间隙内，施加一定数量的焊剂，主电源通电同时焊丝送进。由于焊丝与母材坡口底部的引弧板接触产生电弧，电弧热使熔嘴钢管和外敷的药皮及焊剂同时熔化而形成渣池。渣池达到一定深度后电弧过程转为电渣过程，同时使母材熔化形成熔池，随着熔化电极、焊剂、母材的不断熔化，形成的金属熔池在水冷钢成形块的冷却作用下不断凝固，而比熔融金属密度轻的熔渣在熔池之上形成保护渣池，随着熔池及渣池的不断上升而形成立焊缝。熔池上升到待焊母材坡口全长后，继续进行焊接过程，直至将渣池及熔池引出母材上端的引出板夹缝，方可断电停止焊接。图 8-21 所示为管状熔嘴电渣焊原理图。

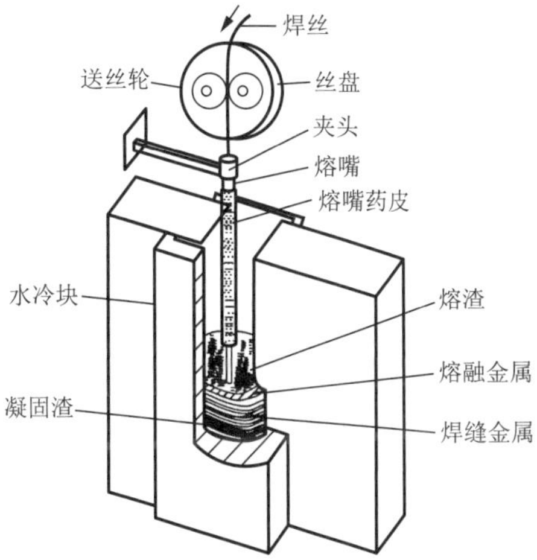

图 8-21　管状熔嘴电渣焊原理图

电渣焊过程分为引弧、焊接和收弧三个阶段。由于引弧区过程不稳定，热量不足，不能形成渣池与熔池明确区分的电渣过程，所以焊缝不连续、不致密，夹渣、未熔合缺陷严重，而收弧区由于熔池收缩，渣池流失和弧坑裂纹的存在，焊后均需割除。一般引弧区及引弧板长度应达到板厚的 2～2.5 倍，引出板宽度则应达到板厚的 1.5～2 倍。

② 熔嘴电渣焊的优点和用途。

熔嘴电渣焊的熔嘴外涂药皮与母材坡口绝缘，因而坡口间隙可以减小到比熔嘴外径只增大 4～6 mm，仍可以连续施焊而不发生短路故障。

设定长度的熔嘴被固定夹持于机头上，焊丝通过熔嘴中心连续送进，机头则不需向下行进，也不需摆动，因而水冷铜成形块可以沿焊缝全长固定而不需滑动，也可以设置永久性钢垫块使焊缝成形，大大简化了装置，并使操作简易方便。

焊接效率高，厚板焊接一道即可完成，特厚板焊接可以板厚的一半为界分两道完成。

由于以上特点而使熔嘴电渣焊在建筑钢结构的厚板对接、角接接头中得到广泛应用，尤其是高层钢结构中的箱形柱柱面板和内置横隔板的 T 形接头，必须采用熔嘴电渣焊才能完成。

相对于熔嘴电渣焊而言，普通丝极电渣焊的铜导电嘴不熔化，焊接过程中需不断随机头的上升而上升，因而必须使用滑动式水冷铜成形块，而且焊丝导嘴需不断沿板厚方向往复摆动，增加了机构的复杂性和因短路中断焊接过程的可能性，应用上限制较多。但由于其通过焊丝品种、成分调节焊缝性能的可能性较大，故也有一定的适用领域。

③ 熔嘴电渣焊设备。

熔嘴电渣焊设备由大功率交流或直流电源和装卡固定于构件上的机头及控制盒组成。电源的性能要求与埋弧焊电源相同，平特性与降特性均可使用，机头由送丝机构及控制器、焊丝盘、机架、熔嘴夹持、机头固定、位置调整装置组成。其结构与功能除了机架为固定不能行走且没有焊剂输送装置以外，其他与埋弧焊相近。电源则采用 MZ-1000 型整流电源。

④ 熔嘴电渣焊焊接工艺参数。

影响焊接质量的主要工艺参数有起弧电压与电流、焊接电压与电流、送丝速度与渣池深度。各参数的影响简述如下：

a. 焊接电压。焊接电压与熔缝的熔宽成正比关系，在起弧阶段所需电压稍高，一般为 50～55 V，便于尽快熔化母材边缘和形成稳定的电渣过程。正常焊接阶段时（电渣过程），所需电压稍低，一般为 45～50 V。如果电压太高，焊丝易于渣池产生电弧。母材边缘的熔化也太宽。如果电压太低，焊丝易于金属熔池短路，电渣过程不稳定，同时母材也会因熔化不足而产生未熔合缺陷。

b. 焊接电流。一般等速送丝的焊机，其送丝速度快时焊接电流大。送丝速度太快、焊接电流太大时，焊接电压低而接近短路状态，形不成稳定过程，而焊丝露出渣池，易产生电弧而破坏正常的电渣过程，因此要考虑送丝速度。焊接电流与焊接区产生的热能成平方正比关系，焊接电流越大，产生热量越高，熔嘴、焊丝与母材的熔化速度越快，相应焊接速度快，但焊接电流的选择受熔嘴直径的限制，如焊接电流过大，钢管因承受电流密度太大而发热严重，熔嘴的药皮发红失去绝缘性能，因此焊接电流应根据熔嘴直径和板厚选择。

c. 渣池深度。渣池深度与产生的电阻热成正比，渣池深度稳定则产生的热量稳定，焊接过程也稳定。渣池深度一般为 30～60 mm。渣池太深则电阻增大使焊接电流减小，母材边缘熔化不足，焊缝不成形；反之，则电渣过程不稳定。如果成形块与母材贴合不严造成熔渣流失，此时熔嘴端离开渣池表面，仅有焊丝在渣池中，导电面积减小，焊接电流突降，焊接电压升高，则必须立即添加焊剂方能继续焊接过程。

⑤ 焊接过程操作步骤。

a. 焊前准备。熔嘴需经烘干（100～150 ℃/h），焊剂如受潮也须烘干（150～350 ℃/h）。

检查熔嘴钢管内部是否通顺，导电夹持部分及待焊构件坡口是否有锈、油污、水分等有害物质，以免焊接过程中产生停顿、飞溅或焊缝缺陷。

用马形卡具及楔子安装、卡紧水冷铜成形块（如采用永久性钢垫块则应焊于母材上），检查其与母材是否贴合，以防止熔渣和熔融金属流失使过程不稳甚至被迫中断。检查水流出入成形块是否通畅、管道接口是否牢固，以防止冷却水断流而使成形块与焊缝熔合。

在起弧底板处施加焊剂，一般为 120～600 g，以使渣池深度能达到 40～60 mm。

b. 引弧。采用短路引弧法，焊丝伸出长度为 30～40 mm。伸出长度太小时，引弧的飞溅物易造成熔嘴端部堵塞；伸出长度太大时，焊丝易爆断，过程不能稳定进行。

c. 焊接。应按预先设定的参数值调整电流、电压，随时检测渣池深度，渣池深度不足或电流过大时，电压下降，可随时添加少量焊剂。随时观测母材红热区不超出成形块宽度，以免熔宽过大，随时控制冷却水温为 50～60 ℃，水流量应保持稳定。

d. 熄弧。熔池必须引出到被焊母材的顶端以外，熄弧时应逐步减少送丝速度与电流，并采取焊丝滞后停送填补弧坑的措施以避免裂纹、减小收缩。

(2) 非熔嘴电渣焊。

非熔嘴电渣焊与熔嘴电渣焊的区别是焊丝导管外表不涂药皮，焊接时导管不断上升并且不熔化、不消耗。其焊接原理与熔嘴电渣焊是相同的。该方法使用细直径焊丝配用直流平特性电源，电流密度高，焊速大。由于焊接热输入减小，焊缝和母材热影响区的性能比熔嘴电渣焊有所提高，所以在近年来得到重视和应用。

5) 栓焊(螺柱焊)

(1) 栓焊原理。

栓焊是在栓钉与母材之间通以电流，局部加热熔化栓钉端头和局部母材，并同时施加压力挤出液态金属，使栓钉整个截面与母材形成牢固结合的焊接方法。

(2) 栓焊种类。

① 电弧栓焊。它是将栓钉端头置于陶瓷保护罩内与母材接触并通以直流电，以使栓钉与母材之间激发电弧，电弧产生的热量使栓钉和母材熔化，维持一定的电弧燃烧时间后将栓钉压入母材局部熔化区内。电弧栓焊还可分为直接接触方式与引弧结(帽)方式两种。直接接触方式是在通电激发电弧同时向上提升栓钉，使电流由小到大完成加热过程。引弧结(帽)方式是在栓钉端头镶嵌铝制帽，通电以后不需要提升或略微提升栓钉后再压入母材。

陶瓷保护罩的作用是集中电弧热量，隔离外部空气，保护电弧和熔化金属免受氮、氧的侵入，并防止熔融金属的飞溅。

② 储能栓焊。它是利用交流电使大电容的电容器充电后向栓钉与母材之间瞬时放电，达到熔化栓钉端头和母材的目的。由于电容放电能量的限制，一般用于小直径(12 mm 以下)栓钉的焊接。

(3) 栓焊过程。

把栓钉放在焊枪的夹持装置中，把相应直径的保护瓷环置于母材上，把栓钉插入瓷环内并与母材接触；按下电源开关，栓钉自动提升，激发电弧；焊接电流增大，使栓钉端部和母材局部表面熔化；设定的电弧燃烧时间到达后，将栓钉自动压入母材；切断电流，熔化金属凝固，并使焊枪保持不动；冷却后，栓钉端部表面形成均匀的环状焊缝余高，敲碎并清除保护环。栓焊过程可以用图 8-22 表示。

(4) 栓焊设备。

电弧栓焊设备由以下各部分组成：

① 以大功率弧焊整流器为主要构成的焊接电源；

② 通断电开关、时间控制电路或微电脑控制器；

③ 栓钉夹持、提升、加压、阻尼装置，主电缆及电控接头、开关和把手组成的焊枪；

④ 主电缆和控制导线。由于栓钉焊接要求快速连续操作，大容量的焊机一次电缆截面要求为 60 mm^2(长度 30 m 以内)，二次电缆截面要求为 100 mm^2(长度 60 m 以内)，如图 8-23 所示。

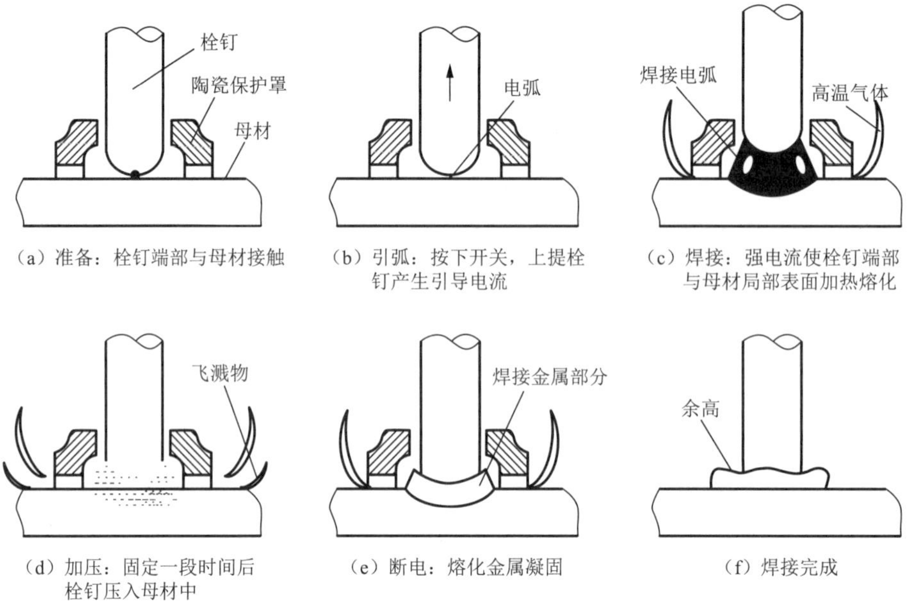

图 8-22　栓焊过程示意图

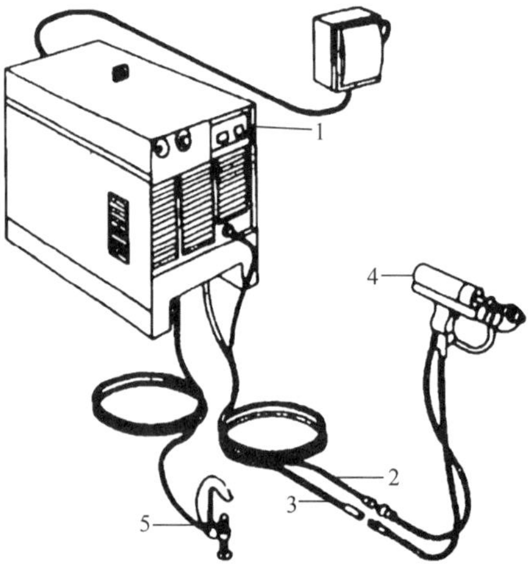

1—电源；2—控制电缆；3—焊接电缆；4—焊枪；5—地线卡具。

图 8-23　栓焊设备组成示意图

储能栓焊机则以交流电源及大容量电容器组为基础，其他部分与电弧栓焊机相似。

(5) 栓焊工艺参数。

栓焊工艺参数主要有电流、通电时间、栓钉伸出长度及提升高度。根据栓钉的直径不同以及被焊钢材表面状况、镀层材料选定相应的工艺参数。一般栓钉的直径增大或母材上有镀锌层时，所需的电流、时间等各项工艺参数相应增大。

(6) 栓焊的优点。

栓焊优点为：纯焊接时间仅 1 s 左右，栓钉装卡辅助作业时间仅 2～3 s，生产效率比手工电弧焊高几倍；栓钉的整个横截面熔化焊接，连接强度高；作业方法简单、自动化，与手工电弧焊相比，操作工人的培训较简易，技能要求不高；减小了弧光、烟雾对工人的危害。

(7) 栓焊的应用。

栓焊技术已广泛地应用于石化、建筑、冶金、机电、桥梁等工业领域中，如在炉、窑耐火衬层与金属壳体的结合和混凝土与金属构件的结合中作为剪力键，以及各种销、柱、针、螺母等零件与基体的连接。在钢结构制造与安装中，栓焊技术主要用于钢柱、梁与外浇混凝土以及钢-混凝土组合楼板中的剪力键焊接。栓钉的可焊直径可达到 25 mm。

8.5.2 焊接工艺分析与要求

1) 焊接工艺分析

焊接工艺分析是指在整个焊接产品正式投产前对其结构构造、材料和技术要求进行全面的分析研究，提出解决方案，特别是对结构的关键部件找出其技术难点，明确关键工艺及采取适当的质量保证措施。

焊接工艺分析的总体原则是：在保证产品质量、满足设计技术要求的前提下，争取最好的经济和社会效益。进行具体的焊接工艺分析时，一般考虑以下三个方面：

(1) 工艺条件。

工艺条件是完成生产任务的技术力量和产品本身所具有的技术潜能，根据产品结构、数量、材料等特征，结合工厂的生产条件采取相应的技术措施，以生产合格的产品。

(2) 经济条件。

在满足钢结构制造技术要求的前提下，估算产品生产过程中所需要的基本费用和生产费用企业能否满足，基本原则是力求消耗小、回收快、较好的盈利等。

(3) 劳保条件。

采取各种安全措施，做到文明生产，保证环境卫生和生态平衡，把人身和设备事故降到最低。

2) 基本工艺要求

(1) 焊接作业区环境要求。

① 焊接作业区风速：当手工电弧焊超过 8 m/s、气体保护电弧焊及药芯焊丝电弧焊超过 2 m/s 时，应设防风棚或采取其他防风措施。制作车间内焊接作业区有穿堂风或鼓风机时，也应按以上规定设挡风装置。

② 焊接作业区的相对湿度不得大于 90%。

③ 当焊件表面潮湿或有冰雪覆盖时，应采取加热去湿除潮措施。

④ 当焊接作业区环境温度低于 0 ℃时，应将构件焊接区各方向大于或等于两倍钢板厚度且不小于 100 mm 范围内的母材，加热到 20 ℃以上后方可施焊，且在焊接过程中均不应低于该温度。实际加热温度应根据构件构造特点、钢材类别及质量等级和焊接性、焊接材料熔敷金属扩散氢含量、焊接方法和焊接热输入等因素确定，其加热温度应高于常温下的焊接预热温度，并由焊接技术责任人员制定出作业方案，经认可后方可实施。作业方案应保证焊工操作技能不受环境低温的影响，同时对构件采取必要的保温措施。

(2) 待焊处钢材的处理要求。

① 待焊处表面的氧化皮、铁锈、油污等杂质应彻底清除干净。

② 焊接坡口边缘上钢材的夹层缺陷长度超过 25 mm 时，应采用无损探伤探查其深度。

如深度不大于 6 mm,应采用机械方法清除;如深度大于 6 mm,应用机械方法清除后焊接填满;如缺陷长度大于 25 mm,应用超声波测定其尺寸。当其面积($a \cdot d$)或聚集缺陷的总面积不超过被切割钢材总面积($B \cdot L$)的 4%时为合格,如图 8-24 所示;否则该板不宜使用。

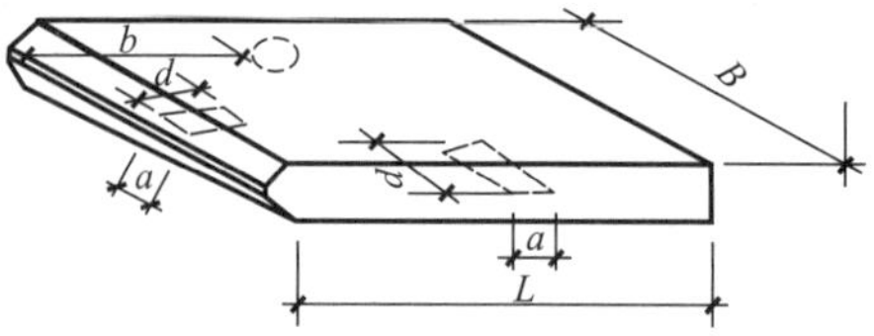

图 8-24 板材夹层示意图

③ 板材内部的夹层缺陷尺寸不超过上述②的规定,缺陷位置离母材坡口表面距离(b)不小于 25 mm 时不需要修理;如该距离小于 25 mm,则应进行修补。

④ 焊接坡口可用火焰切割或机械加工。采用火焰切割时,切面上不得有裂纹,并不宜有大于 1.0 mm 的缺棱。当缺棱为 1~3 mm 时,应修磨平整;当缺棱超过 3 mm 时,则应用直径不超过 3.2 mm 的低氢型焊条补焊,并修磨平整。采用机械加工的坡口加工表面不应有台阶。

⑤ 焊材的保管、使用、与母材的匹配等应符合相关规定要求。

(3) 焊接接头组装精度要求。

施焊前,焊工应检查焊接部位的组装质量,如不符合要求,则应修磨补焊,修整合格后方能施焊。手工电弧焊、熔化极气体保护焊和埋弧焊连接组装允许偏差值应符合相关的规定。搭接与 T 形角接接头间隙允许公差为 1 mm。管材 T,Y,K 形接头组装间隙允许公差为 1.5 mm。

坡口间隙超过公差规定时,可在坡口单侧或两侧堆焊、修磨后使其符合要求,但如果坡口间隙超过较薄板厚度 2 倍或大于 20 mm 时,不应用堆焊方法增加构件长度和减小间隙。

搭接及角接接头间隙超出允许值时,在施焊时应比设计要求增加焊脚尺寸,但角接接头间隙超过 5 mm 时应事先在板端堆焊或在间隙内堆焊填补并修磨平整后施焊。禁止采用在过大的间隙中堵塞焊条、铁块等物,仅在表面覆盖焊缝的做法。

(4) 引弧板、引出板和衬板规定。

重要、关键焊缝应设置引弧板和引出板,不应在焊缝以外的母材上打火、引弧。引弧板、引出板材质和坡口形式应与被焊工件相同,禁止随意用其他铁块充当引弧板和引出板。

引弧板和引出板应使焊缝在提供的延长段上引弧和终止。焊条手工电弧焊和半自动气体保护焊焊缝引出长度应大于 25 mm,埋弧焊引出长度应大于 80 mm。

焊接完成后,引弧板和引出板应用火焰切割、碳弧气刨或机械方法去除,去除时不得伤及母材并修磨割口处,严禁使用锤击去除引弧板和引出板。

当采用钢衬垫时,垫板应与接头母材金属贴合良好,间隙不大于 1.5 mm,垫板应在整个焊缝长度内保持连续,且应有足够的厚度以防止烧穿垫板。

(5) 最小和最大焊缝尺寸。

为避免焊接热输入过小,使接头热影响区硬、脆的角焊缝的最小计算长度应为其焊脚尺寸的 8 倍,且不小于 40 mm;角焊缝的最小焊脚尺寸参见表 8-18,采用埋弧自动焊时,该值可减小 1 mm;角焊缝较薄板厚(腹板)不小于 25 mm 时,宜采用局部开坡口的角对接焊缝,并不宜将厚板焊接到较薄板上；断续角焊缝焊段的最小长度应不小于最小计算长度。

表 8-18　单层角焊缝的最小焊脚尺寸　　单位：mm

母材厚度	角焊缝的最小焊脚尺寸
≤4	3
6,8	4
10,12,14	5
16,18	6
20～25	7

注：采用低氢焊接材料时，δ 取较薄件厚度；采用非低氢焊接材料而未进行预热时，δ 取较厚件厚度。

为避免接头母材热影响区过热脆化，角焊缝的焊脚尺寸不宜大于较薄焊件厚度的 1.2 倍；搭接角焊缝为防止板边缘熔塌，焊脚尺寸应比板厚小 1～2 mm。单道角焊缝和多道角焊缝的根部焊道的最大焊脚尺寸：平焊位置为 10 mm；横焊或仰焊位置为 8 mm；立焊位置为 12 mm。坡口对接焊缝中根部焊道的最大厚度为 6 mm。坡口对接焊缝和角焊缝的后续焊层的最大厚度：平焊位置为 4 mm，立焊、横焊或仰焊位置为 5 mm。

(6) 清根要求。

全熔透的焊缝不加垫板时，不论是单面坡口还是双面坡口，均应在第一道焊缝的反面清根。用碳弧气刨方法清根后，刨槽表面应光洁，无残留夹碳或夹渣，必要时使用砂轮打磨刨槽表面，去除表面淬硬层及熔渣等方可继续施焊。

(7) 定位焊。

定位焊使用的焊材应与正式施焊使用的材料相当，定位焊缝厚度应小于 3 mm 且不超过设计焊缝厚度的 2/3，定位焊缝长度宜大于 40 mm，间距宜为 300～600 mm，并应填满弧坑。定位焊预热温度应高于正式施焊温度 20～50 ℃，如发现定位焊缝上有气孔或裂纹，必须清除干净后重焊。

(8) 厚板多层焊。

厚板多层焊应连续施焊，每一层焊道焊完后应及时清理焊渣及表面飞溅物。检查时如发现影响焊接质量的缺陷，应清除后再焊。遇有中断施焊时，应采取适当的加热、保温措施，再焊时应重新预热并根据节点及板厚情况适当提高预热温度。在连续焊接过程中应检测焊接区母材温度，使层间最低温度与预热温度保持一致，层间最高温度符合工艺要求。

(9) 焊前预热、焊后处理。

① 焊前预热。对焊前预热及层间温度的检测和控制时，工厂焊接时宜用电加热板、大号气焊、割枪或专用喷枪加热；工地安装焊接宜用火焰加热器加热，测温器具宜采用表面测温仪。

预热的加热区域应在焊接坡口两侧，宽度应大于焊件施焊处板厚的 1.5 倍，且不小于 100 mm；预热温度宜在焊件受热面的背面测量，测温点应在离电弧经过前的焊接点处各方向至少 75 mm 处；采用火焰加热时正面测温应在火焰离开后进行。

对不同的钢材、板厚、节点形式、拘束度、扩散氢含量、焊接热输入条件下焊前预热温度的要求，应符合技术规范的规定。对于屈服强度等级超过 345 MPa 的钢材，其预热、层间温度应按钢厂提供的指导参数,或由施工企业通过焊接性试验和焊接工艺评定加以确定。

② 焊后处理。焊后处理主要有消氢处理和消应处理。焊后消氢处理应在焊缝完成后立即进行,消氢处理加热温度应为 250～350 ℃,在此温度下保温时间依据构件板厚而定,应为每 25 mm 板厚 0.5 h,且不小于 1 h,达到保温时间后缓冷至常温。调质钢的预热温度、层间温度控制范围应按钢厂提供的指导性参数进行,并应优先采用控制扩散氢含量的方法来防止延迟裂纹产生。对于屈服强度等级高于 345 MPa 的钢材,应通过焊接性试验确定焊后消氢处理的要求和相应的加热条件。

焊后消应处理应符合《碳钢、低合金钢焊接构件　焊后热处理方法》(JB/T 6046—1992)的规定。当采用电加热器对构件局部进行消除应力热处理时,构件焊缝每侧加热宽度至少为钢板厚度的 3 倍,且不小于 200 mm,加热区域宜用保温材料适当覆盖。采用锤击法消除焊缝层间应力时,应采用圆头手锤或小型振动工具,且不应对根焊缝、盖面焊缝或坡口边缘的母材进行锤击。

8.6 钢结构涂装

钢结构具有强度高、韧性好、制作方便、施工速度快、建设周期短等一系列优点,在建筑工程中的应用日益增多。但钢结构也存在容易腐蚀的缺点,不仅会造成自身的经济损失,还会直接影响生产和结构安全,由此造成的损失可能远大于钢结构本身,所以做好钢结构的防腐工作具有重要的经济和社会意义。

为减轻和防止钢结构的腐蚀,目前普遍采用的方法是表面涂装进行保护。涂装防护是利用涂料的涂层使被涂物与环境隔离,从而达到防腐蚀的目的,延长被涂物的使用寿命。涂层的质量是影响涂装防护效果的关键因素,而涂层的质量与涂料质量、涂装前的表面除锈质量、涂层厚度、涂装工艺等因素有关。

8.6.1 防腐涂料

1) 防腐涂料的组成和作用

防腐涂料一般由不挥发组分和挥发组分(稀释剂)两部分组成。防腐涂料刷在钢材表面后,挥发组分逐渐挥发逸出,留下不挥发组分干结成膜。不挥发组分的成膜物质分为主要、次要和辅助成膜物质三种。主要成膜物质可以单独成膜,也可以黏结颜料等物质共同成膜,它是涂料的基础,也常称为基料、添料或漆基,包括油料和树脂。次要成膜物质包含颜料和体质颜料。涂料组成中没有颜料和体质颜料的透明体称为清漆;具有颜料和体质颜料的不透明体称为色漆;加有大量体质颜料的稠原浆状体称为腻子。

钢结构涂层能起防锈作用,主要因为涂层具有以下特点:

(1) 涂料具有坚实致密的连续膜,能使结构构件与周围有害介质隔离。

(2) 含碱性颜料的涂料(如红丹漆)具有钝化作用,能阻止钢铁的阴极反应。

(3) 含有锌粉的涂料(如富锌底漆)涂刷在钢铁表面,在发生电化学反应时保护了钢铁。

(4) 一般涂料具有较好的绝缘性,使腐蚀电流不易产生,起到保护钢铁的作用。

(5) 当涂料中加入特殊组分时,可具有耐酸、耐碱、耐火等特殊功能。

2）防腐涂料的分类和命名

（1）防腐涂料的分类。

我国的涂料产品按照《涂料产品分类和命名》（GB/T 2705—2003）的规定进行分类。新标准中取消了涂料的型号，分类方法有两种。方法一是以涂料产品的用途为主线，并辅以主要成膜物的分类方法，将涂料产品划分为三个主要类别：建筑涂料、工业涂料和通用涂料及辅助材料。方法二是除建筑涂料外，以涂料产品的主要成膜物为主线，并适当辅以产品主要用途的分类方法，将涂料产品划分为两个主要类别：建筑涂料、其他涂料及辅助材料。

（2）防腐涂料的命名及原则。

涂料的全名一般是由颜色（或颜料）名称加上成膜物质名称，再加上基本名称（特性或专业用途）而组成。对于不含颜料的清漆，其全名一般是由成膜物质名称加上基本名称而组成。

颜色名称通常有红、黄、蓝、白、黑、绿、紫、棕、灰等颜色，有时再加上深、中、浅（淡）等词构成。若颜料对漆膜性能起显著作用，则可用颜料的名称代替颜色的名称，例如铁红、锌黄、红丹等。

成膜物质名称可做适当简化，例如聚氨基甲酸酯简化成聚氨酯，环氧树脂简化成环氧，硝酸纤维素（酯）简化为硝基等。漆基中含有多种成膜物质时，选取起主要作用的一种成膜物质命名。必要时，也可选取两种或三种成膜物质命名，主要成膜物质名称在前，次要成膜物质名称在后，例如红环氧硝基磁漆。

涂料的基本名称表示基本品种、特性和专业用途，例如清漆、磁漆、底漆、罐头漆、甲板漆、汽车修补漆等，见表 8-19。

表 8-19　涂料的基本名称(部分)

清　油	底　漆	铅笔漆	漆包线漆
清　漆	腻　子	罐头漆	电容器漆
厚　漆	大　漆	木器漆	电缆漆
调和漆	水线漆	家用电器漆	机床漆
磁　漆	耐油漆	自行车涂料	工程机械漆
粉末涂料	船壳漆	玩具涂料	锅炉漆

在成膜物质名称和基本名称之间，必要时可插入适当词语来标明专业用途和特性等，例如白硝基球台磁漆、绿硝基外用磁漆、红过氯乙烯静电磁漆等。

需烘烤干燥的漆名称中（成膜物质名称和基本名称之间）应有“烘干”字样，例如银灰氨基烘干磁漆、铁红环氧聚酯酚醛烘干绝缘漆。如名称中无“烘干”字样，则表明该漆是自然干燥，或自然干燥、烘烤干燥均可。

凡双（多）组分的涂料，在名称后应增加“（双组分）”或“（三组分）”等字样，例如聚氨酯木器漆（双组分）。

8.6.2 涂装前钢材表面处理

涂装前钢材表面的除锈质量是确保漆膜防腐效果和保护寿命的关键因素，涂装前的表面处理亦称除锈，除锈不只除去了表面的污垢、油脂、铁锈、氧化皮、焊渣和旧漆膜等，还包括除锈后在钢材表面形成的粗糙度。

1）锈蚀等级

钢材表面分 A，B，C，D 四个锈蚀等级：A 级是全面地覆盖着氧化皮而几乎没有铁锈的钢材表面；B 级是已发生锈蚀，且部分氧化皮剥落的钢材表面；C 级是氧化皮因锈蚀而剥落或者可以刮除，并有少量点蚀的钢材表面；D 级是氧化皮因锈蚀而全面剥落，且普遍发生点蚀的钢材表面。

2）除锈方法和等级

钢材表面的除锈通常采用喷射或抛射除锈、手工和动力工具除锈、火焰除锈三种方法，除锈等级以所采用的除锈方法以字母 Sa，St 或 F1 表示，字母后面的数字则表示清除氧化皮、铁锈和油漆涂层等附着物的程度等级。

（1）喷射或抛射除锈分为四个等级：

Sa1——轻度的喷射或抛射除锈。特征是钢材表面应无可见的油脂或污垢，没有附着不牢的氧化皮、铁锈和油漆涂层等附着物。

Sa2——彻底的喷射或抛射除锈。特征是钢材表面无可见的油脂和污垢，氧化皮、铁锈等附着物已基本清除，其残留物应是牢固附着的。

Sa2 $\frac{1}{2}$——非常彻底的喷射或抛射除锈。特征是钢材表面无可见的油脂、污垢、氧化皮、铁锈和油漆涂层等附着物，任何残留的痕迹应仅是点状或条状的轻微色斑。

Sa3——使钢材表观洁净的喷射或抛射除锈。特征是钢材表面无可见的油脂、污垢、氧化皮、铁锈和油漆涂层等附着物，表面应显示均匀的金属光泽。

（2）手工和动力工具除锈分为两个等级：

St2——彻底的手工和动力工具除锈。特征是钢材表面应无可见的油脂和污垢，没有附着不牢的氧化皮、铁锈和油漆涂层等附着物。

St3——非常彻底的手工和动力工具除锈。特征是钢材表面应无可见的油脂和污垢，没有附着不牢的氧化皮、铁锈和油漆涂层等附着物。除锈应比 St2 更为彻底，底材显露部分的表面应具有金属光泽。

（3）火焰除锈用 F1 表示，只有一个等级，它包括在火焰加热作业后以动力钢丝刷清除加热后附着在钢材表面的产物：

F1——火焰除锈。特征是钢材表面应无氧化皮、铁锈和油漆涂层等附着物，任何残留的痕迹应仅为表面变色（不同颜色的暗影）。

3）构件表面粗糙度

喷漆构件所要求的表面粗糙度应根据不同底涂层和除锈等级确定，粗糙度的评定按《涂覆涂料前钢材表面处理　喷射清理后的钢材表面粗糙度特性》（GB/T 13288—2013）执行。构件的表面粗糙度具体见表 8-20。

表 8-20　构件的表面粗糙度

钢材底涂层	除锈等级	构件表面粗糙度 $Ra/\mu m$
热喷锌/铝	Sa3 级	60～100
无机富锌	Sa2 $\frac{1}{2}$～Sa3 级	50～80
环氧富锌	Sa2 $\frac{1}{2}$级	30～75
不便喷砂部位	Sa3 级	30～75

8.6.3　涂装施工

1) 涂料的选用及处理

涂料品种繁多，性能各异，对其品种的选择直接关系到涂装工程质量，在选择时应考虑以下因素：

(1) 工程使用场合和环境，如潮湿环境、腐蚀气体作用等。

(2) 涂料用途，是打底用还是罩面用。

(3) 涂料的性能。

(4) 施工的技术条件，涂料的稳定性、毒性等。

(5) 工程使用年限、质量要求、耐久性，是否满足经济性要求等。

涂料选定后，通常要进行以下处理，然后才能施涂：

(1) 开桶。开桶前清理桶外杂物，同时对涂料名称、型号等进行检查，若有结皮现象应清除掉。

(2) 搅拌。将桶内涂料搅拌均匀。

(3) 配比。双组分涂料使用前必须严格按说明书规定的比例来混合，并需要一定时间后才能使用。

(4) 其他。某些涂料因储存条件、施工方法、作业环境等影响，需用熟化或稀释、过滤等工艺来调整，以达到控制质量的目的。

2) 涂层结构与厚度

涂层结构的形式有如下三种：底漆—中间漆—面漆、底漆—面漆、底漆和面漆是同一种漆。

底漆附着力强，防锈性能好；中间漆兼有底漆和面漆的性能，并能增加漆膜总厚度，是理想的过渡漆；面漆防腐、防老化性能好。底、中、面三结合结构形式，既发挥了各层的作用，又增强了综合作用，是目前采用较多的涂层结构形式。

因底漆、中间漆、面漆的性能各不相同，在整个涂层中的作用也不同。底漆主要起附着和防锈作用，面漆主要起防腐、防老化作用，中间漆介于两者之间，因此三种油漆都不能单独使用，为发挥最好的效果必须相互配套使用。在使用时为避免它们发生互溶或“咬底”的现象，硬度要基本一致，若面漆的硬度过高，容易干裂；烘干温度也要基本一致，否则有的层次会出现过烘干现象。

涂层厚度要适当，过厚虽然可增加防护能力，但附着力和机械性能都要下降；过薄易产生肉眼看不见的针孔和其他缺陷，起不到隔离环境的作用。涂层厚度应根据钢材表面原始状况、钢材除锈后的表面粗糙度、选用的涂料品种、钢结构使用环境对涂层的腐蚀程度、涂层维护的周期等综合考虑，可参考表 8-21 确定。

表 8-21 钢结构涂装涂层厚度

单位：μm

涂料种类	大气环境类别					附加涂层
	城镇大气	工业大气	化工大气	海洋大气	高温大气	
醇酸漆	100～150	125～175	—	—	—	25～50
沥青漆	—	—	150～210	180～240	—	30～60
环氧漆	—	—	150～200	175～225	150～200	25～50
过氯乙烯漆	—	—	160～200	—	—	20～40
丙烯酸漆	—	100～140	120～160	140～180	—	20～40
聚氨酯漆	—	100～140	120～160	140～180	—	20～40
氯化橡胶漆	—	120～160	140～180	160～200	—	20～40
氯磺化聚乙烯漆	—	120～160	140～180	160～200	120～160	20～40
有机硅漆	—	—	—	—	100～140	20～40

3）涂装方法

主要涂装方法有刷涂法、滚涂法、浸涂法、空气喷涂法、无气喷涂法，各种涂刷方法的优缺点比较见表 8-22。

表 8-22 各种涂装方法比较

涂装方法	适用涂料	被涂物	工具或设备	优缺点
刷涂法	油性漆、酚醛漆、醇酸漆等	各种构件	毛刷	优点是方法简单，适用于各种形状的构件；缺点是劳动强度大、生产效率低
滚涂法	油性漆、酚醛漆、醇酸漆等	较大的平面和管道等	滚子	优点是投资少，方法简单，适用于大面积物的涂刷；缺点同刷涂法
浸涂法	各种合成树脂涂料	小型构件或零件	浸漆槽、离心及真空设备	优点是设备投资少，施工简单，涂料损失少；缺点是流平性不好，流坠明显
空气喷涂法	各种硝基漆、橡胶漆、过氯乙烯漆等	各种大型构件	喷枪、空气压缩机等	优点是设备投资较多，施工方法复杂，效率较高；缺点是涂料损耗大，污染大，易引发火灾
无气喷涂法	厚浆型涂料和高不挥发涂料	各种大型构件、车辆船舶等	无气喷枪、空气压缩机等	优点是设备投资较多，施工方法复杂，效率较高，能获得厚涂层；缺点是涂料损耗大，装饰性较差

4) 涂装作业条件

施工环境应通风良好、清洁和干燥，室内施工温度应在 0 ℃以上，室外施工温度宜为 5～38 ℃，相对湿度小于 85%。雨天或结构表面结露时不宜作业，冬季应在采暖条件下进行施工且室温应均衡。具体环境要求应按涂料产品说明书的规定执行。

钢材表面的温度必须高于空气露点温度 3 ℃方可施工，露点温度与空气温度和相对湿度有关。

特殊施工环境，如雨、雪、雾和较大灰尘等易污染的环境下，在不能保证安全的情况下施工均需有可靠的防护措施。

5) 涂装工程质量检查验收

(1) 涂装前检查。

涂装前钢材表面除锈应符合设计要求和国家现行标准的规定，处理后的钢材表面不应有焊渣、焊疤、灰尘、油污、水和毛刺等。当设计无要求时，钢材表面除锈等级应符合表 8-23 的规定。

表 8-23　各种底漆或防锈漆要求最低除锈等级

涂料品种	最低防锈等级
油性酚醛、醇酸等底漆或防锈漆	St2
高氯化聚乙烯、氯化橡胶、氯磺化聚乙烯、环氧树脂、聚氨酯等底漆或防锈漆	Sa2
无机富锌、有机硅、过氯乙烯等底漆	Sa2 $\frac{1}{2}$

检查数量：按构件数抽查 10%，且同类构件不少于三件。

检查方法：用铲刀检查和用现行标准规定的图片对照观察检查。若钢材表面有返锈现象，则需再除锈，经检查合格后才能继续施工。

应检查进厂涂料有无产品合格证，并经复验合格后方可使用；检查涂装环境是否符合要求；检查结构禁止涂漆的部位是否进行遮蔽等。

(2) 涂装过程中检查。

确保每道漆都无咬底、剥落、漏涂和起泡等缺陷，如发现应及时进行处理；检查涂装过程中各层的间隔时间是否符合要求；测湿膜厚度以控制干膜厚度和漆膜质量。

(3) 涂装后检查。

漆膜外观应均匀、平整、丰满和有光泽；不允许有咬底、裂纹、剥落、针孔等缺陷；颜色应符合设计要求。

涂料、涂刷次数和涂层厚度均应符合设计要求。当涂层厚度设计无要求时，涂层干漆膜总厚度室外应为 125～150 μm，室内应为 100～125 μm。每一遍涂层干漆膜厚度的合格质量偏差为 −5 μm。测定涂层厚度时，构件数抽检 10%，且同类构件不应少于三件，每件应测五处。

(4) 验收。

涂装工程施工完毕，必须经过验收，符合规范要求后方可交付使用。

8.6.4 涂料性能检验与施工检验

1）涂料性能检验

涂料产品性能检验主要包括：外观和透明度、颜色、细度、黏度、固体含量等项目。

（1）外观和透明度检验。主要是检验不含颜料的涂料产品，如清漆、清油、稀释剂等是否含有机械杂质和浑浊物。

（2）颜色检验。对不含颜料的涂料产品，检验其原色的深浅程度；对于含有颜料的涂料产品，检验其表面颜色的配制是否符合规定的标准色卡。

（3）细度检验。测定色漆或漆浆内颜料、填料及机械杂质等颗粒细度。涂料细度大小直接影响漆膜的光泽、均匀性和透水性等。

（4）黏度检验。液体在压力、重力等外力作用下，分子间相互作用而产生阻碍其分子间相对运动的能力，称为液体的黏度。其表示方法有：绝对黏度、运动黏度和条件黏度。涂料产品采用条件黏度表示法。

（5）结皮性检验。测定涂料的结皮性，主要是检验涂料在密封桶内和开桶后的结皮情况。

（6）触变性测定。触变性是指涂料在搅拌和振荡时呈流动状态，而在静止后仍能恢复到原来的凝胶状的一种胶体物性，涂料的触变性对控制涂料质量有较大意义。

2）漆膜性能检验

涂层是由底漆、中间漆、面漆等涂层的漆膜组合而成的，测定其各项性能具有实用价值。漆膜的性能检验内容有：漆膜柔韧性、漆膜耐冲击性、漆膜附着力、漆膜硬度、光泽度、耐水性、耐磨性、耐候性、耐湿性、耐盐雾、耐霉菌、耐化学试剂等。

3）涂料施工性能检验

涂料施工性能检验的主要内容有：干燥时间测定、遮盖力测定、流平性检验、漆膜厚度测定、使用量测定、涂刷性测定、打磨性测定等。

（1）干燥时间测定分表干时间和实干时间两种。在规定条件下，漆膜表层成膜的时间为表干时间；全部形成固体涂膜的时间为实际干燥时间，时间均以“h”或者“min”为单位。

（2）遮盖力测定指将色漆均匀地涂刷在物体表面上，使其底色不再呈现的最小用漆量，单位为 g/m^2。

（3）流平性检验指将涂料刷涂或喷涂于表面平整的底板上，刷纹消失或形成平滑漆膜表面所需时间，单位为 min。涂料质量好，涂刷或喷涂后，表面产生的刷痕、橘皮能自动消失，而形成光滑、平整的膜，流平性主要表示涂料的装饰性能。

（4）漆膜厚度采用各种漆膜测定仪测定，单位为 μm。由于各种涂料的性能不同，形成漆膜时，应有一定范围的厚度才具有良好的性能，否则将影响漆膜的性能。

（5）使用量测定指 1 m^2 表面上按样板制备法所需漆量作为使用量，单位为 g/m^2。

（6）涂刷性测定是测定涂料在使用时涂刷是否方便的性能，根据涂漆面的外观及涂漆情况评定。

（7）打磨性测定表示涂层经打磨后，产生平滑、无光泽程度的性能。底漆、腻子膜打磨性是采用打磨仪经一定次数打磨后，以涂膜表面现象来评定。

8.6.5　防火涂装工程

1) 钢结构防火概述

火灾是由可燃物燃烧引起的一种失去控制的燃烧过程。钢材是不燃物，但导热性好，火灾时产生的热量传递给结构构件。实践表明，不加保护的钢构件的耐火极限仅为 10～20 min；温度在 200 ℃以下时，钢材性能基本不变；当温度超过 300 ℃时，钢材力学性能迅速下降；温度达到 600 ℃时钢材强度几乎为零，从而失去承载能力，造成结构变形，最终导致垮塌。建筑物发生火灾的损失大，尤其是钢结构一旦发生火灾容易引发破坏而倒塌。

划分建筑物的耐火等级是建筑设计规范中规定的最基本防火措施之一，它要求建筑物在火灾高温持续作用下，墙、柱、梁、楼板等基本建筑构件能在一定时间内不破坏，不传播火灾。国家规范对各类建筑构件的燃烧性能和耐火极限都有要求，各建筑物的耐火等级划分为一、二、三、四级，当采用钢材时，钢构件的耐火极限不应低于表 8-24 的规定。

表 8-24　钢构件的耐火极限要求　　单位：h

耐火等级	高层民用建筑钢构件			一般工业与民用建筑钢构件				
	柱	梁	楼板屋顶支承构件	支承多层的柱	支承平层的柱	梁	楼　板	屋顶承重构件
一　级	3.00	2.00	1.50	3.00	2.50	2.00	1.50	1.50
二　级	2.50	1.50	1.00	2.50	2.00	1.50	1.00	0.50
三　级	—	—	—	2.50	2.00	1.00	0.50	—

钢结构防火保护的基本原理是采用绝热或吸热的材料阻隔火焰和热量，延缓钢结构的升温速度，如采用混凝土或隔热材料来包裹钢构件。随着高层钢结构建筑越来越多，防火涂料在工程中得到广泛应用。

2) 防火涂料

(1) 防火涂料的类型。

钢结构防火涂料按厚度不同分为薄涂型和厚涂型两类；按施工环境不同分为室内和露天两类；按所用胶黏剂不同分为有机类和无机类；按涂层受热后的状态分为膨胀型和非膨胀型。钢结构防火涂料类型如图 8-25 所示。

- 钢结构防火涂料
  - 膨胀型（B 类）
    - 薄涂型（涂层厚 7 mm 以下，耐火时间 1.5h 以上）
    - 超薄型（涂层厚 3 mm 以下，耐火时间 0.5h 以上）
  - 非膨胀型（H 类）
    - 无机型（不燃型）
    - 有机型（难燃型）

图 8-25　防火涂料类型

(2) 防火涂料技术机理。

使用防火涂料覆盖在钢结构的表面，其目的是防止钢结构在火灾中迅速升温而变形倒塌，其机理有三个：首先，对钢结构起屏蔽作用，隔离了火焰，使结构不至于直接暴露在火焰和高温之中；其次，涂层吸热后，部分物质分解出水蒸气或其他不燃气体，起到消耗热量、降低火焰温度和燃烧速度、稀释氧气的作用;最后,涂料本身多孔轻质或受热膨胀后形成碳化泡沫层,阻止了热量向钢结构的传递,推迟了基材受热升温到极限温度的时间,从而提高了结构的耐火极限。

(3) 防火涂料选用的基本原则。

钢结构防火涂料分为薄涂型和厚涂型两类,选用时应遵照以下原则:

① 室内裸露钢结构、轻型屋盖钢结构及有装饰要求的钢结构,当规定其耐火极限在1.5 h以下时,宜选用薄涂型钢结构防火涂料;室内隐蔽钢结构、高层钢结构及多层厂房钢结构,当规定其耐火极限在1.5 h以上时,应选用厚涂型钢结构防火涂料;半露天或某些潮湿环境的钢结构、露天钢结构,应选用室外钢结构防火涂料。

② 当防火涂料分为底层和面层涂料时,两层涂料应相互匹配,且底层涂料不得腐蚀钢结构,不得与防锈底漆产生化学反应。

8.6.6 防火涂料施工

1) 防火涂料施工的一般要求

防火涂料的生产厂家、检验机构、涂装施工单位均应有相应的资质,并通过公安消防部门的认证。

涂前应检查防火涂料品名、质量是否满足要求,是否有厂方的合格证、检测机构的耐火性能检测报告和理化性能检测报告。

防火涂料施工应在室内装修前和不被后续工程损坏的条件下进行,施工时对不需做防火保护的部位应进行遮蔽,刚施工的涂层应防止机械撞击或污染。

钢结构表面杂物应清理干净,其连接处的缝隙应用防火涂料或其他材料填平后方可施工。

防火涂料的底层和面层应相互配套,底层涂料不得腐蚀钢材。

涂料施工过程中和涂层干燥固化前,环境温度宜为5~38 ℃,相对湿度不应大于90%,涂装时构件表面不应有结露,涂装后4 h内应免受雨淋。

2) 防火涂料的施工要点

涂装前应对基层进行彻底清理并保持干燥,在不超过8 h内,尽快涂头道底涂层。不论采用喷涂法还是手工涂刷,其涂刷顺序是:先上后下、先难后易、先左后右、先内后外。保持厚度均匀一致,不漏涂、不流坠。

底涂层一般喷2~3遍,每遍厚度控制在2.5 mm以内,视天气情况每隔8~24 h喷涂一次,必须在前一遍基本干燥后再喷涂。喷涂时喷嘴应与钢材表面保持垂直,喷口至钢材表面距离以40~60 cm为宜,若要求涂层表面平整、光滑,则喷完最后一遍应用抹灰刀将表面抹平。

薄涂型防火涂料施工操作要点是:底层一般喷2~3遍,待前一遍干燥后再喷后一遍,头遍盖住70%即可,二、三遍的每一遍不超过2.5 mm为宜;面层一般涂饰1~2遍,头遍从左至右,二遍则从右至左,以保证全部覆盖底层;底层喷涂过程中随时检测厚度,待总厚度达到要求后并基本干燥,方可面层涂饰。

厚涂型钢防火涂料施工一般采用喷涂法。喷涂时操作要点是:第一次基本盖住钢材面即可，以后每次喷涂涂料厚度为 5～10 mm；必须在前一次涂料基本干燥后再接着喷；喷涂保护方式、喷涂遍数与涂层厚度应根据施工工艺要求确定；施工过程中应随时检测涂层厚度，直至符合设计厚度方可停止。

3) 防火涂料涂装工程验收

防火涂料涂装前钢材表面除锈及防锈底漆涂装应符合规定：按构件数抽查 10%，且同类构件不应少于三件；表面除锈用铲刀检查和用图片对照观察检查；底漆涂装用干漆膜测厚仪检查，每个构件检测五处。

裂纹宽度：薄涂型防火涂料涂层表面裂纹宽度不应大于 0.5 mm，厚涂型防火涂料涂层表面裂纹宽度不应大于 1 mm。按同类构件数抽查 10%，且均不应少于 3 件。

涂层厚度：薄涂型防火涂料的涂层厚度应符合有关耐火极限的设计要求。厚涂型防火涂料的涂层厚度，面积的 80% 及以上应符合设计要求，且最薄处厚度不应低于设计要求的 85%。按同类构件数抽查 10%，且均不应少于三件。

防火涂料不应有误涂、漏涂，涂层应闭合，无脱层、空鼓、明显凹陷、粉化松散和浮浆等外观缺陷，应剔除乳突。

8.6.7　钢结构涂装施工安全管理

1) 防火防爆

涂装施工中所用溶剂、稀释剂等多为易燃品，具有较强的可燃性。这些物品在涂装施工过程中形成的漆雾和有机溶剂蒸气，与空气混合积累到一定浓度时，易引起火灾或爆炸。常用溶剂爆炸界限见表 8-25。

表 8-25　常用溶剂爆炸界限

名　称	爆炸上限		爆炸下限	
	%(体积分数)	g/m^3	%(体积分数)	g/m^3
苯	1.5	48.7	9.5	308
甲　苯	1.0	38.2	7.0	264
二甲苯	3.0	130.0	7.6	330
松节油	0.8	—	44.5	—
漆用汽油	1.4	—	6.0	—
甲　醇	3.5	46.5	36.5	478
乙　醇	2.6	49.5	18.0	338
正丁醇	1.68	51.0	10.2	309
丙　酮	2.5	60.5	9.0	218
环己酮	1.1	44.0	9.0	—
乙　醚	1.85	—	36.5	—
醋酸乙酯	2.18	80.4	11.4	410
醋酸丁酯	1.70	80.6	15.0	712

涂装现场必须采取防火防爆措施，具体应做到以下几点：严禁烟火；不允许堆放易燃易爆物品，并应远离易燃易爆物品仓库；涂料配制时应注意先后次序，并应加强通风降低积聚浓度；必须配套消防器材和消防水源；擦拭过溶剂的棉纱、破布等应存在带盖的铁桶内并定期处理；严禁向下水道或随地倾倒涂料和溶剂；涂装过程中避免产生静电、摩擦、电气等易引起爆炸的火花。

2) 防尘防毒

涂料中大部分溶剂和稀释剂都是有毒物品，再加上粉状填料，工人长时间吸入体内对人体的中枢神经系统、造血器官和呼吸系统会造成损害。

为了防止中毒、尘肺等职业病，涂装生产应做到以下几点：施工现场应有良好的通风；严格限制挥发性有机溶剂蒸气和粉尘在空气中的质量浓度，不得超过表 8-26 的规定；施工人员应戴防毒口罩或防毒面具；施工人员应避免与溶剂直接接触，操作时穿工作服、戴手套和防护眼镜等；因操作不小心，涂料溅到皮肤上应立刻擦洗；操作人员施工时如发现不适，应立刻离开施工现场或去医院检查治疗。

表 8-26 施工现场有害气体、粉尘的最高允许浓度

物质名称	最高允许质量浓度 /(mg·m^{-3})	物质名称	最高允许质量浓度 /(mg·m^{-3})
苯	40	乙 醇	1 500
甲 苯	100	煤 油	300
二甲苯	100	溶剂汽油	350
丙 酮	400	含有 10%以上二氧化硅粉尘	2
苯乙烯	40	含有 10%以下二氧化硅的水泥粉尘	6
环己酮	50	其他各种粉尘	10

3) 其他安全要求

施工现场应通风良好，安装必要的通风设备；在施工过程中应严格执行安全生产和劳动保护有关法律和法规；施工前要对操作人员进行防火安全教育和安全技术交底，在施工过程中加强安全监督检查工作，发现问题及时制止，防止事故发生；高空作业时应戴好安全带、穿好防滑鞋等劳保用品，并应对使用的脚手架或吊架等进行检查，合格后方可使用；不允许把盛装涂料、溶剂或用剩的漆罐开口放置，涂料应储存在仓库内，不得露天存放，防止日晒雨淋；施工现场使用的照明灯、电线、电气设备等应考虑防爆，同时应接地良好；患有慢性皮肤病或有过敏反应等其他不适应体质的操作者不宜参加施工。

8.7 钢构件成品检验、管理和包装

钢构件制作完成后，必须进行相关检验以确保产品符合图纸要求；在发运到施工现场前，必须进行相关的存储和包装等。

8.7.1　钢构件成品检验

1) 成品检查和修整

钢结构成品的检查项目各不相同，要依据各工程具体情况而定。若无特殊要求，一般检查项目可按该产品的标准、技术图纸规定、设计文件要求和使用情况而确定。成品检查工作应在材料质量保证书、工艺措施、各道工序的自检、专检等前期工作无误后进行。钢构件因其位置、受力等的不同，其检查的侧重点也有所区别。

构件的各项技术数据经检验合格后，对加工过程中造成的焊疤、凹坑应予以补焊并铲磨平整。对临时支撑、夹具应予以割除。铲磨后零件表面的缺陷深度不得大于材料厚度负偏差值的 1/2，对于吊车梁的受拉翼缘尤其应注意其是否过渡光滑；在较大平面上磨平焊疤或磨光长条焊缝边缘，常用高速直柄风动手砂轮。

2) 验收资料

产品经过检验部门签收后进行涂装，并对涂装的质量进行验收。

钢结构制造单位在成品出厂时应提供钢结构出厂合格证书及技术文件，至少应包括：施工图和设计变更文件，设计变更的内容应在施工图中相应部位注明；制作中对技术问题处理的协议文件；钢材、连接材料和涂装材料的质量证明书和试验报告；焊接工艺评定报告；高强度螺栓摩擦面抗滑移系数试验报告；焊缝无损检验报告及涂层检测资料；主要构件验收记录；构件发运和包装清单；需要进行预拼装构件的预拼装记录。

以上证书、文件应作为建设单位的工程技术档案的一部分。上述内容并非所有工程都具备，而是根据工程的实际情况提供。

3) 允许偏差

钢构件外形尺寸允许偏差按《钢结构工程施工质量验收标准》(GB 50205—2020)执行，部分项目允许偏差见表 8-27～表 8-31。

表 8-27　钢构件外形尺寸主控项目允许偏差

项　目	允许偏差/mm
单层柱、梁、桁架受力支托(支承面)表面至第一个安装孔距离	±1.0
多节柱铣平面至第一个安装孔距离	±1.0
实腹梁两端最外侧安装孔距离	±1.0
构件连接处的截面几何尺寸	±1.0
柱、梁连接处的腹板中心偏移	±1.0
受压构件(杆件)弯曲矢高	l/1 000 且不应大于 10.0

表 8-28　钢管构件外形尺寸的允许偏差　　单位:mm

项　目	允许偏差	检验方法	示意图
直径 d	$\pm d/500$ ± 5.0	钢尺检查	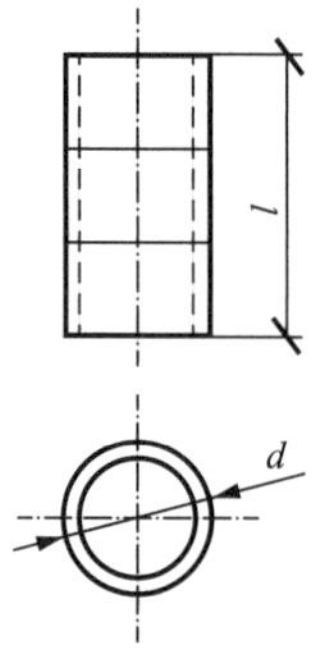
构件长度 l	± 3.0	钢尺检查	
管口圆度	$d/500$ 且不应大于 5.0	钢尺检查	
管面对管轴的垂直度	$d/500$ 且不应大于 3.0	焊缝量规检查	
弯曲矢高	$l/1\,500$ 且不应大于 5.0	拉线、吊线和钢尺检查	
对口错边	$t/10$ 且不应大于 3.0	拉线和钢尺检查	

表 8-29　单层钢柱外形尺寸的允许偏差　　单位:mm

项　目		允许偏差	检验方法	示意图
柱底面到柱端与桁架连接上的最上一个安装孔距离		$\pm l/1\,500$ ± 15.0	钢尺检查	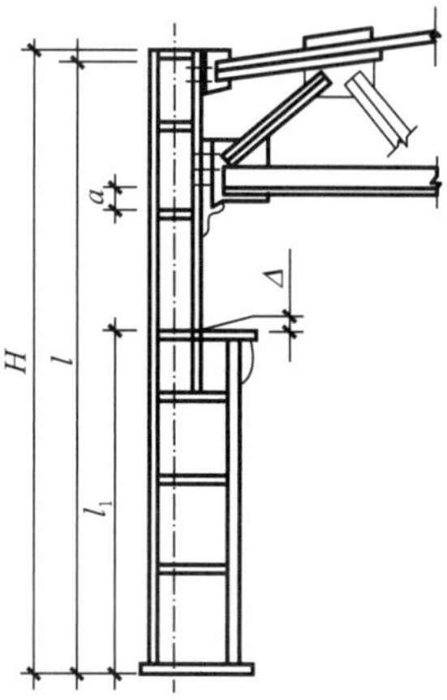
柱底面到牛腿支承面距离		$\pm l_1/2\,000$ ± 8.0	钢尺检查	
牛腿面的翘曲 Δ		2.0	拉线、吊线和钢尺检查	
柱身弯曲矢高		$H/1\,200$ 且不大于 12.0	拉线、吊线和钢尺检查	
柱身扭曲	牛腿处	3.0	拉线、吊线和钢尺检查	
	其他处	8.0	拉线、吊线和钢尺检查	
柱截面几何尺寸	连接处	± 3.0	钢尺检查	
	非连接处	± 4.0	钢尺检查	
翼缘对腹板垂直度	连接处	1.5	直角尺和钢尺检查	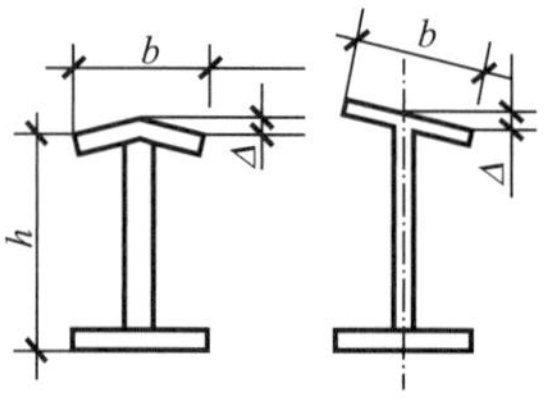
	其他处	$b/100$ 且不大于 5.0	直角尺和钢尺检查	
柱脚底板平面度		5.0	1 m 直尺和塞尺检查	
柱脚螺栓孔中心对柱轴线的距离		3.0	钢尺检查	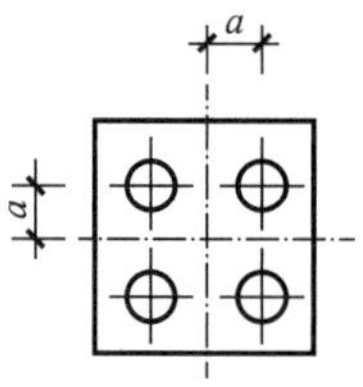

表 8-30　钢桁架外形尺寸的允许偏差　　单位:mm

项　目		允许偏差	检验方法	示意图
最外端两孔或两端支承面最外侧距离	$l \leqslant 24$ m	+3.0 −7.0	钢尺检查	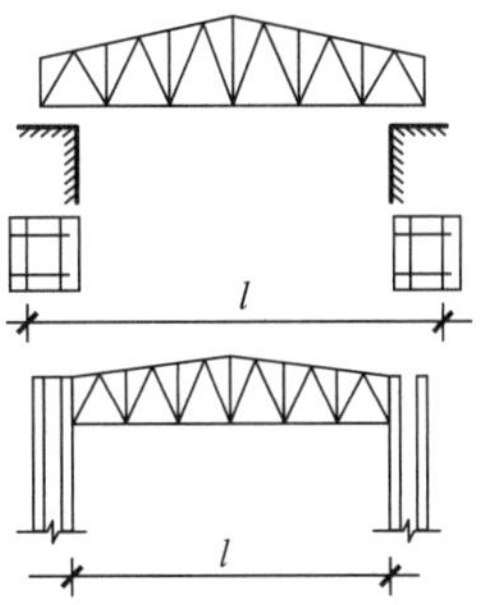
	$l > 24$ m	+5.0 −10.0	钢尺检查	
桁架跨中高度		±10.0	钢尺检查	
桁架跨中拱度	设计要求起拱	±3.0	钢尺检查	
	设计未要求起拱	±4.0	钢尺检查	
相邻节间弦杆弯曲（受压除外）		l/1 000	钢尺检查	
支承面到第一个安装孔距离 a		±1.0	钢尺检查	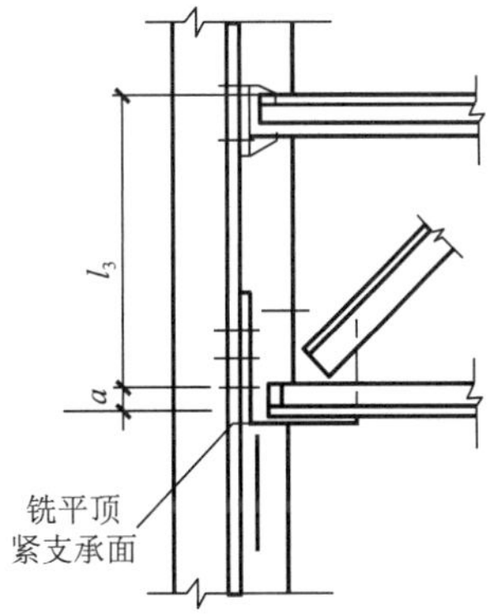
檩条连接支座间距		±5.0	钢尺检查	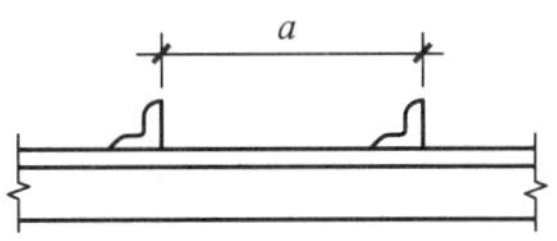

表 8-31　墙架、檩条、支撑系统钢构件外形尺寸的允许偏差　　单位:mm

项　目	允许偏差	检验方法
构件长度	±4.0	钢尺检查
构件两端最外侧安装孔距离	±3.0	钢尺检查
构件弯曲矢高	l/1 000 且不应大于 10.0	拉线和钢尺检查
截面尺寸	+5.0 −2.0	钢尺检查

8.7.2 钢构件成品管理和包装

1) 构件重心和吊点标识

(1) 构件重心的标注。

质量在 5 t 以下的复杂构件，一般要标出重心，重心用鲜红色油漆标出，再加上一个向下的箭头，如图 8-26 所示。

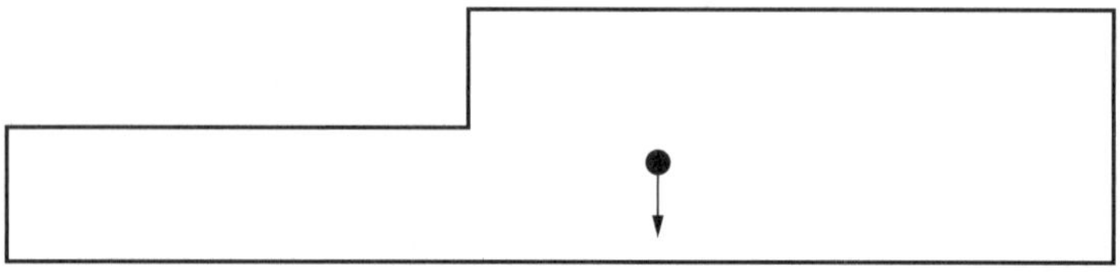

图 8-26 构件重心标记

(2) 吊点的标注。

在通常情况下，吊点的标注是由吊耳来实现的。吊耳也称眼板(图 8-27)，在制作厂内加工、安装好。眼板及其连接焊缝要做无损探伤，以保证吊运构件时的安全性。

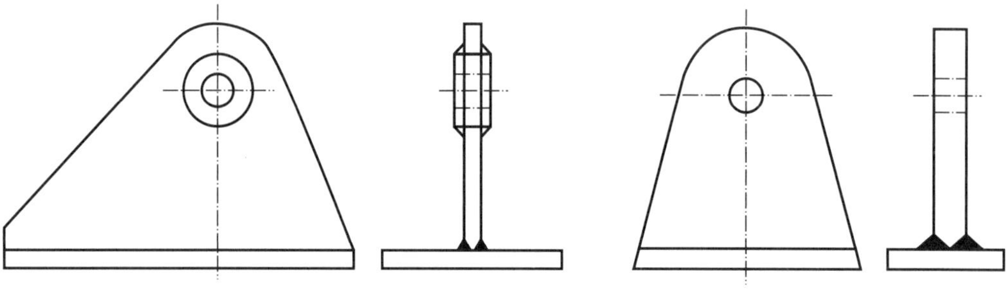

(a) A型眼板　　(b) C型眼板

图 8-27 眼板示意图

2) 构件标记

钢结构构件包装完毕要对其进行标记，标记一般由承包商在制作厂成品库装运时标明。

对于国内的钢结构用户，其标记可用标签方式带在构件上，也可用油漆直接写在钢结构产品或包装箱上；对于出口的钢结构产品，必须按国际通用标准和海运要求注明标记。

标记通常包括下列内容：工程名称、构件编号、外廓尺寸(长、宽、高，以 m 为单位)、净重、毛重、始发地点、到达港口、收货单位、制造厂商、发运日期等，必要时要标明重心和吊点位置。

3) 成品堆放

成品验收后，在装运或包装以前堆放在成品仓库。目前国内钢结构产品的主件大部分露天堆放，部分小件一般可用捆扎或装箱的方式放置于室内。由于成品堆放的条件一般较差，所以堆放时更应注意防止失散和变形。

成品堆放时应注意下述事项：

(1) 堆放场地的地基要坚实，地面平整、干燥，排水良好，不得有积水。

（2）堆放场地内备有足够的垫木或垫块，使构件得以放平稳，以防构件因堆放方法不正确而产生变形。

（3）钢结构产品不得直接置于地上，要垫高 200 mm 以上。

（4）侧向刚度较大的构件可水平堆放，当多层叠放时，必须使各层垫木在同一垂线上，堆放高度应根据构件来决定。

（5）大型构件的小零件应放在构件的空档内，用螺栓或铁丝固定在构件上。

（6）同类型的钢构件一般不堆放在一起。同一工程的构件应分类堆放在同一地区内，以便于装车发运。

（7）构件编号要在醒目处，构件之间堆放应有一定距离。

（8）钢构件的堆放应尽量靠近公路、铁路，以方便发运。

4）包装

钢结构的包装方法应视运输形式而定，并应满足工程合同提出的包装要求。

（1）包装工作应在涂层干燥后进行，并应注意保护构件涂层不受损伤。包装方式应符合运输的相关规定。

（2）每个包装的质量一般不超过 3～5 t，包装的外形尺寸则根据货运能力而定。如通过汽车运输，一般包装长度不大于 12 m，个别件不应超过 18 m；宽度不超过 2.5 m；高度不超过 3.5 m。超长、超宽、超高时要做特殊处理。

（3）包装时应填写包装清单，并核实数量。

（4）包装和捆扎均应注意密实和紧凑，以减少运输时的失散、变形，而且可以降低运输的费用。

（5）钢结构的加工面、轴孔和螺纹，均应涂上润滑脂、贴上油纸，或用塑料布包装，螺孔应用木楔塞住。

（6）包装时要注意外伸的连接板等物要尽量置于内侧，以防造成钩刮事故，不得不外露时要做好明显标记。

（7）经过油漆的构件，在包装时应该用木材、塑料等垫衬加以隔离保护。

（8）单件超过 1.5 t 的构件单独运输时，应用垫木做外部包裹。

（9）细长构件可打捆发运，一般用小槽钢在外侧用长螺栓夹紧，其空隙处填以木条。

（10）有孔的板形零件，可穿长螺栓，或用铁丝打捆。

（11）较小零件应装箱，已涂底又无特殊要求者不另做防水包装，否则应考虑防水措施。包装用木箱，其箱体要牢固、防雨，下方要留有铲车孔以及能承受箱体总重的枕木，枕木两端要切成斜面，以便捆吊或捆运。铁箱的箱体外壳要焊上吊耳，以便运输过程中吊运。

（12）一些不装箱的小件和零配件可直接捆扎或用螺栓扎在钢构件主体的重要部位上，但要捆扎、固定牢固，且不影响运输和安装。

（13）片状构件，如屋架、托架等，平运时易造成变形，单件竖运又不稳定，一般可将几片构件装夹成近似一个框架，其整体性能好，各单件之间互相制约而稳定。用活络拖斗车运输时，装夹包装的宽度要控制为 1.6～2.2 m，太窄容易失稳。装夹件一般是同一规格的构件，装夹时要考虑整体性能，以防止在装卸和运输过程中产生变形和失稳。

（14）需海运的构件，除大型构件外，还均需打捆或装箱。螺栓、螺纹杆以及连接板要用防水材料外套封装。每个包装箱、裸装件及捆装件的两边都要标明船运的所需标志，并标明包装件的质量、数量、中心和起吊点。

8.7.3 钢构件发运

钢构件运输时应根据钢构件的长度、质量选用车辆，运输过程中构件的支点、两端伸出的长度及绑扎方法应保证钢构件不产生永久变形，不损伤涂层。

钢结构产品一般采用公路车辆运输或者铁路车辆运输。车辆运输现场拼装散件时，使用一般货运车即可。散件运输一般不需装夹，但要能满足在运输过程中不产生过大的变形。对于成形大件的运输，可根据产品不同而选用不同车型的运输货车。由于制作厂对大构件的运输能力有限，有些大构件的运输则由专业化大件运输公司承担。对于特大件钢结构产品的运输，则应在加工制造以前就与运输有关的各个方面取得联系，得到批准后方可运输，如果不允许就采用分段制造、分段运输方式。在一般情况下，框架钢结构产品多用活络拖斗车运输，实腹类构件或容器类产品多用大平板车运输。

公路运输装运的高度极限为 4.5 m，如需通过隧道，则高度极限为 4 m。构件长出车身不得超过 2 m。

钢结构构件的铁路运输一般由生产厂负责向车站提出车皮计划，经由车站调拨车皮装运。铁路运输应遵守国家火车装车界限规定（图 8-28），当超过阴影线部分而未超出外框时，应预先向铁路部门提出超宽（或超高）通行报告，经批准后可在规定的时间运送。

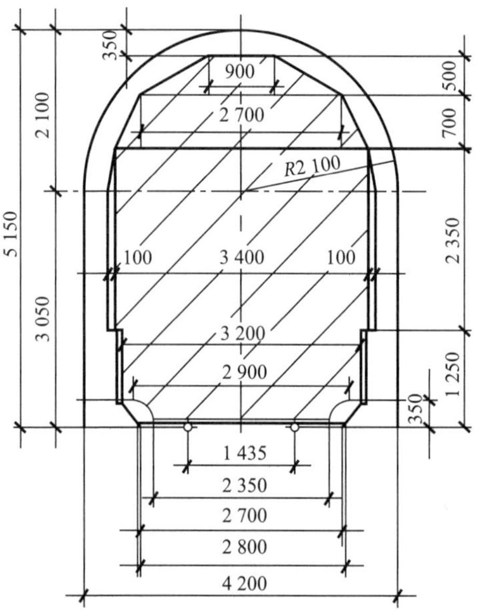

图 8-28　火车界限示意图

海轮运输时，在到达港口后由海港负责装船，因此要根据离岸码头和到岸港口的装卸能力来确定钢结构产品运输的外形尺寸、单件质量——即每夹或每箱的总重。根据构件的具体情况，有时也可考虑采用集装箱运输。内河运输时，则必须考虑每件构件的质量和尺寸，使其不超过当地的起重能力和船体尺寸。国内船只规格参差不齐，装卸能力较差，钢结构产品有时也只能散装，捆扎多数不用装夹。

8.8　钢结构制作方案示例

8.8.1　梁柱构件的加工流程

因受钢材型号种类、大小的限制，钢结构中存在大量型材、板材等组合焊接而成的箱形、H 形、十字形截面的梁柱组件，其制作流程比较典型。

1）箱形柱的加工流程

箱形柱是由四块钢板组成的承重构件，与梁连接部位还设有加劲隔板，每节柱子顶部要求平整。箱形柱加工流程如图 8-29 所示。

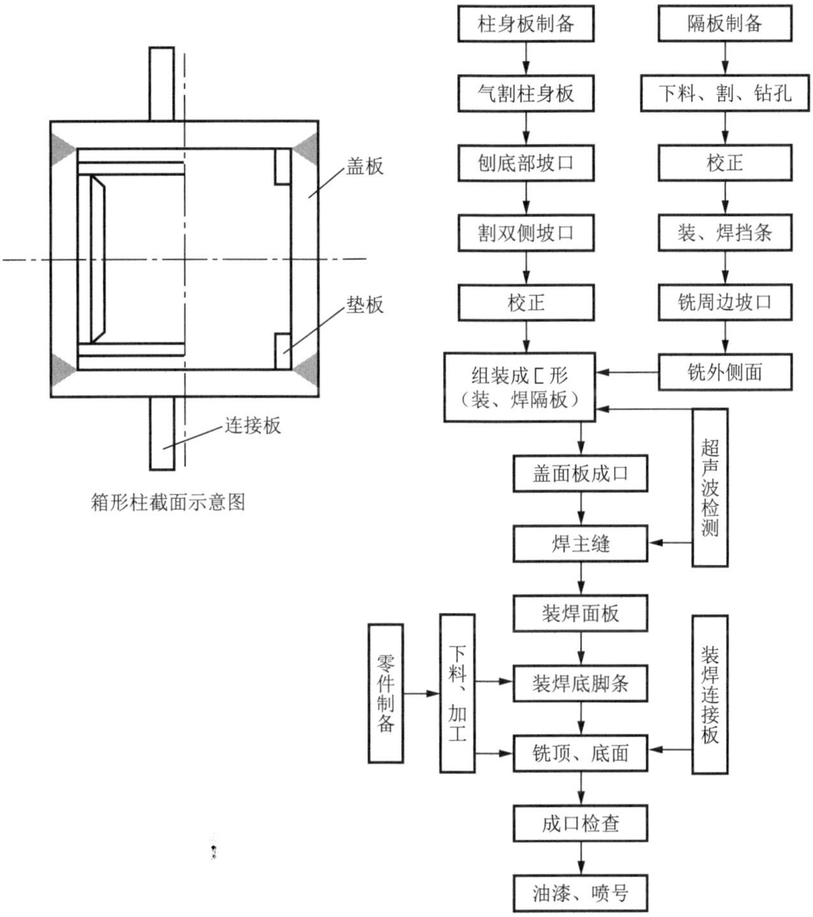

图 8-29　箱形柱加工流程

2）变截面梁的加工流程

钢结构中常遇到一些变截面的梁（图 8-30），这些梁的翼、腹板均采用变截面形式，板厚度亦不同，其加工流程如图 8-31 所示。

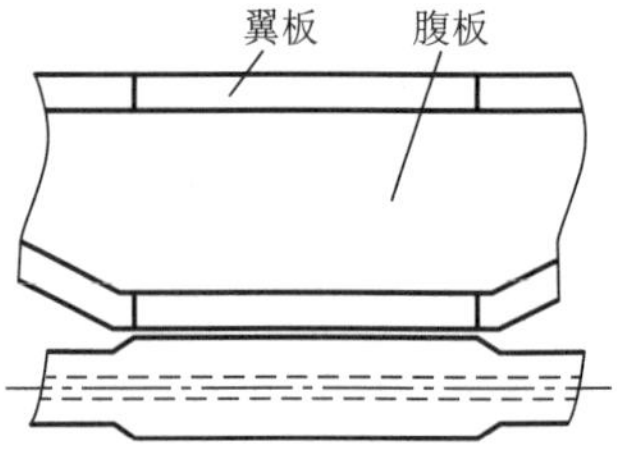

图 8-30　变截面梁示意图

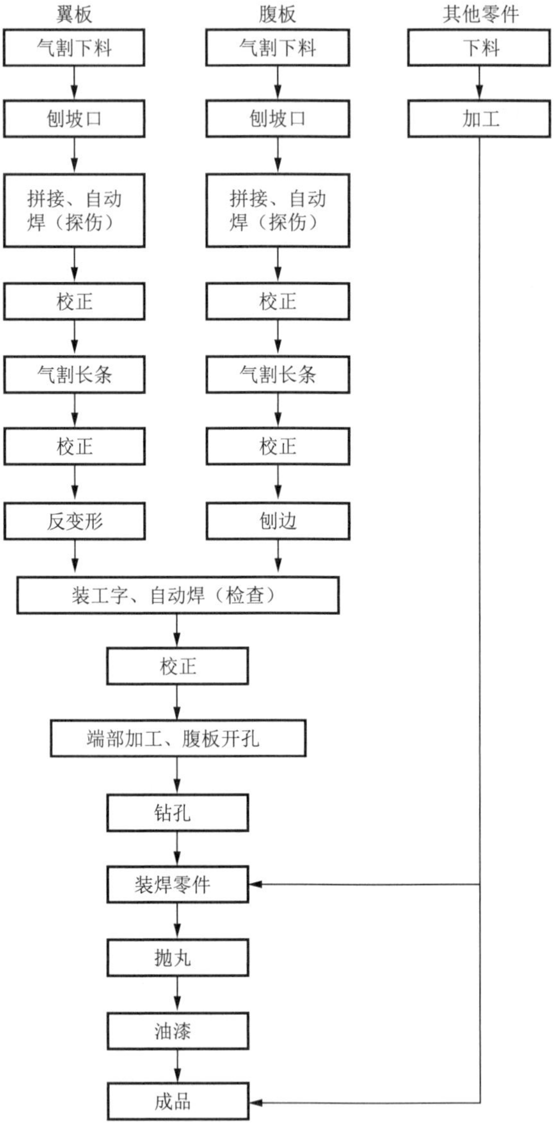

图 8-31　变截面梁加工流程

8.8.2　桁架构件的加工

桁架是常用的焊接钢结构之一，如图 8-32 所示，多用在桥梁、起重机、输电塔架、房屋建筑等结构中，在建筑房屋中使用尤为广泛。

桁架节点间距 d 一般为 1.5～3 m，桁架高度与跨度之比 $h/L=1/14\sim1/10$。其结构特点是：为平面结构或者由几个平面桁架组成空间架构；杆件、焊缝多且短，难以采用自动焊；整体来看对称于长度中心；在受力平面有较大的刚度，在受力平面外刚度小，易变形，特别容易扭曲。

桁架生产中的主要工艺问题及流程如下：

(1) 装配方案的选择。

在工厂生产中，桁架的装配工时占全部制造工时的比例很大，采用合适的装配工艺对于提高劳动生产率意义很大。工厂装配方法及适用范围如下：

① 放样装配法。在平台上画出各杆件的位置线，之后安放弦杆节点板、竖杆及腹杆等，点固并焊接。这种方法一般适用于单件小批量生产，生产效率低。

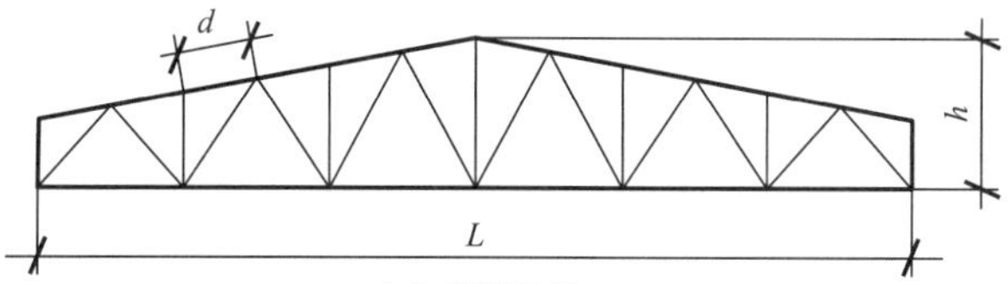

(a) 建筑屋架

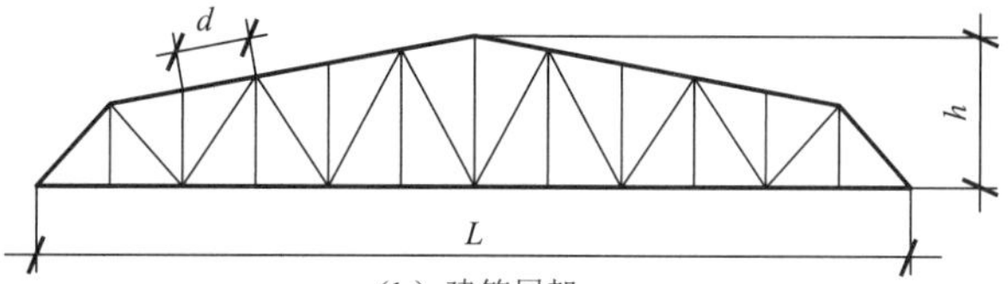

(b) 建筑屋架

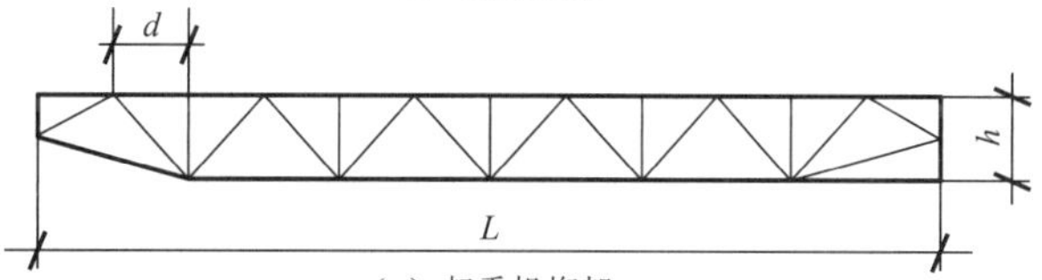

(c) 起重机桁架

图 8-32 大跨距桁架示意图

② 定位器装配法。在各元件(型钢、节点板等)直角边处设置定位器及压夹器，按定位器安放各元件，点固并焊接。定位器的安置应保证桁架取出方便。这种方法适用于成批生产，降低了对工人技术水平的要求，生产率较高。

③ 模架装配法。首先采用放样装配法制造出一片桁架，将其翻转 180°作为模架(相当于胎具)，之后将所要装配的各元件按照模架的位置安放并点焊，接着将点焊好的桁架取出，在另一工作位置进行焊接，而模架工作位置上可继续进行装配。这种方法也称仿形装配法，其精度比定位器法差，如将模架法和定位器法结合使用，其效果则更好。

④ 按孔定位装配法。该方法适用于装配屋架，屋架两端及脊部(上弦杆上平面)都安装连接板，其上有螺钉连接孔，如图 8-33 所示。装配时先定位各带孔的连接板，也就确定了上下弦杆的位置，且保证了整个桁架的安装连接尺寸(如高度、跨度等)；其他节点处如有孔则按孔定位，无孔则采用垫铁或挡铁定位。

采用以上各种方法装配的桁架，在焊接前必须检查几何尺寸，应保证节点处各元件的中心(或重心)线交会于一点。

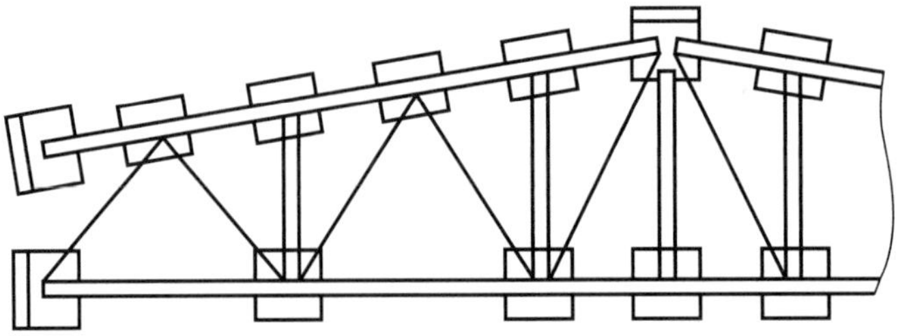

图 8-33　屋架制作示意图

(2) 桁架的焊接。

桁架焊接时的主要问题是挠度和扭曲。由于桁架仅对称于其长度中心线，故焊接后将产生整体挠度；在上、下弦杆节点之间也可能产生小的局部挠度；由于长度大、焊缝不对称等因素还可能产生扭曲，所有这些变形都将影响其承载力。因此，桁架在装配焊接时，要求支撑基面要平整(平面度<4 mm)，且尽量在夹紧状态下焊接。

为保证焊接质量和减少焊接变形，应遵循一定的焊接顺序：

① 从中部焊起，同时往两端支座处施焊；

② 上、下弦杆宜同时施焊；

③ 节点处应先焊端缝，再焊侧缝，如图 8-34 所示，焊接方向应从外向内，即从腹杆引向弦杆处。

④ 焊接节点时，应先焊竖杆后斜杆(即图 8-34 中Ⅰ，Ⅱ，Ⅲ次序)，两端侧缝也可按Ⅰ杆形式焊接，但在焊接焊缝 1 时，焊缝 2 应先点固，以防止变形。

桁架生产的关键之一是节点的焊接，节点处焊件承受不同性质的力，应力状态复杂，焊缝多且短，位置紧凑不利于施焊，极易造成应力集中。一般要求两焊缝最小间距≥4K(K 为焊脚高度)，每条焊缝的最小长度≥30 mm。节点板向腹杆或弦杆的过渡应力要求和缓，如图 8-35 所示制造大型桁架时，为适应吊装设备能力或便于组织生产，可分段制造，然后连接合拢。注意利用临时撑杆消除连接处的变形，以防止合拢困难。屋架分段制造时，中间采用安装螺栓固定，且接头不应在长度中心处，一般错开 1/3 以上跨距。

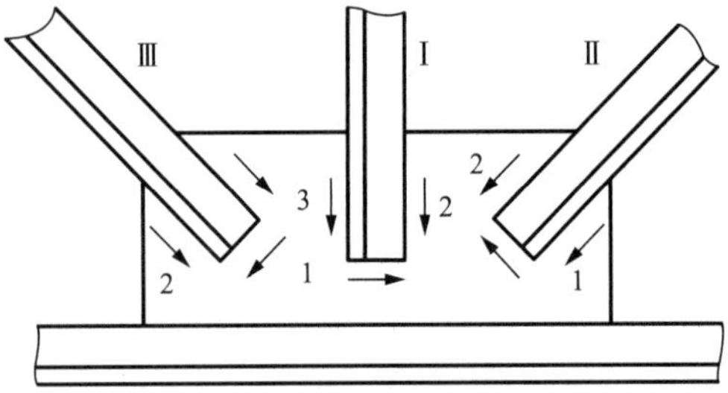

图 8-34　结构节点焊接次序

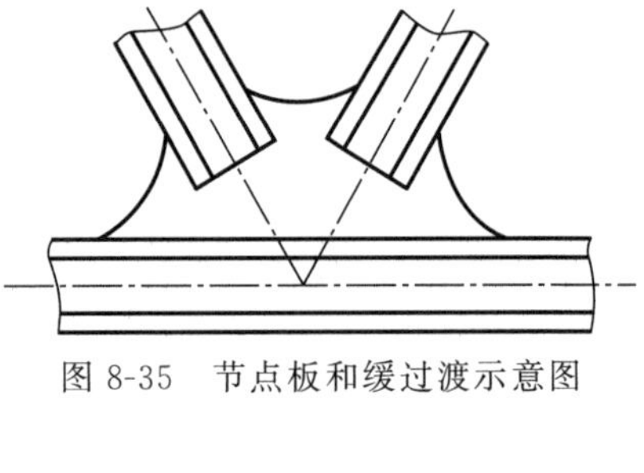

图 8-35　节点板和缓过渡示意图

习　题

1. 施工详图有哪些设计内容?
2. 钢材在哪些情况下要进行复验? 如何复验?
3. 简述钢结构制作的基本工艺流程。
4. 简述手工电弧焊的基本原理及影响因素。
5. 简述埋弧焊的优缺点。
6. 简述钢构件的组装方法及优缺点。
7. 钢材表面处理方法有哪些?
8. 安装前钢材表面锈蚀等级和除锈等级如何划分?

附录 1

《钢结构设计标准》(GB 50017—2017) 中有关表格摘录

附表 1-1 钢材的强度设计值

单位:N/mm²

钢材牌号		厚度或直径/mm	强度设计值			屈服强度 f_y	抗拉强度 f_u
			抗拉、抗压和抗弯 f	抗剪 f_v	端面承压(刨平顶紧) f_{ce}		
碳素结构钢	Q235	≤16	215	125	320	235	370
		>16～40	205	120		225	
		>40～100	200	115		215	
低合金高强度结构钢	Q345	≤16	300	175	400	345	470
		>16～40	295	170		335	
		>40～63	290	165		325	
		>63～80	280	160		315	
		>80～100	270	155		305	
	Q390	≤16	345	200	415	390	490
		>16～40	330	190		370	
		>40～63	310	180		350	
		>63～100	295	170		330	
	Q420	≤16	375	215	440	420	520
		>16～40	355	205		400	
		>40～63	320	185		380	
		>63～100	305	175		360	
	Q460	≤16	410	235	470	460	550
		>16～40	390	225		440	
		>40～63	355	205		420	
		>63～100	340	195		400	
建筑结构用钢板	Q345GJ	>16～50	325	190	415	345	490
		>50～100	300	175		335	

注：① 表中直径指实芯棒材直径；厚度指计算点的钢材或钢管壁厚度，对轴心受拉和轴心受压构件指截面中较厚板件的厚度。

② 冷弯型材和钢管，其强度设计值应按国家现行有关标准的规定采用。

③ GJ 钢的名义屈服强度取上屈服强度，其他均取下屈服强度。

附表 1-2 焊缝的强度设计值

单位：N/mm²

焊接方法和焊条型号	构件钢材		对接焊缝强度设计值				角焊缝强度设计值	对接焊缝抗拉强度 f_u^w	角焊缝抗拉、抗压和抗剪强度 f_u^f
	牌号	厚度或直径/mm	抗压 f_c^w	焊缝质量为下列等级时，抗拉 f_t^w		抗剪 f_v^w	抗拉、抗压和抗剪 f_f^w		
				一级、二级	三级				
自动焊、半自动焊和 E43 型焊条手工焊	Q235	≤16	215	215	185	125	160	415	240
		>16～40	205	205	175	120			
		>40～100	200	200	170	115			
自动焊、半自动焊和 E50,E55 型焊条手工焊	Q345	≤16	305	305	260	175	200	480 (E50) 540 (E55)	280 (E50) 315 (E55)
		>16～40	295	295	250	170			
		>40～63	290	290	245	165			
		>63～80	280	280	240	160			
		>80～100	270	270	230	155			
	Q390	≤16	345	345	295	200	200 (E50) 220 (E55)		
		>16～40	330	330	280	190			
		>40～63	310	310	265	180			
		>63～100	295	295	250	170			
自动焊、半自动焊和 E55、E60 型焊条手工焊	Q420	≤16	375	375	320	215	220 (E55) 240 (E60)	540 (E55) 590 (E60)	315 (E55) 340 (E60)
		>16～40	355	355	300	205			
		>40～63	320	320	270	185			
		>63～100	305	305	260	175			
	Q460	≤16	410	410	350	235			
		>16～40	390	390	330	225			
		>40～63	355	355	300	205			
		>63～100	340	340	290	195			
自动焊、半自动焊和 E50、E55 型焊条手工焊	Q345 GJ 钢	>16～35	310	310	265	180	200	480 (E50) 540 (E55)	480 (E50) 540 (E55)
		>35～50	290	290	245	170			
		>50～100	285	285	240	165			

注：表中厚度指计算点的钢材或钢管壁厚度，对轴心受拉和轴心受压构件指截面中较厚板件的厚度。

附表 1-3 螺栓连接的强度设计值

单位：N/mm²

螺栓的性能等级、锚栓和构件钢材的牌号		普通螺栓						锚栓	承压型连接或网架用高强度螺栓			高强度螺栓的抗拉强度 f_u^b
		C级螺栓			A级、B级螺栓							
		抗拉 f_t^b	抗剪 f_v^b	承压 f_c^b	抗拉 f_t^b	抗剪 f_v^b	承压 f_c^b	抗拉 f_t^a	抗拉 f_t^b	抗剪 f_v^b	承压 f_c^b	
普通螺栓	4.6级 4.8级	170	140	—	—	—	—	—	—	—	—	—
	5.6级	—	—	—	210	190	—	—	—	—	—	—
	8.8级	—	—	—	400	320	—	—	—	—	—	—
锚栓	Q235钢	—	—	—	—	—	—	140	—	—	—	—
	Q345钢	—	—	—	—	—	—	180	—	—	—	—
	Q390钢	—	—	—	—	—	—	185	—	—	—	—
承压型连接高强度螺栓	8.8级	—	—	—	—	—	—	—	400	250	—	830
	10.9级	—	—	—	—	—	—	—	500	310	—	1 040
螺栓球节点用高强度螺栓	9.8级	—	—	—	—	—	—	—	385	—	—	—
	10.9级	—	—	—	—	—	—	—	430	—	—	—
构件钢材牌号	Q235	—	—	305	—	—	405	—	—	—	470	—
	Q345	—	—	385	—	—	510	—	—	—	590	—
	Q390	—	—	400	—	—	530	—	—	—	615	—
	Q420	—	—	425	—	—	560	—	—	—	655	—
	Q460	—	—	450	—	—	595	—	—	—	695	—
	Q345GJ	—	—	400	—	—	530	—	—	—	615	—

注：① A级螺栓用于公称直径 $d \leqslant 24$ mm 和公称长度 $L \leqslant 10d$ 或 $L \leqslant 150$ mm（二者取较小值）的螺栓；B级螺栓用于 $d > 24$ mm 和 $L > 10d$ 或 $L > 150$ mm（二者取较小值）的螺栓。

② A级、B级螺栓孔的精度和孔壁表面粗糙度，C级螺栓孔的允许偏差和孔壁表面粗糙度，均应符合现行国家标准《钢结构工程施工质量验收规范》(GB 50205)的要求。

③ 用于螺栓球节点网架的高强度螺栓，M12～M36 为 10.9 级，M39～M64 为 9.8 级。

附表 1-4 结构构件和连接的强度设计值折减系数

情况	折减系数	备注
1. 单面连接的单角钢		
(1) 按轴心受力计算强度和连接	0.85	
(2) 按轴心受压计算稳定性		
① 等边角钢	$0.6+0.0015\lambda$	但不大于 1.0
② 短边相连的不等边角钢	$0.6+0.0015\lambda$	但不大于 1.0
③ 长边相连的不等边角钢	0.70	

续表

情　况	折减系数	备　注
2.无垫板的单面施工对接焊缝	0.85	
3.施工条件较差的高空安装焊缝和铆钉连接	0.90	
4.沉头和半沉头铆钉连接	0.80	

注:① λ—长细比,对中间无连系的单角钢压杆,应按最小回转半径计算,当 $\lambda<20$ 时,取 $\lambda=20$。

② 当几种情况同时存在时,折减系数应连乘。

附表 1-5　钢材和钢铸件的物理性能指标

弹性模量 $E/(\mathrm{N\cdot mm^{-2}})$	切变模量 $G/(\mathrm{N\cdot mm^{-2}})$	线膨胀系数$/\mathrm{K^{-1}}$	质量密度$/(\mathrm{kg\cdot m^{-3}})$
206×10^3	79×10^3	12×10^{-6}	7 850

附表 1-6　H 型钢和等截面工字形简支梁的系数 β_b

项　次	侧向支承	荷　载		$\xi\leqslant2.0$	$\xi>2.0$	适用范围
1	跨中无侧向支承	均布荷载作用在	上翼缘	$0.69+0.13\xi$	0.95	双轴对称和加强受压翼缘的单轴对称工字形截面
2			下翼缘	$1.73-0.20\xi$	1.33	
3		集中荷载作用在	上翼缘	$0.73+0.18\xi$	1.09	
4			下翼缘	$2.23-0.28\xi$	1.67	
5	跨度中点有一个侧向支承点	均布荷载作用在	上翼缘	1.15		双轴对称和所有单轴对称工字形截面
6			下翼缘	1.40		
7		集中荷载作用在截面高度上任意位置		1.75		
8	跨中有不少于两个等距离侧向支承点	任意荷载作用在	上翼缘	1.20		
9			下翼缘	1.40		
10	梁端有弯矩,但跨中无荷载作用			$1.75-1.05\left(\frac{M_2}{M_1}\right)+0.3\left(\frac{M_2}{M_1}\right)^2$,但$\leqslant2.3$		

注:① ξ—参数,$\xi=\frac{l_1t_1}{b_1h}$,其中 b_1 和 l_1 见第 5 章 5.4 节。

② M_1,M_2 为梁的端弯矩,使梁产生同向曲率时 M_1 和 M_2 取同号,产生反向曲率时取异号,$|M_1|\geqslant|M_2|$。

③ 表中项次 3,4 和 7 的集中荷载是指一个或少数几个集中荷载位于跨中央附近的情况,对其他情况的集中荷载,应按表中项次 1,2,5,6 内的数值采用。

④ 对于表中项次 8,9,当集中荷载作用在侧向支承点处时,取 $\beta_b=1.20$。

⑤ 荷载作用在上翼缘是指荷载作用点在翼缘表面,方向指向截面形心;荷载作用在下翼缘是指荷载作用点在翼缘表面,方向背向截面形心。

⑥ 对 $\alpha_b>0.8$ 的加强受压翼缘工字形截面,下列情况的 β_b 值应乘以相应的系数:

项次 1:当 $\xi\leqslant1.0$ 时,乘以 0.95;

项次 3:当 $\xi\leqslant0.5$ 时,乘以 0.90;当 $0.5<\xi\leqslant1.0$ 时,乘以 0.95。

附表 1-7 轧制普通工字钢简支梁的整体稳定系数 φ_b

项次	荷载情况			工字钢型号	自由长度 l_1/m								
					2	3	4	5	6	7	8	9	10
1	跨中无侧向支承点的梁	集中荷载作用于	上翼缘	10～20	2.00	1.30	0.99	0.80	0.68	0.58	0.53	0.48	0.43
				22～32	2.40	1.48	1.09	0.86	0.72	0.62	0.54	0.49	0.45
				36～63	2.80	1.60	1.07	0.83	0.68	0.56	0.50	0.45	0.40
2			下翼缘	10～20	3.10	1.95	1.34	1.01	0.82	0.69	0.63	0.57	0.52
				22～40	5.50	2.80	1.84	1.37	1.07	0.86	0.73	0.64	0.56
				45～63	7.30	3.60	2.30	1.62	1.20	0.96	0.80	0.69	0.60
3		均布荷载作用于	上翼缘	10～20	1.70	1.12	0.84	0.68	0.57	0.50	0.45	0.41	0.37
				22～40	2.10	1.30	0.93	0.73	0.60	0.51	0.45	0.40	0.36
				45～63	2.60	1.45	0.97	0.73	0.59	0.50	0.44	0.38	0.35
4			下翼缘	10～20	2.50	1.55	1.08	0.83	0.68	0.56	0.52	0.47	0.42
				22～40	4.00	2.20	1.45	1.10	0.85	0.70	0.60	0.52	0.46
				45～63	5.60	2.80	1.80	1.25	0.95	0.78	0.65	0.55	0.49
5	跨中有侧向支承点的梁（不论荷载作用点在截面高度上的位置）			10～20	2.20	1.39	1.01	0.79	0.66	0.57	0.52	0.47	0.42
				22～40	3.00	1.80	1.24	0.96	0.76	0.65	0.56	0.49	0.43
				45～63	4.00	2.20	1.38	1.01	0.80	0.66	0.56	0.49	0.43

注：① 同附表 1-6 的注③，⑤。

② 表中的 φ_b 适用于 Q235 钢，对其他钢号，表中数值应乘以 $235/f_y$。

附表 1-8 双轴对称工字形等截面（含 H 型钢）悬臂梁的等效临界弯矩系数 β_b

项次	荷载形式		$0.60 \leqslant \xi \leqslant 1.24$	$1.24 < \xi \leqslant 1.96$	$1.96 < \xi \leqslant 3.10$
1	自由端一个集中荷载作用在	上翼缘	$0.21+0.67\xi$	$0.72+0.26\xi$	$1.17+0.03\xi$
2		下翼缘	$2.94-0.65\xi$	$2.64-0.40\xi$	$2.15-0.15\xi$
3	均布荷载作用在上翼缘		$0.62+0.82\xi$	$1.25+0.31\xi$	$1.66+0.10\xi$

注：① 本表是按支承端为固定的情况确定的，当用于由邻跨延伸出来的伸臂梁时，在构造上采取措施加强支承处的抗扭能力。

② 表中 ξ 见附表 1-6 的注①。

附表 1-9 截面塑性发展系数 γ_x 和 γ_y

项次	截面形式	γ_x	γ_y
1	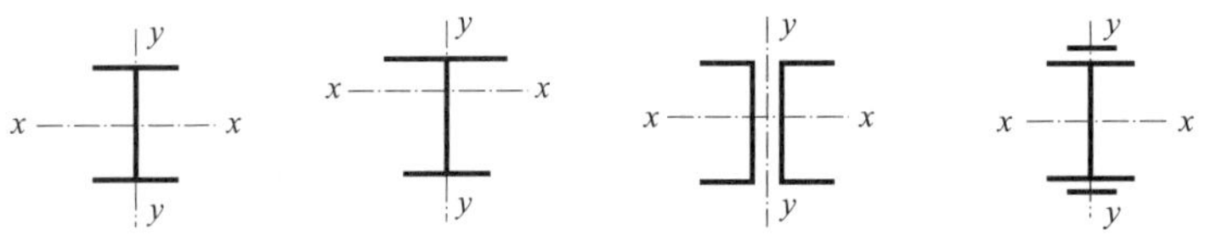	1.05	1.20

续表

项 次	截面形式	γ_x	γ_y
2	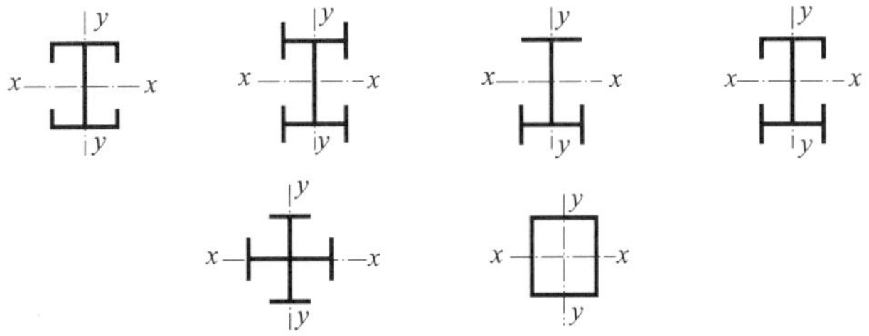	1.05	1.05
3	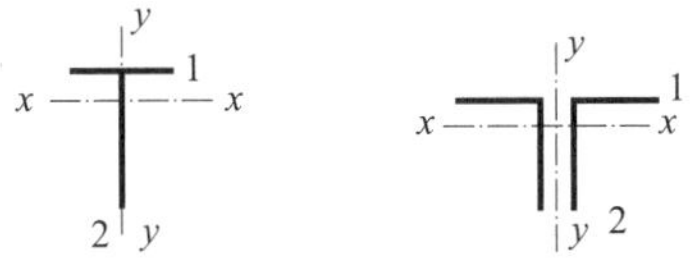	$\gamma_{x1}=1.05$ $\gamma_{x2}=1.20$	1.20
4	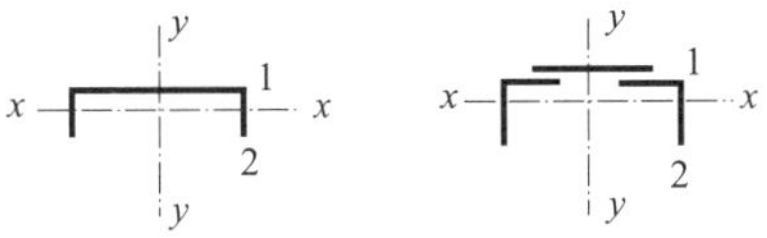		1.05
5	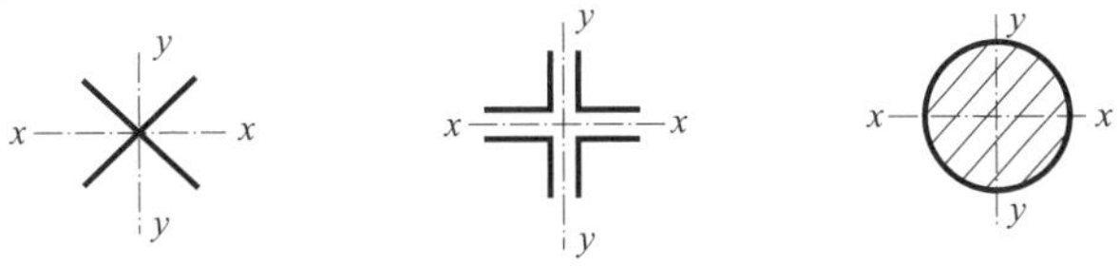	1.20	1.20
6	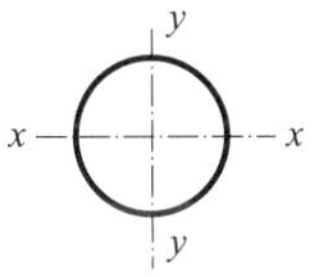	1.15	1.15
7	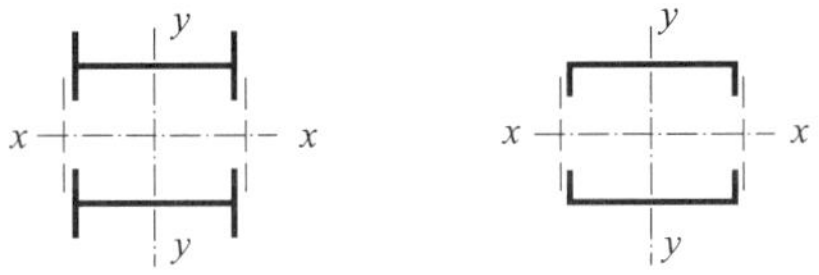	1.00	1.05
8	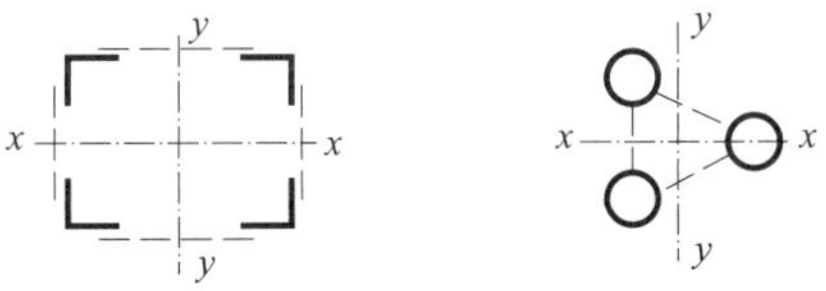		1.00

附表 1-10 桁架弦杆和单系腹杆的计算长度 l_0

项 次	弯曲方向	弦 杆	腹杆	
			支座斜杆和支座竖杆	其他腹杆
1	在桁架平面内	l	l	$0.8l$
2	在桁架平面外	l_1	l	l
3	斜平面	—	l	$0.8l$

注:① l—构件的几何长度(节点中心距离);l_1—桁架弦杆侧向支承点之间的距离。

② 斜平面是指与桁架平面斜交的平面,适用于构件截面两主轴均不在桁架平面内的单角钢腹杆和双角钢十字形截

面腹杆。

③ 无节点板的腹杆计算长度在任意平面内均取其等于几何长度。

附表 1-11　a 类截面轴心受压构件的稳定系数 φ

λ/ε_k	0	1	2	3	4	5	6	7	8	9
0	1.000	1.000	1.000	1.000	0.999	0.999	0.998	0.998	0.997	0.996
10	0.995	0.994	0.993	0.992	0.991	0.989	0.988	0.986	0.985	0.983
20	0.981	0.979	0.977	0.976	0.974	0.972	0.970	0.968	0.966	0.964
30	0.963	0.961	0.959	0.957	0.955	0.952	0.950	0.948	0.946	0.944
40	0.941	0.939	0.937	0.934	0.932	0.929	0.927	0.924	0.921	0.919
50	0.916	0.913	0.910	0.907	0.904	0.900	0.897	0.894	0.890	0.886
60	0.883	0.879	0.875	0.871	0.867	0.863	0.858	0.854	0.849	0.844
70	0.839	0.834	0.829	0.824	0.818	0.813	0.807	0.801	0.795	0.789
80	0.783	0.776	0.770	0.763	0.757	0.750	0.743	0.736	0.728	0.721
90	0.714	0.706	0.699	0.691	0.684	0.676	0.668	0.661	0.653	0.645
100	0.638	0.630	0.622	0.615	0.607	0.600	0.592	0.585	0.577	0.570
110	0.563	0.555	0.548	0.541	0.534	0.527	0.520	0.514	0.507	0.500
120	0.494	0.488	0.481	0.475	0.469	0.463	0.457	0.451	0.445	0.440
130	0.434	0.429	0.423	0.418	0.412	0.407	0.402	0.397	0.392	0.387
140	0.383	0.378	0.373	0.369	0.364	0.360	0.356	0.351	0.347	0.343
150	0.339	0.335	0.331	0.327	0.323	0.320	0.316	0.312	0.309	0.305
160	0.302	0.298	0.295	0.292	0.289	0.285	0.282	0.279	0.276	0.273
170	0.270	0.267	0.264	0.262	0.259	0.256	0.253	0.251	0.248	0.246
180	0.243	0.241	0.238	0.236	0.233	0.231	0.229	0.226	0.224	0.222
190	0.220	0.218	0.215	0.213	0.211	0.209	0.207	0.205	0.203	0.201
200	0.199	0.198	0.196	0.194	0.192	0.190	0.189	0.187	0.185	0.183
210	0.182	0.180	0.179	0.177	0.175	0.174	0.172	0.171	0.169	0.168
220	0.166	0.165	0.164	0.162	0.161	0.159	0.158	0.157	0.155	0.154
230	0.153	0.152	0.150	0.149	0.148	0.147	0.146	0.144	0.143	0.142
240	0.141	0.140	0.139	0.138	0.136	0.135	0.134	0.133	0.132	0.131
250	0.130									

注：ε_k—钢号修正系数，其值为 235 与钢材牌号中屈服点数值的比值的平方根，即 $\varepsilon_k=\sqrt{235/f_y}$。

附表 1-12　b 类截面轴心受压构件的稳定系数 φ

λ/ε_k	0	1	2	3	4	5	6	7	8	9
0	1.000	1.000	1.000	0.999	0.999	0.998	0.997	0.996	0.995	0.994
10	0.992	0.991	0.989	0.987	0.985	0.983	0.981	0.978	0.976	0.973
20	0.970	0.967	0.963	0.960	0.957	0.953	0.950	0.946	0.943	0.939
30	0.936	0.932	0.929	0.925	0.922	0.918	0.910	0.910	0.906	0.903
40	0.899	0.895	0.891	0.887	0.882	0.878	0.874	0.870	0.865	0.861
50	0.856	0.852	0.847	0.842	0.838	0.833	0.828	0.823	0.818	0.813

续表

λ/ε_k	0	1	2	3	4	5	6	7	8	9
60	0.807	0.802	0.797	0.791	0.786	0.780	0.774	0.769	0.763	0.757
70	0.751	0.745	0.739	0.732	0.726	0.720	0.714	0.707	0.701	0.694
80	0.688	0.681	0.675	0.668	0.661	0.655	0.648	0.641	0.635	0.628
90	0.621	0.614	0.608	0.601	0.594	0.588	0.581	0.575	0.568	0.561
100	0.555	0.549	0.542	0.536	0.529	0.523	0.517	0.511	0.505	0.499
110	0.493	0.487	0.481	0.475	0.470	0.464	0.458	0.453	0.447	0.442
120	0.437	0.432	0.426	0.421	0.416	0.411	0.406	0.402	0.397	0.392
130	0.387	0.383	0.378	0.374	0.370	0.365	0.361	0.357	0.353	0.349
140	0.345	0.341	0.337	0.333	0.329	0.326	0.322	0.318	0.315	0.311
150	0.308	0.304	0.301	0.298	0.295	0.291	0.288	0.285	0.282	0.279
160	0.276	0.273	0.270	0.267	0.265	0.262	0.259	0.256	0.254	0.251
170	0.249	0.246	0.244	0.241	0.239	0.236	0.234	0.232	0.229	0.227
180	0.225	0.223	0.220	0.218	0.216	0.214	0.212	0.210	0.208	0.206
190	0.204	0.202	0.200	0.198	0.197	0.195	0.193	0.191	0.190	0.188
200	0.186	0.184	0.183	0.181	0.180	0.178	0.176	0.175	0.173	0.172
210	0.170	0.169	0.167	0.166	0.165	0.163	0.162	0.160	0.159	0.158
220	0.156	0.155	0.154	0.153	0.151	0.150	0.149	0.148	0.146	0.145
230	0.144	0.142	0.142	0.141	0.140	0.138	0.137	0.136	0.135	0.134
240	0.133	0.132	0.131	0.130	0.120	0.128	0.127	0.126	0.125	0.124
250	0.123									

注：ε_k—钢号修正系数，其值为 235 与钢材牌号中屈服点数值的比值的平方根，即 $\varepsilon_k=\sqrt{235/f_y}$。

附表 1-13 c 类截面轴心受压构件的稳定系数 φ

λ/ε_k	0	1	2	3	4	5	6	7	8	9
0	1.000	1.000	1.000	0.999	0.999	0.998	0.997	0.996	0.995	0.993
10	0.992	0.990	0.988	0.986	0.983	0.981	0.978	0.976	0.973	0.970
20	0.966	0.959	0.953	0.947	0.940	0.934	0.928	0.921	0.915	0.909
30	0.902	0.896	0.890	0.884	0.877	0.871	0.865	0.858	0.852	0.846
40	0.839	0.833	0.826	0.820	0.814	0.807	0.801	0.794	0.788	0.781
50	0.775	0.768	0.762	0.755	0.748	0.742	0.735	0.729	0.722	0.715
60	0.709	0.702	0.695	0.689	0.682	0.676	0.669	0.662	0.656	0.649
70	0.643	0.636	0.629	0.623	0.616	0.610	0.604	0.597	0.591	0.584
80	0.578	0.572	0.566	0.559	0.553	0.547	0.541	0.535	0.529	0.523
90	0.517	0.511	0.505	0.500	0.494	0.488	0.483	0.447	0.472	0.467
100	0.463	0.458	0.454	0.449	0.445	0.441	0.436	0.432	0.428	0.423
110	0.419	0.415	0.411	0.407	0.403	0.399	0.395	0.391	0.387	0.383
120	0.379	0.375	0.371	0.367	0.364	0.360	0.356	0.353	0.349	0.346
130	0.342	0.339	0.335	0.332	0.328	0.325	0.322	0.319	0.315	0.312
140	0.309	0.306	0.303	0.300	0.297	0.294	0.291	0.288	0.285	0.282
150	0.280	0.277	0.274	0.271	0.269	0.266	0.264	0.261	0.258	0.256

续表

λ/ε_k	0	1	2	3	4	5	6	7	8	9
160	0.254	0.251	0.249	0.246	0.244	0.242	0.239	0.237	0.235	0.233
170	0.230	0.228	0.226	0.224	0.222	0.220	0.218	0.216	0.214	0.212
180	0.210	0.208	0.206	0.205	0.203	0.201	0.199	0.197	0.196	0.194
190	0.192	0.190	0.189	0.187	0.186	0.184	0.182	0.181	0.179	0.178
200	0.176	0.175	0.173	0.172	0.170	0.169	0.168	0.166	0.165	0.163
210	0.162	0.161	0.159	0.158	0.157	0.156	0.154	0.153	0.152	0.151
220	0.150	0.148	0.147	0.146	0.145	0.144	0.143	0.142	0.140	0.139
230	0.138	0.137	0.136	0.135	0.134	0.133	0.132	0.131	0.130	0.129
240	0.128	0.127	0.126	0.125	0.124	0.124	0.123	0.122	0.121	0.120
250	0.119	—	—	—	—	—	—	—	—	—

注：ε_k—钢号修正系数，其值为 235 与钢材牌号中屈服点数值的比值的平方根，即 $\varepsilon_k=\sqrt{235/f_y}$。

附表 1-14　d 类截面轴心受压构件的稳定系数 φ

λ/ε_k	0	1	2	3	4	5	6	7	8	9
0	1.000	1.000	0.999	0.999	0.998	0.996	0.994	0.992	0.990	0.987
10	0.984	0.981	0.978	0.974	0.969	0.965	0.960	0.955	0.949	0.944
20	0.937	0.927	0.918	0.909	0.900	0.891	0.883	0.874	0.865	0.857
30	0.848	0.840	0.831	0.823	0.815	0.807	0.799	0.790	0.782	0.774
40	0.766	0.759	0.751	0.743	0.735	0.728	0.720	0.712	0.705	0.697
50	0.690	0.683	0.675	0.668	0.661	0.654	0.646	0.639	0.632	0.625
60	0.618	0.612	0.605	0.598	0.591	0.585	0.578	0.572	0.565	0.559
70	0.552	0.546	0.540	0.534	0.528	0.522	0.516	0.510	0.504	0.498
80	0.493	0.487	0.481	0.476	0.470	0.465	0.460	0.454	0.449	0.444
90	0.439	0.434	0.429	0.424	0.419	0.414	0.410	0.405	0.401	0.397
100	0.394	0.390	0.387	0.383	0.380	0.376	0.373	0.370	0.366	0.363
110	0.359	0.356	0.353	0.350	0.346	0.343	0.340	0.337	0.334	0.331
120	0.328	0.325	0.322	0.319	0.316	0.313	0.310	0.307	0.304	0.301
130	0.299	0.296	0.293	0.290	0.288	0.285	0.282	0.280	0.277	0.275
140	0.272	0.270	0.267	0.265	0.262	0.260	0.258	0.255	0.253	0.251
150	0.248	0.246	0.244	0.242	0.240	0.237	0.235	0.233	0.231	0.229
160	0.227	0.225	0.223	0.221	0.219	0.217	0.215	0.213	0.212	0.210
170	0.208	0.206	0.204	0.203	0.201	0.199	0.197	0.196	0.194	0.192
180	0.191	0.189	0.188	0.186	0.184	0.183	0.181	0.180	0.178	0.177
190	0.176	0.174	0.173	0.171	0.170	0.168	0.167	0.166	0.164	0.163
200	0.162	—	—	—	—	—	—	—	—	—

注：ε_k—钢号修正系数，其值为 235 与钢材牌号中屈服点数值的比值的平方根，即 $\varepsilon_k=\sqrt{235/f_y}$。

附录 2

型钢规格表

附录 2.1 普通工字钢

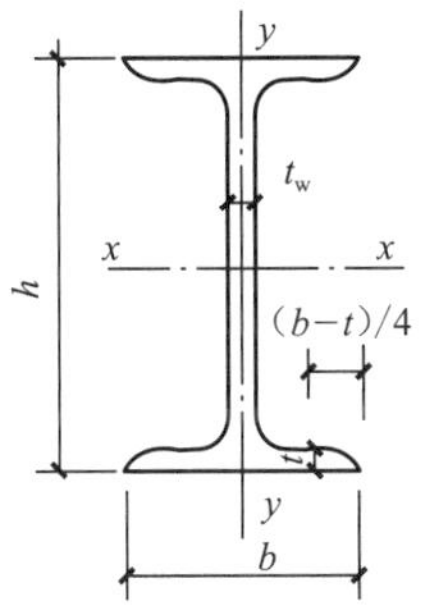

附图 2-1 普通工字钢尺寸

符号：h—高度；b—宽度；t_w—腹板厚度；t—翼缘平均厚度；I—惯性矩；W—截面模量；i—回转半径；S_x—半截面的面积矩。

长度：型号 10～18，长 5～19 m；型号 20～63，长 6～19 m。

附表 2-1 普通工字钢规格

型号		尺寸 h	b	t_w	t	R	截面积	每米质量	$x—x$ 轴 I_x	W_x	i_x	I_x/S_x	$y—y$ 轴 I_y	W_y	i_y
		mm					cm^2	kg/m	cm^4	cm^3	cm		cm^4	cm^3	cm
10		100	68	4.5	7.6	6.5	14.3	11.2	245	49	4.14	8.69	33	9.6	1.51
12.6		126	74	5.0	8.4	7.0	18.1	14.2	488	77	5.19	11.0	47	12.7	1.61
14		140	80	5.5	9.1	7.5	21.5	16.9	712	102	5.75	12.2	64	16.1	1.73
16		160	88	6.0	9.9	8.0	26.1	20.5	1 127	141	6.57	13.9	93	21.1	1.89
18		180	94	6.5	10.7	8.5	30.7	24.1	1 699	185	7.37	15.4	123	26.2	2.00
20	a	200	100	7.0	11.4	9.0	35.5	27.9	2 369	237	8.16	17.4	158	31.6	2.11
	b		102	9.0			39.5	31.1	2 502	250	7.95	17.1	169	33.1	2.07

续表

型号		尺寸					截面积	每米质量	x—x 轴				y—y 轴		
		h	b	t_w	t	R			I_x	W_x	i_x	I_x/S_x	I_y	W_y	i_y
		mm					cm^2	kg/m	cm^4	cm^3	cm		cm^4	cm^3	cm
22	a	220	110	7.5	12.3	9.5	42.1	33.0	3 406	310	8.99	19.2	226	41.1	2.32
	b		112	9.5			46.5	36.5	3 583	326	8.78	18.9	240	42.9	2.27
25	a	250	116	8.0	13.0	10.0	48.5	38.1	5 017	401	10.2	21.7	280	48.4	2.40
	b		118	10.0			53.5	42.0	5 278	422	9.93	21.4	297	50.4	2.36
28	a	280	122	8.5	13.7	10.5	55.4	43.5	7 115	508	11.3	24.3	344	56.4	2.49
	b		124	10.5			61.0	47.9	7 481	534	11.1	24.0	364	58.7	2.44
32	a	320	130	9.5	15.0	11.5	67.1	52.7	11 080	692	12.8	27.7	459	70.6	2.62
	b		132	11.5			73.5	57.7	11 626	727	12.6	27.3	484	73.3	2.57
	c		134	13.5			79.9	62.7	12 173	761	12.3	26.9	510	76.1	2.53
36	a	360	136	10.0	15.8	12.0	76.4	60.0	15 796	878	14.4	31.0	555	81.6	2.69
	b		138	12.0			83.6	65.6	16 574	921	14.1	30.6	584	84.6	2.64
	c		140	14.0			90.8	71.3	17 351	964	13.8	30.2	614	87.7	2.60
40	a	400	142	10.5	16.5	12.5	86.1	67.6	21 714	1 086	15.9	34.4	660	92.9	2.77
	b		144	12.5			94.1	73.8	22 781	1 139	15.6	33.9	693	96.2	2.71
	c		146	14.5			102	80.1	23 847	1 192	15.3	33.5	727	99.7	2.67
45	a	450	150	11.5	18.0	13.5	102	80.4	32 241	1 433	17.7	38.5	855	114	2.89
	b		152	13.5			111	87.4	33 759	1 500	17.4	38.1	895	118	2.84
	c		154	15.5			120	94.5	35 278	1 568	17.1	37.6	938	122	2.79
50	a	500	158	12.0	20.0	14.0	119	93.6	46 472	1 859	19.7	42.9	1 122	142	3.07
	b		160	14.0			129	101	48 556	1 942	19.4	42.3	1 171	146	3.01
	c		162	16.0			139	109	50 639	2 026	19.1	41.9	1 224	151	2.96
56	a	560	166	12.5	21.0	14.5	135	106	65 576	2 342	22.0	47.9	1 366	165	3.18
	b		168	14.5			147	115	68 503	2 447	21.6	47.3	1 424	170	3.12
	c		170	16.5			158	124	71 430	2 551	21.3	46.8	1 485	175	3.07
63	a	630	176	13.0	22.0	15.0	155	122	94 004	2 984	24.7	53.8	1 702	194	3.32
	b		178	15.0			167	131	98 171	3 117	24.2	53.2	1 771	199	3.25
	c		780	17.0			180	141	102 339	3 249	23.9	52.6	1 842	205	3.20

附录 2.2　普通槽钢

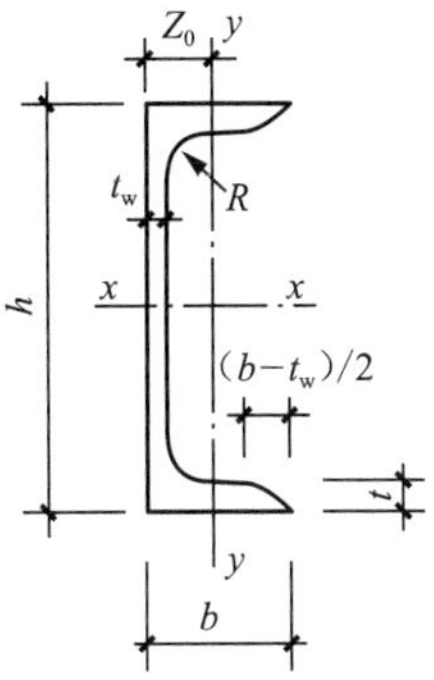

附图 2-2　普通槽钢尺寸

符号：同普通工字钢，但 W_y 为对应翼缘肢尖的截面模量。

长度：型号 5～8，长 5～12 m；型号 10～18，长 5～19 m；型号 20～40，长 6～19 m。

附表 2-2　普通槽钢规格

型号		尺寸					截面积	每米质量	x—x 轴			y—y 轴			y_1—y_1 轴	z_0
		h	b	t_w	t	R			I_x	W_x	i_x	I_y	W_y	i_y	I_{y1}	
		mm					cm^2	kg/m	cm^4	cm^3	cm	cm^4	cm^3	cm	cm^4	cm
5		50	37	4.5	7.0	7.0	6.92	5.44	26	10.4	1.94	8.3	3.5	1.10	20.9	1.35
6.3		63	40	4.8	7.5	7.5	8.45	6.63	51	16.3	2.46	11.9	4.6	1.19	28.3	1.39
8		80	43	5.0	8.0	8.0	10.24	8.04	101	25.3	3.14	16.6	5.8	1.27	37.4	1.42
10		100	48	5.3	8.5	8.5	12.74	10.00	198	39.7	3.94	25.6	7.8	1.42	54.9	1.52
12.6		126	53	5.5	9.0	9.0	15.69	12.31	389	61.7	4.98	38.0	10.3	1.56	77.8	1.59
14	a	140	58	6.0	9.5	9.5	18.51	14.53	564	80.5	5.52	53.2	13.0	1.70	107.2	1.71
	b		60	8.0	9.5	9.5	21.31	16.73	609	87.1	5.35	61.2	14.1	1.69	120.6	1.67
16	a	160	63	6.5	10.0	10.0	21.95	17.23	866	108.3	6.28	73.4	16.3	1.83	144.1	1.79
	b		65	8.5	10.0	10.0	25.15	19.75	935	116.8	6.10	83.4	17.6	1.82	160.8	1.75
18	a	180	68	7.0	10.5	10.5	25.69	20.17	1 273	141.4	7.04	98.6	20.0	1.96	189.7	1.88
	b		70	9.0	10.5	10.5	29.29	22.99	1 370	152.2	6.84	111.0	21.5	1.95	210.1	1.84
20	a	200	73	7.0	11.0	11.0	28.83	22.63	1 780	178.0	7.86	128.0	24.2	2.11	244.0	2.01
	b		75	9.0	11.0	11.0	32.83	25.77	1 914	191.4	7.64	143.6	25.9	2.09	268.4	1.95
22	a	220	77	7.0	11.5	11.5	31.84	24.99	2 394	217.6	8.67	157.8	28.2	2.23	298.2	2.10
	b		79	9.0	11.5	11.5	36.24	28.45	2 571	233.8	8.42	176.5	30.1	2.21	326.3	2.03
25	a	250	78	7.0	12.0	12.0	34.91	27.40	3 359	268.7	9.81	175.9	30.7	2.24	324.8	2.07
	b		80	9.0	12.0	12.0	39.91	31.33	3 619	289.6	9.52	196.4	32.7	2.22	355.1	1.99
	c		82	11.0	12.0	12.0	44.91	35.25	3 880	310.4	9.30	215.9	34.6	2.19	388.6	1.96

续表

型号		尺寸					截面积	每米质量	x—x 轴			y—y 轴			y_1—y_1 轴	z_0
		h	b	t_w	t	R			I_x	W_x	i_x	I_y	W_y	i_y	I_{y1}	
		mm					cm^2	kg/m	cm^4	cm^3	cm	cm^4	cm^3	cm	cm^4	cm
28	a	280	82	7.5	12.5	12.5	40.02	31.42	4 753	339.5	10.90	217.9	35.7	2.33	393.3	2.09
	b		84	9.5	12.5	12.5	45.62	35.81	5 118	365.6	10.59	241.5	37.9	2.30	428.5	2.02
	c		86	11.5	12.5	12.5	51.22	40.21	5 484	391.7	10.35	264.1	40.0	2.27	467.3	1.99
32	a	320	88	8.0	14.0	14.0	48.50	38.07	7 511	469.4	12.44	304.7	46.4	2.51	547.5	2.24
	b		90	10.0	14.0	14.0	54.90	43.10	8 057	503.5	12.11	335.6	49.1	2.47	592.9	2.16
	c		92	12.0	14.0	14.0	61.30	48.12	8 603	537.7	11.85	365.0	51.6	2.44	642.7	2.13
36	a	360	96	9.0	16.0	16.0	60.89	47.80	11 874	659.7	13.96	455.0	63.6	2.73	818.5	2.44
	b		98	11.0	16.0	16.0	68.09	53.45	12 652	702.9	13.63	496.7	66.9	2.70	880.5	2.37
	c		100	13.0	16.0	16.0	75.29	59.10	13 429	746.1	13.36	536.6	70.0	2.67	948.0	2.34
40	a	400	100	10.5	18.0	18.0	75.04	58.91	17 578	878.9	15.30	592.0	78.8	2.81	1 057.9	2.49
	b		102	12.5	18.0	18.0	83.04	65.19	18 644	932.2	14.98	640.6	82.6	2.78	1 135.8	2.44
	c		104	14.5	18.0	18.0	91.04	71.47	19 711	985.6	14.71	687.8	86.2	2.75	1 220.3	2.42

附录 2.3 等边角钢

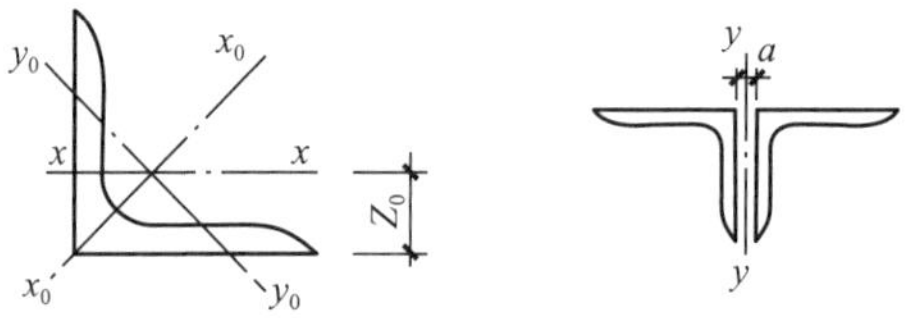

单角钢　　双角钢

附图 2-3 等边角钢尺寸

附表 2-3 等边角钢规格

型号		圆角 R	重心矩 Z_0	截面积 A	每米质量	惯性矩 I_x	截面模量		回转半径			i_y，当 a 为下列数值				
							W_x^{max}	W_x^{min}	i_x	i_{x0}	i_{y0}	6 mm	8 mm	10 mm	12 mm	14 mm
		mm		cm^2	kg/m	cm^4	cm^3		cm			cm				
∟20×	3	3.5	6.0	1.13	0.89	0.40	0.66	0.29	0.59	0.75	0.39	1.08	1.17	1.25	1.34	1.43
	4		6.4	1.46	1.15	0.50	0.78	0.36	0.58	0.73	0.38	1.11	1.19	1.28	1.37	1.46
∟25×	3	3.5	7.3	1.43	1.12	0.82	1.12	0.46	0.76	0.95	0.49	1.27	1.36	1.44	1.53	1.61
	4		7.6	1.86	1.46	1.03	1.34	0.59	0.74	0.93	0.48	1.30	1.38	1.47	1.55	1.64

续表

型号		圆角 R	重心矩 Z_0	截面积 A	每米质量	惯性矩 I_x	截面模量 W_x^{max}	截面模量 W_x^{min}	回转半径 i_x	回转半径 i_{x0}	回转半径 i_{y0}	i_y，当 a 为下列数值 6 mm	8 mm	10 mm	12 mm	14 mm
		mm		cm^2	kg/m	cm^4	cm^3		cm			cm				
∟30×	3	4.5	8.5	1.75	1.37	1.46	1.72	0.68	0.91	1.15	0.59	1.47	1.55	1.63	1.71	1.80
	4		8.9	2.28	1.79	1.84	2.08	0.87	0.90	1.13	0.58	1.49	1.57	1.65	1.74	1.82
∟36×	3	4.5	10.0	2.11	1.66	2.58	2.59	0.99	1.11	1.39	0.71	1.70	1.78	1.86	1.94	2.03
	4		10.4	2.76	2.16	3.29	3.18	1.28	1.09	1.38	0.70	1.73	1.80	1.89	1.97	2.05
	5		10.7	2.38	2.65	3.95	3.68	1.56	1.08	1.36	0.70	1.75	1.83	1.91	1.99	2.08
∟40×	3	5	10.9	2.36	1.85	3.59	3.28	1.23	1.23	1.55	0.79	1.86	1.94	2.01	2.09	2.18
	4		11.3	3.09	2.42	4.60	4.05	1.60	1.22	1.54	0.79	1.88	1.96	2.04	2.12	2.20
	5		11.7	3.79	2.98	5.53	4.72	1.96	1.21	1.52	0.78	1.90	1.98	2.06	2.14	2.23
∟45×	3	5	12.2	2.66	2.09	5.17	4.25	1.58	1.39	1.76	0.90	2.06	2.14	2.21	2.29	2.37
	4		12.6	3.49	2.74	6.65	5.29	2.05	1.38	1.74	0.89	2.08	2.16	2.24	2.32	2.40
	5		13.0	4.29	3.37	8.04	6.20	2.51	1.37	1.72	0.88	2.10	2.18	2.26	2.34	2.42
	6		13.3	5.08	3.99	9.33	6.99	2.95	1.36	1.71	0.88	2.12	2.20	2.28	2.36	2.44
∟50×	3	5.5	13.4	2.97	2.33	7.18	5.36	1.96	1.55	1.96	1.00	2.26	2.33	2.41	2.48	2.56
	4		13.8	3.90	3.06	9.26	6.70	2.56	1.54	1.94	0.99	2.28	2.36	2.43	2.51	2.59
	5		14.2	4.80	3.77	11.21	7.90	3.13	1.53	1.92	0.98	2.30	2.38	2.45	2.53	2.61
	6		14.6	5.69	4.46	13.05	8.95	3.68	1.51	1.91	0.98	2.32	2.40	2.48	2.56	2.64
∟56×	3	6	14.8	3.34	2.62	10.19	6.86	2.48	1.75	2.20	1.13	2.50	2.57	2.64	2.72	2.80
	4		15.3	4.39	3.45	13.18	8.63	3.24	1.73	2.18	1.11	2.52	2.59	2.67	2.74	2.82
	5		15.7	5.42	4.25	16.02	10.22	3.97	1.72	2.17	1.10	2.54	2.61	2.69	2.77	2.85
	8		16.8	8.37	6.57	23.63	14.06	6.03	1.68	2.11	1.09	2.60	2.67	2.75	2.83	2.91
∟63×	4	7	17.0	4.98	3.91	19.03	11.22	4.13	1.96	2.46	1.26	2.79	2.87	2.94	3.02	3.09
	5		17.4	6.14	4.82	23.17	13.33	5.08	1.94	2.45	1.25	2.82	2.89	2.96	3.04	3.12
	6		17.8	7.29	5.72	27.12	15.26	6.00	1.93	2.43	1.24	2.83	2.91	2.98	3.06	3.14
	8		18.5	9.51	7.47	34.45	18.59	7.75	1.90	2.39	1.23	2.87	2.95	3.03	3.10	3.18
	10		19.3	11.66	9.15	41.09	21.34	9.39	1.88	2.36	1.22	2.91	2.99	3.07	3.15	3.23
∟70×	4	8	18.6	5.57	4.37	26.39	14.16	5.14	2.18	2.74	1.40	3.07	3.14	3.21	3.29	3.36
	5		19.1	6.88	5.40	32.21	16.89	6.32	2.16	2.73	1.39	3.09	3.16	3.24	3.31	3.39
	6		19.5	8.16	6.41	37.77	19.39	7.48	2.15	2.71	1.38	3.11	3.18	3.26	3.33	3.41
	7		19.9	9.42	7.40	43.09	21.68	8.59	2.14	2.69	1.38	3.13	3.20	3.28	3.36	3.43
	8		20.3	10.67	8.37	48.17	23.79	9.68	2.13	2.68	1.37	3.15	3.22	3.30	3.38	3.46
∟75×	5	9	20.3	7.41	5.82	39.96	19.73	7.30	2.32	2.92	1.50	3.29	3.36	3.43	3.50	3.58
	6		20.7	8.80	6.91	46.91	22.69	8.63	2.31	2.91	1.49	3.31	3.38	3.45	3.53	3.60
	7		21.1	10.16	7.98	53.57	25.42	9.93	2.30	2.89	1.48	3.33	3.40	3.47	3.55	3.63
	8		21.5	11.50	9.03	59.96	27.93	11.20	2.28	2.87	1.47	3.35	3.42	3.50	3.57	3.65
	10		22.2	14.13	11.09	71.98	32.40	13.64	2.26	2.84	1.46	3.38	3.46	3.54	3.61	3.69

续表

型号		圆角 R	重心矩 Z_0	截面积 A	每米质量	惯性矩 I_x	截面模量		回转半径			i_y，当 a 为下列数值				
							W_x^{max}	W_x^{min}	i_x	i_{x0}	i_{y0}	6 mm	8 mm	10 mm	12 mm	14 mm
		mm		cm^2	kg/m	cm^4	cm^3		cm			cm				
∟80×	5	9	21.5	7.91	6.21	48.79	22.70	8.34	2.48	3.13	1.60	3.49	3.56	3.63	3.71	3.78
	6		21.9	9.40	7.38	57.35	26.16	9.87	2.47	3.11	1.59	3.51	3.58	3.65	3.73	3.80
	7		22.3	10.86	8.53	65.58	29.38	11.37	2.46	3.10	1.58	3.53	3.60	3.67	3.75	3.83
	8		22.7	12.30	9.66	73.50	32.36	12.83	2.44	3.08	1.57	3.55	3.62	3.70	3.77	3.85
	10		23.5	15.13	11.87	88.43	37.68	15.64	2.42	3.04	1.56	3.58	3.66	3.74	3.81	3.89
∟90×	6	10	24.4	10.64	8.35	82.77	33.99	12.61	2.79	3.51	1.80	3.91	3.98	4.05	4.12	4.20
	7		24.8	12.30	9.66	94.83	38.28	14.54	2.78	3.50	1.78	3.93	4.00	4.07	4.14	4.22
	8		25.2	13.94	10.95	106.5	42.30	16.42	2.76	3.48	1.78	3.95	4.02	4.09	4.17	4.24
	10		25.9	17.17	13.48	128.6	49.57	20.07	2.74	3.45	1.76	3.98	4.06	4.13	4.21	4.28
	12		26.7	20.31	15.94	149.2	55.93	23.57	2.71	3.41	1.75	4.02	4.09	4.17	4.25	4.32
∟100×	6	12	26.7	11.93	9.37	115.0	43.04	15.68	3.10	3.91	2.00	4.30	4.37	4.44	4.51	4.58
	7		27.1	13.80	10.83	131.0	48.57	18.10	3.09	3.89	1.99	4.32	4.39	4.46	4.53	4.61
	8		27.6	15.64	12.28	148.2	53.78	20.47	3.08	3.88	1.98	4.34	4.41	4.48	4.55	4.63
	10		28.4	19.26	15.12	179.5	63.29	25.06	3.05	3.84	1.96	4.38	4.45	4.52	4.60	4.67
	12		29.1	22.80	17.90	208.9	71.72	29.47	3.03	3.81	1.95	4.41	4.49	4.56	4.64	4.71
	14		29.9	26.26	20.61	236.5	79.19	33.73	3.00	3.77	1.94	4.45	4.53	4.60	4.68	4.75
	16		30.6	29.63	23.26	262.5	85.81	37.82	2.98	3.74	1.93	4.49	4.56	4.64	4.72	4.80
∟110×	7	12	29.6	15.20	11.93	177.2	59.78	22.05	3.41	4.30	2.20	4.72	4.79	4.86	4.94	5.01
	8		30.1	17.24	13.53	199.5	66.36	24.95	3.40	4.28	2.19	4.74	4.81	4.88	4.96	5.03
	10		30.9	21.26	16.69	242.2	78.48	30.60	3.38	4.25	2.17	4.78	4.85	4.92	5.00	5.07
	12		31.6	25.20	19.78	282.6	89.34	36.05	3.35	4.22	2.15	4.82	4.89	4.96	5.04	5.11
	14		32.4	29.06	22.81	320.7	99.07	41.31	3.32	4.18	2.14	4.85	4.93	5.00	5.08	5.15
∟125×	8	14	33.7	19.75	15.50	297.0	88.20	32.52	3.88	4.88	2.50	5.34	5.41	5.48	5.55	5.62
	10		34.5	24.37	19.13	361.7	104.8	39.97	3.85	4.85	2.48	5.38	5.45	5.52	5.59	5.66
	12		35.3	28.91	22.70	423.2	119.9	47.17	3.83	4.82	2.46	5.41	5.48	5.56	5.63	5.70
	14		36.1	33.37	26.19	481.7	133.6	54.16	3.80	4.78	2.45	5.45	5.52	5.59	5.67	5.74
∟140×	10	14	38.2	27.37	21.49	514.7	134.6	50.58	4.34	5.46	2.78	5.98	6.05	6.12	6.20	6.27
	12		39.0	32.51	25.52	603.7	154.6	59.80	4.31	5.43	2.77	6.02	6.09	6.16	6.23	6.31
	14		39.8	37.57	29.49	688.8	173.0	68.75	4.28	5.40	2.75	6.06	6.13	6.20	6.27	6.34
	16		40.6	42.54	33.39	770.2	189.9	77.46	4.26	5.36	2.74	6.09	6.16	6.23	6.31	6.38
∟160×	10	16	43.1	31.50	24.73	779.5	180.8	66.70	4.97	6.27	3.20	6.78	6.85	6.92	6.99	7.06
	12		43.9	37.44	29.39	916.6	208.6	78.98	4.95	6.24	3.18	6.82	6.89	6.96	7.03	7.10
	14		44.7	43.30	33.99	1 048	234.4	90.95	4.92	6.20	3.16	6.86	6.93	7.00	7.07	7.14
	16		45.5	49.07	38.52	1 175	258.3	102.6	4.89	6.17	3.14	6.89	6.96	7.03	7.10	7.18
∟180×	12	16	48.9	42.24	33.16	1 321	270.0	100.8	5.59	7.05	3.58	7.63	7.70	7.77	7.84	7.91
	14		49.7	48.90	38.38	1 514	304.6	116.3	5.57	7.02	3.57	7.67	7.74	7.81	7.88	7.95
	16		50.5	55.47	43.54	1 701	336.9	131.4	5.54	6.98	3.55	7.70	7.77	7.84	7.91	7.98
	18		51.3	61.95	48.63	1 881	367.1	146.1	5.51	6.94	3.53	7.73	7.80	7.87	7.95	8.02

续表

型号		圆角 R	重心矩 Z_0	截面积 A	每米质量	惯性矩 I_x	截面模量		回转半径			i_y，当 a 为下列数值				
							W_x^{max}	W_x^{min}	i_x	i_{x0}	i_{y0}	6 mm	8 mm	10 mm	12 mm	14 mm
		mm		cm^2	kg/m	cm^4	cm^3		cm			cm				
∟200×	14	18	54.6	54.64	42.89	2 104	385.1	144.7	6.20	7.82	3.98	8.47	8.54	8.61	8.67	8.75
	16		55.4	62.01	48.68	2 366	427.0	163.7	6.18	7.79	3.96	8.50	8.57	8.64	8.71	8.78
	18		56.2	69.30	54.40	2 621	466.5	182.2	6.15	7.75	3.94	8.53	8.60	8.67	8.75	8.82
	20		56.9	76.50	60.06	2 867	503.6	200.4	6.12	7.72	3.93	8.57	8.64	8.71	8.78	8.85
	24		58.4	90.66	71.17	3 338	571.5	235.8	6.07	7.64	3.90	8.63	8.71	8.78	8.85	8.92

附录 2.4 不等边角钢

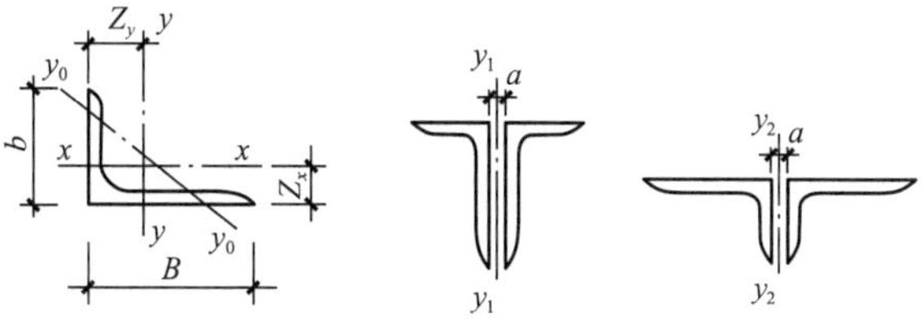

单角钢　　双角钢

附图 2-4 不等边角钢尺寸

附表 2-4 不等边角钢规格 单位：mm

角钢型号 $B \cdot b \cdot t$		圆角 R	重心矩		截面积 A	每米质量	回转半径			i_{y1}，当 a 为下列数值				i_{y2}，当 a 为下列数值			
			Z_x	Z_y			i_x	i_y	i_{y0}	6 mm	8 mm	10 mm	12 mm	6 mm	8 mm	10 mm	12 mm
		mm			cm^2	kg/m	cm			cm				cm			
∟25×16×	3	3.5	4.2	8.6	1.16	0.91	0.44	0.78	0.34	0.84	0.93	1.02	1.11	1.40	1.48	1.57	1.65
	4		4.6	9.0	1.50	1.18	0.43	0.77	0.34	0.87	0.96	1.05	1.14	1.42	1.51	1.60	1.68
∟32×20×	3	3.5	4.9	10.8	1.49	1.17	0.55	1.01	0.43	0.97	1.05	1.14	1.23	1.71	1.79	1.88	1.96
	4		5.3	11.2	1.94	1.52	0.54	1.00	0.43	0.99	1.08	1.16	1.25	1.74	1.82	1.90	1.99
∟40×25×	3	4	5.9	13.2	1.89	1.48	0.70	1.28	0.54	1.13	1.21	1.30	1.38	2.07	2.14	2.23	2.31
	4		6.3	13.7	2.47	1.94	0.69	1.26	0.54	1.16	1.24	1.32	1.41	2.09	2.17	2.25	2.34
∟45×28×	3	5	6.4	14.7	2.15	1.69	0.79	1.44	0.61	1.23	1.31	1.39	1.47	2.28	2.36	2.44	2.52
	4		6.8	15.1	2.81	2.20	0.78	1.43	0.60	1.25	1.33	1.41	1.50	2.31	2.39	2.47	2.55
∟50×32×	3	5.5	7.3	16.0	2.43	1.91	0.91	1.60	0.70	1.38	1.45	1.53	1.61	2.49	2.56	2.64	2.72
	4		7.7	16.5	3.18	2.49	0.90	1.59	0.69	1.40	1.47	1.55	1.64	2.51	2.59	2.67	2.75

续表

角钢型号 $B \cdot b \cdot t$		圆角 R	重心矩		截面积 A	每米质量	回转半径			i_{y1}，当 a 为下列数值				i_{y2}，当 a 为下列数值			
			Z_x	Z_y			i_x	i_y	i_{y0}	6 mm	8 mm	10 mm	12 mm	6 mm	8 mm	10 mm	12 mm
		mm			cm²	kg/m	cm			cm				cm			
∟56×36×	3	6	8.0	17.8	2.74	2.15	1.03	1.80	0.79	1.51	1.59	1.66	1.74	2.75	2.82	2.90	2.98
	4		8.5	18.2	3.59	2.82	1.02	1.79	0.78	1.53	1.61	1.69	1.77	2.77	2.85	2.93	3.01
	5		8.8	18.7	4.42	3.47	1.01	1.77	0.78	1.56	1.63	1.71	1.79	2.80	2.88	2.96	3.04
∟63×40×	4	7	9.2	20.4	4.06	3.19	1.14	2.02	0.88	1.66	1.74	1.81	1.89	3.09	3.16	3.24	3.32
	5		9.5	20.8	4.99	3.92	1.12	2.00	0.87	1.68	1.76	1.84	1.92	3.11	3.19	3.27	3.35
	6		9.9	21.2	5.91	4.64	1.11	1.99	0.86	1.71	1.78	1.86	1.94	3.13	3.21	3.29	3.37
	7		10.3	21.6	6.80	5.34	1.10	1.96	0.86	1.73	1.80	1.88	1.97	3.15	3.23	3.30	3.39
∟70×45×	4	7.5	10.2	22.3	4.55	3.57	1.29	2.25	0.99	1.84	1.91	1.99	2.07	3.39	3.46	3.54	3.62
	5		10.6	22.8	5.61	4.40	1.28	2.23	0.98	1.86	1.94	2.01	2.09	3.41	3.49	3.57	3.64
	6		11.0	23.2	6.64	5.22	1.26	2.22	0.97	1.88	1.96	2.04	2.11	3.44	3.51	3.59	3.67
	7		11.3	23.6	7.66	6.01	1.25	2.20	0.97	1.90	1.98	2.06	2.14	3.46	3.54	3.61	3.69
∟75×50×	5	8	11.7	24.0	6.13	4.81	1.43	2.39	1.09	2.06	2.13	2.20	2.28	3.60	3.68	3.76	3.83
	6		12.1	24.4	7.26	5.70	1.42	2.38	1.08	2.08	2.15	2.23	2.30	3.63	3.70	3.78	3.86
	8		12.9	25.2	9.47	7.43	1.40	2.35	1.07	2.12	2.19	2.27	2.35	3.67	3.75	3.83	3.91
	10		13.6	26.0	11.6	9.10	1.38	2.33	1.06	2.16	2.24	2.31	2.40	3.71	3.79	3.87	3.96
∟80×50×	5	8	11.4	26.0	6.38	5.00	1.42	2.57	1.10	2.02	2.09	2.17	2.24	3.88	3.95	4.03	4.10
	6		11.8	26.5	7.56	5.93	1.41	2.55	1.09	2.04	2.11	2.19	2.27	3.90	3.98	4.05	4.13
	7		12.1	26.9	8.72	6.85	1.39	2.54	1.08	2.06	2.13	2.21	2.29	3.92	4.00	4.08	4.16
	8		12.5	27.3	9.87	7.75	1.38	2.52	1.07	2.08	2.15	2.23	2.31	3.94	4.02	4.10	4.18
∟90×56×	5	9	12.5	29.1	7.21	5.66	1.59	2.90	1.23	2.22	2.29	2.36	2.44	4.32	4.39	4.47	4.55
	6		12.9	29.5	8.56	6.72	1.58	2.88	1.22	2.24	2.31	2.39	2.46	4.34	4.42	4.50	4.57
	7		13.3	30.0	9.88	7.76	1.57	2.87	1.22	2.26	2.33	2.41	2.49	4.37	4.44	4.52	4.60
	8		13.6	30.4	11.2	8.78	1.56	2.85	1.21	2.28	2.35	2.43	2.51	4.39	4.47	4.54	4.62
∟100×63×	6	10	14.3	32.4	9.62	7.55	1.79	3.21	1.38	2.49	2.56	2.63	2.71	4.77	4.85	4.92	5.00
	7		14.7	32.8	11.1	8.72	1.78	3.20	1.37	2.51	2.58	2.65	2.73	4.80	4.87	4.95	5.03
	8		15.0	33.2	12.6	9.88	1.77	3.18	1.37	2.53	2.60	2.67	2.75	4.82	4.90	4.97	5.05
	10		15.8	34.0	15.5	12.1	1.75	3.15	1.35	2.57	2.64	2.72	2.79	4.86	4.94	5.02	5.10
∟100×80×	6	10	19.7	29.5	10.6	8.35	2.40	3.17	1.73	3.31	3.38	3.45	3.52	4.54	4.62	4.69	4.76
	7		20.1	30.0	12.3	9.66	2.39	3.16	1.71	3.32	3.39	3.47	3.54	4.57	4.64	4.71	4.79
	8		20.5	30.4	13.9	10.9	2.37	3.15	1.71	3.34	3.41	3.49	3.56	4.59	4.66	4.73	4.81
	10		21.3	31.2	17.2	13.5	2.35	3.12	1.69	3.38	3.45	3.53	3.60	4.63	4.70	4.78	4.85

续表

角钢型号 $B \cdot b \cdot t$		圆角 R	重心矩		截面积 A	每米质量	回转半径			i_{y1}，当 a 为下列数值				i_{y2}，当 a 为下列数值			
			Z_x	Z_y			i_x	i_y	i_{y0}	6 mm	8 mm	10 mm	12 mm	6 mm	8 mm	10 mm	12 mm
		mm			cm^2	kg/m	cm			cm				cm			
∟110×70×	6	10	15.7	35.3	10.6	8.35	2.01	3.54	1.54	2.74	2.81	2.88	2.96	5.21	5.29	5.36	5.44
	7		16.1	35.7	12.3	9.66	2.00	3.53	1.53	2.76	2.83	2.90	2.98	5.24	5.31	5.39	5.46
	8		16.5	36.2	13.9	10.9	1.98	3.51	1.53	2.78	2.85	2.92	3.00	5.26	5.34	5.41	5.49
	10		17.2	37.0	17.2	13.5	1.96	3.48	1.51	2.82	2.89	2.96	3.04	5.30	5.38	5.46	5.53
∟125×80×	7	11	18.0	40.1	14.1	11.1	2.30	4.02	1.76	3.11	3.18	3.25	3.33	5.90	5.97	6.04	6.12
	8		18.4	40.6	16.0	12.6	2.29	4.01	1.75	3.13	3.20	3.27	3.35	5.92	5.99	6.07	6.14
	10		19.2	41.4	19.7	15.5	2.26	3.98	1.74	3.17	3.24	3.31	3.39	5.96	6.04	6.11	6.19
	12		20.0	42.2	23.4	18.3	2.24	3.95	1.72	3.21	3.28	3.35	3.43	6.00	6.08	6.16	6.23
∟140×90×	8	12	20.4	45.0	18.0	14.2	2.59	4.50	1.98	3.49	3.56	3.63	3.70	6.58	6.65	6.73	6.80
	10		21.2	45.8	22.3	17.5	2.56	4.47	1.96	3.52	3.59	3.66	3.73	6.62	6.70	6.77	6.85
	12		21.9	46.6	26.4	20.7	2.54	4.44	1.95	3.56	3.63	3.70	3.77	6.66	6.74	6.81	6.89
	14		22.7	47.4	30.5	23.9	2.51	4.42	1.94	3.59	3.66	3.74	3.81	6.70	6.78	6.86	6.93
∟160×100×	10	13	22.8	52.4	25.3	19.9	2.85	5.14	2.19	3.84	3.91	3.98	4.05	7.55	7.63	7.70	7.78
	12		23.6	53.2	30.1	23.6	2.82	5.11	2.18	3.87	3.94	4.01	4.09	7.60	7.67	7.75	7.82
	14		24.3	54.0	34.7	27.2	2.80	5.08	2.16	3.91	3.98	4.05	4.12	7.64	7.71	7.79	7.86
	16		25.1	54.8	39.3	30.8	2.77	5.05	2.15	3.94	4.02	4.09	4.16	7.68	7.75	7.83	7.90
∟180×110×	10	14	24.4	58.9	28.4	22.3	3.13	5.81	2.42	4.16	4.23	4.30	4.36	8.49	8.56	8.63	8.71
	12		25.2	59.8	33.7	26.5	3.10	5.78	2.40	4.19	4.26	4.33	4.40	8.53	8.60	8.68	8.75
	14		25.9	60.6	39.0	30.6	3.08	5.75	2.39	4.23	4.30	4.37	4.44	8.57	8.64	8.72	8.79
	16		26.7	61.4	44.1	34.6	3.05	5.72	2.37	4.26	4.33	4.40	4.47	8.61	8.68	8.76	8.84
∟200×125×	12	14	28.3	65.4	37.9	29.8	3.57	6.44	2.75	4.75	4.82	4.88	4.95	9.39	9.47	9.54	9.62
	14		29.1	66.2	43.9	34.4	3.54	6.41	2.73	4.78	4.85	4.92	4.99	9.43	9.51	9.58	9.66
	16		29.9	67.0	49.7	39.0	3.52	6.38	2.71	4.81	4.88	4.95	5.02	9.47	9.55	9.62	9.70
	18		30.6	67.8	55.5	43.6	3.49	6.35	2.70	4.85	4.92	4.99	5.06	9.51	9.59	9.66	9.74

注：一个角钢的惯性矩 $I_x = Ai_x^2$，$I_y = Ai_y^2$；一个角钢的截面模量 $W_x^{max} = I_x / Z_x$，$W_x^{min} = I_x / (b - Z_x)$；$W_y^{max} = I_y / Z_y$，$W_y^{min} = I_y / (B - Z_y)$。

附录 2.5　H 型钢

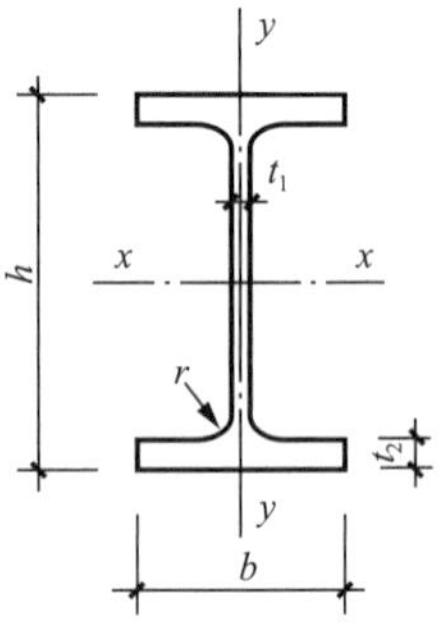

附图 2-5　H 型钢尺寸

符号：h—高度；b—宽度；t_1—腹板厚度；t_2—翼缘厚度；I—惯性矩；W—截面模量；i—回转半径；S_x—半截面的面积矩。

附表 2-5　H 型钢规格

类别	H 型钢规格 ($h \cdot b \cdot t_1 \cdot t_2$)	截面积 A	每米质量 q	x—x 轴			y—y 轴		
				I_x	W_x	i_x	I_y	W_y	i_y
		cm^2	kg/m	cm^4	cm^3	cm	cm^4	cm^3	cm
HW	100×100×6×8	21.90	17.2	383	76.5	4.18	134	26.7	2.47
	125×125×6.5×9	30.31	23.8	847	136	5.29	294	47.0	3.11
	150×150×7×10	40.55	31.9	1 660	221	6.39	564	75.1	3.73
	175×175×7.5×11	51.43	40.3	2 900	331	7.50	984	112	4.37
	200×200×8×12	64.28	50.5	4 770	477	8.61	1 600	160	4.99
	#200×204×12×12	72.28	56.7	5 030	503	8.35	1 700	167	4.85
	250×250×9×14	92.18	72.4	10 800	867	10.8	3 650	292	6.29
	#250×255×14×14	104.7	82.2	11 500	919	10.5	3 880	304	6.09
	#294×302×12×12	108.3	85.0	17 000	1 160	12.5	5 520	365	7.14
	300×300×10×15	120.4	94.5	20 500	1 370	13.1	6 760	450	7.49
	300×305×15×15	135.4	106	21 600	1 440	12.6	7 100	466	7.24
	#344×348×10×16	146.0	115	33 300	1 940	15.1	11 200	646	8.78
	350×350×12×19	173.9	137	40 300	2 300	15.2	13 600	776	8.84
	#388×402×15×15	179.2	141	49 200	2 540	16.6	16 300	809	9.52
	#394×398×11×18	187.6	147	56 400	2 860	17.3	18 900	951	10.0
	400×400×13×21	219.5	172	66 900	3 340	17.5	22 400	1 120	10.1
	#400×408×21×21	251.5	197	71 100	3 560	16.8	23 800	1 170	9.73
	#414×405×18×28	296.2	233	93 000	4 490	17.7	31 000	1 530	10.2
	#428×407×20×35	361.4	284	119 000	5 580	18.2	39 400	1 930	10.4

续表

类别	H 型钢规格 $(h \cdot b \cdot t_1 \cdot t_2)$	截面积 A	每米质量 q	x—x 轴			y—y 轴		
				I_x	W_x	i_x	I_y	W_y	i_y
		cm^2	kg/m	cm^4	cm^3	cm	cm^4	cm^3	cm
HM	148×100×6×9	27.25	21.4	1 040	140	6.17	151	30.2	2.35
	194×150×6×9	39.76	31.2	2 740	283	8.30	508	67.7	3.57
	244×175×7×11	56.24	44.1	6 120	502	10.4	985	113	4.18
	294×200×8×12	73.03	57.3	11 400	779	12.5	1 600	160	4.69
	340×250×9×14	101.5	79.7	21 700	1 280	14.6	3 650	292	6.00
	390×300×10×16	136.7	107	38 900	2 000	16.9	7 210	481	7.26
	440×300×11×18	157.4	124	56 100	2 550	18.9	8 110	541	7.18
	482×300×11×15	146.4	115	60 800	2 520	20.4	6 770	451	6.80
	488×300×11×18	164.4	129	71 400	2 930	20.8	8 120	541	7.03
	582×300×12×17	174.5	137	103 000	3 530	24.3	7 670	511	6.63
	588×300×12×20	192.5	151	118 000	4 020	24.8	9 020	601	6.85
	#594×302×14×23	222.4	175	137 000	4 620	24.9	10 600	701	6.90
HN	100×50×5×7	12.16	9.54	192	38.5	3.98	14.9	5.96	1.11
	125×60×6×8	17.01	13.3	417	66.8	4.95	29.3	9.75	1.31
	150×75×5×7	18.16	14.3	679	90.6	6.12	49.6	13.2	1.65
	175×90×5×8	23.21	18.2	1 220	140	7.26	97.6	21.7	2.05
	198×99×4.5×7	23.59	18.5	1 610	163	8.27	114	23.0	2.20
	200×100×5.5×8	27.57	21.7	1 880	188	8.25	134	26.8	2.21
	248×124×5×8	32.89	25.8	3 560	287	10.4	255	41.1	2.78
	250×125×6×9	37.87	29.7	4 080	326	10.4	294	47.0	2.79
	298×149×5.5×8	41.55	32.6	6 460	433	12.4	443	59.4	3.26
	300×150×6.5×9	47.53	37.3	7 350	490	12.4	508	67.7	3.27
	346×174×6×9	53.19	41.8	11 200	649	14.5	792	91.0	3.86
	350×175×7×11	63.66	50.0	13 700	782	14.7	985	113	3.93
	#400×150×8×13	71.12	55.8	18 800	942	16.3	734	97.9	3.21
	396×199×7×11	72.16	56.7	20 000	1 010	16.7	1 450	145	4.48
	400×200×8×13	84.12	66.0	23 700	1 190	16.8	1 740	174	4.54
	#450×150×9×14	83.41	65.5	27 100	1200	18.0	793	106	3.08
	446×199×8×12	84.95	66.7	29 000	1 300	18.5	1 580	159	4.31
	450×200×9×14	97.41	76.5	33 700	1 500	18.6	1 870	187	4.38
	#500×150×10×16	98.23	77.1	38 500	1540	19.8	907	121	3.04

续表

类别	H 型钢规格 ($h \cdot b \cdot t_1 \cdot t_2$)	截面积 A	每米质量 q	x—x 轴			y—y 轴		
				I_x	W_x	i_x	I_y	W_y	i_y
		cm^2	kg/m	cm^4	cm^3	cm	cm^4	cm^3	cm
HN	496×199×9×14	101.3	79.5	41 900	1 690	20.3	1 840	185	4.27
	500×200×10×16	114.2	89.6	47 800	1 910	20.5	2 140	214	4.33
	#506×201×11×19	131.3	103	56 500	2 230	20.8	2 580	257	4.43
	596×199×10×15	121.2	95.1	69 300	2 330	23.9	1 980	199	4.04
	600×200×11×17	135.2	106	78 200	2 610	24.1	2 280	228	4.11
	#606×201×12×20	153.3	120	91 000	3 000	24.4	2 720	271	4.21
	#692×300×13×20	211.5	166	172 000	4 980	28.6	9 020	602	6.53
	700×300×13×24	235.5	185	201 000	5 760	29.3	10 800	722	6.78

注:"#"表示的规格为非常用规格。

附录 2.6 无缝钢管

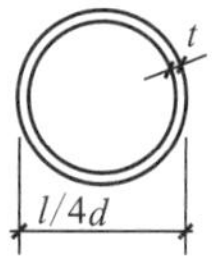

附图 2-6 无缝钢管尺寸

符号:I—截面惯性矩;W—截面模量;i—截面回转半径;
d—外径;t—壁厚。

附表 2-6 无缝钢管规格

尺寸/mm		截面面积 A	每米质量	截面特性		
d	t	$/cm^2$	$/(kg \cdot m^{-1})$	I $/cm^4$	W $/cm^3$	i /cm
32	2.5	2.32	1.82	2.54	1.59	1.05
	3.0	2.73	2.15	2.90	1.82	1.03
	3.5	3.13	2.46	3.32	2.02	1.02
	4.0	3.52	2.76	3.52	2.20	1.00
38	2.5	2.79	2.19	4.41	2.32	1.26
	3.0	3.30	2.59	5.09	2.68	1.24
	3.5	3.79	2.98	5.70	3.00	1.23
	4.0	4.27	3.35	6.26	3.29	1.21
42	2.5	3.10	2.44	6.07	2.89	1.40
	3.0	3.68	2.89	7.03	3.35	1.38
	3.5	4.23	3.32	7.91	3.77	1.37
	4.0	4.78	3.75	8.71	4.15	1.35

尺寸/mm		截面面积 A	每米质量	截面特性		
d	t	$/cm^2$	$/(kg \cdot m^{-1})$	I $/cm^4$	W $/cm^3$	i /cm
45	2.5	3.34	2.62	7.56	3.36	1.51
	3.0	3.96	3.11	8.77	3.90	1.49
	3.5	4.56	3.58	9.89	4.40	1.47
	4.0	5.15	4.04	10.93	4.86	1.46
50	2.5	3.73	2.93	10.55	4.22	1.68
	3.0	4.43	3.48	12.28	4.91	1.67
	3.5	5.11	4.01	13.90	5.56	1.65
	4.0	5.78	4.54	15.41	6.16	1.63
	4.5	6.43	5.05	16.81	6.72	1.62
	5.0	7.07	5.55	18.11	7.25	1.60
54	3.0	4.81	3.77	15.68	5.81	1.81
	3.5	5.55	4.36	17.79	6.59	1.79
	4.0	6.28	4.93	19.76	7.32	1.77
	4.5	7.00	5.49	21.61	8.00	1.76
	5.0	7.70	6.04	23.34	8.64	1.74
	5.5	8.38	6.58	24.96	9.24	1.73
	6.0	9.05	7.10	26.46	9.80	1.71

续表

尺寸/mm		截面面积 A /cm²	每米质量 /(kg·m⁻¹)	截面特性		
d	t			I /cm⁴	W /cm³	i /cm
57	3.0	5.09	4.00	18.81	6.53	1.91
	3.5	5.88	4.62	21.14	7.42	1.90
	4.0	6.66	5.23	23.52	8.25	1.88
	4.5	7.42	5.83	25.76	9.04	1.86
	5.0	8.17	6.41	27.86	9.78	1.85
	5.5	8.90	6.99	29.84	10.47	1.83
	6.0	9.61	7.55	31.69	11.12	1.82
60	3.0	5.37	4.22	21.88	7.29	2.02
	3.5	6.21	4.88	24.88	8.29	2.00
	4.0	7.04	5.52	27.73	9.24	1.98
	4.5	7.85	6.16	30.41	10.14	1.97
	5.0	8.64	6.78	32.94	10.98	1.95
	5.5	9.42	7.39	35.32	11.77	1.94
	6.0	10.18	7.99	37.56	12.52	1.92
63.5	3.0	5.70	4.48	26.15	8.24	2.14
	3.5	6.60	5.18	29.79	9.38	2.12
	4.0	7.48	5.87	33.24	10.47	2.11
	4.5	8.34	6.55	36.50	11.50	2.09
	5.0	9.19	7.21	39.60	12.47	2.08
	5.5	10.02	7.87	42.52	13.39	2.06
	6.0	10.84	8.51	45.28	14.26	2.04
68	3.0	6.13	4.81	32.42	9.54	2.30
	3.5	7.09	5.57	36.99	10.88	2.28
	4.0	8.04	6.31	41.34	12.16	2.27
	4.5	8.98	7.05	45.47	13.37	2.25
	5.0	9.90	7.77	49.41	14.53	2.23
	5.5	10.84	8.48	53.14	15.63	2.22
	6.0	11.69	9.17	56.68	16.67	2.20
70	3.0	6.31	4.96	35.50	10.14	2.37
	3.5	7.31	5.74	40.53	11.58	2.35
	4.0	8.29	6.51	45.33	12.95	2.34
	4.5	9.26	7.27	49.89	14.26	2.32
	5.0	10.21	8.01	54.24	15.50	2.30
	5.5	11.14	8.75	58.38	16.68	2.29
	6.0	12.06	9.47	62.31	17.80	2.27

尺寸/mm		截面面积 A /cm²	每米质量 /(kg·m⁻¹)	截面特性		
d	t			I /cm⁴	W /cm³	i /cm
73	3.0	6.60	5.18	40.48	11.09	2.48
	3.5	7.64	6.00	46.26	12.67	2.46
	4.0	8.67	6.81	51.78	14.19	2.44
	4.5	9.68	7.60	57.04	15.63	2.43
	5.0	10.68	8.38	62.07	17.01	2.41
	5.5	11.66	9.16	66.87	18.32	2.39
	6.0	12.63	9.91	71.43	19.57	2.38
76	3.0	6.88	5.40	45.91	12.08	2.58
	3.5	7.97	6.26	52.50	13.82	2.57
	4.0	9.05	7.10	58.81	15.48	2.55
	4.5	10.11	7.93	64.85	17.07	2.53
	5.0	11.15	8.75	70.62	18.59	2.52
	5.5	12.18	9.56	76.14	20.04	2.50
	6.0	13.19	10.36	81.41	21.42	2.48
83	3.5	8.74	6.86	69.19	16.67	2.81
	4.0	9.93	7.79	77.64	18.71	2.80
	4.5	11.10	8.71	85.76	20.67	2.78
	5.0	12.25	9.62	93.56	22.54	2.76
	5.5	13.39	10.51	101.04	24.35	2.75
	6.0	14.51	11.39	108.22	26.08	2.73
	6.5	15.62	12.26	115.10	27.74	2.71
	7.0	16.71	13.12	121.69	29.32	2.70
89	3.5	9.40	7.38	86.05	19.34	3.03
	4.0	10.68	8.38	96.68	21.73	3.01
	4.5	11.95	9.38	106.92	24.03	2.99
	5.0	13.19	10.36	116.79	26.24	2.98
	5.5	14.43	11.33	126.29	28.38	2.96
	6.0	16.65	12.28	135.43	30.43	2.94
	6.5	16.85	13.22	144.32	32.41	2.93
	7.0	18.03	14.16	152.67	34.31	2.91
95	3.5	10.06	7.90	105.45	22.20	3.24
	4.0	11.14	8.98	118.60	24.97	3.22
	4.5	12.79	10.04	131.31	27.64	3.20
	5.0	14.14	11.10	143.58	30.23	3.19
	5.5	15.46	12.14	155.43	32.72	3.17
	6.0	16.78	13.17	166.86	35.13	3.15
	6.5	18.07	14.19	177.89	37.45	3.14
	7.0	19.35	15.19	188.51	39.69	3.12

续表

尺寸/mm		截面面积 A /cm²	每米质量 /(kg·m⁻¹)	截面特性		
d	t			I /cm⁴	W /cm³	i /cm
102	3.5	10.83	8.50	131.52	25.79	3.48
	4.0	12.32	9.67	148.09	29.04	3.47
	4.5	13.78	10.82	164.14	32.18	3.45
	5.0	15.24	11.96	179.68	35.23	3.43
	5.5	16.67	13.09	194.72	38.18	3.42
	6.0	18.10	14.21	209.28	41.03	3.40
	6.5	19.50	15.31	223.35	43.79	3.38
	7.0	20.89	16.40	236.96	46.46	3.37
114	4.0	13.82	10.85	209.35	36.73	3.89
	4.5	15.48	12.15	232.41	40.77	3.87
	5.0	17.12	13.44	254.81	44.70	3.86
	5.5	18.75	14.72	276.58	48.52	3.84
	6.0	20.36	15.89	297.73	52.23	3.82
	6.5	21.95	17.23	318.26	55.84	3.81
	7.0	23.53	18.47	338.19	59.33	3.79
	7.5	25.09	19.70	357.58	62.73	3.77
	8.0	26.64	20.91	376.30	66.02	3.76
121	4.0	14.70	11.54	251.87	41.63	4.14
	4.5	16.47	12.93	279.83	46.25	4.12
	5.0	18.22	14.30	307.05	50.75	4.11
	5.5	19.96	15.67	333.54	55.13	4.09
	6.0	21.68	17.02	359.32	59.39	4.07
	6.5	23.38	18.35	384.40	63.54	4.05
	7.0	25.07	19.68	408.80	67.57	4.04
	7.5	26.74	20.99	432.51	71.49	4.02
	8.0	28.40	22.29	455.57	75.30	4.01
127	4.0	15.46	12.13	292.61	46.08	4.35
	4.5	17.32	13.59	325.29	51.23	4.33
	5.0	19.16	15.04	357.14	56.24	4.32
	5.5	20.99	16.48	388.19	61.13	4.30
	6.0	22.81	17.09	418.44	65.90	4.28
	6.5	24.61	19.32	447.92	70.54	4.27
	7.0	26.39	20.72	476.63	75.06	4.25
	7.5	28.16	22.10	504.58	79.46	4.23
	8.0	29.91	23.48	531.80	83.75	4.22

尺寸/mm		截面面积 A /cm²	每米质量 /(kg·m⁻¹)	截面特性		
d	t			I /cm⁴	W /cm³	i /cm
133	4.0	16.21	12.73	337.53	50.76	4.56
	4.5	18.17	14.26	375.42	56.45	4.55
	5.0	20.11	15.78	412.40	62.02	4.53
	5.5	22.03	17.29	448.50	67.44	4.51
	6.0	23.94	18.79	483.72	72.74	4.50
	6.5	25.83	20.28	518.07	77.91	4.48
	7.0	27.71	21.75	551.58	82.94	4.46
	7.5	29.57	23.21	584.25	87.86	4.65
	8.0	31.42	24.66	616.11	92.65	4.43
140	4.5	19.16	15.04	440.12	62.87	4.79
	5.0	21.21	16.65	483.76	69.11	4.78
	5.5	23.24	18.24	526.40	75.20	4.76
	6.0	25.26	19.83	568.06	81.15	4.74
	6.5	27.26	21.40	608.76	86.97	4.73
	7.0	29.25	22.96	648.51	92.64	4.71
	7.5	31.22	24.51	687.32	98.19	4.69
	8.0	33.18	26.04	725.21	103.60	4.68
	9.0	37.04	29.08	798.29	114.04	4.64
	10	40.84	32.06	867.86	123.98	4.61
146	4.5	20.00	15.70	501.16	68.65	5.01
	5.0	22.15	17.39	551.10	75.49	4.99
	5.5	24.28	19.06	599.95	82.19	4.97
	6.0	26.39	20.72	647.73	88.73	4.95
	6.5	28.49	22.36	649.44	95.13	4.94
	7.0	30.57	24.00	740.12	101.39	4.92
	7.5	32.63	25.62	784.77	107.50	4.90
	8.0	34.68	27.23	828.41	113.48	4.89
	9.0	38.74	30.41	912.71	125.03	4.85
	10	42.73	33.54	993.16	136.05	4.82
152	4.5	20.85	16.37	567.61	74.69	5.22
	5.0	23.09	18.13	624.43	82.16	5.20
	5.5	25.31	19.87	680.06	89.48	5.18
	6.0	27.52	21.60	734.52	96.65	5.17
	6.5	29.71	23.32	787.82	103.66	5.15
	7.0	31.89	25.03	839.99	110.52	5.13
	7.5	34.05	26.73	891.03	117.24	5.12
	8.0	36.19	28.41	940.97	123.81	5.10
	9.0	40.43	31.74	1 037.59	136.53	5.07
	10	44.61	35.02	1 129.99	148.68	5.03

续表

尺寸/mm		截面面积 A	每米质量	截面特性		
d	t	/cm²	/(kg·m⁻¹)	I /cm⁴	W /cm³	i /cm
159	4.5	21.84	17.15	652.27	82.05	5.46
	5.0	24.19	18.99	717.88	90.30	5.45
	5.5	26.52	20.82	782.18	98.39	5.43
	6.0	28.84	22.64	845.19	106.31	5.41
	6.5	31.14	24.45	906.92	114.08	5.40
	7.0	33.43	26.24	967.41	121.69	5.38
	7.5	35.70	28.02	1 026.65	129.14	5.36
	8.0	37.95	29.79	1 084.67	136.44	5.35
	9.0	42.41	33.29	1 197.12	150.58	5.31
	10	46.81	36.75	1 304.88	164.14	5.28
168	4.5	23.11	18.14	772.96	92.02	5.78
	5.0	25.60	20.14	851.14	101.33	5.77
	5.5	28.08	22.04	927.85	110.46	5.75
	6.0	30.54	23.97	1 003.12	119.42	5.73
	6.5	32.98	25.89	1 076.95	128.21	5.71
	7.0	35.41	27.79	1 149.36	136.83	5.70
	7.5	37.82	29.69	1 220.38	145.28	5.68
	8.0	40.21	31.57	1 290.01	153.57	5.66
	9.0	44.96	35.29	1 425.22	169.67	5.63
	10	49.64	38.97	1 555.13	185.13	5.60
180	5.0	27.49	21.58	1 053.17	117.02	6.19
	5.5	30.15	23.67	1 148.79	127.64	6.17
	6.0	32.80	25.75	1 242.72	138.08	6.16
	6.5	35.43	27.81	1 335.00	148.33	6.14
	7.0	38.04	29.87	1 425.63	158.40	6.12
	7.5	40.64	31.91	1 514.64	168.29	6.10
	8.0	43.23	33.93	1 602.04	178.00	6.09
	9.0	48.35	37.95	1 772.12	196.90	6.05
	10	53.41	41.92	1 936.01	215.11	6.02
	12	63.33	49.72	2 245.84	249.54	5.95
194	5.0	29.69	23.31	1 326.54	136.76	6.68
	5.5	32.57	25.57	1 447.86	149.26	6.67
	6.0	35.44	27.82	1 567.21	161.57	6.65
	6.5	38.29	30.06	1 684.61	173.67	6.63
	7.0	41.12	32.28	1 800.08	185.57	6.62
	7.5	43.94	34.50	1 913.64	197.28	6.60
	8.0	46.75	36.70	2 025.31	208.79	6.58
	9.0	52.31	41.06	2 243.00	231.25	6.55
	10	57.81	45.38	2 453.55	252.94	6.51
	12	68.61	53.86	2 853.25	294.15	6.45
219	9.0	59.38	46.61	3 279.12	299.46	7.43
	10	65.66	51.54	3 593.29	328.15	7.40
	12	78.04	61.26	4 193.81	383.00	7.33
	14	90.16	70.78	4 758.50	434.57	7.26
	16	102.04	80.10	5 288.81	483.00	7.20
245	6.5	48.70	38.23	3 465.46	282.89	8.44
	7.0	52.34	41.08	3 709.06	302.78	8.42
	7.5	55.96	43.93	3 949.52	322.41	8.40
	8.0	59.56	46.76	4 186.87	341.79	8.38
	9.0	66.73	52.38	4 652.32	379.78	8.35
	10	73.83	57.95	5 105.63	416.79	8.32
	12	87.84	68.95	5 976.67	487.89	8.25
	14	101.60	79.76	6 801.68	555.24	8.18
	16	115.11	90.36	7 582.30	618.96	8.12
273	6.5	54.42	42.72	4 834.18	354.15	9.42
	7.0	58.50	45.92	5 177.30	379.29	9.41
	7.5	62.56	49.11	5 516.47	404.14	9.39
	8.0	66.60	52.28	5 851.71	428.70	9.37
	9.0	74.64	58.60	6 510.56	476.96	9.34
	10	82.62	64.86	7 154.09	524.11	9.31
	12	98.39	77.24	8 396.14	615.10	9.24
	14	113.91	89.42	9 579.75	701.81	9.17
	16	129.18	101.41	10 706.79	784.38	9.10
299	7.5	68.68	53.92	7 300.02	488.30	10.31
	8.0	73.14	57.41	7 747.42	518.22	10.29
	9.0	82.00	64.37	8 628.09	577.13	10.26
	10	90.79	71.27	9 490.15	634.79	10.22
	12	108.20	84.93	11 159.52	746.46	10.16
	14	125.35	98.40	12 757.61	853.35	10.09
	16	142.25	111.67	14 286.48	955.62	10.02

续表

尺寸/mm		截面面积 A	每米质量	截面特性		
d	t	/cm^2	/(kg·m^{-1})	I /cm^4	W /cm^3	i /cm
203	6.0	37.13	29.15	1 803.07	177.64	6.97
	6.5	40.13	31.50	1 938.81	191.02	6.95
	7.0	43.10	33.84	2 027.43	204.18	6.93
	7.5	46.06	36.16	2 203.94	217.14	6.92
	8.0	49.01	38.47	2 333.37	229.89	6.90
	9.0	54.85	43.06	2 586.08	254.79	6.80
	10	60.63	47.60	2 830.72	278.89	6.83
	12	72.01	56.62	3 296.49	324.78	6.77
	14	83.13	65.25	3 732.07	367.69	6.70
	16	94.00	73.79	4 138.78	407.76	6.64
219	6.0	40.15	31.52	2 278.74	208.10	7.53
	6.5	43.39	34.06	2 451.64	223.89	7.52
	7.0	46.62	36.60	2 622.04	239.46	7.50
	7.5	49.83	39.12	2 789.96	254.79	7.48
	8.0	53.03	41.63	2 955.43	269.90	7.47
325	7.5	74.81	58.73	9 431.80	580.42	11.23
	8.0	79.67	62.54	10 013.92	616.24	11.21
	9.0	89.35	70.14	11 161.32	686.85	11.18
	10	98.96	77.68	12 286.52	756.09	11.14
	12	118.00	92.63	14 471.45	890.55	11.07
	14	136.78	107.38	16 570.98	1 019.75	11.01
	16	155.32	121.93	18 587.38	1 143.84	10.94
351	8.0	86.21	67.67	12 684.36	722.76	12.13
	9.0	96.70	75.91	14 147.55	806.13	12.10
	10	107.13	84.10	15 584.62	888.01	12.06
	12	127.80	100.32	18 381.63	1 047.39	11.99
	14	148.22	116.35	21 077.86	1 201.02	11.93
	16	168.39	132.19	23 675.75	1 349.05	11.86

参考文献

[1] 中华人民共和国住房和城乡建设部,中华人民共和国国家质量监督检验检疫总局. 钢结构设计标准:GB 50017—2017[S]. 北京:中国建筑工业出版社,2017.

[2] 中华人民共和国住房和城乡建设部.钢结构通用规范: GB 55006—2021[S].中国建筑工业出版社,2021.

[3] 中华人民共和国住房和城乡建设部.钢结构工程施工质量验收标准:GB 50205—2020[S]. 北京: 中国计划出版社,2020.

[4] 中华人民共和国住房和城乡建设部,中华人民共和国国家质量监督检验检疫总局. 门式刚架轻型房屋钢结构技术规范:GB 51022—2015[S]. 北京:中国建筑工业出版社,2016.

[5] 中华人民共和国建设部,中华人民共和国国家质量监督检验检疫总局. 冷弯薄壁型钢结构技术规范:GB 50018—2002[S].

[6] 中华人民共和国国家质量监督检验检疫总局,中国国家标准化管理委员会. 建筑结构用钢板:GB/T 19879—2015[S].

[7] 中华人民共和国住房和城乡建设部,中华人民共和国国家质量监督检验检疫总局. 房屋建筑制图统一标准:GB/T 50001—2017[S]. 北京:中国建筑工业出版社,2017.

[8] 中华人民共和国住房和城乡建设部,中华人民共和国国家质量监督检验检疫总局. 建筑制图标准:GB/T 50104—2010[S]. 北京:中国计划出版社,2011.

[9] 中华人民共和国住房和城乡建设部,中华人民共和国国家质量监督检验检疫总局. 建筑结构制图标准:GB/T 50105—2010[S].

[10] 中华人民共和国住房和城乡建设部. 高层民用建筑钢结构技术规程:JGJ 99—2015[S]. 北京:中国建筑工业出版社,2015.

[11] 中华人民共和国住房和城乡建设部,中华人民共和国国家质量监督检验检疫总局. 建筑结构荷载规范:GB 50009—2012[S]. 北京:中国建筑工业出版社,2016.

[12] 中华人民共和国住房和城乡建设部,中华人民共和国国家质量监督检验检疫总局. 建筑抗震设计规范:GB 50011—2010[S]. 北京:中国建筑工业出版社,2016.

[13] 上海市建设和交通委员会. 高层建筑钢结构设计规程:DG/TJ08—32—2008[S].

[14] 中华人民共和国国家质量监督检验检疫总局,中国国家标准化管理委员会. 碳素结构钢:GB/T 700—2006[S].

[15] 中华人民共和国国家质量监督检验检疫总局,中国国家标准化管理委员会. 低合金高强度结构钢:GB/T 1591—2008[S].

[16] 国家市场监督管理总局,中国国家标准化管理委员会. 低合金高强度结构钢:GB/T 1591—2018[S].

[17] 中华人民共和国国家质量监督检验检疫总局,中国国家标准化管理委员会. 焊缝符

号表示法:GB/T 324—2008[S].
[18] 中华人民共和国国家质量监督检验检疫总局,中国国家标准化管理委员会. 非合金钢及细晶粒钢焊条:GB/T 5117—2012[S].
[19] 中华人民共和国国家质量监督检验检疫总局,中国国家标准化管理委员会. 热轧型钢:GB/T 706—2016[S].
[20] 中华人民共和国住房和城乡建设部,中华人民共和国国家质量监督检验检疫总局. 建筑模数协调标准:GB/T 50002—2013[S]. 北京:中国建筑工业出版社,2013.
[21] 《钢结构设计手册》编辑委员会. 钢结构设计手册(上、下册). 3 版. 北京:中国建筑工业出版社,2004.
[22] 沈祖炎. 钢结构学[M]. 北京:中国建筑工业出版社,2005.
[23] 牟在根. 简明钢结构设计与计算[M]. 北京:人民交通出版社,2005.
[24] 钟善桐. 钢结构自学指导[M]. 武汉:武汉大学出版社,2000.
[25] 郭成喜. 钢结构学习辅导与习题精解[M]. 北京:中国建筑工业出版社,2005.
[26] 崔佳,魏明钟,赵熙元,等. 钢结构设计规范理解与应用[M]. 北京:中国建筑工业出版社,2004.
[27] 王全凤,高轩能,张慧华. 钢结构设计及实用计算[M]. 北京:中国建筑工业出版社,2008.
[28] 吕西林. 高层建筑结构[M]. 2 版. 武汉:武汉理工大学出版社,2003.
[29] 高福聚. 多层与高层建筑结构设计[M]. 东营:中国石油大学出版社,2008.
[30] 彭伟. 高层建筑结构设计原理. 成都:西南交通大学出版社,2004.
[31] 张耀春. 钢结构设计[M]. 北京:高等教育出版社,2007.
[32] 周学军,王敦强. 钢与混凝土组合结构设计与施工[M]. 济南:山东科学技术出版社,2003.
[33] 魏明钟. 钢结构[M]. 武汉:武汉工业大学出版社,2000.
[34] 夏志斌,姚谏. 钢结构设计——方法与例题[M]. 北京:中国建筑工业出版社,2005.
[35] 刘声扬,王汝恒,王来. 钢结构——原理与设计[M]. 武汉:武汉工业大学出版社,2005.
[36] 白国良. 荷载与结构设计方法[M]. 北京:高等教育出版社,2003.
[37] 张仲先,王海波. 高层建筑结构设计[M]. 北京:北京大学出版社,2006.
[38] 朱海宁,王东,赵瑜. 轻型钢结构建筑构造设计[M]. 南京:东南大学出版社,2003.
[39] 建设部科技发展促进中心. 钢结构住宅设计与施工技术[M]. 北京:中国建筑工业出版社,2003.
[40] 王景文. 钢结构设计新旧规范对照理解与应用实例[M]. 北京:中国建材工业出版社,2005.
[41] 陈绍蕃. 钢结构设计原理[M]. 3 版. 北京:科学出版社,2005.
[42] 高福聚. 钢结构实践教学指南[M]. 东营:中国石油大学出版社,2010.
[43] 高福聚,申成军. 钢结构工程施工[M]. 北京:北京理工大学出版社,2015.
[44] 《新钢结构设计手册》编委会. 新钢结构设计手册[M]. 北京:中国计划出版社,2018.
[45] 陈骥. 钢结构稳定理论与设计[M]. 5 版. 北京:科学出版社,2011.

[46] 教育部高等教育司,北京市教育委员会. 高等学校毕业设计(论文)指导手册(土建卷)(修订版)[M]. 2 版. 北京:高等教育出版社,经济日报出版社,2007.
[47] 赵风华,黄金林,高福聚,等. 钢结构设计原理[M]. 北京:高等教育出版社,2005.
[48] 赵风华,高福聚. 钢结构设计[M]. 北京:高等教育出版社,2006.
[49] 李国强. 多高层建筑钢结构设计[M]. 北京:中国建筑工业出版社,2004.
[50] 周学军. 钢结构设计规范 GB 50017 应用指导[M]. 济南:山东科学技术出版社,2004.
[51] 周学军,柳峰,王建明,等. 门式刚架轻钢结构设计与施工[M]. 济南:山东科学技术出版社,2001.
[52] 吕烈武,沈世钊,沈祖炎,等. 钢结构构件稳定理论[M]. 北京:中国建筑工业出版社,1983.
[53] 高福聚. 钢结构原理与设计[M]. 青岛:中国石油大学出版社,2020.
[54] 高福聚,申成军. 钢结构工程施工[M]. 北京:北京理工大学出版社,2015.
[55] 高福聚. 钢结构实践教学指南[M]. 青岛:中国石油大学出版社,2015.
[56] 高福聚,程玉梅. 多层与高层建筑结构设计[M]. 青岛:中国石油大学出版社,2022.
[57] 郁彦. 高层建筑概念设计[M]. 北京:中国铁道出版社,1999.
[58] 陈志华. 建筑钢结构设计[M]. 天津:天津大学出版社,2004.